農政全書校注

上

〔明〕徐光啓 撰
石聲漢 校注　石定枎 訂補

中華書局

圖書在版編目(CIP)數據

農政全書校注/(明)徐光啓撰;石聲漢校注;石定扶訂補. —北京:中華書局,2020.5
ISBN 978-7-101-14322-5

Ⅰ.農… Ⅱ.①徐…②石…③石… Ⅲ.農學-中國-明代 Ⅳ.S-092.48

中國版本圖書館 CIP 數據核字(2019)第 281242 號

責任編輯:王 勖

農政全書校注

(全三册)

〔明〕徐光啓 撰

石聲漢 校注 石定扶 訂補

*

中華書局出版發行

(北京市豐臺區太平橋西里 38 號 100073)

http://www.zhbc.com.cn

E-mail:zhbc@zhbc.com.cn

北京市白帆印務有限公司印刷

*

850×1168 毫米 1/32 · 75¾印張 · 9 插頁 · 1525 千字

2020 年 5 月北京第 1 版 2020 年 5 月北京第 1 次印刷

印數:1-3000 册 定價:360.00 元

ISBN 978-7-101-14322-5

徐光啓畫像（一五六三——一六三三）

袁了凡農書載熟糞法

古法區田每畝區用熟糞一升而熟糞之法不
傳予偶得其法於方外道流凡用糞須用火煮
熟熟則耐旱故周禮疏亦具載其事煮糞令
熟壅田其利百倍每糞各入骨同煮牛糞用牛
骨馬糞用馬骨人糞則入髮少許代之先將區田
孔內土曬極乾惟極乾則不畏旱矣將鵝腸草
黃蒿蒼耳子草三味燒灰同前乾土拌熟糞曬

徐光啓手迹

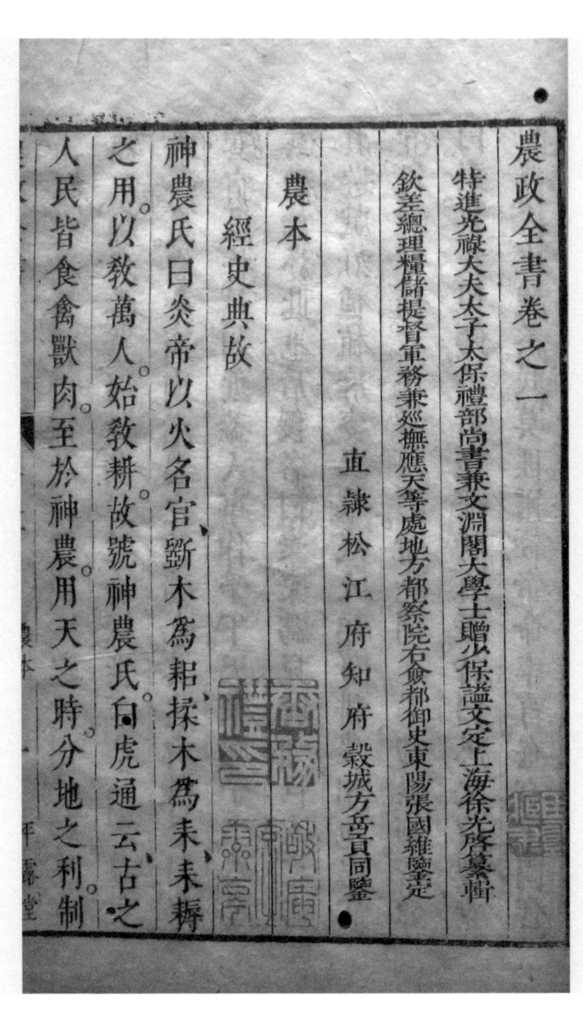

農政全書卷之一

特進光祿大夫太子太保禮部尚書兼文淵閣大學士贈少保謚文定上海徐光啓纂輯

欽差總理糧儲提督軍務兼廵撫應天等處地方都察院右僉都御史東陽張國維鑒定

直隸松江府知府穀城方岳貢同鑒

農本

經史典故

神農氏曰炎帝，以火名官。斲木爲耜，揉木爲耒，耒耨之用，以教萬人。始教耕，故號神農氏。白虎通云：古之人民皆食禽獸肉。至於神農，用天之時，分地之利，制

農政全書平露堂本康熙重印本（西北農林科技大學中國農業歷史文化研究所圖書館藏）

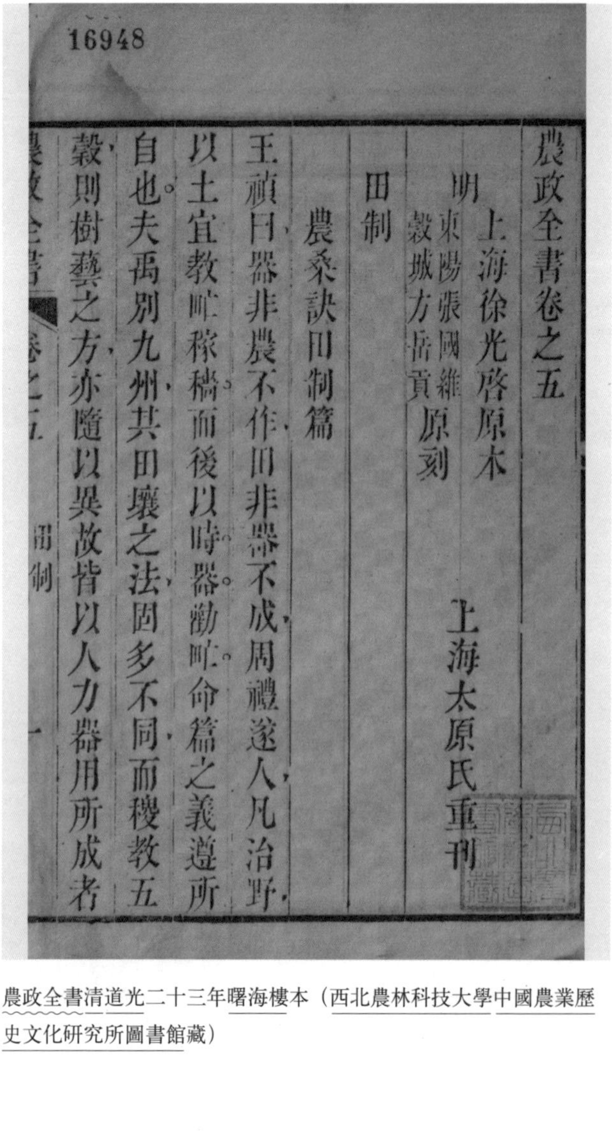

農政全書卷之五

明　上海徐光啓原本

東陽張國維
穀城方岳貢　原刻

上海太原氏重刊

田制

農桑訣田制篇

王禎曰器非農不作田非器不成周禮遂人凡治野以土宜教甿稼穡而後以時器勸甿命篇之義遵所自也夫禹別九州其田壤之法固多不同而稷教五穀則樹藝之方亦隨以異故皆以人力器用所成者

農政全書清道光二十三年曙海樓本（西北農林科技大學中國農業歷史文化研究所圖書館藏）

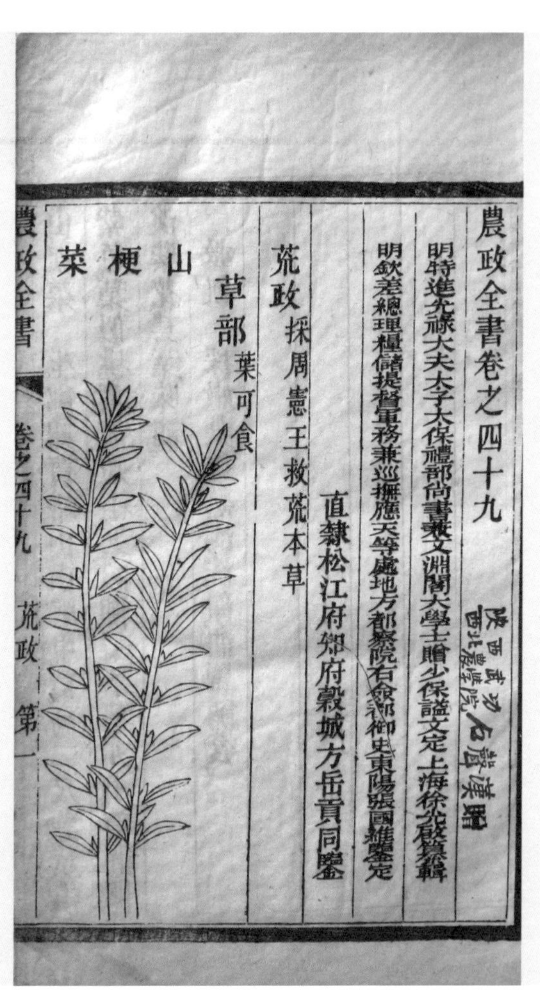

農政全書清同治十三年山東書局本（西北農林科技大學中國農業歷史文化研究所圖書館藏）

復原、整理者的説明

從一九五六年開始做準備工作，直到一九六六年「文革」前夕，父親耗時十年，字數總計約一百四十萬的農政全書校注初稿終於完成。這是他所整理、校注的中國歷代骨幹古農書中工作量最大的一部書，父親爲它傾注了一腔心血。初稿完成之後，父親親自將它寄給已將其列入出版計劃的北京農業出版社。令人痛惜的是：直到一九七一年病逝，父親都始終没有機會與出版社合作，對初稿做進一步的加工，更未能看到它的正式出版。

在父親去世後的幾十年裏，我們兄弟姐妹一直爲它的出版多方努力着。二〇〇五年十月，當中華書局得知父親農政全書校注的原稿一直未能出版時，毅然承擔起它的出版任務。可是當編輯真正開始着手工作時，才發現困難比預想的大得多：主要是當初父親用魯本剪貼而成的農政全書原文工作本已無法找到（一九七八年交給上海古籍出版社用於農政全書校注整理本的出版）；雖然父親所作校、注、案的手稿還完好地保存着，但需要將原稿中的校、注、案逐一對號入座，重新標注在平露堂本農政全書原文相應的位置。這一工作量之大遠遠超出了預想，出版工作一度陷於停頓。爲了不讓父親的十年心血之作失傳，二〇〇九年底我鼓起勇氣承擔起復原、整理父親手稿的工作，在中華書局歷史編輯室王勖女士的鼓勵和指導下，開始涉足古農書校注這一完全陌生的領域。歷時兩年多，我努力完成了復原、整理父親農政全書校注原稿的工作。復原、整理後的農政全書校注是否真正還原了父親初稿的原貌，以我的水準和能力，的確一直心懷忐忑，但我的確已經盡力了。

作爲復原、整理者，以下幾點應該向大家説明。

一、農政全書校注原稿與農政全書校注整理本之間的關係。

（一）農政全書校注整理本的出版。

一九七九年九月上海古籍出版社出版了一套三分册精裝本農政全書校注，版權頁上署名爲：徐光啓撰、石聲漢校注、西北農學院古農學研究室整理（我們稱之爲「整理本」）。這套整理本出版經過如下：

一九七二年，父親的恩師，「文革」開始後一直「靠邊站」的原西北農學院老院長辛樹幟伯伯得到了重新工作的機會，被安排在學校圖書館。他立即要求去尚未正式恢復的古農室工作，並於當年九月親自擬定了西北農學院古農學研究室工作計劃。在計劃中，他將整理和出版我父親的遺稿，特别是農政全書校注列爲首要任務。

一九七三年四月，辛伯伯將這一計畫和我父親的遺稿——中國古代農書概説的油印本寄給當時主管科學工作的胡耀邦同志。胡耀邦很快復信，在信中寫道：「寄來的西北農學院古農室工作計畫和中國古代農書概説收到了。我還來不及拜讀，但我對於你和你的同事們那種孜孜不倦地致力於學術研究的革命幹勁，感到十分高興和欽佩。……」

一九七三年冬，在西農圖書館館長馮有權的支持下，年近八旬的辛伯伯冒着嚴寒，親往上海聯繫農政全書校注出版事宜。那時，思想禁錮還未解除，科學研究尚未全面恢復，學術著作出版非常困難，古籍的出版更是如此。碰巧當時開始「批儒評法」，徐光啓被列爲法家人物；經辛伯伯和好友科技史家吴德鐸多方極力推薦，上海人民出版社古籍室（「文革」結束後劃歸上海古籍出版社）同意將農政全書校注列入出版計劃，但在當時的歷史條件下，出版社要求壓縮原稿，删掉一半或至少三分之一。

從北京農業出版社索回農政全書校注原稿後，辛伯伯立即開始逐字逐句閱讀原稿，思考整理、壓縮方案。一九七五年西農古農室正式恢復，馮有權兼任主任。古農室專門成立了農政全書校注整理校注小組，由馮有權任組長。一九七六年五月，辛伯伯和馮有權、馬宗申受西農黨委委託到上海與上海人民出版社古籍室共同協商，議定了整理修改原則：「篇幅要壓縮，内容不大動，主要是删繁就簡；合併『校』、『注』、『案』，統稱爲『注』；校勘和版本説明儘量删掉；爲貫徹『批儒評法』的精神，凡肯定儒家的注文一律删去，對儒法的評價有不妥之處，應予指出，但不必一一批注。原則上不增加『批儒評法』的專注，亦不用長注。」

馮有權和辛伯伯組織了學院學有專長又熟悉農業古籍的黄毓甲、賈文林、王聚瀛、趙師抃、趙雲夢、翟允禔、雲立峰、魏澤、李鳳岐等老教師和上海的吴德鐸，於一九七六年夏開始了艱苦的整理工作。他們當中魏澤、趙雲夢、黄毓甲都已年過七旬，其餘的也都是已過或已近花甲之年的人，不管寒冬盛夏，夜以繼日，全力以赴、嚴肅認真地工作；花了近兩年的時間才完成了對原稿的壓縮、整理。這期間，他們對不得不删除的部分表示了深深的惋惜。他們認爲：「許多長注不保留很可惜，這是石先生的研究成果，不應埋没。」「石先生所提線索或對前人的看法也應保留。」（摘自一九七七年七月整理小組的會議記録）在整理過程中他們盡力這麽作，最後出版的農政全書校注共一百零七萬三千字，大大超出了出版社預定的字數。

這套凝聚着辛伯伯和老教師心血的整理本，它的定位是：以廣大農業幹部爲主要讀者的普及性讀物。它對一般讀者來説，讀起來會感到更簡明易讀。整理本面世後很受歡迎，對當時和以後國内外的中國農史研究産生了重要影響。上海古籍出版社一九八五年第二次印刷；臺北文明書局經西北農學院農經系畢業的校友李潤海先生引薦主持，也於一九八〇年出版了這套整理本。一九八〇年九月，農業部授予該書農牧業技術改進科研成果二等獎。

在當時的歷史條件下，農政全書校注整理本能出版是非常難得的。它的出版也爲今天父親原稿的復原、整理、出版創造了條件。在某種意義上可以認爲：如果没有當初整理本的出版，父親農政全書校注原稿的復原、整理和出版工作將是難以完成的。

當年將父親農政全書校注等遺稿的整理、出版作爲自己重新恢復工作後最大心願的辛伯伯，未等到整理本出版就已駕鶴西去；當初不畏艱苦、不計個人得失埋頭整理農政全書校注的老教師們大多已經作古。今天在這兒，我對他們致以深深的敬意和謝意。在整理、復原原稿時，我儘量吸收整理本中他們新增的研究成果，作爲對他們的紀念。

（二）農政全書校注原稿的保存。

一九七一年六月二十八日，年僅六十三歲的父親患胰腺癌在天津病逝。我們赴楊凌料理父親的後事時，辛伯伯再三囑咐我們：「你們父親是個難得的人才，他的片紙隻字你們都要妥善保存，將來都會有用的。」辛伯伯的叮囑我們一直牢記在心。

當初，在按出版社的要求對農政全書校注的原稿進行整理、壓縮時，面對不得不删除的内容，辛伯伯内心深感無奈和痛惜，時時期盼着有一天它能照原樣全部出版。他要求：凡删節的部分只能用紅鉛筆勾劃或圈起來，絶不能塗抹。至今，手稿中保留下來的校、注、案仍全部清晰可認。手稿被分爲若干册，每册均用牛皮紙做封面裝訂起來；每册的封面上辛伯伯用毛筆書寫了其包含哪些卷，有的還概述了關鍵的内容和我父親校注的特色及價值。今天，面對這些保存完好的農政全書校注手稿中清晰的校、注、案和辛伯伯的手跡，我們更加懷念這位無私而有遠見的學者和長者。

這份珍貴的手稿，後來一直由父親古農學研究的助手姜義安先生精心地收藏着。他生前一直期盼着它能正式出版。當他感到自己的精力已不可能爲原稿的出版盡力時，他將手稿鄭重地交給我們，語重心長地説：「這是石先生心血的結晶，你們快抓緊時間吧！」

二、父親未了的心願。

農政全書校注初稿完成後，父親並不滿意，他準備做進一步的完善、加工。「文革」

風暴的降臨，剥奪了他工作的權利，古農室解散，家中的書被查封，不斷地批鬥……他没有條件再從事古農學研究了，但他没有放棄。一九六九年初冬，從寶鷄農村勞動回家時，他還對來訪的年青人張波（後繼任西農古農學研究室主任）談到：經過這幾年批鬥之餘的思考，又有了不少新的想法，覺得許多地方還需進一步加工，希望能將農政全書校注再重新整理一遍。一九七一年在生命的最後時刻，他對分别從武昌、上海趕到天津醫院見他最後一面的兩個弟弟説：「希望出院後再有兩三年時間，好將農政全書校注再從頭整理一遍，争取早日出版。」令人痛惜和辛酸的是，這竟成了他未了的心願。

但這校注本畢竟是父親十年心血的結晶，承載着他的研究成果。早在一九六二年，著名農史學家華南農學院梁家勉教授得知父親正在校注農政全書時，充滿期待地説：「我期待着有一部嶄新的、更完善的，且最好是附有適當考證和校注的農政全書版本出現。」一九七三年，另一位著名農史學家北京農業大學王毓瑚教授在寫給辛樹幟伯伯的信中直言：「石先生已然作古，竊以爲最好將其遺文原樣付印，至多對一些顯然的筆誤或脱字加以校正。如能將手稿影印，則更爲理想。總之，要儘量保存石先生之真意和精神。……石先生之逝世，誠治農史者之不可彌補的損失。正因此故，其遺著必須珍重保存，勿失勿動。所見如此，不敢不言，唯我公諒之。」

父親以無比的愛國忠誠，懷着從頭整理祖國農業遺産的宏偉抱負，全身心投入祖國農業遺産的整理、研究工作。他從研究現代生物學的核心科學之一——植物生理學轉入研究古農學，没有絲毫個人功利的考慮。王毓瑚先生曾對朋友説：「石先生是仁人志士，他投身古農學研究動機是聖潔的。」在古農學研究領域内，父親甘當鋪路石，他傾全力校、注、釋大型骨幹古農書是爲了給以後的研究者掃清障礙，鋪平道路。他認爲建立中國自己的農學是一項偉大的工程，古農學是它重要組成部分；要完成這一偉大工程不是少數人能負荷得起的。但他在努力前行，以孔子的「譬如爲山，……雖覆一簣，進，吾往也」自勉。

誠然，這個完成於上個世紀六十年代的農政全書校注初稿，按今天古籍整理的標準來看，不完全符合現在的規範。但上個世紀五、六十年代對農業古籍的整理、研究尚處於探索前行的階段，這個傾注了父親心血的校注本可視爲當時校注古農書的標本。它反映出那個歷史時期古籍校注工作的狀態，也反映出那一代農史工作者在探索前行時的艱辛、嚴謹、慎重。爲尊重歷史，我們儘量保存當時校注本的原貌。

在學術研究中，父親一向虛懷若谷。他將自己在長沙楚怡小學讀書時的級任老師何叔衡先生（中共一大代表）的教導：「世無權威，只有真理。」視爲畢生不易的信念和行爲準則。對這部他自己還不滿意的農政全書校注初稿，他一定會歡迎來自各方面的批評、指正；如能因此進一步推動中國農史界的學術研究，九泉之下的父親一定倍感欣慰。

三、整理、復原者做的工作。

（一）恢復初稿校、注、案的體例，將原稿中校、注、案逐一對號入座，重新標注在平露堂本農政全書原文相應的位置。

整理本對農政全書校注初稿的體例作了很大改動，將校、注、案合併爲「注」。我首先要做的工作是將校、注、案恢復原樣。原稿校、注、案共計七千四百九十七條，其中「校」一千四百六十八條，「注」四千二百零四條，「案」一千八百二十五條。由於父親當初用作工作本的魯本剪貼本已無法找到，原稿中各卷的校、注、案的位置（特别是「校」）已失去了依據。現在要將這七千餘條校、注、案按順序準確地插入農政全書各卷的原文中。此項工作十分複雜、艱巨。我以一六三九年（崇禎十二年）平露堂本作底本，以我能看到的魯本、曙海樓本、中華排印本作參校本，用一九七九年上海古籍出版社出版的農政全書校注（即整理本）作工作本，耗時一年多，初步完成將校、注、案標注在原文中相應位置的工作。接着，我又耗時一年多查閲了能找到的農政全書所徵引的文獻（不少在楊凌找不到的古籍，是通過在北京的定朴妹去國家圖書館查閲的），前後復查了三遍，儘量争取標注位置準確無誤。在此過程中，改正了原手稿中少量的筆誤。

（二）恢復被删去的敬告讀者、所有長注、徵引文獻探源、泰西水法的譯文等。

整理本當初受必須壓縮篇幅的限制，除删去絶大部分「校」外，還删去了以下内容：

①原稿最前面的敬告讀者。它交代了父親校注農政全書時所用的校勘底本及參校各版本；説明了整理加工的項目；全書的安排，共約四千五百字。

②在對陳子龍的凡例所作的注的最後，父親分析了凡例的作者、内容及其在成書過程中的作用，約一千三百字。

③原稿中所有長注均未採用，粗略統計將近三萬字。它們是：

卷七中：對徐光啓墾田疏的評價。

卷五、卷十七、卷十八中：對所有插圖與殿本、庫本插圖的比較。

卷三十五中：明末以前棉及棉織品輸入的史跡的論述。

卷三十八中：女楨條總結（是關於白蠟的論文）。

烏桕條的注（是關於我國烏桕種植及其利用史的論文）。

卷三十九中：關於「竹的二病」的分析（這條長注，整理本保留了大部分）。

卷四十五中：對農政全書轉録救荒本草總目的分析及卷末的「附記存疑」

每一條長注實際上就是一篇極具學術價值的論文，我在復原時將它們全部恢復。

④泰西水法中抽水機部分的現代漢語譯文（約兩萬三千字）。

⑤各卷「注」中對農政全書徵引文獻的探源。

農政全書中徵引的有關農政及農業的古籍文獻多達二百三十五種。父親非常重視對徵引文獻的探源工作，只要有可能，一定要查對原始文獻，並引導讀者也這樣做。正如敬告讀者中所言：「本書所引古籍，出處有時未注明，有時注錯。我們作了一番詳細核對，凡出處可以查出的，一一注明原書所在；有時難於檢閱的大部頭書，還將版本、卷數、篇名等注出，以便讀者直接再查第一手來源，以免引錯。引用各書，如稍冷僻些，作者姓名及時代，也酌量注出。」爲了壓縮篇幅，整理本捨去不少，現全部恢復。

（三）恢復平露堂本的連圈、連點。

父親的原稿主張保留平本的連圈、連點。考慮到當時的排版、印刷條件無法直觀反映這些連圈、連點，他用「注」說明圈、點的起迄。這樣就增加了許多「注」。經王勖女士建議，我在復原原稿時，對照平本將原書中的連圈、連點直接標注在相應位置，方便讀者一目了然。爲了儘量做到準確無誤，又用曙海樓本對照檢查一遍。原稿中此類的「注」也相應刪除。

少數「校」。

（四）用平露堂本逐字與用作工作本的整理本核對，將底本恢復爲平露堂本，增加了少數「校」。

整理本删去絶大部分「校」，他們的作法是：在發現農政全書版本間差異時，「只在石先生當時剪貼原書的版面上保留了石先生認爲最適宜的字句」。這樣一來，已出版的整理本用的農政全書原文與作爲底本的平露堂本和作爲工作本的魯本剪貼本都産生了一定差異，實際上成了一個「衆本合校，不主一本」的本子；這不符合父親以平露堂本爲底本以及「校勘工作要尊重原書，千萬不要妄自改動」的原則。在王勖女士的指導下，我通讀了平露堂本農政全書，將其與整理本逐句逐字核對，將底本恢復成平露堂本。在此過程中，發現差異時，再與魯本、曙海樓本、中華排印本各版本對校，對新發現的版本差異，酌情增加了三百多個「校」。這些新增的「校」，以我的水準不敢保證一定正確和必要，故都注明「定柣校」，以表文責自負。

（五）重新編輯了「附録」。

原稿的「附録」和整理本的「附録」内容和安排不盡相同。我出於尊重原稿和儘量保存整理本新增研究成果的考慮，將原稿和整理本的附録全部收入，並重新編輯。

農政全書不同版本的「序」及「凡例」，凡父親在敬告讀者後抄録了的和整理本採用了的，我們均全部收入，作爲附録一。

辛樹幟、王作賓合著的農政全書一百五十九種栽培植物的初步探討爲整理本新增，我們將其與農政全書一百五十九種栽培植物學名表、農政全書所收救荒本草及野菜譜植物學名及農政全書轉録救荒本草植物分部及利用方式分類總表這三個表作爲附録二。其中第三個表的情況比較特殊。此表父親在敬告讀者中没有提及，但在卷四十五荒政的最後，父親作了一個近四千字的關於救荒本草考證的長注。在此長注的最後，父親將救荒本草十四卷中涉及的植物所屬部及其利用方式分類，一種一種地統計後作成了一個總表。當年，整理本爲篇幅所限，不得不將此長注捨去；但他們在父親所作總表的基礎上，下功夫將其具體化做成了現在這個農政全書轉録救荒本草植物分部及利用方式分類總表。由此可見，辛樹幟伯伯和參與整理的老教師們盡力保留我父親研究成果的良苦用心。

農政全書徵引文獻探原是康成懿先生的遺著。康先生是辛樹幟伯伯的夫人，生前是西農古農室的工作人員。當年爲農政全書校注做了許多基礎的準備工作，這本小册子就是那時寫的（一九六〇年農業出版社出版）。這次我們將這本小册子作爲附録三收入，以表達對她的感謝和懷念。

綜上所述，這部農政全書校注從初稿到整理本，再到現在的復原本，跨越了兩個世紀，經歷了六十餘年的積累，凝聚着兩代三批人的心血，形成了它自己的特色。我真誠地希望它的出版能爲中國農業史研究發揮作用。

石定枎　二〇一七年末於陜西楊凌

敬告讀者(整理本書的幾項説明)

一、校勘底本及參校各書版本：

(一)現在的整理本，用魯本原書剪貼做工作本，但仍以明崇禎己卯(一六三九年)松江平露堂(陳子龍私宅)初刻本(以下簡稱平本)爲基礎，參照以下各種版本校定：

1.黔本：清道光十七年(一八三七年)貴州糧署復刻本(無旁圈旁點)。

2.魯本：清同治十三年(一八七四年)山東書局據黔本復刻。一九三〇年上海商務印書館，曾用這個刻本，剪貼影印，收入萬有文庫。

3.曙本：清道光癸卯(一八四三年)上海王壽康刊曙海樓本。我們没有曙海樓原刊本，現用光緒庚子(一九〇〇年)上海文海書局照曙海樓原刊石印本，及宣統元年(一九〇九年)上海求學齋石印本(有旁圈旁點)。

4.中華排印本：一九五六年中華書局出版，南京農學院中國農業遺産研究室鄒樹文先生領導校點過的排印本（無旁圈旁點）。

（二）引用各種書籍中，數量較大的，我們所用參校版本，有如下十三種：

1．吕氏春秋：用夏緯瑛校釋的吕氏春秋上農等四篇校釋，一九五六年中華書局初版。

2．管子：用夏緯瑛校釋的管子地員篇校釋，一九五六年中華書局出版。

3．齊民要術：用石聲漢校釋的齊民要術今釋（主要在第一、二兩個分册），一九五七、一九五八年科學出版社出版。

4．農桑輯要：用石聲漢校釋的農桑輯要校注。（定枎案：此書一九六五年四月脱稿，一九八二年經西北農學院古農學研究室整理後，由北京農業出版社出版。二〇一四年中華書局再版。）

5．王禎農書：用一九五六年中華書局排印本。

6．田家五行：根據明萬曆三十一年（一六〇三年）刊格致叢書本鈔録。

7．救荒本草：用一九五八年中華書局影印明嘉靖四年刊本。

8．種樹書：用康成懿校注本，一九六一年農業出版社出版。

9．荒政要覽：北京圖書館膠卷。

10．本草綱目：用清光緒乙酉（一八八五年）味古齋校刊本。

11．便民圖纂：用石聲漢等校注本，一九五九年農業出版社出版。

12．月令廣義：用明萬曆壬寅（一六〇二年）刊本。

13．二如亭群芳譜：明天啟元年辛酉（一六二一年）刊本。

二、整理加工項目：

整理加工過程中，我們摸索着定下了兩項原則：校勘，應對原著負責；校出的錯漏，只以原書各種版本爲根據，選擇決定改正。此外，原書即使有錯漏，也不改原文。同時，爲了向讀者負責，另加各種注釋和案語。在第二遍整理過程中，根據這兩項原則，具體訂出下列各種辦法。現在把這些辦法，用實例向讀者們交待：

（一）校勘：凡本書各種版本之間的差别，我們從各本中主觀地選定最合適的字句，爲「暫定」的基本形式，分條作「校記」説明。校記，用六角括號標示（例如〔　〕），各卷自爲起訖，附在每卷的正文後面。校記的内容如次：

1．原刻本中的「墨釘」「空等」，盡可能地從各版本的比較中，求得補正。無法補正而可以猜測的，不直接補字，止用「注」説明。

2．錯誤脱漏，就對勘中選擇定案。

3. 各種版本中，個別字刻寫上的差異，凡爲明清一般刻本中常見的，我們根據「約定俗成」的原則，選取一個最常用繁體字作爲標準，不拘束於「小學」方面的規定，也不拘於九經正字之類的人爲統一。舉例説，「節」字，平本常寫作從「艸」的手寫體「莭」字；黔本、魯本則多半作「節」；我們現在用通行的「節」。「管」字，我們一律用從「竹」的「管」，不用從「王」的「琯」；偶然遇見原本誤作從「艸」的「菅」，則作「注」説明。「澮」字，偶然寫成作古體的「巜」時，我們也直接改作「澮」。其餘偏旁不同而意義同一的，如「筒」與「筩」，「熔」與「鎔」，以及「畎畝」與「甽畝」之類，無多大妨礙的，不强求統一。但如「泠」與「泠」，「楝」與「揀」，如原書各本同樣錯誤，雖不改原文，仍加説明。凡清代各刻本中，因避清代皇帝名諱而改寫的字，如「玄」、「胤」、「禎」、「弘」、「曆」、「寧」以及僅見於魯本的「淳」，現在都依平本復原，不作校記。

這三種處理，都帶有頗大的主觀；必定會有錯誤與不妥，請各方面專家和讀者隨時指出，以便將來改正。

(二)標點：我們現在用標點符號將全書重新標點一遍。

本書的刊本，原來都有句讀；少數地方還在行外加上旁批及連圈連點。據原書「凡例」後「陳子龍漫記」的話，「其評點俱仍舊觀：恐有深意，不敢臆易也」；似乎原句讀和旁批及連圈連點，都出自徐光啓。我們在整理加工中，曾注意分析過：旁批，肯定是徐光啓所加；有些在正文行外，有些在小注行外。這些旁批，如果照原樣排印，不僅工作困難，而且版面顯得很零亂，並無好處。現在將這些旁批用方頭括號插入正文或小注之内，改用仿宋體排，表示區别；雖然不及原來那樣鮮明顯豁，但還可以保持眉目清晰。平本、曙本，有行旁的連圈連點，雖爲數不多，可能是徐光啓自加，以表示着重；黔、魯及中華排印本删去，似乎不够反映原本面貌，我們現在一律保留。旁圈旁點，曙本全據平本，很少差别。至於句讀，我們發現有不少錯誤，有些錯得近於荒唐。像卷十九、卷二十所引泰西水法，原是徐光啓自己的筆録的譯文；替自己的文章作句讀，於情於理，斷不會有錯誤。現在却幾乎每段都有破句，顯然决不是徐光啓原稿所有；陳子龍也未必真正逐字逐句過目過；而只是陳所約請的幾位「太學」（監生）、「孝廉」（舉人）、「茂才」（秀才）們未讀懂徐氏原文，信手點斷所出的紕繆。所以我們根本不考慮原有句讀，把它們全部削除，而依我們主觀判斷，完全另外標點一過。這樣做，也許免不了造成比那幾位文人雅士更多的錯誤；可是某些地方，自信却也糾正了一批。例如開卷第一句「神農氏曰炎帝以火名官」，我們在「帝」字下斷句，自信比原書在「曰」字下斷句正確；又像卷十二，引徐貞明「西北水利議」，其中「馬援引洮水種秔稻，而狄道並塞之民得以樂業」，我們在「民」字斷句，即「而狄道並塞之民」作爲一小句，不是「而狄道並塞之」。這一方面，錯誤與不當，也要請專家和讀者多加指正。

（三）注釋：整理時，我們加了一些「注釋」，用圈碼（如〇）標明，各卷自爲起訖，總附在「校記」之後。注釋的内容如下：

1．引用書的出處：本書所引古籍，出處有時未注明，有時注錯。我們作了一番詳細核對，凡出處可以查出的，一一注明原書所在；有些難於檢閱的大部頭書，還將版本、卷數、篇名等注出，以便讀者直接再查第一手來源，免除錯引。

2．引用各書，如稍偏僻些，著者姓名及時代也酌情注出。

3．文中遇到一些不常見的書名、人名、地名、官職名稱，以及較僻的字句成語，都酌加注解。

4．本書各版本都相同的錯字，我們不改原文，但作「注」説明。

5．原書所加小注，凡未記明「玄扈先生曰」的，如我們懷疑出自徐光啓之手，也加注説明。

以上五類，只以我們的工作條件及我們的修養水平爲標準，主觀地選擇。在專家們看來，也許有些並非必要。可是我們所服務的讀者，可能大多數只有和我們相仿佛的條件，這樣「寧濫毋闕」也許仍有用處。這就希望專家們予以容忍。

6．本書有幾卷，大部分引自同一種書，可是其中却插入了另外的文字，我們加注予以説明。

這些變例，除分别在有關各處起處説明之外，在這裏總歸交待一下。

（四）案語：本書引用各書，我們用原書校對時，發現往往有頗大的差異。推測起來，固然可能有些是版本間的紛歧，但是也不能排除另外一件事：陳子龍約請幫助整理本書的那些舉人、秀才，所加「潤飾」、「增」、「删」，往往有明末文人「師心自用」的毛病，隨手塗改。我們既不能肯定差異來源，便以「案語」説明差異之處。案語用帶灰度的六角括號（如〔 〕）標明。每卷匯總排在「注釋」之後。

（五）本書卷十九、卷二十所引泰西水法，原譯文文體用字，都仿考工記；所以陳子龍所約請的幾位文人，就有很多地方未讀懂，因而斷錯不少句。我們恐怕一般讀者，會同我們同樣感到難讀；所以這兩卷中的泰西水法中抽水機部分，用近代語體文作了轉述，附在卷十九和卷二十的「案語」之後。專家們也許要責備我們「畫蛇添足」，我們願意接受。

三、全書整理後的安排：

我們認爲農政全書本文，按徐光啓原來計劃，應該是四十六卷，可是這四十六卷，現在已無法從六十卷的刊本中來復原；因此，不能不以六十卷的正文，作爲全書主體。六十卷正文，加上「校」「注」「案」，分量太大；如釘成一册，有種種不便。所以現在把整理後的本書，分作三個分册：上册，包括前二十卷，内容是「農本」、土地利用、天時、水利等準備條件，大致相當於「總論」。中册，包括原書卷二十一至四十二，這二十二卷，（我們原來只想機械地按二十卷一册分爲三册；王毓瑚教授建議將「牧養」「製造」歸入中册，合理多了，特此誌謝。）是農器、栽培、畜牧、製造等「專論」。下册，原卷四十三至六十，各種「荒政」「備荒」文字，代表本書最突出的一個特點。

原書刊本前有四篇序文，一篇「凡例」。序文中，張溥所作的一篇，對著者徐光啓及本書寫作過程作了忠實親切的介紹，應仍保留在全書最前面，讓讀者先熟悉原著者和原書。其餘張國維、方岳貢、王大憲所作三篇，雖則可以説明本書初刻時的情形，但在目前整理過的暫定本中，似乎止有參考意義，所以改作附録。凡例的前幾節，我們認爲是徐光啓原來寫這部書的總規劃，對了解全書佈局，非常有用，所以仍依習慣，排在正文前面。（定枎案：一九六六年農政全書校注初稿完成時，限於當時條件，父親未能見到一六四三年印的平露堂本，自然也就未曾寓目這一印本新增的方岳貢後序及周一敬序。父親的原稿在敬告讀者後還鈔録了曙海樓本的潘曾沂序、徐如璋序、王壽康重刻凡例及四庫全書總目提要，想必認爲它們均有助於讀者了解農政全書的内容、價值及版本情況，現在我們將這些内容均收入附録中。黔本還有一篇任樹森序，這次也一併收入。）

爲了幫助讀者認識書中所叙述的各種植物，我們作了兩個表。一個是農政全書一百五十九種栽培植物學名表，一個是農政全書所收救荒本草及野菜譜植物學名表作爲附録。（定枎案：「文化大革命」的到來和父親的早逝使他未能完成這計劃中的兩個表。辛樹幟伯伯特邀中科院西北植物研究所植物分類學家王作賓先生在我父親研究的基礎上完成了這兩個表。現將它們與辛樹幟、王作賓合作的農政全書一百五十九種栽培植物的初步探討一併作爲附録二。）

我們整理本書的過程和這篇「敬告讀者」，原來也止應當作爲附録，排在下册之末。可是爲了向讀者交待整理經過和整理本書的一些用例，却只好移在上册之前。這樣做，既「不禮貌」，也不合古代書「序例在書末」的習慣，非常抱歉。

至於徐光啓的年譜、著作目録等，不在本書範圍之内，將另有專書出版，就不多談了。

石聲漢

一九六五年十月

目録

卷之二十八

卷之二十九

卷之三十

石定扶案：本書總目與内文標題多有不同，互有訛誤，各本都存在這一問題。爲方便讀者使用，我們根據内文標題的實際情況重新編製了目録，内文標題有訛誤處，則在内文相應的地方予以説明。

張溥原序

予生也晚，猶獲侍先師徐文定公，蓋歲辛未之季春也①。公時以春官尚書守詹②，次當讀卷③，亟賞予廷對一策，予因得以謁公京邸。公進予而前，勉以讀書經世大義，若謂孺子可教者。予退而矢感，早夜惕勵。聞公方究泰西曆學，予邀同年徐退谷往問所疑，見公掃室端坐，下筆不休。室廣僅丈，一榻無帷④，則公卧起處也。公初筮仕⑤入館職，即身任天下，講求治道，博極群書，要諸體用。詩賦書法，素所善也。既謂雕蟲不足學，悉屏不爲。專以神明治曆律兵農，窮天人指趣。堯典敬授，洪範厚生，古今大業，莫有先也。文孫爾之、旋之嘗言：公精默好學，冬不爐，夏不扇。予在長安⑥，親見公推筭緯度，昧爽細書，迄夜半乃罷。登政府日，惟一老班役，衣短後衣⑦，應門出入傳語。易簀旅舍⑧，橐中不盈十金。古來執政大臣，廉仁博雅，鮮公之比。趙孟、公孫⑨，寧足道哉！

農政全書，公經綸之一種。張大中丞⑩與方郡伯⑪兩公，篤念民生，屬陳卧子進士編次廣傳。刻竟，予得卒讀，益歎吾師命指深遠，周天際地也。農家者流，出自稷官，班史記之⑫。其後種樹、試穀、育蠶、養魚、耕牛之經，花竹之譜，人各有書。然碎布民間，事不相攝，耕奴織婢，號爲小道⑬。雅人墨士，或諱而不言。若總自王朝，編於太府，采明農之衆篇，勒一代之大典，上探井田，下殫荒政。鳧茈可食⑭，螽螟不憂，率天下而豐衣食，絶饑寒，使盜賊屏息，禮樂盛興，非至治乎？即名卿大儒，亦何庸丘蓋也⑮。公察地理，辨物宜，考之載記，訪之士人。輶軒襏襫，盡列筆削。氾、崔、賈、韓，方此蔑如⑯。揆厥制作，其豳風之嗟農夫，無逸之知小人乎？

公爲諸生時，有田數弓，茀不治⑰。稍施疏鑿功，植柳其地，歲獲薪燒，利反倍於租入。因悟世無棄土，人病坐食。李悝之法，至今可行。後官翰林，適議拯遼患，屯田津門，功半被沮。豈真東屯之效，反難於沮洳三百步哉⑱？言易而行難，獨成而衆敗，事無大小，顧所任者何如耳。即今幅員：關陜、襄、鄧、許、雒、齊、魯，與夫朔方、五原、雲、代、遼西，其地可耕，等於東南。設倣耕植，導水利，近給京師，大省輓輸，何所不贍？而空以委盜，害莫鉅焉。公書，不尚奇華，言期可用。使早究其業，塞下民實，五穀土價，非虚談也。遲之七十之年，始登鼎軸，復不久憖遺⑲，予所爲抱書而泣也。公，一子五孫，皆當代賢傑，推廣先志，尤兢兢八政云⑳。

婁東㉑門人張溥㉒西銘謹序

注：

①辛未之季春：指崇禎四年三月，即公元一六三一年四月。據明史（卷二三）本紀莊烈帝一：「四年……三月……己丑，賜陳于泰等進士及第、出身有差……。」

②時以春官尚書守詹：「春官」是周禮中的「大宗伯」；明代文人，將「禮部」牽附爲「春官」。明史（卷二五一）列傳一三九徐光啓本傳：「天啟三年（一六二三年）……旋擢禮部右侍郎。……崇禎元年……以左侍郎理部事……擢本部尚書。……」這就是「春官尚書」這個奇怪名稱的來歷。「守詹」，據徐文定公年譜：「萬曆四十七年（一六一九年），九月陞詹事府少詹事……。」

③次當讀卷：據徐文定公年譜：「辛未三月，充廷試讀卷官」，又徐文定公行實：「辛未三月，……充廷試讀卷官……所取有張太史溥，婁東人……。」

④一榻無帷：「榻」指牀，「帷」指帳子；即一張牀，未掛帳子。

⑤筮仕：「筮」是「占卦」，開始作官以前，占一次卦，看做官是否順利。本是春秋左氏傳閔公元年，畢萬在晉國做官以前，占卜的故事。後來凡是第一次做官，都稱爲「筮仕」，並不一定先占卜。

⑥長安：以漢唐的首都地名，代替當時首都北京（順天府）。

⑦「惟一老班役，衣短後衣」：「班役」，口語中稱爲「長班」，即「會館」（「同鄉會」的公寓）裏的勤雜人員。「短後衣」，男人在短上衣外面，繫一條長裙，遮住袴脚，兼有保暖與防汙作用，稱爲「腰圍裙」；過去是勞動人民的日常服裝。因爲止有前半長而後半仍露出短衣，所以用「短後衣」作爲

「雅稱」。

⑧易簀旅舍：「易簀」是禮記檀弓中所記曾子臨死時的故事；後來文章中用來代表士大夫階級人物的死亡。旅舍，在這裏實際指「會館」。

⑨「趙孟、公孫」：春秋晉國的正卿趙武，因爲排行第一，稱爲「趙孟」。趙武「薄諸侯之幣而重其禮」（物質上的贈送菲薄，但禮節隆重），即以恭敬與節約爲原則。公孫弘是漢武帝的丞相，提倡節儉。張溥以這兩個古人，作爲「廉仁博雅」的代表人物。

⑩張大中丞：明代起，巡撫帶御史銜，便借用漢代的官職名稱「中丞」來代表御史兼巡撫。張國維當時是「右僉都御史應天（南京）巡撫」（見本書張國維序文末自署官銜），所以稱他爲「（大）中丞」。

⑪方郡伯：「郡伯」，代替「知府」，指方岳貢。

⑫班史記之：「班史」，指班固漢書。這裏特指漢書藝文志。

⑬小道：論語子張第十九有「雖小道，必有可觀者焉」；鄭玄注：「小道，如今諸子書也。」

⑭梟茈：音（fú zǐ），即荸薺之類。

⑮丘蓋：意不知不言，見漢書王式傳。這裏是説名卿大儒也應知農言農。

⑯「輶軒襏襫，盡列筆削。氾、崔、賈、韓，方此蔑如」：輶，音由，解爲輕車；輶軒是皇帝特派使臣所乘的車子，象徵地代表貴人。「襏襫」音「撥釋」，解爲「簑衣」；象徵地代表窮苦大衆。氾指氾勝

之書作者氾勝之，崔指作四民月令的崔寔，賈指作齊民要術的賈思勰，韓指作四時纂要的韓鄂。「蔑」是渺小，不易看見。這四句，大意是「把各階層的人類的説法，加以選擇，作爲記載，比過去各家的農書都好得多」。

⑰ 「有田數弓，茀不治」：弓的長度，由於構造固定，可以用來丈量田地。一「弓」，即一步，也用來作爲平方步的簡稱。「茀」是長滿了亂草，走不通。

⑱ 沮洳：音(jū rù)，即低濕之地。宋史兵志十：「瀕海斥鹵，地形沮洳。」

⑲ 憖遺：魯哀公對孔子的悼詞中，引詩小雅十月之交中有「不憖遺一老」一句話，憖音 yìn，即願意。「遺」解作保留。「不憖遺」是不肯保留。

⑳ 八政：書周書洪範有「八政」，即食、貨、祀、司空、司徒、司寇、賓、師八個官職。

㉑ 婁東：「婁」即今日蘇州到上海的「劉河」；「婁東」，明代指崑山、太倉等縣。

㉒ 張溥：太倉人，字天如，自號西銘，是明末復社的組織人。明史(卷二八八)有傳。

凡例

古之聖人，疇①不重農政哉？垂於詩書者，彰彰也。然其文煩，其旨約。故經典之言，著其尤要者，以明所始。

漢書藝文志載農家者流，其書多不傳。今所採全篇者，惟管子〔一〕、呂覽②。其單辭雜說，諸子百家皆有之，如氾勝之之流最多。然散見於諸書，不備論。後之彙其全者，則後魏賈思勰〔一〕齊民要術也③。宋元以後，爲農書者，孟祺、苗好謙、暢師文、王禎之流也④。國朝爲種藝之書者，俞貞木〔二〕、黄省曾之屬也⑤。外若馮應京月令廣義⑥雖紀歲時，李時珍本草綱目⑦雖爲醫藥，而取材甚博，故多採擇焉〔二〕。

夫金銀錢幣，所以衡財也，而不可爲財。方今之患，在於日求金錢，而不勤五穀，宜其貧也益甚。此不識本末之故也。二祖列宗，明農知依，著於功令者煌煌；而〔三〕莫詳於馮慕岡先生重農考⑧，故全載之。

井田之制，不可行於今，然川遂溝澮，則萬古不易也。今西北之多荒蕪者，患正坐此。故玄扈先生作井田考⑨，著古制以明今用。

内則關陝、襄、鄧、許、洛、齊、魯，外則朔方、五原、雲、代、遼西，皆耕地也。棄而蕪之，專仰輸輓，國何得不重困？與語開墾播植之事，則疑駭而弗信。不知古者列國之時，何以自立？豈皆倚糴於鄰境耶？國家設官，多兼領營田、屯田之職，撫道皆載勅書。今則掛壁耳。然愚以爲當專責之賢守令。古之修厥績者，史不勝書。今列林侍御、諸葛令⑩及玄扈先生之論⑪，以其近而切也〔三〕。

管子曰：「不知四時，乃失治國之基。不知五穀之故，國家乃路⑫。」夫氣序占測，豈必季冬所頒，疇人所習哉⑬？農師耕父，能言之矣。故載其易通而驗者〔四〕。

水利者，農之本也，無水則無田矣。水利莫急於西北⑭，以其久廢也；西北莫先於京東，以其事易興而近於郊畿也。其議始於元虞集⑮，而徐孺東先生潞水客談備矣⑯。玄扈先生嘗試於天津三年，大獲其利，會有尼⑰之者而止。此已然之成效也。謀國者，其舉而措之。

或曰：鄭國於關中，史起於鄴，李冰於蜀，召信臣於南陽，宇内之可興水利者多矣⑱，何獨於京東？曰：曷能盡哉！此可類推也。因時勢，察土宜，弗棄利，弗鑿空，是在良有司耳。

東南水利，莫重於震澤、三江⑲，張大中丞三吴水利全書詳矣，茲其大略焉⑳。附以越東、滇南，則溪澗陂池之制可推也〔五〕。

灌溉之有圖也，江河溪澗塘濼井櫃之異其用。焉利用之？有圖也。因勢制器，各極巧焉，是不可以言詳也。雖機而樸矣，奚必抱甕而搰搰㉑哉〔六〕？

泰西之學，輸、墨遜其巧矣㉒。水法數卷㉓，採其有裨於農者。其文則駸駸乎考工之亞哉㉔？豈曰禮失而求諸夷㉕？

易曰：耒耨之利，以教天下，蓋取諸益。後世代以增制，其用日備。夫耕耘之物，刈穫之具，田夫野稚能辨之，而薦紳大夫有見而不能名者矣。故據王禎所圖㉖，稍删其繁，使覽之者，惕然稼穡之艱難焉。然禎，元之魯人也，或有北拙而南巧，古繁而今簡者，未敢妄增，以俟博雅。

穀以百者，所以別地宜，防水旱也。今北多黍稷，南僅稌稻，乖備種㉗之義矣〔七〕。

蔬蓏㉘，所以助饔飧，禦凶饉也。五果，所以備籩豆，輔時氣也。故次百穀〔八〕。

夫一女不織，必有受其寒者。樹墻下以桑，周制也；民田五畝，栽桑半畝，高皇帝令甲也。今栽桑最盛者，惟稱湖、閬㉙，欲以供天下之織，安得不空杼軸乎？蠶事載圖者，欲廣其事，且使内子命婦之屬，皆知勤於其業也〔九〕。

古之爲布，麻苧之屬耳，皆疏薄不堪禦寒。今之木棉，其用溥矣，尤莫盛於吾鄉。其所以供重賦執煩役者，率賴于此。故玄扈先生所著農遺雜疏首詳之㉚。今並採焉〔一〇〕。

周禮太宰以九職任萬民㉛，二曰園圃毓草木，三曰虞衡作山澤之材。蓋或勤樹藝之功，或收自然之利，百姓之所給也，工師之所化也，器用物采之所自出也。安可以忽諸〔一一〕！

畜牧者，大以修兵農而極富强，小以養老疾而備譏享。帝舜有益之命㉜，魯頌有駉之篇，周禮有囿人、較人之屬㉝。是可見也。下至蟲魚，苟利資用，靡弗及焉〔一二〕。

製造、食物、器用者，齊民要術所記也。採其切於農事者一卷。其濃腆而淫奇者，雖典如内則㉞，侈如食經㉟，巧於工垂，神于歐冶㊱，非野人之所知也〔一三〕。

周禮大司徒：「以荒政十有二聚萬民。」其説詳矣。以愚計之：預弭爲上，有備爲中，賑濟爲下。預弭者，濬河築堤，寬民力，祛民害也。有備者，尚蓄積，禁奢侈，設常平㊲，通商賈也。賑濟者，給米煮糜，計户而救之。苟非綜密有法，不煩不遺，民之死者過半矣。此編，凡本朝詔令，前賢經畫，條目詳貫，所以重民命而遏亂萌也〔一四〕。

饑饉之歲，凡木葉草實，皆可以濟農。民之能通其性味，辨其形質者鮮矣。周藩憲王有救荒本草一書㊳，既著其説，復圖其狀。仁哉，其用心乎！但所載皆河、洛、秦、晉之産，南方草木，多所未備。後之君子，其以所知而補焉〔一五〕。

徐文定公忠亮匪躬之節，開物成務之姿㊴，海內具瞻久矣。其生平所學，博究天人，而皆主於實用。至於農事，尤所用心。蓋以爲生民率育之源，國家富强之本。故嘗躬執耒耜之器，親嘗草木之味，隨時採集，兼之訪問，綴而成書。往，公以大宗伯掌詹，子龍謁之都下，問當世之務。時秦盜初起㊵。公曰：自今以往，國所患者貧，而盜未易平也。中原之民，不耕久矣，不耕之民，易與爲非，難與爲善。因言所緝農書，若己〔四〕不能行其言，當俟之知者。後三年，公薨。又二年，子龍於公次孫爾爵得農書而録焉。偶以呈大中丞張公，公以爲經國之書也，亟以示郡大夫方公。公亦大喜，共謀梓之。嗚呼，食爲民天，雖百世不易也。有輔世之責者，豈徒託諸空言而已哉？

文定所集，雜採衆家，兼出獨見，有得即書，非有條貫，故有略而未詳者，有重複而未及删定者。初中丞公屬子龍以潤飾也，自愧不敏，則以友人謝茂才廷禎、張茂才密，皆博雅多識，使任旁搜覆較之役，而子龍總其大端，遂燦然成書矣。大約删者十之三，增者十之二。其評點俱仍舊觀，恐有深意，不敢臆易也。中丞公與大夫公所以闡揚前哲，加惠元元之意，庶幾無負乎！外若相與商榷者，李孝廉待問、徐太學孚遠、宋孝廉徵璧、徐太學鳳彩也。較訂者，文定之甥陳貢士于階，暨其長嗣廕君驥，諸孫爾覺、爾爵、爾斗、爾默、爾路也。華亭陳子龍漫記㊶〔一六〕。

校：

〔一〕賈思勰　平本作「賈勰」，此處脱漏了一個「思」字，今補。

〔二〕俞貞木　「木」字，黔、魯譌作「本」，依平、曙作「木」，與卷二十六、卷二十八引種樹書所標姓名符合。

〔三〕而　平、曙作「爾」，依魯本改。

〔四〕己　平本譌作「巳」，曙本作「已」，依魯本、中華排印本改。

注：

① 疇：解作「誰」。

② 本書卷一諸家雜論上，引有管子的地員篇全篇，與吕氏春秋的審時、辨土、任地三篇。吕氏春秋全書，共有十二紀、八覽、六論。後來有人以八覽的「覽」字，綴合「吕」字，以吕覽代替全書的名稱，其實是不合理的。

③ 齊民要術：南北朝魏賈思勰所作齊民要術，大致在第六世紀中成書，是我國現存保存完整的最早農書。

④ 「孟祺、苗好謙、暢師文、王禎」：元史（卷一六〇）孟祺本傳，載孟祺曾作過山東西道勸農副使，新元史（卷一七三）同，都没有著過農書的説法。苗好謙，據元史食貨志一載他在「武宗至大二年

（一三〇九年）……獻種蒔之法，……其法，出齊民要術等書。……」新元史（卷一九四）記載更詳：「至大二年獻『種桑之法』，……五年，大司農買住等，進好謙所著栽桑圖説……。」暢師文，元史（卷一七〇）本傳説他至元二十三年（一二八六年）「上所纂農桑輯要書」。王禎，山東東平人，元代的農學家及活字印刷術的改進者。貞元元年至大德四年，歷任安徽旌德和江西永豐的縣尹。其間走遍華北、華中，大量涉獵農業文獻（包括已散佚的曾安止的禾譜和曾之謹農器譜等），提倡種植桑麻和改良農具，對當時農業生産的發展，起了一定作用。王禎所著農書共三十七卷（現存三十六卷），本書引用處不少。

⑤「俞貞木、黄省曾之屬也」：編集種樹書的俞貞木，是洪武年間的人，永樂初被殺（見康成懿校注種樹書附録關於種樹書的作者、成書年代及其版本）。黄省曾的著作有蠶經、種魚經、稻品、種芋法等，本書均引有。

⑥馮應京月令廣義：馮應京，明史（卷二三七）有傳。月令廣義大致成於一六〇一年，有一六〇二年刻本。以「月令」爲基礎，收録一些天文、地理、占候、叢辰……和少量與農事有關的材料，事實上止能作爲一部「通書」式的類書看待。

⑦李時珍本草綱目：這是十六世紀末，我國著名的本草學書；李時珍用幾十年工夫，收集了十六世紀以前本草學及有關文獻和自己的實踐——包括實地調查採集和臨證試驗——編寫而成。除引用文獻有改竄原文的地方，推論也不見得全部正確，反映了明末疎闊的學風文風之外，豐富、

詳細、深度,都是劃時代的世界性著作。本書引用時,常有删削增附。

⑧馮慕岡先生重農考:馮應京號慕岡;所編經世實用編中,有一篇國朝重農考。徐光啓對馮應京這一篇文章,極爲讚美,所以全載入本書卷三。

⑨玄扈先生作井田考:玄扈,原來的意義,是一種灰色雀類。傳説古代帝王少皞氏時,將管理農業生産的官稱爲「九扈」,見春秋左氏傳昭公十七年「九扈爲九農正」;注中列舉九種扈,其中有「夏扈竊(=淺色)玄」,賈逵解釋作「夏扈竊玄,趣民耘苗者也」。徐光啓自號「玄扈先生」,用意是催促大家趕先(和他的字「子先」相對應)耘苗,也有注重農業的意義。古人往往自稱「先生」,正和「主人」、「山人」、「居士」……等一樣,在行文中,也常用「……先生曰」來發表自己的意見,並無特别妄自尊大的味道。井田考,是徐光啓應用自己算術上的造詣來考證古代土地制度的文章,全文爲本書卷四。

⑩「林侍御、諸葛令」:林侍御,我們現在還未在本書中查得材料。(不知道是否即卷十四所引林應訓?)諸葛令,指知定遠縣的諸葛昇;他的墾田十議在卷八前半。

⑪玄扈先生之論:指卷九的玄扈先生墾田疏。

⑫這幾句,出自管子四時第四十。

⑬「豈必季冬所頒,疇人所習哉」:月令季冬,「令告民出五種,命農計耦耕事,修耒耜、具田器……」(見卷十末)。即由政府頒佈明年的農業生産安排。史記曆書,「疇人子弟分散」,孟康注「同類

之人，明曆者也」，後來稱專掌「曆算」的人爲「疇人」。

⑭ 西北：卷十二西北水利部分所載郭守敬所做的水利工作，確實包括了西北在内，但最初却在冀東。丘濬所談溝洫已是黄河下中游以下的地域。徐貞明水利疏所談的，雖從陝西、河南（明代也的確没有更西更北的政區）引起，主題却是「都城之外」，而且大半是京東地帶。别稱爲西北水利議的潞水客談，也是以「畿輔」（都城附近）爲主題。可見明代所謂「西北」，與我們今日觀念中的西北，原不是等同的。再卷八所引諸葛昇墾田十議中「墾田在西北爲利，而在鳳陽一屬尤利之利者」這句，似乎連鳳陽也算「西北」，則「北」與「南」，簡直以長江爲標準綫了。

⑮ 元虞集：虞集的事迹，參看卷三注㉞。

⑯ 徐孺東先生潞水客談：孺東是徐貞明的字；潞水客談，即卷十二所引徐貞明西北水利議。

⑰ 尼：解作「阻止」。孟子梁惠王下：「止或尼之。」全句意即：這時因有人阻攔而停止。

⑱ 「鄭國於關中……可興水利者多矣」，這些人物和事迹，參看卷十六注(62)、(63)、(66)、(81)。

⑲ 「震澤、三江」：禹貢有「三江既入，震澤底定」。震澤，即太湖。「三江」的説法，可參看卷十三劉鳳續吴録及吴恩吴中水利三江遺迹節。

⑳ 「張大中丞三吴水利全書詳矣，茲其大略焉」，這一句似乎是後來刻書時，爲了照顧巡撫張國維而加入的。所以文氣不連貫。

㉑ 抱甕而搰搰：出莊子，見卷十七注㉙。搰搰（gǔ），用力貌。

㉒「輸、墨」：輸，指公輸般（音 bān），墨指墨翟。墨子記有公輸般替楚國準備了攻宋的戰爭工具，墨翟相對應地作了許多剋服進攻的工事和器械；兩人相對在楚國朝廷表演，公輸般輸了，楚也放棄了攻宋的企圖。

㉓水法：指卷十九、卷二十所引泰西水法。

㉔其文則駸駸乎考工之亞哉：「駸駸」（qīn），是「馬行疾」，帶有趕過的意味。考工指考工記。泰西水法的文章，的確完全模仿考工記。這一句，懷疑不是原稿所有。因爲上句和下句連貫，插入這一句，反而累贅不通。

㉕禮失而求諸夷：春秋左傳昭公十七年「王官既失，求諸四夷」。

㉖據王禎所圖：指卷二十一至二十四這四卷所引的農器圖譜。

㉗備種：「備」解作「具備」，月令季冬「……告民出五種」，漢書食貨志「種必雜五種」……防止作物因品種過分單一而引起重大災害。

㉘蔬蓏：應作「蔬蓏」。史游急就章「園蔬果蓏助米糧」。本書卷二十五第一節，王禎百穀譜序有「蔬蓏平時可以助食」，並引楊泉物理論注「蔬果之類，所以助穀之不及也」。本書卷二十七是蓏部，二十八是蔬部，都是「蔬」與「蓏」並舉。此處大概因字形相似而寫錯。

㉙閬：指四川北部。

㉚農遺雜疏：徐光啓所著農遺雜疏，現未見完備的傳本。

㉛太宰：周禮天官冢宰的「大宰」。

㉜益之命：尚書舜典「帝曰：『俞，諮益，汝作朕虞』……」「虞」是「掌山澤之官名」（集解注史記的話）。

㉝「魯頌有駉之篇，周禮有囿人、較人之屬」：「駉」（jiōng），毛傳：「駉駉，良馬腹幹肥張也」。囿人、較人，「囿」係古代統治階級畜養禽獸的園林，漢以後稱苑。「囿人」、「較人」，從事打獵和管理園林的工作人員。

㉞典如内則：「典」解釋爲「嚴格規定」。内則是禮記中的一篇，（鄭玄目録説：「以其記男女居室，事父、母、舅、姑之法；以閨門之内，軌儀可則，故曰『内則』。」）其中有不少是關於配合烹調的「規定」，嚴格到了煩碎的程度。

㉟侈如食經：各種史書「藝文志」「經籍志」中記載的「食經」「食譜」（一般收在子部「農家類」），爲數不少。其中多數是豪門才可能享受的奢侈餚饌。由於多數豪門對於寫成書不感興趣，寫食譜的文人，能够過豪侈生活的畢竟還不是絶大多數，所以也還有像宋林洪山家清供之類的「書生」式食譜。

㊱「巧於工垂，神於歐冶」：相傳黄帝的臣倕（也寫作「垂」）創造了許多有用的器具。歐冶是傳説中善於煉冶的人。

㊲常平：漢書（卷二四上），「宣帝即位，用吏多選賢良，百姓安土，歲數豐穰（＝連年豐收），穀至石

五錢，農人少利。時大司農中丞耿壽昌……五鳳中，奏（言）『……宜糴三輔、弘農、河東、上黨、太原郡穀……』……壽昌遂白令邊郡（沿邊各郡）皆築倉。以穀賤時增其賈（＝價）而糴以利農；穀貴時，減賈而糶。名曰『常平倉』，民便之。」

㊳周藩憲王：明太祖的兒子朱橚，洪武十一年改封周王，十四年到開封府居住。死後諡稱定王；憲王是定王兒子朱有燉的諡號，見明史（卷一〇〇）諸王世系表一。據明史（卷一一六）列傳四，周王橚「以國土夷曠、庶草蕃蕪，考核其可佐饑饉者四百餘種，繪圖疏之，名救荒本草」，則作救荒本草的應是定王朱橚。自從李時珍本草綱目（卷五）序例中將救荒本草歸於周憲王後，不少人都沿襲了這個錯誤。

㊴「忠亮匪躬之節，開物成務之姿」：「忠亮」是赤心爲國家、爲道義，「匪躬」（見易蹇卦）即「忘我」。「開物成務」，出易繫辭，意義是「開通萬物之志，成就天下之務」。（「志」解爲「道理」，「務」解爲「事功」。）

㊵秦盜：統治階級稱明末陝西張、李農民起義爲「秦盜」。

㊶我們再三分析研究過這一篇「凡例」，最後所得初步結論，覺得它和全書的正文一樣，文字内容，主體仍是徐光啓原稿，不過付刻之前，陳子龍曾作過修改與增補，——而且，增補凡例的是陳子龍本人，不是他約來協助的兩位秀才或「參訂」的「太學」、「孝廉」們。

要作一部自成體系的大書，不論是「著」或「述」，至少先得有一個大體概念：整部書有什麼意義或用途？——即所謂「宗旨」。内容次序，大致如何安排？收取一些什麽資料？毫無計劃地累積下來的資料，像陳子龍在凡例末節所説「有得即書，非有條貫」，則止能作出「長編」或「筆記」，不會成爲有思想體系的著作。本書雖是「未定稿」，但徐光啓着手寫作，已有多年，要説他一直在毫無計劃、盲目累積材料，没有一定體系，恐怕不大合理；——因此「非有條貫」，未必是正確的判斷。倒過來，通過「不敢臆易」而保存了下來的「評（夾注及旁批）點（連圈連點）」看，徐光啓對於「屯墾」「水利」「備荒」這三項重要的「農政」内容，早有明白確切的認識與思想體系，却正是「條貫」在全書中的三個大綱。同時，合併正文中出自徐光啓手筆的幾段大文章，與某些旁批夾注來看，他對漁陽，對京東水利，對徐貞明、馮應京、耿橘等人的贊許欽佩，説明了全書某些内容的安排，的確早已「胸有成竹」。凡例中引徐貞明、馮應京、耿橘等人全篇文字的幾段説明，更止能認作原稿，事後的局外人陳子龍，「揣摩」徐光啓原來用意，未必熨貼細緻得到這樣「天衣無縫」的程度。

一部大書的寫作過程，除了最基本最原始的概念之外，也得有一個「執行方案」，——包括一些原則性的具體辦法，作出這樣一個方案時，總已經擁有不少實際材料的「例」，和處理這些材料的原則，如「凡什麽則怎樣」之類，歸納起來，得到一些具體條文，——這就是所謂「凡例」。動手寫作之前，往往先得自己作出一個初步方案或「凡例」的草案。真正動手之後，按自擬的凡例執行時，總會出現一些矛盾，一些困難；於是就對原方案作些修改，求得解決。每一次的修改都意味着思考能力與寫作技術的提高改進。一個「凡例」擬定之後，不需要作任何修改，有兩種可能：一種是凡例已經把作者所掌握的材料全部包括無餘，這就意味着資料的貧乏；另一種是思考能力與寫作技術已經達到「頂點」，没有再進一步的餘地。估計這兩種情形，都不是好現象。像農政全書這麽大的一部書，如果現有的「凡例」已是徐光啓的定稿，看來也不大可能。因此，我們過去認爲徐光啓止有一個「綱目」；現在看來，應是未定稿的「凡例」，而這個「凡例」目前的形式，陳子龍還是在某些地方，作了一些修改與增補的。修改增補的地方，有的比較容易看出，我們在「案」中作了些揣測性的説明；一定還有另一些我們没有覺察的地方，讀者可以自己體會得到。

關於本書整理付刻時，内容「删者十之三」，删去的是些什麽，很難猜度；至於「增者十之二」，增的是什麽？我們主觀地認爲凡屬與徐光啓謹嚴科學態度有牴觸的，如迷信神話材料、傅會傳説材料，以及某些不相干的「辭藻」（第二十五至第三十卷，第三十八卷至四十二卷特别多）。在正文中我們逐條逐處嘗試着作了一些推斷，這裏就不詳細叙述了。

案：

〔一〕事實上，諸家雜論上所引管子，還有權修、輕重兩篇中的幾句。

〔二〕以上兩節，大致應係原稿中對過去農書及有關文獻的簡單總結，同時説明了全書取材來歷和選擇標準。第一節，專對卷一、卷二；第二節，則通貫全書，不限於卷一、卷二。以下各節，分指以後各卷。

〔三〕卷五的田制，以王禎農書中農器圖譜一田制爲主要材料；卷六和卷七營治，取自齊民要術與王禎農書農桑通訣各篇。卷八，還有汪應蛟、沈一貫、耿橘三人的建議。懷疑原稿中本有「林侍御」的文章，在整理付刻時删去了。

〔四〕這一節説明卷十授時、卷十一占候的用意。

〔五〕以上幾節，説明卷十二至卷十六這五卷的佈局和取材。

〔六〕這一節，説明卷十七、卷十八水利圖譜的佈局和内容。

〔七〕這節説明卷二十五、卷二十六穀部的安排。

〔八〕這一節，説明卷二十七至三十四卷的佈局意義。

〔九〕這一節説明卷三十一至三十四這四卷蠶桑的佈局意義。

〔一〇〕這一節説明卷三十五、三十六蠶桑廣類的安排。

〔一一〕這一節説明卷三十七至卷四十這四卷種植的佈局和意義。

〔一二〕這一節説明卷四十一牧養的意義。

〔一三〕這一節説明了卷四十二的佈局。第四十二卷現有的内容，和這條凡例大不相稱，可見這一卷在整理中經過了不適當的增補，也就間接證明這一條凡例應是原稿，未經改動。

〔一四〕這一節説明第四十三至第四十五這三卷的意義。

〔一五〕這一段説明第四十六至第五十九卷收録救荒本草的來歷。但爲什麽收録第六十卷野菜譜，却没有交待。

〔一六〕這兩節，不稱「玄扈先生」而稱「徐文定公」，才真是陳子龍的手筆。第一節説明陳個人對徐光啓及所著農政全書的認識，以及他所以要刻這部書的道理。第二節，説明刻書前的整理過程。

農政全書卷之一

農本

經史典故

神農氏曰炎帝，以火名官。斲木爲耜，揉木爲耒，耒耨之用，以教萬人。始教耕，故號神農氏①。

白虎通云：古之人民，皆食禽獸肉。至於神農，用天之時〔一〕，分地之利，制耒耜，教民農作。神而化之，使民宜之，故謂之神農②。

典語云③：「神農嘗草別穀，烝民粒食。」後世至今賴之。農丈人一星，在斗西南，老農主稼穡也。其占與糠略同。與箕宿邊杵星相近。蓋人事作乎下，天象應乎上，農星其殆始於此也。

后稷名曰棄。棄爲兒時，如巨人之志。其遊戲，好種植麻麥。及爲成人，遂好耕農。相地之宜，宜穀者稼穡之。民皆法之。帝堯聞之，舉爲農師④。帝舜曰：「棄，黎民阻饑，汝后稷，播時百穀⑤。」詩曰：「思文后稷，克配彼天；立我烝民，莫匪爾極。帝命率育。奄有下國，俾民稼穡⑥。」豳風七月之詩，陳王業之艱難。蓋周家以農事開國，實祖於后稷。所謂配天社而祭者，皆後世仰其功德，尊之之禮，實萬世不廢之典也⑦。

嘗聞古之耕者用耒耜，以二耜爲耦而耕，皆人力也。至春秋之間，始有牛耕，用犁。山海經曰：「后稷之孫叔均，始作牛耕」，是也。嘗考之，牛之有星，在二十八宿丑位，其來著矣。謂牛生於丑，宜以是月致〔一〕祭牛宿，及令各加蔬豆養牛，以備春耕⑧。

漢食貨志：后稷始甽田，以二耜爲耦。

藝文志：「農九家百四十一篇〔二〕。農家者流，蓋出農稷之官，播百穀，勸耕桑，以足衣食⑨⑩。」

書洪範⑪八政：「一曰食、二曰貨⑫。」玄扈先生曰：生之者衆，食之者寡，此言食也。爲之者疾，用之者舒，此言貨也⑬。

周公曰⑭：「嗚呼！君子所其無逸，先知稼穡之艱難，乃逸，則知小人之依。」

禮王制⑮：「國無九年之蓄，曰不足；無六年之蓄，曰急；無三年之蓄，曰國非其國也。三年耕，必有一年之食；九年耕，必有三年之食。以三十年之通，雖有凶旱水溢，民無菜色。」

孝經庶人章⑯：「用天之道，春則耕種，夏則芸苗，秋則穫刈，冬則入廩。分地之利，分別五土之高下，隨所宜而播種之。謹身節用，身恭謹則遠恥辱，用節省則免饑寒。以養父母。此庶人之孝也。」

周制：「種穀，必雜五種，以備災害。種即五穀：謂黍、稷、麻、麥、豆也〔三〕。還⑰廬樹桑，菜茹有畦，瓜瓠果蓏，殖於疆場。雞豚狗彘，毋失其時。女修蠶織，則五十可以衣帛，七十可以食肉。入者必持薪樵，輕重相分，班白不提挈。冬，民既入，婦人同巷，相從夜績，女工一月得四十五日。服虔曰：一月之中，又得夜。半，爲十五日，凡四十五日〔四〕。必相從者，所以省費燎火，同巧拙而合習俗也⑱。」

管子⑲：「民無所游食〔五〕必農，民事農則田墾，田墾則粟多，粟多則國富。」玄扈先生曰：有所游食必不農，今世是也⑳。

管仲相齊，與俗同好惡。其稱曰：「倉廩實而知禮節，衣食足而知榮辱。」

莊子長梧封人曰㉑：「昔予爲禾稼，而鹵莽種之〔六〕，其實亦鹵莽而報予；芸而滅裂之，其實亦滅裂而報予。來年深其耕而熟耰之，其禾繁以滋，予終年厭飧。」

李悝爲魏文侯作盡地力之教。以爲地方百里，提封㉒九萬頃，除山澤邑居叄分去一，爲田六百萬畮。治田勤謹，則畮益三升；臣瓚曰：當言三斗，謂治田勤，則畮加三斗也。不勤，則損亦如之。地方百里之增減，輒爲粟百八十萬石矣。又曰：糴甚貴傷民，甚賤傷農。民傷則離散，農傷則國貧。故甚貴與甚賤，其傷一也〔七〕。

氾勝之書㉓：「湯有旱災，伊尹作爲區田，教民糞種，負水澆稼。」氾，扶嚴反，水名，又姓，出燉煌、濟北二望。本姓凡氏，避地於氾水，因改焉〔八〕。

史記太史公曰㉔：「居之一歲，種之以穀；十歲，樹之以木；百歲，來之以德。德者，人物之謂也。今有無秩禄之奉，爵邑之入，而樂與之比者，命曰素封。故曰陸地牧馬二百蹄，漢書音義曰：五十疋。牛蹄角千，漢書音義曰：百六十七頭也。馬貴而牛賤，以此爲率。千足羊，澤中千足彘，韋昭曰：二百五十頭。水居千石魚陂，徐廣曰：魚以斤兩爲計也。山居千章之材，安邑千樹棗，燕、秦千樹栗，蜀、漢、江陵千樹橘，淮北常山已南河、濟之間千樹萩㉕，陳、夏千畝漆，齊、魯千畝桑麻，渭川千畝竹。及名國萬家之城，帶郭千畝，畝鍾之田，徐廣曰：六斛四斗也。若千畝卮茜，徐廣曰：卮，音支，鮮支也。茜，音倩，一名紅藍，其花染繒赤黄也。千畦薑韭。徐廣曰：千畦二十五畝。駰〔二〕案：韋昭曰：畦，猶壟也。此其人，皆與千户侯等。」

漢文帝時，賈誼説上曰：「漢之爲漢，幾四十年矣。公私之積，猶可哀痛。即不幸有方二三千里之旱，國胡以相恤？卒然邊境有急，數十百萬之衆，國胡以餽之？夫積貯者，天下之大命也。苟粟多而財有餘，何爲而不成？以攻則取，以守則固，以戰則勝；懷敵附遠，何招而不至？今敺民而歸之農，使天下各食其力，末技游食之人〔九〕，轉而緣南畝，則蓄積足而人樂其所矣㉖。」

張堪拜漁陽太守，【漁陽猶在乎？】開稻田八千餘頃，勸民耕種，以致殷富。百姓歌曰：桑無附枝，麥穗兩歧。張君爲政，樂不可支㉗。

王符曰：「一夫不耕，天下受其飢；一婦不織，天下受其寒。今舉俗舍本農，趨商賈，是則一夫耕，百人食之，一婦桑〔三〕，百人衣之。以一奉百，孰能供之㉘？」

劉陶曰：「民可百年無貨，不可一朝有饑。故食爲至急也㉙。」

仇覽爲蒲亭長，勸人生業。爲制科令，至於果菜爲限，雞豚有數。農事既畢，乃令子弟群居就學〔一〇〕，其剽輕游恣者，皆役以田桑，嚴設科罰。躬助喪事，振恤窮寡，期年，稱大化㉚。

唐張全義爲河南尹。經黄巢之亂，繼以秦宗權、孫儒殘暴，居民不滿百户，四境俱無耕者。全義招懷流散，勸之樹藝。數年之後，都城坊曲，漸復舊制，諸縣户口，率皆歸復。桑麻蔚然，野無曠土。全義出，見田疇美者，輒下馬與僚佐共觀之。召田主，勞以酒食。有蠶麥善收者，或親至其家，悉呼出老幼，賜以茶綵、衣物。民間言張公不喜聲伎，見之未嘗笑，獨見佳麥良繭則笑耳。有田荒穢者，則集衆杖之。或訴以乏人牛，乃召其鄰里，責之曰：「彼誠乏人牛，何不助之？」衆皆謝，乃釋之。由是鄰里有無相助。故比户皆有蓄積，凶年不饑，遂成富庶焉㉛。

李襲譽嘗謂子孫曰：「吾負京有田十頃，能耕之，足以食。河内千樹桑，事之可以衣。能勤此，無資於人矣㉜。」

諸家雜論上

管子曰㉝：夫管仲之匡天下也，其施七尺。瀆田悉徙，五種無不宜。其立後而手實，其木宜蚖蓄與杜松，其草宜楚棘。見是土也，命之曰五施，五七三十五尺而至於泉，呼音中角〔三〕。赤壚歷强肥，五種無不宜。其麻白，其布黄，其草宜白茅與雚，其木宜赤棠〔四〕。見是土也，命之曰四施，四七二十八尺而至於泉，呼音中商。其水白而甘，其民壽。黄唐〔五〕，無宜也，唯宜黍秫也。宜縣澤，行廧同牆。落，地潤數毀，難以立邑置廧。其草宜黍秫與茅，其木宜櫄櫌桑。見是土也，命之曰三施，三七二十一尺而至於泉，呼音中宮。其泉黄而糗，流徙。斥埴，宜大菽與麥，其草宜萯雚，其木宜杞。見是土也，命之曰再施，二七十四尺而至於泉，呼音中羽。其泉鹹，水流徙。黑埴，宜稻麥，其草宜苹蓨，其木宜白棠。見是土也，命之曰一施，七尺而至於泉，呼音中徵。其水黑而苦。凡聽徵，如負猪豕，覺而駭。凡聽羽，如鳴〔六〕馬在野。一作鳴鳥在樹。凡聽宮，如牛鳴窌中。凡聽商，如離群羊。凡聽角，如雉登木以鳴，音疾以清。凡將起五音，凡首：先主一而三之，四開以合九九，以是生黄鍾小素之首以成宫。三分而益之以一，爲百有八爲徵；不無有三分而去其乘適足，以是生商；有三分〔七〕而復於其所，以是成羽。有三分而去其乘適足，以是生角。

墳延者，六施，六七四十二尺而至於泉。陝之芳，七施，七七四十九尺而至於泉。祀陝，八施，八七五十六尺而至於泉。杜陵，九施，七九六十三尺而至於泉。延陵，十施，七十尺而至於泉。環陵，十一施，七十七尺而至於泉。蔓山，十二施，八十四尺而至於泉。付山，十三施，九十一尺而至於泉。付山白徒，十四施，九十八尺而至於泉。中陵，十五施，百五尺而至於泉。青山，十六施，百一十二尺而至於泉。青龍之所居。庚泥，不可得泉。赤壤埶山，十七施，百一十九尺而至於泉。其下青商，不可得泉。陞山白壤，十八施，百二十六尺而至於泉。其下駢石，不可得泉。徒山，十九施，百三十三尺而至於泉。其下有灰壤，不可得泉。高陵土山，二十施，百四十尺而至於泉。

山之上，命之曰縣泉。其地不乾，其草如茅與走，其木乃樠，鑿之二尺乃至於泉。山之上，命曰復呂。其草魚腸與蕕，其木乃柳，鑿之三尺而至於泉。山之上，命曰泉英。其草蘄白昌，其木乃楊。鑿之五尺而至於泉。山之材，其草兢與薔，其木乃格。鑿之二七十四尺而至於泉。山之側，其草葍與蔞，其木乃品榆。鑿之三七二十一尺而至於泉。

凡草土之道，各有穀造，或高或下，各有草木。葉下於虋，虋下於莧，莧下於蒲，蒲下於葦，葦下於雚，雚下於蔞，蔞下於荓，荓下於蕭，蕭下於薜，薜下於萑，萑下於茅。凡彼草物，有十二衰，各有所歸。

九州之土，爲九十物。每州有常而物有次。

群土之長，是爲五粟。五粟之物，或赤或青或黑或黄或白。五粟五章。五粟之狀，淖而不肕，剛而不觳，不濘車輪，不汙手足。其種大重，細重，白莖白秀，無不宜也。五粟之土，若在陵在山，在隫在衍，其陰其陽，盡宜桐柞，莫不秀長。其榆其柳，其檿其桑，其柘其櫟，其槐其楊，群木蕃滋，數大條直以長。其澤則多魚，牧則宜牛羊。其地其樊，俱宜竹箭，藻黽楢檀，五臭生之。薜荔白芷蘪蕪椒連。五臭所校，寡疾難老，士女皆好，其民工巧。其泉黄白，其人夷姤。五粟之土，乾而不格，湛而不澤，無高下葆澤以處，是謂粟土。

粟土之次，曰五沃。五沃之物，或赤或青或黄或白或黑。五沃之物，各有異則。五沃之狀，剽忞[一一]橐土，蟲易全處。忞剽不白，下乃以澤。其種大苗、細苗，赨莖黑秀，箭長。五沃之土，若在丘在山在陵在岡，若在陬陵之陽，其左其右，宜彼群木，桐柞扶櫄，及彼白梓。其梅其杏，其桃其李，其秀生莖起。其棘其棠，其槐其楊，其榆其桑，其杞其枋，群木數大，條直以長。其陰則生，又之楂梨。其陽則安，樹之五麻。若高若下，不擇疇所。其麻大者，如箭如葦，大長以美。其細者，如萑如蒸，欲有與名。大者不類，小者則治，揣而藏之，若衆練絲。五臭疇生，蓮與蘼蕪，藁本白芷。其澤則多魚，牧則宜牛羊。其泉白青，其人堅勁。寡有疥騷，終無痟酲。五沃之土，乾而不斥，湛而不澤，無高下葆澤以處，是謂沃土。

沃土之次，曰五位。五位之物，五色雜英〔八〕，各有異章。五位之狀〔九〕，不塥不灰，青怸以落〔一〇〕。其種大葦無、細葦無，秫莖白秀。五位之土，若在岡在陵，在隫在衍，在丘在山，皆宜竹箭。求黽楢檀。其山之淺，有蘢與斥，群木安逐，條長數大。其桑其松，其杞其茸，種木胥容。榆桃柳楝，群藥安生，姜與桔梗，小辛大蒙。其山之梟，多桔符榆。其山之末，有箭與苑。其山之傍，有彼黃亩，及彼白昌，山藜葦芒，群藥安聚，以圉民殃。其林其漉，其槐其楝，其柞其穀，群木安逐，鳥獸安施，既有麋麃，又且多鹿。其泉青黑，其人輕直，省事少食。無高下葆澤以處，是謂位土。

位土之次，曰五隱〔一三〕。五隱之狀，黑土黑菭，青怵以肥，芬然若灰。其種櫑葛，秫莖黃秀，恚目，其葉若苑。以蓄殖果木。不若三土以十分之二。是謂蘟〔一四〕土。

蘟土之次，曰五壤。五壤之狀，芬然若澤若屯土。其種大〔二〕水腸、細水腸，赨莖黃秀以慈。忍水旱，無不宜也。蓄殖果木，不若三土以十分之二。是謂壤土。

壤土之次，曰五浮。五浮之狀，捍然如米，以葆澤，不離不坼。其種忍蘟，忍葉如藿葉以長狐茸，黃莖黑莖黑秀，其粟大，無不宜也。蓄殖果木，不如三土以十分之二。

凡上土三十物，種十二物。

中土曰五忢。五忢之狀，廪焉如壏，潤濕以處。其種大稷、細稷，赨莖黃秀以慈，忍水旱。細粟如麻。蓄殖果木，不若三土以十分之三。

忢土之次，曰五纑。五纑之狀，强力剛堅。其種大邯鄲、細邯鄲，莖葉如扶𣝗，其粟大。蓄殖果木，不若三土以十分之三。

纑土之次，曰五壏〔三〕。五壏之狀，芬焉若糠以肥。其種大荔、細荔，青莖黃秀。蓄殖果木，不若三土以十分之三。

壏土之次，曰五剽。五剽之狀，華然如芬以脈。其種大秬、細秬，黑莖青秀。蓄殖果木，不若三土以十分之四。

剽土之次，曰五沙。五沙之狀，粟焉如屑塵厲。其種大萯、細萯，白莖青秀以蔓。蓄殖果木，不若三土以十分之四。

沙土之次，曰五塥。五塥之狀，累然如僕累。不忍水旱。其種大穋杞、細穋杞，黑莖黑秀。蓄殖果木，不若三土以十分之四。

凡中土三十物，種十二物。

下土曰五猶。五猶之狀如糞。其種大華、細華，白莖黑秀。蓄殖果木，不如三土以十分之五。

猶土之次，曰五弘。五弘之狀，如鼠肝。其種青粱，黑莖黑秀。蓄殖果木，不如三土以十分之五。

弘土之次，曰五殖。五殖之狀，甚澤以疏，離坼[三]以臞埆。其種雁膳，黑實；朱跗，黄實。蓄殖果木，不如三土以十分之六。

五殖之次，曰五觳。五觳之狀，婁婁然，不忍水旱。其種大菽、細菽，多白實。蓄殖果木，不如三土以十分之六。

觳土之次，曰五鳧。五鳧之狀，堅而不骼。其種陵稻，黑鵝、馬夫。蓄殖果木，不如三土以十分之七。

鳧土之次，曰五桀。五桀之狀，甚鹹以苦。其物爲下。其種白稻，長狹。蓄殖果木，不如三土以十分之七。

凡下土三十物，其種十二物。

凡土物九十，其種三十六㉞。

「野與市争民，金與粟争貴㉟」。又曰：「狄，諸侯畝鍾之國也，故粟十鍾而錙金。程，諸侯出東之國也，故粟五釜而錙金㊱」。

商子曰㊲：「金生而粟死，粟死而金生。金一兩生於境内，粟十二石死於境外；粟十二石生於境内，金一兩死於境外。好生金於境内，則金粟兩死，倉府兩虛，國弱。好生粟於境内，則金粟兩生，倉府兩盈，國强。」

呂覽曰：玄扈先生曰：古農家之書甚多，于今罕傳。呂相所集諸篇，概有所本，亦可覩見一二矣。凡農之道，厚之爲寶。斬木不時，不折必穗。稼就而不穫，必遇天菑。夫稼，爲之者人也，生之者地也，養之者天也。是以人稼之容足，耨之容耰，據之容手，此之謂耕道。是以得時之禾，長稠而穗，大本而莖殺，疏〔一四〕機而穗大，其粟圓而薄糠，其米多沃而食之彊〔一五〕。如此者不風。先時者，莖葉帶芒以短衡，穗鉅而芳〔一六〕奪，秮米而不香；後時者，莖葉帶芒而末衡，穗閲而青零，多粃而不滿。得時之黍，芒莖而徼下，穗芒以長，摶〔一七〕米而薄糠，舂之易而食之不噮而香。如此者不飴。先時者，大本而華，莖殺而不遂，葉藁短穗；後時者，小莖而麻長，短穗而厚糠，小米鉗而不香。得時之稻，大本而莖葆，長稠疏機，穗如馬尾；大粒無芒，摶米而薄糠，舂之易而食之香。如此者不益。先時者，大本而莖葉格對，短稠短穗，多秕厚糠，薄米多芒。後時者，纖莖而不滋，厚糠多秕，庭辟米，不得待〔一八〕定熟，卬天〔一九〕而死。得時之麻，必芒以長，疎節而色陽，小本而莖堅，厚枲以均，後熟多榮，日夜分復生。如此者不蝗。得時之菽，長莖而〔二〇〕短足，其莢〔二一〕二七以爲族，多枝數節，競葉蕃實。大菽則圓，小菽則摶以芳，稱之重，食之息以香。如此者不蟲。先時者，必長以蔓，浮葉疎節，小莢〔二二〕不實。後時者，短莖疎節，本虛不實。得時之麥，稠長而莖黑，二七以爲行，而服薄糕而赤色。稱之重，食之致香以息，使人肌澤且有力。如此者不蚼蛆。先時者，暑雨未至，胕〔二三〕動蚼蛆而多疾，其次羊以節。後時者，弱苗而穗蒼狼，薄色而美芒。是故得時之稼興，失時之稼約。莖相若，稱之，得時者重，粟之多。量粟相若而舂之，得時者多米。量米相若而食之，得時者忍饑。是故得時之稼，其臭香，其味甘，其氣章。百日食之，耳目聰明，心意叡智，四衛變彊，殈〔二四〕氣不入，身無苛殃。黄帝曰：「四時之不正也，正五穀而已矣。」審時篇㊳。

后稷曰：子能以窐爲突乎？子能藏其惡而揖之以陰乎？子能使吾土靖而甽浴土乎？子能使保溼〔二五〕安地而處乎？子能使雚夷毋淫乎？子能使子之野盡爲泠風乎？子能使藁數節而莖堅乎？子能使穗大而堅均乎？子能使粟圜而薄糠乎？子能使米

多沃而食之彊乎？無之若何？凡耕之大方，力者欲柔，柔者欲力；息者欲勞，勞者欲息；棘者欲肥，肥者欲棘；急者欲緩，緩者欲急；溼者欲燥，燥者欲溼。上田棄畝，下田棄甽。五耕五耨，必審以盡。其深殖之度，陰土必得。大草不生，又無螟蜮。今兹美禾，來兹美麥。是以六尺之耜〔二六〕，所以成畝也。其博八寸，所以成甽也。耨柄尺，此其度也。其耨六寸，所以間稼也。地可使肥，又可使棘。人肥必以澤，使苗堅而地隙。人耨必以旱，使地肥而土緩。草諯大月。冬至後五旬七日，菖始生。菖者，百草之先生者也，於是始耕。孟夏之昔，殺三葉而穫大麥。日至，苦菜死而資生，而樹麻與菽，此告民地寶盡死。凡草生藏日中出，狶〔二七〕首生而麥無葉，而從事於蓄藏，此告民究也。五時，見生而樹生，見死而穫死。天下時，地生財，不與民謀。有年瘞土，無年瘞土。無失民時，無使之治。下知貧富利器，皆時至而作，渴時而止。是以老弱之力可盡起。其用曰半，其功可使倍。不知事者，時未至而逆之，時既往而慕之，當時而薄之，使其民而郄之。民既郄乃以良時慕，此從事之下也。操事則苦，不知高下，民乃逾處。種稑禾不爲稑，種重禾不爲重，是以粟少而失功。任地篇㊴。

凡耕之道：必始於壚，爲其寡澤而後枯。必厚其靹，爲其唯厚而及。鎗者莛之，堅者耕之，澤其靹而後之。上田則被其處，下田則盡其汙。無與三盜任地。夫四序參發，大甽小畝爲青魚胠，苗若直獵，地竊之也。既種而無行，耕而不長，則苗相竊也。弗除則蕪，除之則虚，則草竊之也。故去此三盗者，而後粟可多也。所謂今之耕也，營而無獲者，其蚤者先時，晚者不及時，寒暑不節，稼乃多菑〔二八〕實。其爲晦也，高而危則澤奪，陂則埒，見風則㵩，高培則拔，寒則彫，熱〔二九〕則脩，一時而五六死，故不能爲來。不俱生而俱死，虚稼先死，衆盗乃竊。望之似有餘，就之則虚。農夫知其田之易也，不知其稼之疏而不適也；知其田之際也，不知其稼居地之虚也。不除則蕪，除之則虚，此稼之傷也。故晦欲廣以平，甽欲小以深，下得陰，上得陽，然後咸生。稼欲生於塵，而殖於堅者。慎其種，勿使數，亦無使疏。於其施土，無使不足，亦無使有餘。熟有耰也，必務其培。其耰也植，植者其生也必先。其施土也均，均者其生也必堅。是以晦廣以平，則不喪本，莖生於地者，五分之以地。莖生有行，故遬長；弱不相害，故遬大。衡行必得，縱行必術；正其行，通其風；央〔三〇〕心中央，帥爲泠〔三一〕風。苗，其弱也欲孤，長也欲相與居，其熟也欲相扶。是故三以爲族，乃多粟。凡禾之患，不俱生而俱死。是以先生者美米，後生者爲粃。是故其耨也，長其兄而去其弟。樹肥無使扶疏，樹墝不欲專生而族居。肥而扶疏則多粃，墝而專居則多死。不知稼者，其耨也，去其兄而養其弟，不收其粟而收其粈〔三二〕，上下不〔三三〕安，則禾多死。厚土則孽不通，薄土則蕃轓而不發。壚埴冥色，剛土柔種，免耕殺匿，使農事得。辨土篇㊵。

亢倉子曰㊶：人捨本事末，則不一令〔一五〕。不一令，則不可守，不可戰。人捨本事末，則其產約。其產約，則輕流徙。輕流徙，則國家時有災患，皆生遠志，無復居心。人忘本而事末，則好智。好智則多詐，多詐則巧法令，巧法令則以是爲非，以非爲是。古先聖王之所以理人者，先務農業，農業非徒爲地利也，貴其志也。人農則樸，樸則易用。易用則邊境安，邊境安則主位尊。人農則童〔一六〕，童則少私義，少私義則公法立，力博深。農則其產複，其產複，則重流散，重流散，則死其處無二慮，是天下爲一心矣。天下一心，軒轅几蘧之理㊷，不是過也。古先聖王之所以茂㊸耕織者，以爲本教也。是故天子躬率諸侯耕籍田，大夫士第有功級，勸人尊地產也。后妃率嬪御，蠶於郊桑公田，勸人力婦教也。男子不織而衣，婦人不耕而食，男女貿功，資相爲業，此聖王之制也。故敬時受日，埒實課功，非老不休，非疾不息。一人勤之，十人食之。當時之務，不興土功，不料師旅，男不出御，女不外嫁，以妨農也。黄帝曰：四時之不可正，正五穀而已耳。夫稼，爲之者人也，生之者地也，養之者天也〔三四〕。是以稼之容足，耨之容耰，耘之容手，是謂耕道。農攻食，工攻器，賈攻貨。時事不襲，敓之以土功，是謂大凶。凡稼，蚤者先時，暮者不及時，寒暑不節，稼乃生災。冬至已後五旬有七日而菖〔三五〕生，於是乎始耕。事農之道，見生而藝生，見死而穫死。天發時，地産財，不與人期。有年祀土，無年祀土，無失人時。迨時而作，遇時而止，老弱之力，可使盡起。不知時者，未至而逆之，既往而慕之，當其時而薄之，此從事之下也。夫耨必以旱，使地肥而土緩。稼欲産於塵土，而殖於地堅者。慎其種，勿使數，亦無使疏。於其施土，無使不足，亦無使有餘。畎欲深以端，畝欲沃以平，下得陰，上得陽，然後咸生。立苗有行故速長，强弱不相害〔一七〕故速大，正其行，通其中，疏爲泠風【千古要論】，則有收而多功。率稼，望之有餘，就之則疏，是地之竊也。不除則蕪，除之則虚，是事之傷也。苗，其弱也欲孤，其長也欲相與居，其熟也欲相與扶。三以爲族，稼乃多穀。凡苗之患，不俱生而俱死，是以先生者美米，後生者爲秕。是故其耨也，長其兄而去其弟，樹肥無使扶疏，樹墝不欲專生而獨居〔一八〕，肥而扶疏則多秕，墝而專居則多死。不知耨者，去其兄而養其弟，不收其粟而收其秕，上下不安，則稼多死。得時之禾，長秱〔三六〕而大穗，圜粟而薄糠，米飴而香，舂之易而食之强。失時之禾，深芒而小莖，穗鋭多秕而青蘦。得時之黍，穗不芒以長，團米而寡糠。失時之黍，大本華莖，葉膏短穗。得時之稻，莖葆長秱，穗如馬尾。失時之稻，纖莖而不滋，厚糠而菑死。得時之麻，疏節而色陽，堅枲而小本。失時之麻，蕃柯短莖，岸節而葉蟲。得時之菽，長莖而短足，其莢二七以爲族，多枝數節，競葉繁實，稱之重，食之息。失時之菽，必長以蔓，浮葉虚本，疏節而小莢。

得時之麥，長稠而頸族，二七以爲行，薄翼而蘱色，食之使人肥且有力。失時之麥，胕腫多病，弱苗而翜穗，是故得時之稼豐，失時之稼約。庶穀盡宜，從而食之，使人四衛變强，耳目聰明，凶氣不入，身無苛殃。善乎孔子之言㊹，冬飽則身温，夏飽則身涼，夫温涼時適，則人無病疢。人無病疢，是疫癘不行，疫癘不行，咸得遂其天年。故曰：穀者人之天。是以興王務農，王不務農，是棄人也。王而棄人，將何國哉？農道篇㊺。

戴埴〔三七〕論曰㊻：玄扈先生曰：書不删無逸，詩不删豳風。夫子告須之辭，亦猶孟子不欲並耕之意耳。樊遲學稼學圃㊼，夫子固以須無志於大而鄙之。然夫子所謂不如老農圃，則是真實之辭。古者，人各有一業，一事一物，皆有傳授。問樂必須夔，問刑必須皐，農事非后稷不可。禾麻菽麥秬秠穈〔三八〕芑，各有土地之宜；方苞種褎〔三九〕發秀穎栗，各有前後之序。本末源流，特概見於生民、七月。周禮欲〔一九〕職事曰：稼穡樹藝，及任農以耕事，任圃以樹事，是各有職。老農老圃，蓋習聞其故家遺俗，窮耕植〔四〇〕之理者也。此許行所以學農家。今以所㊽傳齊民要術，亦可想農圃之梗概。管子地員一篇，載土地所宜，比禹貢尤詳悉。亢倉子説農道，大有意義。稼容足，耨容耰，耘容手，謂之耕道。人耨以旱，使地肥而土緩。稼欲産於塵，而殖於堅。其種勿使數，亦無使疎〔四一〕。施土無使不足，亦無使有餘。畎欲深而端，畝欲廣〔四二〕以平，下得陰，上得陽，然後盛生。吾苗有行故速長，强㊾弱不相害故速大。苗，其弱也欲孤，其長也欲相與居，其熟也欲相扶，其耨也長其兄而去其弟。樹肥無扶疎，樹墝不欲專生而獨居㊿。肥而扶疎則多粃，墝而專居則多死。其說禾黍稻麻菽麥，得時失時尤詳。且悉與吕氏春秋大概略同。昔李斯請史官非秦紀皆燒。所不去者，醫藥、卜筮、種樹之書。藝文志：神農二十篇，野老十七篇，宰氏十七篇，董安國十六篇，尹都尉十四篇，趙氏五篇，氾勝之十八篇，王氏六篇，蔡葵〔四三〕一篇。九家百十四篇，要之各有傳授。不可例以夫子鄙須，遂謂無此學也㉛。

賈思勰齊民要術叙曰㉜㉝：蓋神農爲耒耜，以利天下。堯命四子，敬授民時。舜命后稷，食爲政首。禹制土田，萬國作乂。殷周之盛，詩書所述，要在安民，富而教之。管子曰：「一農不耕，民有饑者。一女不織，民有寒者。」「倉廩實，知禮節。衣食足，知榮辱〔二〇〕。」傳曰：人生在勤，勤則不匱。語曰：力能勝貧，謹能勝禍。蓋言勤力可以不貧，謹身可以避禍。故李悝爲魏文侯作盡地利之教，國以富强。秦孝公用商君，急耕戰之賞，傾奪鄰國而雄諸侯。淮南子曰：聖人不恥身之賤也，愧道之不行也。不憂命之長短，而憂百姓之窮。是故禹爲治水，以身解於陽盱之河；湯由苦旱，以身禱於桑林之祭。神農憔悴，堯瘦臞，舜黎黑，禹胼胝。由此觀之，則聖人之憂勞百姓亦甚矣。故自天子以下至於庶人，四肢不勤，思慮不用，而事治求贍者，未之聞也。故田者不彊，囷倉不盈；將相不彊，功烈不成。仲長子曰：天爲之時，而我不農，穀亦不可得而取之。青春至焉，時雨降焉，始之耕田，終之簠簋。惰者釜之，勤者鍾之，矧夫不爲而尚乎食也哉？譙子曰：朝發而夕異，宿勤則菜盈傾筐。且苟有羽毛，不織不衣；不能茹草飲水，不耕不食。安可以不自力哉？晁錯曰：聖王在上，而民〔四四〕不凍不饑者，非〔二一〕耕而食之，織而衣之，爲開其資財之道也。夫寒之於衣，不待輕煖；饑之於食〔四五〕，不待甘旨。饑寒至身，不顧廉恥。一日不再食則饑；終歲不製衣則寒。夫腹饑不得食，體寒不得衣，慈母不能保其子，君亦安得〔二二〕以有民？夫珠玉金銀，饑不可食，寒不可衣。粟米布帛，一日不得而饑寒至。是故明君貴五穀而賤金玉。劉陶曰：民可百年無貨，不可一朝有饑。故食爲至急。陳思王曰：寒者不貪尺玉而思短褐。饑者不願千金而美一食。千金尺玉至貴，而不若一食、短褐之惡者，物時有所急也。誠哉言乎！神農、倉頡，聖人者也，其於事也，有所不能矣。故趙過始爲牛耕，實勝耒耜之利。蔡倫立意造紙，豈方縑牘之煩？且耿壽昌之常平倉，桑弘羊之均輸法，益國利民，不朽之術也。諺曰：「智如禹湯，不如常耕〔二三〕。」是以樊遲請學稼，孔子答曰：「吾不如老農。」然則聖賢之智，猶有所未達，而况於凡庸者乎？猗頓，魯窮士，聞陶朱公富，問術焉。告之曰：「欲速富，畜五牸。」乃畜牛羊，子息萬計。九真、廬江，不知牛耕，每致困乏，任延、王景，乃令鑄作田器，教之墾闢，歲歲開廣，百姓充給。燉煌不曉作耬犂，及種，人牛功力既費，而收穀更少。皇甫隆乃教作耬犂，所省傭力過半，得穀加五。又燉煌俗，婦女作裙，攣縮如羊腸，用布一疋。隆又禁改之，所省復不貲。茨充爲桂陽令，俗不種桑，無蠶織絲麻之利，類皆以麻枲頭貯衣。民惰窳，少麤履，足多剖裂血出，盛冬皆然火燎炙。充教民益種桑柘，養蠶織履。復令種苧麻。數年之間，大賴其利，衣履温煖。今江南知桑蠶織履，皆充之教也。五原土宜麻枲，而俗不知績織，民冬月無衣，積細草卧其中，見吏則衣草而出。崔寔爲作紡績織紝之具以教，民得免寒苦〔二四〕。黄霸爲潁川，使郵亭鄉官，皆畜雞豚，以贍鰥寡貧窮者。及務耕桑，節用，殖財，種樹。鰥寡孤獨，有死無以葬者，鄉部書言，霸具爲區處：某所大木，可以爲棺；某亭豚子，可以爲祭。吏往，皆如言。龔遂爲渤海，勸民務農桑。令口種一株榆，百本薤，五十本葱，一畦韭，三畝〔二五〕家、二母彘，五母雞。民有帶持刀劍者，使賣劍買牛，賣刀買犢。曰：「何爲〔四六〕帶牛佩犢？」春夏不得不趣田畝，秋冬課收斂，益畜果實菱芡，吏民皆富實。召信臣爲南陽，好爲民興利，務在富之。躬勸耕農，出入阡陌，止舍〔二六〕鄉亭，稀有安居。時行視郡中水泉，開通溝瀆，起水門提閼，凡數十處，以廣溉灌。民得其利，畜積有餘。禁止嫁娶、送終奢靡，務出於儉約，郡中莫不耕稼力田。吏民親愛信臣，號曰召父。童恢〔二七〕爲不其令，率民養一豬，雌雞四頭，以供祭祀，買棺木。顔裴爲京兆，乃令整阡陌，樹桑果，又課以閑月取材，使得轉相[二八]告戒，教匠作車。又課民無牛者，令畜豬，投貴時賣，以買牛。始者民以爲煩，一二年間，家有[四七]丁車大牛，整頓豐足。王丹[四八]家累千金，好施與，周人之急。每歲時[二九]後，察其强力收多者，輒歷載酒肴，從而勞之，便於田頭樹下，飲食勸勉之，因留其餘肴而去。其惰[三〇]者，獨不見勞，各自恥不能致丹。其後無不力田者，聚落以致殷富。杜畿爲河東，課勸耕桑[三一]，民畜牸牛、草馬，下逮雞豚，皆有章程。家家豐實。此等，豈好爲頓[三二]擾而輕費損哉？蓋以庸人之性，率之則自力，縱之則惰窳耳。故仲長子曰：叢林之下，爲倉庾之坻；魚鼈之堀，爲耕稼之埸者，此君長所用心也。是以太公封，而斥鹵播嘉穀；鄭、白成，而關中無饑年。蓋食魚鼈，而藪澤之形可見；觀草木，而肥墝之勢可知。又曰：稼穡不修，桑果不茂，畜産不肥，鞭之可也。柂落不完，垣牆不牢，埽除不净，笞之可也。此督課之方也。且天子親耕，皇后親蠶，况夫田父而懷窳惰乎？李衡於武陵龍陽汎洲上作宅，種甘橘千樹。臨卒，勅兒曰：吾州里有千頭木奴，不責汝衣食。歲上一疋絹，亦可足用矣。吴末，甘橘成，歲得絹數千疋。恒稱太史公所謂「江陵千樹橘，與千户侯等」者也。樊重欲作器物，先種梓漆，時人嗤之。然積以歲月，皆得其用。向之笑者，咸求假焉。此種殖之不可已也。玄扈先生曰：余勸人種樹，或曰：不能待，何法而可？余曰：不能待，速種爲可。諺曰：「一年之計，莫如種穀；十年之計，莫如樹木。」此之謂也。書曰：「稼穡之艱難。」孝經曰：「用天之道，因地之利。」論語曰：「百姓不足，君孰與足？」漢文帝曰：「朕爲天下守財矣，安敢妄用哉！」孔子曰：「居家理，故治可移於官。」然則家猶國，國猶家。是以家貧思良妻，國亂思良相，其義一也。夫財貨之生，既艱難矣，用之又無節；凡人之性，好懶惰矣，率之又不篤；加以政令失所，水旱爲災，一穀不登，胔腐相繼。古今同患，所不能止也，嗟乎！且饑者有過甚之願，渴者有兼量之情。既飽而後輕食，既煖而後輕衣。或由年穀豐穰，而忽於蓄積，或由布帛優贍，而輕於施與，窮窘之來，所由有漸。故管子曰：「桀有天下而用不足，湯有七十里而用有餘。天非獨爲湯雨菽粟也」，蓋言用之以節。仲長子曰：「鮑魚之肆，不自以氣爲臭，四夷之人，不自以食爲異，生習〔三三〕然也。居積習之中，見生然之事，孰自知也？」斯何異蓼中之蟲，而不知藍之甘乎？今采拓〔三四〕經傳，爰及歌謠，詢之老成，驗之行事。起自耕農，終於醯醢，資生之業，靡不畢書。號曰齊民要術。其有五穀果蓏，非中國所植者，存其名目而已。種植之法，蓋無聞焉。捨本逐末，賢哲所非。日富歲貧，饑寒之漸。故商賈之事，闕而不録。花草之流，可以悦目，徒有春花，而無秋實，匹諸浮僞，蓋不足存。鄙意曉示家童，未敢聞之有識，故丁寧周至，言提其耳，每事指斥，不尚浮辭。覽者無或嗤焉。

齊民要術云[54]：淮南子曰：夫地勢，水東流，人必事焉，然後水潦得谷行。禾稼春生，人必加功焉，故五穀〔四九〕〔二五〕遂長。聽其自流，待其自生，大禹之功不立，而后稷之智不用。禹決江疏河，以爲天下興利，不能使水西流；后稷闢土墾草，以爲百姓力農，然而不能使禾冬生。豈其人事不至哉？其勢不可也。食者，民之本；民者，國之本；國者，君之本。是故人君上因天時，下盡地利，中用人力。是以群生遂長，五穀蕃殖。教民養育六畜，以時種樹，務修田疇，滋殖〔五〇〕桑麻，肥磽高下，各因其宜。丘陵阪險，不生五穀者，以樹竹木。春伐枯槁，夏取果蓏，秋蓄蔬食。菜食曰蔬；穀食曰食。冬伐薪蒸，以爲民資。是故生無乏用，死無轉屍。故先王之政〔二六〕，四海之雲至，而修封疆。四海雲至，正〔五一〕月也。蝦蟇鳴，燕降，而通路除道矣。燕降，二月〔二七〕。陰降百泉，則修橋梁。陰降百泉，十月。昏張中，即務種穀。四〔五二〕月昏，張星中於南方，朱鳥之宿。大火中，則種黍菽。大火昏中，六月。虛中，即種宿麥。虛昏中，九月。昴〔五三〕星中，則收斂蓄積，伐薪木。昴星，西方白虎之宿。季秋之月，收斂蓄積。所以應時修備，富國利民。霜降而樹穀，水〔二八〕泮而求穫，欲得食，則難矣。又曰：爲治之本，務在安民；安民之本，在於足用；足用之本，在於勿奪時。言不奪民之農要時。勿奪時之本，在於省事。省事之本，在於節欲。節止貪欲。節欲之本，在於反性。反其所受於天之所性也。未有能搖其本而靜其末，濁其源而清其流者也。夫日回而月周，時不與人遊，故聖人不貴尺璧而重寸陰，難得〔二九〕而易失也。故禹之趨時也，履遺而不納，冠挂而不顧。非其爭〔四〇〕先也，而爭其得時也。楊泉物理論曰：種作曰稼，收斂曰穡。稼欲熟，穡欲速，此良農之務也。漢書食貨志曰：種穀，必雜五種，以備災害。師古曰：歲田有宜，及〔五四〕水旱之利也。種即五穀：謂黍、稷、麻、麥、豆也。田中不得有樹，用妨五穀。不有樹而當五穀，且倍焉屣焉者乎[55]？齊桓公問於管子曰：饑寒室屋漏而不治，垣牆壞而不築，爲之奈何？管子對曰：沐〔五五〕塗樹之枝。公令左右沐塗樹之枝。其〔四二〕年，民被布帛，治屋，築垣。公問：此何故？管子對曰：齊，夷萊之國也。一樹而百乘息其下，以其不稍〔四三〕也。衆鳥居其上，丁壯者挾丸操彈居其下，終日不歸。父老柎枝而論，終日不去。今吾沐塗樹之枝，日方中，無尺陰；行者疾走，父老歸而治產，丁壯歸而有業。力耕數耘，收穫如寇盜之至。恐爲風雨所損也。還廬樹桑，菜茹有畦，還，繞也。瓜瓠果蓏，殖於疆埸。雞豚狗彘，毋失其時，女修蠶織，則五十可以衣帛，七十可以食肉。入者必持薪樵。輕重相分，班白不提攜。冬，民既入，婦人同巷，相從夜績，女工一月得四十五日。服虔曰：一月之中，又得夜。半，爲十五日，凡四十五日也。必相從者，所以省費燎火，同巧拙而合習俗。師古曰：省費，燎火之費也。燎所以爲明，火所以爲溫也。董仲舒曰：春秋，他穀不書。至於麥禾不成，則書之。以此，見聖人於五穀最重麥禾也。趙過爲搜粟都尉。過能爲代田，一畝三甽，歲代處，故曰代田。此爲代田，歲易甽，非歲易田也。代田與區田同意[56]。古法也，苗生葉以上，稍耨隴草，因隤其土〔五六〕，以附苗根。故其詩曰：或芸或芓，黍稷儗儗。芸，除草也。耔，附根也。言苗稍壯，每耨輒附根。比盛暑，隴盡而根深，能風與旱，能，讀曰「耐」。故儗儗而盛也。其耕耘、下種田器，皆有便巧。率十二夫爲田，一井一屋，故畝五頃。便巧之爲利如此，曷不便巧[57]。用耦犂：二牛三人，一歲之收，常過縵田畝一斛以上，善者倍之。善者之爲利如此，曷不善[58]。過使教田太常三輔。大農置功巧奴與從事，爲作田器；二千石遣令長、三老、力田，及里父老，善田者，受田器，學耕稼養苗狀。君臣之用心于民如此。蘇林曰：爲法意狀也[59]。民或苦少牛，亡以趨澤，趨，及也。澤，雨之潤澤也。故平都令光，教過以人輓犂。過奏光以爲丞，教民相與庸輓犂。能者之虛心如此，不虛不能；不能不虛[60]。師古曰：庸，功也。言換功共作也。義亦與庸賃同。率多人者，田日三十畝，少者十三畝。以故田多墾闢。過試以離宮卒，田其宮壖地，宮壖地，謂外垣之內，內垣之外也。守離宮卒，閒而無事；因令壖地爲田也。此時未有形〔五七〕家者言。幸不受其排擯，生于郭璞之後者難矣[61]。課得穀皆多其勞〔四三〕，田畝一斛以上，令命家田三輔公田。豈有無賞而能成所欲成者乎[62]？韋昭曰：命家，謂受爵命。一爵，謂公〔五八〕士以上，令得田公〔五九〕田，優之也。師古曰：令，力成反。又教邊郡及居延城。韋昭曰：居延，張掖縣也。時有田卒也。是後，邊城、河東、弘農、三輔、太常民，皆便代田，用力少而得穀多。

校：

〔一〕致　平本作「至」，依黔、曙、魯改。

〔二〕駟　本書各刻本均譌作「駉」，應依中華排印本改作「駟」，合於今本史記（「駟」是裴駰自稱）。

〔三〕桑　平、曙作「桒」，正是後漢書原文及輯要引文原字。黔、魯改作「織」，没有任何理由；應保留平本原狀。

〔四〕棠　平本譌作「裳」，據黔、曙、魯改作「棠」。

〔五〕唐　平、魯本作「堂」，暫照曙本改。參看夏緯瑛校釋本第七面校語。

〔六〕鳴　平本譌作「嗚」，依黔、曙、魯本改，與管子原文合。

〔七〕有三分　平、黔、魯本缺「三」字，據曙本補，與管子原文合。

〔八〕英　平、黔、魯譌作「色」，照曙本改，與管子原文合。

〔九〕狀　平、黔、魯譌作「扶」，照曙本改，與管子原文合。

〔一〇〕「落」字下，平本原有「及」字，本係衍文，依曙、魯等本删。參看夏校釋本第六頁。

〔一一〕大　平本譌作「太」，據黔、曙、魯本改，與管子原文合。

〔一二〕壏　平、黔、魯譌作「墍」，依曙改，與傳本管子合。下面還有三處同改，不另出校。

〔一三〕坼　平、曙、中華排印本均作「圻」；魯本作「拆」，合於管子地員，應據魯本改。（定枎校）

〔一四〕殺疏　「殺」字，平本譌作「我」，據黔、曙、魯本改；「疏」，平、黔、魯譌作「蔬」，據曙本改，合呂氏春秋原文。

〔一五〕彊　平本譌作「疆」，據黔、曙、魯本改，與呂氏春秋原文合。

〔一六〕穗鉅而芳　「鉅」字，平本作「矩」，黔、魯作「柜」；「芳」字，黔、魯作「方」；均譌，據曙本改正，合於吕氏春秋原文。

〔一七〕搏　平、黔、魯譌作「摶」，照曙本改。下同改，不另出校。

〔一八〕待　平、曙從舊本管子作「恃」；黔、魯依王念孫校改作「待」；作「待」爲是。

〔一九〕印夭　平本作「印天」，魯本作「即天」，據曙本從吕氏春秋改作「印夭」。

〔二〇〕莖而　平、魯本缺「莖」字，曙本缺「而」字，應依吕氏春秋兩存。

〔二一〕莢　平本譌作「美」，照黔、曙、魯本改。

〔二二〕莢　平本譌作「英」，照黔、曙、魯本改。

〔二三〕胕　平、黔、魯本均譌作「朋」，應依曙本及吕氏春秋改作「胕」。

〔二四〕殈　平本譌作「殈」，依黔、曙、魯本及吕氏春秋改。

〔二五〕涇　平、魯本譌作「涇」，應依曙本改正。

〔二六〕秬　平、曙均譌作「耟」，照魯本改，與吕氏春秋原文合。

〔二七〕狶　黔、魯譌作「稀」，依平本、曙本作「狶」，與吕氏春秋原文合。

〔二八〕菑　魯本譌作「蓄」，平、曙本作「菑」，合吕氏春秋原字。

〔二九〕熱　平本譌作「熟」，依曙、魯、中華排印本改作「熱」，與吕氏春秋原文合。（定枎校）

〔三〇〕夬　平、黔、魯本譌作「夫」，照曙本改，與吕氏春秋原文合。

〔三一〕泠　平、黔、魯本譌作「洽」，照曙本改，與呂氏春秋原文合。

〔三二〕粗　平本作「粗」，曙、魯、中華排印本作「粃」。（定扶校）

〔三三〕不　平本缺，應依黔、曙、魯本補，與呂氏春秋原文合。

〔三四〕生之者地也養之者天也　平本、魯本、黔本、中華排印本均作「生之者天也養之者地也」，應依曙本改作「生之者地也養之者天也」，與呂氏春秋原文合，亦與本卷前面所引呂覽一致。案：本卷前面是「呂覽曰」，即引的呂氏春秋原文；此處則是「亢倉子曰」，即轉引自唐王士元的僞書亢倉子。夏緯瑛先生的呂氏春秋上農等四篇校釋中在「夫稼，爲之者人也，生之者地也，養之者天也」後作如下詮釋：「高誘注：爲，治也。緯瑛案：高注是。種莊稼是人爲的事情，故說：『夫稼，爲之者人也』；然而它生長在地上，故說：『生之者地也』；莊稼又要得天時的適宜才能長好，故說：『養之者天也。』」在本卷的注㊶中，父親指出農政全書所引亢倉子中的農道篇「實際上是鈔取呂氏春秋士容論的後四篇，改動幾個字雜湊而成」。據此，我補充了此校。（定扶校）

〔三五〕莒　平本譌作「昌」，依曙、魯、中華排印本改。（定扶校）

〔三六〕稠　平、魯譌作「稠」，照曙本改。以下同改，不另出校。

〔三七〕埴　黔、魯譌作「填」，應依平、曙作「埴」。

〔三八〕穈　平本作「䕷」，中華排印本作「穈」，均誤。照黔、曙、魯改，與呂氏春秋合。

〔三九〕 褎　平本譌作「褒」，照黔、曙、魯改，與戴埴原文合。

〔四〇〕 植　平本譌作「直」，曙本作「殖」，應依黔、魯改作「植」，與戴埴原書合。

〔四一〕 「踈」字上，平、曙本衍一「跡」字，據魯本删。

〔四二〕 廣　平本缺，照魯本增。

〔四三〕 蔡葵　平、曙作「葵葵」，照魯本改上一字作「蔡」。案：應依漢書藝文志作「蔡癸」。

〔四四〕 民　平、曙譌作「或」，照黔、魯本改正。

〔四五〕 食　平、曙譌作「飡」，據黔、魯本改。

〔四六〕 爲　平、曙作「如」，照黔、魯改。

〔四七〕 有　平、魯本無，依曙、中華排印本補，合於要術原文。（定扶校）

〔四八〕 丹　魯本作「舟」，應依平、曙本及要術作「丹」。

〔四九〕 穀　平本譌作「穀」，依曙、魯、中華排印本改。（定扶校）

〔五〇〕 殖　魯本作「樹」，應依平、曙、中華排印本及要術作「殖」。（定扶校）

〔五一〕 正　平、曙作「之」，要術作「二」，暫依黔、魯改作「正」。

〔五二〕 四　平、曙這個字殘破，止剩下上面一横畫；黔、魯作「四」。案：應依要術原文改作「三」。

〔五三〕 昴　平本譌作「昴」，應依魯、曙、中華排印本改作「昴」，合於要術原文。（定扶校）

〔五四〕 及　黔、魯譌作「反」，依平、曙、中華排印本作「及」，合於漢書原注及要術引文。

〔五五〕沐　此處「管子對曰」下三處「沐塗之枝」，平、曙作「沐」，魯本、中華排印本譌作「沭」，依平、曙作「沐」，合於齊民要術與漢書食貨志。（定枎校）

〔五六〕土　平本作「工」，據魯本改。

〔五七〕形　平本作「刑」，應依黔、魯改作「形」，「形家」即明以後「堪輿家」中專説「形勢」的一派。

〔五八〕公　平、曙譌作「父」，黔、魯作「命」，依中華排印本照齊民要術改，與漢書原注文合。

〔五九〕公　平、曙本譌作「以」，依魯本、中華排印本改作「公」，合於齊民要術。（定枎校）

注：

①這一節，事實上似乎是根據王禎農書農桑通訣一農事起本的第一節，删節而成。王禎鈔自傳本史記中司馬貞所補三皇本紀。三皇本紀在「曰炎帝」上，原有「火德王故」四個字。原文「……火德王（音wàng），故曰『炎帝』，以火名官」，是漢以來的流傳假託。因爲以火德王，所以稱爲象徵火燄的「炎帝」，又在一切官職名稱中，都安上一個「火」字。這個傳説，顯然是漢代方士捏造的，不必置信。王禎農書，是元代三部重要農書之一。作者王禎，山東東平人。曾任安徽旌德縣及江西永豐縣縣尹。他的農書，共分農桑通訣、農器圖譜、百穀譜三大部分。現有農業出版社一九六四年王毓瑚新校本。

②這一節，仍是王禎農書農事起本第一節中原引有的；王禎鈔自農桑輯要農功起本節。所引節自

東漢班固白虎通德論。農桑輯要是元代最重要的一部農書，由「司農司」編，幾次修改刊刷，分發全國，作爲勸農使的重要參考文件。現有農業出版社出版的石聲漢新校注本，可以參對。（定扶案：石聲漢一九六五年完成的農桑輯要校注，一九八二年由農業出版社出版。）

③ 三國吴陸景（陸抗子，陸機、陸雲之兄），撰有典語；今已不存。這一節，農桑輯要（卷一）農功起本引有前兩句，作「神農嘗草別穀，烝民乃粒食」。王禎農書農事起本所引，才省去「乃」字，並帶有後面的「後世至今賴之」。「農丈人……」一段，王禎原書與所引典語之間，留有空格，似乎不是典語中原有。按晉書（卷一一）天文志一有「農丈人一星，在南斗西南；老農主穡也」；又鄭樵通志（卷三八）天文略一，「北方」，有「農家丈人狗下眠」這麽一句歌訣，注説：「農丈人一星，在南斗西南；老農，主稼穡也。其占與『糠』略同」，但未説明來歷。農丈人是一顆星的名字。即GC25613號。斗指南斗。糠、箕、杵都是星名。

④「棄爲兒時，……舉爲農師」，見農桑輯要（卷一）農功起本所節引史記周本紀。（據南宋黄善夫本史記本紀四，「法」字下當有「則」字。）

⑤ 此句現見尚書舜典。史記本紀一作「棄，黎民始飢；汝后稷，播時百穀！」

⑥ 此句現見毛詩周頌清廟之什思文。本書節引情形，與王禎農書相同。

⑦ 以上各節，都是王禎農書農桑通訣（卷一）第一段農事起本中所鈔的；有幾節，節去了一些字句，與農桑輯要相似。

⑧這一節，現見王禎農書農桑通訣（卷一）牛耕起本，本書引文有删節。案：牛耕什麼時候開始，自北宋宋祁提出疑問後，歷來争論很多。王禎這段結論，似乎是根據南宋初周必大「（曾子謹）禾譜序」（見文獻通考卷二一八農家「農器譜」條）得來。我們認爲用牛耕是史前已有的事，所以歷史上無明文記載；這項創造，應當起自從事農業生産的勞動人民大衆，不是某個人，尤其不是脱離農業生産的皇子皇孫。——「叔均始作牛耕」的話，只是僞託。

⑨以上這兩節，録自農桑輯要（卷一）農功起本。「漢」字，代表班固漢書。

⑩以下各節（到引管子「民無所游食……」爲止）都鈔自農桑輯要（卷一）典訓篇「經史法言」章。次序與輯要相同。徐光啓加了兩個小注。

⑪書洪範：現見尚書周書洪範。

⑫書洪範有一段「八政」；起處是「三，八政：一曰食，二曰貨」。

⑬徐光啓所引這幾句，出自大學。

⑭現見尚書周書無逸。「君子」指統治階級，「小人」指勞動人民。「所其無逸」，即處處不要貪圖安逸。這是周公勸誡成王的話。要先知耕稼之不易，然後逸樂，才能知道勞動人民依靠什麼爲生。

⑮現見禮記王制第五。

⑯現見孝經庶人章第六。小注用邢昺注疏，有修改。「用天之道」，邢注爲「春生、夏長、秋斂、冬藏」；「分地之利」，邢注爲「分别五土，視其高下，各盡所宜」；「謹身節用」，止用了邢注首兩句。

⑰還：唐顔師古注解釋爲「繞也」；清錢大昕進一步説「還」與「環」同。

⑱這一節，據農桑輯要引自漢書食貨志；輯要原標出書名出處，今漏去。

⑲現見管子治國第四十八。

⑳以下各節，除史記「太史公曰……」一節，農桑輯要原在「經史法言」章之外，其餘均録自農桑輯要（卷一）典訓篇「先賢務農」章，但有删削及顛倒。（輯要第一條原引的孟子，今略去；第二條氾勝之書現移在下面。）這一節，輯要原有史記兩字標明出處。現見史記（卷六二）列傳二管晏列傳。

㉑現見莊子則陽第二十五。

㉒提封：王念孫廣雅疏證（卷六上）「……『提封』，『無慮』，都凡也，」疏證説「提封，亦大數之名；猶今人言『通共』也」。

㉓氾勝之書：氾勝之是西漢成帝時（公元前一世紀後半）的人，在關中領導大衆耕種，很有成就。所著氾勝之書十八篇，漢書藝文志農家曾有記載，後來散佚；現在靠齊民要術（另見下文）的引文，保存了一些極可寶貴的材料。本節，現見齊民要術卷一種穀第三，要術原題爲「氾勝之書區種法曰」。

㉔這一段，引自史記（列傳六九）貨殖列傳；所録小注用南朝宋裴駰的集解。亦見齊民要術（卷七）貨殖第六十二篇。校、注請參閲史記、漢書兩「貨殖傳」，及齊民要術今釋第三分册。

㉕「淮北常山已南河、濟之間千樹萩」：「常山已」三字，景祐本（涵芬樓影印）漢書作「滎」；「萩」

（平本、魯本譌作「荻」）字，太平御覽（卷九六九）「梨」項引漢書，作「梨」，極值得注意。景祐本漢書，上文「山居千章之材」，「材」作「萩」；此處又有「萩」，重複牴牾。如作「梨」，則與上文「棗」、「栗」、「橘」相配；常山、真定一帶，又正是出産名梨的地方（見齊民要術卷四插梨第三十七），但「萩」可與下文的「漆」、「桑麻」、「竹」等聯屬。這一點，等待另有新材料出現時，才可以作斷案。

㉖這一節原見漢書食貨志。本書採用農桑輯要引文，又省去了「漢之爲漢」上面幾句。「敺」，即「驅」的古寫法。

㉗這一節，依農桑輯要節録范曄後漢書列傳二一張堪傳。漁陽郡城，在今日河北省密雲縣西南；從前漁陽郡包括密雲、三河、薊縣等處。徐光啓對這些地方的農田水利，極爲關懷，所以特别着重。

㉘這一節，輯要節録後漢書列傳三九王符傳所引潛夫論的浮侈篇。

㉙這一節，輯要據齊民要術自序，引自范曄後漢書列傳四七劉陶傳中「改鑄大錢議」。

㉚這一節，輯要引自范曄後漢書列傳六六循吏傳仇香傳。仇香即仇覽。

㉛按此節文字五代史（卷六三）列傳一五，及五代史記（卷四五）雜傳三三張全義傳，與農桑輯要所引俱不同（詳見農桑輯要校注）。

㉜李襲譽傳，附在唐書卷六九、新唐書卷九一李襲志傳後。農桑輯要根據新唐書摘引。

㉝ 引自管子地員篇。

㉞ 管子地員篇，夏緯瑛先生已作過校釋（書名管子地員篇校釋），一九五八年中華書局出版，一九六三年，農業出版社又重印過夏先生的校釋，雖説還不能是定論，但至少已是目前最高水平的解説，請讀者自己參看。這裏除加標點之外，不再作「校」「注」「案」。只有一點，提出供參考：前面所引「凡草土之道」，節中「葉下於鬱」的「葉」字，夏先生以爲當作「荷」；郭沫若先生因此提出「殆是『蕖』字之誤」。我們懷疑或者是與「葉」字相似的「藻」。「藻」字，過去泛指各種沉水及半沉水植物，——包括分類學上真正的「藻」類，和眼子菜科，茨藻科，水鼈科，「蟻塔科」（即小二仙草科）的狐尾藻（Myriophyllum Verticillatum）、金魚藻科的金魚藻（Ceratophyllum demersum）、毛茛科的梅花藻（Batrachium trichophyllum）……等種類。

㉟ 這兩句，現見管子權修第三；與上引地員篇不相屬，應有「又曰」兩字引起，不知爲什麽脱漏。

㊱ 現見管子輕重乙第八十一。

㊲ 現見商君書去强第四（二十二子本）。

㊳ 這是吕氏春秋「六論」中士容論的第六篇審時。士容論的上農、任地、辯土、審時等四篇，已有夏緯瑛先生作的吕氏春秋上農等四篇校釋，一九五六年由中華書局出版；一九六三年農業出版社又重印了本書這幾篇，除依夏先生校釋加標點外，不另作「校」「注」「案」，請參看校釋本。

㊴ 録吕氏春秋士容論第三篇任地篇。

㊵ 録呂氏春秋士容論第五篇辯土篇。

㊶ 亢倉子是唐玄宗天寶年間王士元（或作「源」）僞作，獻上朝廷求賞的一部所謂「道家書」（參看張心澂僞書通考一九五七年修訂本八五六頁及以後）。其中第八篇，題名「農道篇」，即現在本書所引。這一篇實際上是鈔取呂氏春秋士容論的後四篇，改動幾個字雜湊而成。現在只將王士元竄改得不合理的幾處，作出案語；其餘可參看呂氏春秋原文。

㊷ 「是天下爲一心矣」等三句，是王士元所特加。「几蘧」，見莊子人間世，是假託的一個古代帝王。

㊸ 茂：借作古來同音的「務」字，上農篇正作「務」。

㊹ 「善乎孔子之言」以下，是王士元自己所續結尾。孔子的話，我們没有找到出處，可能是僞託。

㊺ 這一篇承襲呂氏春秋的情形，可分析如下：從起處至「黄帝曰」以上，鈔自上農；以下至「耕道」止，鈔自審時；下幾句至「大凶」止又鈔上農；下三句，鈔辯土。「冬至以後」至「至從事之下也」，鈔自任地，顛倒原文次第。「夫耨必以旱」以下，至「則稼多死」，鈔自辯土，顛倒錯亂更多，以下至「身無苛殃」，鈔審時。

㊻ 這一段，是宋戴埴鼠璞中「樊遲學稼」。現見百川學海本鼠璞。古今圖書集成博物彙編藝術典第十卷也引有這篇文章。

㊼ 樊遲學稼學圃：見論語子路第十三，「樊遲請學稼，子曰：『吾不如老農。』請學圃，曰：『吾不如老

圃。』樊遲出，子曰：『小人哉，樊須也，』……」

⑱「以所」，疑應倒轉作「所以」。

⑲「强」字，乃王士元妄增，戴埴又誤信王士元，見本卷案〔一七〕。

⑳獨：應依呂氏春秋作「族」，見本卷案〔一八〕。

㉑戴埴承認「農家」是一種專門的學問，這是極正確的創見；但誤信王士元僞造的亢倉子真是古書，却是一個錯誤。

㉒齊民要術，後魏（第六世紀）賈思勰撰，是我國現存完整的古農學書中最早的一部。全書十卷，總結了六世紀以前我國農學上的全部豐富遺産。這篇序已將全書目的及主要内容作了具體陳述。詳細介紹，請參看從齊民要術看我國古代的農業科學知識（石聲漢著，一九五六年，科學出版社），「知識叢書」中國古代農書概説（石聲漢著，一九六四年，中華書局出版）及齊民要術研究（李長年著，一九五九年，農業出版社）。詳細注釋，請參看齊民要術今釋（石聲漢注釋，全書四分册，一九五七年至一九五八年，科學出版社出版，二〇〇九年中華書局重版，全書兩册）。本書對原序文字，稍有删節。全文語釋，請參看齊民要術選讀本（一九六一年，農業出版社出版）。

㉓本書所引要術序及種穀第三篇，標點請均依選讀本。（今釋有不完整處！）

㉔以下是齊民要術種穀第三所引各家材料，與上段序文無涉。

(55)「不有樹而當五穀，且倍焉屣焉者乎」，此句似爲徐光啓所加；參看前面張溥爲本書所作序文中「公爲諸生時，有田數弓……」一節。「屣」字，顯然是「蓰」字寫錯。

(56)此小注，要術無，似爲徐光啓所加。

(57)此小注似爲徐光啓所加。

(58)此小注似爲徐光啓所加。

(59)此小注似爲徐光啓所加。

(60)此小注，要術無，似爲徐光啓所加。

(61)此小注似爲徐光啓所加。

(62)此小注似爲徐光啓所加。

案：

〔一〕用天之時　「用」字，白虎通原書及農桑輯要、王禎農書所引，均作「因」，應以作「因」爲是。這裏作「用」，顯係由於與孝經「用天之道」一句相似而寫錯的。

〔二〕百四十一篇　漢書原作「百一十四」篇，應依原書，這裏是隨着農桑輯要寫錯的。

〔三〕小注原係顔師古所作，輯要保留有「顔師古曰」四字，不應漏去。

〔四〕小注末，漢書及輯要引文均有「也」字作結，不應删去。

〔五〕「食」字下管子及輯要引文均有「則」字。

〔六〕而鹵莽種之　莊子及輯要引文均作「耕而鹵莽之」。

〔七〕這一節，輯要原標明出自漢書。

〔八〕小注，要術無，輯要（據廣韻？）所加。

〔九〕游食之人　景祐本漢書，「人」字作「民」；作「人」，大概是唐代避太宗世民名諱改過後未復原的字。

〔一〇〕群居就學　本書與輯要引文同；范書原作「群就黌學」。

〔一一〕「角」字下，應依管子補「其水倉，其民彊」。平、魯俱缺。

〔一二〕剽恖　這裏在傳本管子中倒轉作「恖剽」。

〔一三〕隱　應依管子作「𦼮」，下一「隱」同。

〔一四〕蒠　應依管子作「𦼮」，下一「蒠」同。

〔一五〕不一令　上農篇原作「不令」，夏緯瑛依郭沫若説改作「不合」。

〔一六〕人農則童　「童」字應依上農作「重」。

〔一七〕强弱不相害　辯土原作「弱不相害」，指苗期小弱的苗，彼此不相干擾。這個「强」字，加得極爲無理。

〔一八〕獨居　辯土原作「族居」；「不欲專生」，正是要多數植株成簇地生長，改作「獨居」，也極不合理。

〔一九〕欲　當依戴原文及周官作「頒」，疑係手寫行書「頁」看錯作「欠」而致誤。

〔二〇〕此下刪去所引論語「丈人曰：『四體不勤，五穀不分，孰爲夫子』」數句。

〔二一〕「非」字下，原有「能」字。

〔二二〕「得」字，原作「能」。

〔二三〕常耕　應依舊本要術作「嘗更」。

〔二四〕此下刪去「安在不教乎」一句。

〔二五〕三畒　齊民要術原書無此二字，應刪。

〔二六〕「舍」字下，要術引文及漢書原文有「離」字。

〔二七〕童恢　要術原作「僮種」。

〔二八〕「相」字下，本書各本均增「告戒」兩字，應依要術引文及三國志魏志（卷一六）倉慈傳注。

〔二九〕「歲時」下，要術引文有「農收」二字。

〔三〇〕「惰」字下，後漢書原文及要術引文有「孎」字，應補。

〔三一〕「課勸耕桑」四字，後漢書原文及要術原文均無「勸」及「耕桑」等三字。

〔三二〕頓　應依要術作「煩」。

〔三三〕「生習」下，要術原引文有「使之」兩字。

〔三四〕拓　應依要術作「捃」。

〔三五〕「遂長」上，淮南子原有「得」字，要術無；應補。

〔三六〕政　淮南子原作「政」，要術作「制」。

〔三七〕燕降二月　「二」字要術引文作「三」。

〔三八〕水　應依要術引文及淮南子原文作「冰」。

〔三九〕「難得」上，應依淮南子原文及要術補「時」字。

〔四〇〕非其争　淮南子及要術引文原作「非争其」。

〔四一〕其　應依要術作「期」。

〔四二〕稍　應依要術作「梢」。

〔四三〕㔽　應依要術引文及漢書原文作「旁」。

農政全書卷之二

農本

諸家雜論下

閻閎序王禎農桑通訣曰①：巡撫山東右副都御史安州邵公，得元王禎氏農書，顧右布政使長興顧公謂：兹實大關民事，而政之首也。當轉寫善本，即布政使司刻之，以廣流布。示吾民：勤衣食之原，而期享樂利之休，盛心也。刻半，左布政使固始李公至，乃趣完刻。余爲言，以著公意。言曰：天之生也，與以所長，則限之以短。其于人也，賦性獨靈，而制生養之材甚艱。人之欲生也，固不待聖人有作，孰不求所以自活？而聖人者，亦人之欲生者也【惟聖能前民用】。今無論羲、農、軒、堯以來，想巢、燧之初，觀時造始，實求自永其生，而天遂命之，人遂宗之。君臣道興，衣食之原，漸以開矣。是故耕穫、鉏報，陰陽蚤莫之節宜順也②。高下邍隰③，燥濕寒燠之氣宜候也，洩制生化，土木金石之物宜悉也。糞灌培蒔，剛柔疎密之性宜辨也。水旱蟲盜，捍禦守視之役宜力也。采摘修捋，生熟急緩之度宜中也。飲飼閑放，好惡新故之情宜調也。牝牡生息，老嫩去留之班宜審也。堆穲攤曬，風雨霧露之防宜豫也。碾碡碓磑，精麤籭簸之計宜準也。倉窖轉般，鼠雀浥漏之虞宜察也。積散出內，盈縮低翔之數宜算也。是故農事修，則食用贏，衣用裕，器用精，財用饒，而生養遂矣。是故天子，則君人④養人者也。士以上，皆裨君長民者也。君不知稼穡，逞欲殄物，民因以極。民火動，而元命搯⑤。醫論且然，況君以民爲命者乎？故君知稼穡，則知懼。長民而斆民事，衣食縣官⑥，不宣心力，猶傭者懈，主人將轉雇⑦。君子當廉勤自樹，忍以穀恥乎？故仕知民事，則知媿。是故聖人之重衣食也，王公躬藉以先耕，后夫人親蠶以先織。卿大夫士以及內子，胥與事焉，而治本重矣。故曰：民事不可緩也。今簡王氏書，首以通訣，繼以器譜，而終以諸種。民事通諸上下者，蓋備矣。是故得嘉種而缺利器，則難播與失種同；制利器而昧要訣，則逆時與無器同。故得其訣，器可假而使也；利諸器，種可糴而下也。度要訣以達沖和之化。儲利器以運制用之機。富嘉種以取十千之報，此屋上農矣。吾又恐浮食末作，未緣南畝，藝將孰載？方農之殷，使輒不時，則功孰與成？今民不但六也⑧，盡歸而農，誠未即得，盍若寬見農而不妨其務⑨，俾自趨利而樂生乎？是故解內⑩之遠重也，點集之煩數也，迎候之紛沓也，力役之勤悴也，守戍之隔離也，讞報之留滯也。六者，于古已然，而害農一也。

嗚呼！是書據六經，該群史，旁兼諸子百家，以及殊方異俗咸著，亦用心矣。從政者無害農，皆以此利農者訓農，則王氏撰述之初意，邵公刊布之盛心，當惠徧吾人，豈有窮乎？雖然，以今昏旦之中考農祥則失度，西涼白麥之熟較南夏則違時。故雪而迅霆，桃源之夫呼凍雷。父椎牛骨，而子漸之，谿峒土人數十年而食假鬼。或羸馬驢耕，或鴨群鉏稻。稻，一熟也，或三熟。蕎，秋種也，或春種。是以有老媼插秧，有少婦列肆。有以蕨肥田，又淋其灰汁作菹。南河之南，有車鐵輪。野馬之川，牛服鞍。甌越之徼，塗篾釜。或隔年見如樹[一]，或二月食櫻桃。蜑家于舟，苗獨藏穗，關隴之野尚營窟而土處⑪。則九域民事物候，固多端而難律也。中土耕，一犁三牛。水田水牛，故一犁一牛。一牛三犁，耬犁也，而載之墾耕篇則誤矣。王氏又謂餘甘⑫獨泉產也，往泛昆明則食之。是猶賈思勰〔一〕要術附槃多、摩廚⑬，徒示博耳。故擊壤食葵⑭，今俗所少。葛籠牧笛⑮，取具事目[二]。聞之農老曰：必毋倉[三]、生烝⑯下種，則一年可耩〔二〕之日少。余亦嘗曰：必草人法糞田，亦恐潟澤不得鹿，墳壤之不得麋也。故曰：通其變，使民不倦⑰。神而明之，存乎其人⑱，真知農哉！邵公名錫，李公名緋，顧公名應祥，皆以進士顯。余往給事中⑲，邵公則都給事中云。

王磐〔三〕農桑輯要序曰⑳：聖天子臨御天下，使斯民生業富樂，而永無饑寒之憂。詔立大司農司，不治他事，而專以勸課農桑爲務。行之五六年，功效大著，民間墾闢種藝之業，增前數倍。農司諸公，又慮夫田里之人，雖能勤身從事，而播殖〔四〕之宜，蠶繅之節，或未得其術，則力勞而功寡，獲約而不豐矣。於是徧求古今所有農家之書，披閱參考，删其繁重，摭其切要〔五〕，纂成一書，曰農桑輯要。凡七卷，鏤爲板本。以〔四〕進呈畢，將頒布天下，屬余題其卷首。余嘗論〔五〕豳詩，知周家所以成八百年興王之業者，皆由稼穡艱難，積累以致之。讀孟子書，見〔六〕論説王道，丁寧反覆，皆不出乎夫耕婦蠶，五雞二彘，無失其時，老者衣帛食肉，黎民不饑不寒，數十字而已。大哉農桑〔七〕！真斯民衣食之源，有國者富强之本。王者所以興教化，厚風俗，敦孝弟，崇禮教，致太平，躋斯民於仁壽，未有不權輿於此者矣。然則是〔六〕書之出，其利益天下，豈可一二言之哉？

于永清序㉑鄺廷瑞便民圖纂曰㉒：昔漢太子家令晁錯㉓，紓籌計邊事，募民徙塞，實廣虚以威匈奴。先爲居室，置田具器，相其陰陽之和，流泉之味，土地之宜，草木之饒，使民樂其業，有長居心，無他使之也。上谷、雲中㉔，壤接三輔，宸漢控胡㉕，巍然西北重鎮，於今稱絶塞焉。虜款以來㉖，烽燧無警者二十餘年矣，完固阜殷，宜益倍曩昔。乃閑陌耗湫，罄懸杼〔七〕倚㉗。蒲、蠃㉘、襏襫㉙，不給於南畝。而庾、鬴㉚、韋、複㉛，告匱於北山。關以北，石田湫土，蕪穢污萊，無耕桑林澤之業。一切機利，悉倒制於借壤鴈民㉜。白登以西㉝，計文讕滿，羼名規役，租積逋且萬計㉞。尺伍執殳之夫㉟，雕𠝋㊱脱巾。單産孱民，飴堇荼㊲，綀〔八〕緼㊳不銖㊴於體。乃裔徼習呰窳㊵，猥云輸財效力，彊〔八〕腹殊共㊶。藉令方内有數千里水旱之灾，大庾之金，不輂於塞，林林寄生之衆，將安所哺啜褸褳㊷，慁啼號哉？汜勝、齊民之術㊸，顧安可置弗講也？鄺廷瑞便民圖纂，凡三卷，分類凡一十有一，列條凡八百六十有六。自樹藝占法，以及祈涓之事㊹，起居調攝之節，蒭牧之宜，微瑣製造之事，捆摭該備，大要以衣食生人爲本，是故繪圖篇首，而附纂其後。歌詠嗟嘆，以勸勉服習其艱難。一切日用飲食治生之具，展卷臚列，無煩咨諏，所稱便民者非耶？雖然，是便民者也，非民所能自便者也。長民者衣食縣官，受若值而戮民事，不幾以穀恥乎？其務宣厥心力，以惠綏拊循若人。期會必審，毋奪時；徵發有度，毋盡力；約束有章，毋煩令。故曰：表地掩畝，刺草殖穀，農夫庶衆之事也；利濟百姓，使民不偷，將率之事也㊺。農夫庶衆之事，圖纂既纚纚詳之矣，將率之事，長人者其勗諸！

王禎農桑通訣孝弟力田篇曰㊻：孝弟力田，古人曷爲而並言也？孝弟爲立身之本，力田爲養身之本，二者可以相資，而不可以相離也。聖人使天下之人，莫不衣其衣而食其食，親其親而長其長㊼。然其教之者，莫先於士；養之者，莫重於農。士之本在學；農之本在耕。是故士爲上，農次之，工商爲下。本末輕重，昭然可見。者〔九〕田有井，黨有庠，遂有序，家有塾。新穀既入，子弟始入塾，距冬至四十五日而出。聚則行鄉飲，正齒位，讀教法㊽；散則從事於耕。故天下無不學之農。詩曰：「黍稷薿薿，攸介攸止，烝我髦士㊾。」即漢力田之科是已。帝舜，聖人也。萬世而下，言孝者莫加焉，而耕歷山。伊尹之訓曰：「立愛惟親，立敬惟長㊿。」而耕於莘野。其他如冀缺、長沮、桀溺、荷蓧丈人之徒[51]，皆以耕爲事。故天下亦少不耕之士。周官大司徒：「三歲大比，考其德行、道藝，而先孝友[52]。」即漢孝悌之科是已。古者崇本抑末。其教民也，以孝弟爲先。其制刑也，亦以不孝不弟爲重。加意於立身之本如此。當其生也，宅不毛者，有里布[53]。田不耕者，出屋粟。民無職事者，出夫家之征[54]。及其死也，不畜者，祭無牲；不耕者，祭無盛；不樹者，無槨；不蠶者，不帛；不績者，不衰[55]。加意於養身之本又如此。于斯時也，家給人足，上下有序，親疏有禮。末作之流亦鮮矣，又安有游惰者哉？至於瘖聾跛躃，斷趾侏儒，各以其器食之[56]。彼廢疾之人，猶有所事而後食，况於手足耳目無故者哉？漢代去古未遠，立爲孝弟力田之科[57]。高帝令賈人不得衣絲乘車，重租稅以困辱之。惠帝雖稍弛商賈之禁，然猶市井子孫不得爲官仕。皆所以崇本而抑末也。至文帝時，風俗之靡，公私之匱，賈誼尚以爲言。帝感其説，乃開籍田[58]。嘗詔曰：孝弟，天下之大順也。其遣謁者勞賜。又詔曰：力田，民生之本也。其賜力田，帛二匹。而以户口率，置力田常員，各率其意，以導民焉[59]。唐太宗亦詔：民有見業農者，不得轉爲工賈。工賈有舍見業而力田者，免其調。夫末作之民，尚有益於世用，古人且若是抑之，而况世降俗末，又有出於末作之外者！舍其人倫，惰其身體，衣食之費，反侈於齊民。以有限之物，供無益之人。上之人，不惟不抑之，反從而崇之，何哉？農人受饑寒之苦，見游惰之樂，反從而羡之，至去隴畝棄耒耜而趨之，是民之害也，又豈特逐末而已哉！

王禎農桑通訣地利篇曰[60]：周禮遂人：以歲時稽其人民，而授之田野，教之稼穡。凡治野，以土宜教甿。今去古已遠，江野散閑。在上者，可不稽諸古而驗於今，而以教之民哉？夫封畛之别，地勢遼絶。其間物産所宜者，亦往往而異焉。何則？風行地上，各有方位，土性所宜，因隨氣化，所以遠近彼此之間，風土各有别也。自黄帝畫野分州，得百里之國萬區。至帝嚳，創制九州，統領萬國。堯遭洪水，天下分絶，使禹治之。水土既平，舜分爲十有二州，尋復爲九州。禹平水土，可事種藝，乃命棄曰：黎民阻饑，汝后稷，播時百穀[61]。是水平之後，始播百穀者，稷也。孟子謂后稷教民稼穡，樹藝五穀[62]。謂之教民，意者不止教以耕耘播種而已，其亦因九州之别，土性之異，視其土宜而教之歟？今按禹貢：冀州：厥土，惟白壤。厥田，惟中中。兖州：厥土，黑墳。厥田，惟中下。青州：厥土，白墳。厥田，爲上下。徐州：厥土，赤埴墳。厥田，惟上中。揚州：厥土，惟塗泥。

厥田，惟下下。荆州：厥土，惟塗泥。厥田，惟下中。豫州：厥土惟壤，下土墳壚。厥田，惟中上。梁州：厥土，青黎。厥田，惟下上。雍州：厥土，黄壤。厥田，惟上上。由是觀之，九州之内，田各有等，土各有差，山川阻隔，風氣不同，凡物之種，各有所宜。故宜於冀、兖者，不可以青、徐論，宜於荆、揚者，不可以雍、豫擬。率人爲惰者，必此言也[63]。此聖人所謂分地之利者也。周禮保章氏掌天星，以星土辨九州之地，所封封域，皆有分星。今按淮南子：中央曰鈞天，其星：角、亢、氐；東方曰蒼天，其星：房、心、尾；東北曰變天，其星：箕、斗、牽牛；北方曰玄天，其星：須女、虚、危、營室；西北方曰幽天，其星：東壁〔九〕、奎、婁；西方曰皓天，其星：胃、昴、畢；西南方曰朱天，其星：觜、嶲、参、東井；南方曰炎天，其星：輿鬼、柳、七星；東南方曰陽天，其星：張、翼、軫〔一〇〕。〔角、亢、氐，鄭〕，兖州。東郡入角一度，東平、任城、山陰入角六度，泰山入角十二度，濟北、陳留入亢五度，濟陰入氐〔一〇〕一度，東平入氐七度。〔房、心，宋〕，豫州。潁川入房一度，汝南入房二度，沛郡入房四度，梁國入房五度，淮陽入心一度，魯國入心三度，楚國入心四度。〔箕、尾，燕〕，幽州。上谷入尾一度，漁陽入尾三度，右北平入尾七度，西河、上郡、北地、遼西東入尾十度，涿郡入尾十六度，渤海入箕一度，樂浪入箕三度，玄菟入箕六度，廣陽入箕九度，涼入箕十度。〔斗、牽牛、須女，吴、城〕〔一一〕，揚州。九江入斗一度，廬江入斗六度，豫章入斗十度，丹陽入斗十六度，會稽入牛一度，臨淮入牛四度，廣陵入牛八度，泗水入女一度，六安入女六度。〔虚〔一二〕、危，齊〕，青州。齊國入虚六度，北海入虚九度，濟南入危一度，樂安入危四度，東萊入危九度，平原入危十一度，菑川〔一二〕入危十四度。〔營室、東壁，衛〕，并州。安定入營室一度，天水入營〔一三〕室八度，隴西入營室四度，酒泉入營室十一度，張掖入營室十二度，武都入東壁一度，金城入東壁四度，武威入東壁六度，燉煌入東壁八度。〔奎、婁、胃，魯〕，徐州。東海入奎一度，瑯琊入奎六度，高密入婁一度，城陽入婁九度，膠東入胃一度。〔昴、畢，趙〕，冀州。魏郡入昴一度，鉅鹿入昴三度，恒山入昴五度，廣平入昴七度，中山入昴八度，清河入昴九度，信都入畢三度，趙郡入畢八度，安平入畢四度，河間入畢十度，真定入畢十三度。〔觜、參，魏〕，益州。廣漢入觜一度，越巂〔一四〕入觜三度，蜀郡入參一度，犍爲入參三度，牂牁入參五度，巴蜀入參八度，漢中入參九度，益州入參七度。〔東井、輿鬼，秦〕，雍州。雲中入東井一度，定襄入東井八度，雁門入東井十六度，代郡入東井二十八度，太原入東井二十九度，上黨入輿鬼二度。〔柳、七星、張，周〕，三輔。弘農入柳一度，河南入七星三度，河東入張一度，河内入張九度。〔翼、軫，楚〕，荆州。南陽入翼六度，南郡入翼十度，江夏入翼十二度。零陵入軫十一度，桂陽入軫六度，武陵入軫十度，長沙入軫十六度〔二〕。其土産名物，各有證驗。此天地覆載一定，古今不可易者。蓋其土地之廣，不外乎是。但所屬邊裔，不無遼絶。若能自内而外求，由近而〔一五〕及遠，則土産之物，皆可推而知之矣。大抵風土之説，總而言之，則方域之多，大有不同〔三〕。詳而言之，雖一州之域，亦有五土之分，似無多異。周禮大司徒以土會之法，辨五地之物生，一曰山林，二曰川澤，三曰丘陵，四曰墳衍，五曰原隰。以土宜之法，辨十有二土之名物，十二分野之土，各有所宜。辨〔一六〕其名，謂白壤、黑墳之類；辨其物，謂所生之物。以相民宅，而知其利害，以阜人民，以蕃鳥獸，以育草木，以任土事。辨十有二壤之物，而知其種，以教稼穡樹藝。遂以教民，春耕秋穡。然稼穡、樹藝，只〔一四〕有周禮草人掌土化之法，以物土相其宜，以爲之種。凡糞種：騂剛用牛，赤緹用羊，墳壤用麋〔一七〕，渴澤用鹿，鹹瀉用貆，勃壤用狐，埴壚用豕，强㯺堅也。用蕡64，輕爂脆也。用犬。凡所以糞種者，皆謂煮取汁也65。此謂占地形色，爲之種者一。取牛羊等汁以溲種，而化之使美，則得其宜矣。若今之善農者，審方域田壤之異，以分其類，參土化土會之法，以辨其種。如此可不失種土之宜，而能盡稼穡之利。是圖之成，非獨使民視〔一八〕爲訓則，抑亦望當世之在民上者，按圖考傳，隨地所在，悉知風土所别，種藝所宜，雖萬里而遥，四海之廣，舉在目前，如指掌上。庶乎得天下農種之總要與〔一九〕國家教民之先務，此圖之所以作也。幸試覽之。

玄扈先生曰：五地十二壤，周官舊法，此可通變用之者也。若謂土地所宜，一定不易，此則必無之理。立論若斯，固後世惰窳之吏，游閒之民，媮不事事者之口實耳。古來蔬果，如頗稜、安石榴、海棠、蒜之屬，自外國來者多矣。今薑、荸薺之屬，移栽北方，其種特盛，亦向時所謂土地不宜者也。凡地方所無，皆是昔無此種；或有之，而偶絶。果若盡力樹蓺，殆無不可宜者。就令不宜，或是天時未合，人力未至耳。試爲之，無事空言抵捍也。第其中亦有不宜者，則是寒暖相違，天氣所絶，無關於地。若荔枝龍眼，不能踰嶺，橘

柚橙柑，不能過淮；他若蘭茉莉之類，亦千百中之一二。故此書載二十八宿周天經度，甚無謂。吾意欲載南北緯度，如云某地北極出地若干度，令知寒暖之宜，以辨土物，以興樹蓺，庶爲得之。

馬一龍農説[66]曰：農爲治本，食乃民天，天畀所生，人食其力。周書無逸曰：「君子所其無逸，爰〔一五〕知稼穡之艱難，則知小人之依。」故聖人治天下，必本於農。神農之教，歷山[67]不改其業；禹稷之後，莘野[68]猶振其風。蓋斯民之生，以食爲天；而人無穀氣，七日則死者，其天絶也。天之生人，必賦以資生之物，稼穡是也。物産於地，人得爲食，力不致者，資生不茂矣。故世有游食之民，則民窮而財盡。況以供無厭之欲，而欲天下安生樂業以無叛也，得乎？古者，一夫受田百畝，不奪其時，仰事頫育，皆有賴也。其上不求，其民不爭，以力足食而已。至於後世，人皆厭於力食，而務以其力食人[69]，是以獸相食矣，而天下嘗[70]不治。嗚呼！君以民爲重，民以食爲天；食以農爲本，農以力爲功。所因如此，而司農之官，教農之法，勸農之政，憂農之心，見諸詩書者惓惓焉。力不失時，則食不困。知時不先，終歲僕僕爾[71]。故知時爲上，知土次之。知其所宜，用其不可棄。知其所宜，避其不可爲。力足以勝天矣。知不踰力者，雖勞無功。此總言用力體要。時，言天時。土，言地脉。所宜，主稼穡。力之所施，視以爲用，不可棄。若欲棄之而不可也。不可爲，亦然。合天時、地脉、物性之宜，而無所差失，則事半而功倍矣，知其可不先乎？故畜陽不極，發生乃微。此以下詳説知時之義，皆用不可棄、避不可爲之事。上云時者，主陰陽之候而言。陽主發生，陰主斂息，物之生息，隨氣生降。故冬至之後，一陽起於下，則群陰推而漸出，寒凝固結於上，所以遏其洩耳。及陽氣出地，物生呈露，流衍、布濩〔二〇〕而不窮，畜之盛大致然。是以桃李冬花，無冰不殺草，春秋紀之，以病愆陽。農家者有云：「冬耕宜早，春耕宜遲。」云早，其在冬至之前；云遲，其在春分之後。冬至前者，地中陽氣未生也；春分後者，陽氣半於土之上下也。其意皆在陽榮陰衛，欲使微陽之氣不洩，求其壯盛而已。於此不知所避，一則初升而踣其踵⑫，一則方啟而裂其膚，豈非童而牿⑬，未壯盛而先亢者乎？亢則害，牿則亡，傷氣殆盡，其生安得不微乎？畜陽之意，不止於冬。凡日爲陽，雨爲陰；和暢爲陽，沍結爲陰；展伸爲陽，斂詘爲陰；動爲陽，静爲陰；淺爲陽，深爲陰；晝爲陽，夜爲陰。繁殖之道，惟欲陽含土中，運而不息；陰乘其外，謹毖而不出。若陽洩於外，而陰入其中，生機轉爲殺機矣。凝陰在土，其氣固嗇。歲久不耕之地，純陰固結，非假太陽之力追攝，何以得散？又冬春二時，不見天陽，亦猶是耳。今夫摶埴之土〔二一〕，未嘗生物，正以内不含陽，陰不外固。而火煅之地，藏冰不融者，絶其地脉，而中無陽氣來至也。竊窺神化之玅，陽根陰，物之所以生也；陰根陽，物之所以成也。生者謂之化，成者謂之變。玄扈先生曰：火煅藏冰，别有理。今藏熱炭之甕，暑月可藏冰，豈亦絶地脉耶？

陽自下起，發其内之一本以出於外。諸陰皆死者。陰自下起，斂其外之散齊〔一六〕以入於内。諸陽皆生者〔一七〕。

此蓋言〔二二〕二氣始終之定理也。諸陽，謂自復以至夬也。復，十一月之卦也。夬，三月之卦也。十二月爲臨，正月爲泰，二月爲大壯。復自坤中來，一陽始生，成位於冬至。至泰而開，開而壯，壯而夬。四月復全乎乾矣。諸陰謂自姤以至剥也。姤，五月之卦也；剥，九月之卦也。六月爲遯，七月爲否，八月爲觀。姤自乾中來，一陰始生，成位於夏至。至否而塞，塞而觀，觀而剥。十月復全乎坤矣。上下者，乾坤分别之位；升降者，陰陽往來之氣；内外者，神化合辟之玅；斂發者，萬物生成之機；出入者，循環無窮之端。一本散殊，相禪以爲始終者也。大抵二氣陰陽之至，當主日月爲義。春秋二分，晝夜相半，氣之平也。春分後，晝漸永，日在地下之刻少；秋分後，夜漸永，日在地下之刻多。陰陽消長，係於是矣。陽上而不抑，遂以精泆；陰下而不濟，亦難以形堅。損[一三]有餘，補不足，則精不泆而形可堅矣。天地之間，陽常有餘，陰常不足。然扶陽抑陰，古聖至言。易曰：「亢龍有悔。」又曰：「下濟而光。」以是見陽之精泆，由於不抑；陰之形脆者，由於無所濟也。今有上農，土地饒，糞多而力勤，其苗勃然興之矣。其後徒有美穎，而無實粟[74]，俗名肥腸。此正不知抑損其過而精泆者耳。其法何？以斷其浮根，剪其附葉，去田中積污以燥裂其膚理則抑矣。及其總秸俱成，農功已畢，或土力既衰，潤滋不繼，淫濁未去，清氣有傷，此正不知補助，故粒米有空頭、枯幹、粉黛諸病也。是故含生者，陽以陰化；達生者，陰以陽變。察陰陽之故，參變化之機，其知生物之功乎？生則化，成則變。然必成而後有生，陽根陰也；生而後有成，陰根陽也。成者謂之變，脱其本根，易其故體。生者謂之化，融液所畜，暢茂其緒。故冬至之後，生意皆含。夏至之後，生色皆達。含者化之機，達者變之漸。陰陽互爲其根。求其所以然，微妙而難悉也。一化一變，理不盡顯，物自相形。機緘所存，非審察參詳，則天地生物之功，莫之有知矣。夫含生者，先天也，以後天爲之體。達生者，後天也，以先天爲之神。養生家欲求先天之氣，當思化裏一變。非化不能變，非變，則化者終於化矣。推之事理亦然。凡事之立，其始甚幾微，充廣必盛大。盛必衰，衰必敝，敝則變，不變則毁，毁則熄。此知道者之所深憂乎！圖善變而不毁者，其諸取法於農。故聖人推日星，定四時，分節候，而示民以則。陰陽列於四時，早晚見於節候，歲氣係於日星，期三百有六旬有六日也。日窮於次，月離於紀，星回於天，此一歲之終也。日行速而月遲，故有餘日，而以閏月收之。天行健，而日月不能及，故有歲差，而以六十年約之。一歲之中，春而夏，夏而秋，秋而冬，四時順布也。四時有八節：立春、春分、立夏、夏至、立秋、秋分、立冬、冬至也。冬至以後，陽漸長。立春，陽之出也。春分，陽氣之中也。立夏得陽三之二，至夏至而極矣。夏至以後陰漸長。立秋，陰之出也。秋分，陰氣之中也。立冬得陰三之二，至冬至而極矣。堯命羲和，日中星鳥，以殷仲春。日永星火，以正仲夏。宵中星虛，以殷仲秋。日短星昴〔二四〕，以正仲冬。不詳其餘者，以一中一極，前後測之耳。冬至一陽生，主生主長；夏至一陰生，主殺主成。故曰：生者陽也，成者陰也。含雖未見其生，達雖未見其殺，而幾已在矣。夫發其生者，與其晚也寧早；收其成者，與其早也寧晚。此陽進而前，陰退而後之道也。衆知膏瘠，不如原隰；衆知蕪平，不如淺深。肥饒爲膏，砂瘦爲瘠。高者爲原，下者爲隰。蕪，荒而不治者也。平，成熟也。農家栽禾，啟土九寸爲深，三寸爲淺。土之生物，膏則茂，瘠則不茂。而人之相地，成熟則美，荒廢則不美。此皆易知而莫不知也。至如地之高下，有氣脉所行，而生氣鍾其下者；有氣脉所不鍾，而假天陽以爲生氣者。故原之下多土骨，而隰之下皆積泥。啟原宜深，啟隰宜淺。深以接其生氣，淺以就其天陽。蓋土骨如人身之經絡，而積泥如人身之餘肉耳。經絡者，氣血流行之所。餘肉者，塊然附贅之區也。常治者氣必衰，再易者功必倍。患因無備，命在有滋。將衰而沃之，助其力也。欲倍而壯焉，收其全矣。沃莫尠於滋源，壯須求其固本。此因土材而以人力輔相之衰者，土力衰也。倍者，所穫倍也。患，言水暵蟲傷之類。溝堰陂洫，桔槔蓑笠，潤燥以時，濟及浚築制造爲之預者，則有備而無患矣。命，言生發收藏之元。所滋之事有二：以人力者，灌溉鋤耘塗盪也；以物力者，泥糞灰籸⑮稿卉也。禾苗資土以生，土力乏則衰。沃之所以助土力之乏。易田併兩歲之力。不壯，則不能兼收所生以致倍。然沃助其衰，壯求其倍，勢也。猶有不待其衰，未禾而先沃之白塊之間者，此素問所謂滋化源之意耳【此説至當】。滋其衰者，過滋或至於不能勝而病矣。滋源則無是也。固本者要令其根深入土中。法：在禾苗初旺之時斷去浮面絲根，略燥根下土皮，俾頂根直生向下，則根深而氣壯，可以任其土力之發生，實穎實栗矣⑯。亢而過洩者，水奪⑰。此謂獨陽不長者，濟之以陰也。何謂亢？如既穫之後，犁土在田，冬春二時，皆無雨雪，太陽燥烈，破塊之間盡爲枯體。陰不外周，陽不內畜，氣之過洩矣。水奪者，以水奪之也。奪其過洩之陽，藉其潤澤之液，包含融結，以成發生之功。蓋天一生水，水爲陰氣之微，遇火俱化。化則合併爲用，不惟不爲害，而反爲利焉。故君子貴不驕，富不侈，賢智不先人，處崇高而憂，履盛滿而戒。不待以水奪之，而自然不至於亢也。斂而固結者，火攻。此謂獨陰不生者，濟之以陽也。何爲斂？失於鋤墾，蕪翳蔽其天陽，污濁淫其膚理，陰沍久而不開，生意塞而不達，氣之固結矣。火攻者，以火攻之也。攻其固(二五)結之陰，假其焚燎之力，疏道蒸騰，以宜發育之氣。蓋地二生火，火爲陽氣之微，遇水俱變。變則轉易死氣以爲生，亦不害矣。水云奪者，必久浸而後可奪。火云攻者，必猛烈而後可攻。然奪之，欲其過洩於外者返；而攻之，欲其固結於內者去也。陰陽善惡，其用舍去留之分，有不可誣者如此。鎡錤⑱寸隙，不立一毛。鬱蒸所至，立鍾五賊。此又揭工力、時氣所害爲甚者言也。鎡錤寸隙，墾之不遍也。雖所餘徑寸，他日禾根適當之，則詰屈不入，葉雖叢生，亦必以漸消盡，而至於濯濯然。今俗云縮科是已。故犁鋤者，必使翻抄數過，田無不畊之土，則土無不毛之病。五賊，食禾之蟲也。熱氣積於土塊之間，暴得雨水，醞釀蒸濕，未經信宿，則其氣不去，禾根受之，遂生蟊。烈日之下，忽生細雨，灌入葉底，留注節榦；或當晝汲太陽之氣，得水激射，熱與濕相蒸，遂生蠈。朝露浥日，濛雨日中，點綴葉間，單則化氣，合則化形，遂生蟻。熱踵根下，濕行於稿，爽日與雨，外薄其膚，遂生螟。歲交熱化，不雨不暘，晝晦夜暍，而風氣不行，遂生蚩(79)。五賊不去，則嘉禾不興。故灌田者先須以水遍過，收其熱氣，旋即去之，然後易以新水，栽禾無害。不過一遍易去者，雖久浸不見〔一八〕。日中雨露，或以長牽，或以疎齒披拂，勿以凝着，則蟲不生。近者田家治蟲之法，多以石灰桐油，布於葉上，亦可殺也。知天之時，識地之宜，昧其苞命，亦無以善其後。此承上以起下也。苞命見下。故祖氣不足，母胎有虧。其踵不踵，胎氣不完。其胎不胎，雖成必敗。蓋親下之本，既久去地而傷母之體，豈能全天哉？祖氣，主穀子之在秸者言也。母胎，主穀子之脱〔二六〕秸者言也。祖氣不足，謂未及冬至而先刈者，其一成之氣，既未充足，以之爲種，母胎〔二七〕有虧矣。草木之生，其命在土，生成化變，不離土氣，踵踵相接，生生無已焉。若脱土久，氣不連屬，生之雖具於胎，成之則不全其數。或半途而剥，或成穗而秕。故收種者，當於冬至之後，熱治高土，散布其上，覆以疎草，障蔽鳥雀。壅以畬灰(80)，滋潤燥枯。至清明時，沃之使芽。除草濩糞，頻助其長，此第一義也。其次，草裹美種，縣之風簷，季春之始，置諸深汪，勿令近泥。半月氣足，布地而芽，此雖不傷，已落第二義矣。但世俗浸種，晝沉夜晾，畬釀鬱蒸，逼之使速。胎中受病，拔不可去。長芽嫩脆，拋撒下田，跌蹼折損，種種不免。迷而不悟，不知何見耳。夫善本者斯圖末，慮終者貴謀始。推陳而致新，氣以交併積盛。脱胎而洗髓，精以剥換化生。上言天時、土性、人力、種穀備矣。此下言治禾也。種，得水始芽。芽，得土始苗。移苗置之別土，二土之氣，交併於一苗，生氣積盛矣。然其胎〔二八〕不脱，則陳腐之體猶存。髓不洗，則濁淫之氣終在。欲其稚而壯，壯而盛，盛而不衰也，得乎？故天地之間，氣之積盛者，力在交併；精之化生者，功在剥换。不然，同類而異形，一本而殊末，果何故哉？此在交併與剥换者，得不得之差耳[81]。達順則豐，覆逆乃稿[82]。縱横成列，紀律不違。密邇[83]爲儔，尺寸如范。栽苗者，當如是也。先以一指搪泥，然後以二指嵌苗置其中，則苗根順而不逆。縱横之列整，則易於耘盪。疎密各因其地之肥瘠爲儔，疎者每畝約七千二百科，密則數踰於萬。地肥而密，所收倍於疏者矣。地肥更不宜密。農書曰：瘠田欲〔二九〕稠[84]。但害生於稂莠，法謹於芟耘。與其滋蔓而難圖，孰若先務於決去。故上農者治未萌，其次治已萌矣。已萌不治，農其農何？稂莠，惡草之害苗者。芟耘，皆去草之事。蔓，草之延生也。滋，益甚也。蔓，難圖也。出左氏。皆務決去，而求必得之，亦古語。引此以見惡不可縱，漸不可長之意。上農，深於農理，勤於農事者也。未萌，根株在土也。上農者，智力兼至，知稂莠之害苗，不惟不容其延蔓，於根芽〔三〇〕未萌之時，先有以治之矣。是以用力少而成功多，不使其害及於苗。所養至，而所以生全者大也。已萌而治之，其功次於是矣。已萌而不治者，必至於蔓而不可圖。爲農也，何以謂之農哉？歎而哀之之詞，知道者可以深長思也。夫薙草之法，數與草齊。南稉北黍，天所生，地所宜，人所賴以養者，種之良也。物之良者必貴。貴非賤等，良畏惡朋。薙，治也。惡草之害苗者，不可勝數。而其爲物也，尤易生焉。所治之法不多，則不可去。天生五穀，所以養人，可貴之物也。貴者，難成而易傷。賤者，易起而難制。於此辨〔三一〕之不早，竢其潛滋暗長而後治之，則其根株深固，枝葉暢茂，盤結而輔翼者，勢盛於苗矣。雖其上農，亦無如之何。故農家者流，思其力不足以盡圖之，備假諸物：其始也直木而耒，其次也横木而耜，又其次編木而齒，曲木末而鏟，鑿木首而鋤。繼之以掇，終之以塗，無不加以鐵焉。以木直〔三二〕而鐵堅也，攻之無遺類矣。草之滋生無窮，而人之用力有限，不能不假於物以爲力勝之具耳。今之耒而耕者，有大畊、小畊，開挑罨掄㊹，大抵勤與惰之殊也。飜抄遍過之説，已見於前。其耙者，亦多不求細熟平整；粗塊臃泥，凸則曝日先燥，窪則注水過深。是以一塸之間，禾之豐瘁頓異。且又玅在旋抄旋耙，旋耙旋蒔，則燥濕和均，渾水澄泥，聚於根坎，有壅培之力也。多苗新土，黄色轉青，乃用搗盪。搗盪雖以去草，實以固〔三三〕苗。蓋田之浮泥，易行横根，而下之實土，難入頂本。頂本入土不深，横根布於泥面，則得土之生氣不厚，枝葉雖繁，抽心不茂矣。搗欲斷其泥面横根，使其頂根入土，深受積厚多生之氣。其後抽心始高，而結穗長碩也。鏟鋤，皆削草器。掇，以手拾去餘草。塗，以泥壅蔽田皮。既掇則洩，去多水，留少水在田。夾泥爲塗，塗時以手撿去禾心宿水。候田中有燥裂，即上水灌之。禾心宿水既去，燥時免其濕釀。漬入新水，又助潤滋清氣矣。養苗至此，除草已盡，物不能再假，力不可再加，然意外之虞，尚不保其無也。玄扈先生曰：至哉言矣！鋤棉鋤桑，斷其横根，皆此理也。説者謂種樹不實，斷其直根，非也。正宜留直根去横根耳。但樹大者，宜漸去之。如是而猶存者，可不畏夫！此又申言稂莠之難去，可畏之甚也。蓋惡草賤而易生，有一根踵遺於地，忽不覺其蔓矣。衛生固難，成功亦不易。華而欲實，風雨不作。時將穫矣，燥則多損，浸〔三四〕以成腐。此言養之係於人，而成之係於天也。稻花必在日色中始放。雨久，則閉其竅而不花。風烈，則損其花而不實。二者皆粃穀之患也。及其成穀將穫，土太燥，則米粒乾損；水多而過浸，則斑黑成腐。二者又皆毁成之病也。陰晴燥濕，是豈人力可致哉？

農家至此，猶不得自盡，況以委之蕪蘙，而求其不敗也可乎？故可貴之物，不産非時，不安非類，欲其至足以遂斯民之天，而農也如之何不力！此總結通篇旨意，蓋穀不足，則食不足。食不足，則民之所天不遂。物之可貴如此。苟非順時調護，何以得之？農者當知自力矣。

校：

〔一〕思 平本缺「思」字，應依黔、曙、魯本補。

〔二〕耩 黔、魯誤作「構」，應依平本、曙本從原書作「耩」。耩是用一種稱爲「耩」的農具來整地。

〔三〕王磐 平本「磐」譌作「盤」，依黔、曙、魯本及輯要原文改。

〔四〕殖 黔、魯作「植」，不如平本、曙本「殖」字，與原書殿本合，兼有「繁殖」的意思。

〔五〕切要 平、曙、魯本均作「要切」，依中華排印本乙正，合於農桑輯要原序。（定扶校）

〔六〕是 平本譌作「二」，依魯、曙各本及中華排印本改正，合於農桑輯要原序。（定扶校）

〔七〕杼 平本作「抒」，應依魯本改。

〔八〕綀 平本、曙本作「綀」，與原文合；黔、魯本改作「練」，大誤。「綀」的意義是「粗布」，見本卷注㊳。

〔九〕壁 平本、曙本譌作「北」，依黔、魯各本及淮南子原文改正。

〔一〇〕氐 平本譌作「底」，依黔、曙、魯各本及王禎原書改正。

〔一一〕虛　平本空等，依黔、曙、魯各本及王禎原書補。

〔一二〕菑川　平本譌作「蓄州」，依黔、曙、魯各本及王禎原書改正。

〔一三〕入營　平本、魯本缺，依曙本、中華排印本補。（定枎校）

〔一四〕巂　平、曙、魯、中華排印本均譌作「雋」，依王禎原書改正。（定枎校）

〔一五〕而　平本、曙本作「而」，與王禎原書同；黔、魯改作「以」，不知何所根據？

〔一六〕辨　平本譌作「下」，依魯、曙、中華排印本與王禎原書改正。（定枎校）

〔一七〕麋　平本譌作「糜」，依黔、曙、魯各本與王禎引文及通行周官改正。

〔一八〕視　平本譌作「爲」，曙本作「奉」；應依黔、魯各本及王禎原書改作「視」。

〔一九〕「與」字，平本是墨釘，曙本脱漏；依黔、魯各本與王禎原書補。

〔二〇〕濩　平本、曙本譌作「獲」，魯本譌作「護」，都不可解。暫依古今圖書集成引改作「濩」（寶顔堂秘笈本同）。「布濩」解作散開。見張衡東京賦。

〔二一〕摶埴之土　平本、黔本、魯本均作「圖埴之土」，依中華排印本「照曙改」。

〔二二〕蓋言　黔、魯皆作「陰陽」，中華本作「蓋」，圖書集成所引根本無此兩字。暫依平本、曙本作「蓋言」。

〔二三〕損　平本作「捐」，意義可通；但從漢書起，歷來都説「損有餘以補不足」，應依黔、曙、魯各本及圖書集成所引改作「損」。

〔二四〕昂　平本、曙本譌作「昂」，依魯本改。

〔二五〕固　平、曙本譌作「故」，依魯、中華排印本及圖書集成引文改正。（定扶校）

〔二六〕脱　黔、魯譌作「税」，應依平本、曙本及圖書集成所引作「脱」。

〔二七〕胎　平本、曙本譌作「胞」，依黔、魯及圖書集成引文改正。

〔二八〕胎　平本、曙本譌作「始」，依黔、魯及圖書集成引文改正。

〔二九〕欲　黔、魯譌作「如」，應依平本、曙本作「欲」。案：此語出自崔寔四民月令「美田欲稀，薄田欲稠」。

〔三〇〕芽　魯本譌作「株」，應依平本、曙本、中華排印本作「芽」。（定扶校）

〔三一〕辨　平本、曙本譌作「辦」，照魯本及圖書集成引文改。

〔三二〕木直　平、曙本作「直木」，依魯、中華排印本及圖書集成引文乙正。（定扶校）

〔三三〕固　平本、曙本譌作「面」，依黔、魯各本及圖書集成引文改。

〔三四〕浸　平本譌作「侵」，依魯本、曙本、中華本改。（定扶校）

注：

①閻閎序文現見中華書局排印本王禎農書書末所附「附録廣東聚珍版叢書本農書序目」中「新刻元王氏農書序」。閻閎，明史無傳；清檀萃滇海虞衡志（卷一）志巖洞中「閻洞」條，稍有一些關於

閭閎的事跡。

②「是故耕耰、鉏報，陰陽莶莫之節宜順也」：「報」是「復鉏」（見齊民要術卷首的雜説），「莶」借作「早」，「莫」是「暮」的本字。這句整個的意思，是在耕、耰、鉏、耘等操作中，要（宜）順着陰、陽、早、晚；以下排比各句，都是「在……操作中，宜……。」平本在宜字之上斷句，便不成文理了。

③遼隰：出周禮，「遼師掌四方之地名，辨其丘、陵、墳、衍、遼、隰之名」。「遼」是古字，現在一般寫作「原」，有人還寫作「塬」。原是高乾地。隰（xí）是低濕地。

④君人：「君」字作他動詞用，即「爲君」與「君臨」（＝率領）的意思。

⑤搖：即「摇」字的一種古寫法。

⑥衣食縣官：「縣官」，代表中央政權的開支；「衣食」都作自動詞用，即從政府獲得衣食之資。

⑦主人將轉雇：襲用柳宗元送薛存義序中的説法；官吏不盡責，人民大衆就有理由——雖則未必有勢——不要他。

⑧今民不但六也：出韓愈原道，「古之爲民者『四』，今之爲民者『六』」；即「士農工商」四民之外，又有「道」和「佛」。

⑨盍若寬見農而不妨其務：「見」即「現在」的「現」；「見農」，即現在正是農民的大衆，和「六」中未歸農的「五」種職業相對舉。

⑩解內：「解」讀去聲，即遞送；「内」借作「納」字，即「繳納」。解得太遠，納得太重，是「害農」的。

⑪ 營窟而土處：指黄河中上游黄土地帶的「窑洞」。

⑫ 餘甘：王禎農書百穀譜八果屬，「橄欖」下附「餘甘子」，説：「餘甘，唯泉州有之，乃深山窮谷自生之物，非人家所種。……」事實上餘甘子（Phyllanthus emblica L.）除在福建南部之外，五嶺以南地方和雲南省，到處都有。閻閎以「往泛昆明（＝過去在昆明池上坐船時）則食之」來批判王禎的「唯泉州有之」，有事實作根據。

⑬ 「槃多、摩廚」：兩種植物齊民要術卷十中都引有。（參見科學出版社一九五八年出版齊民要術今釋第四分册八二七頁與八三〇頁，中華書局二〇〇九年出版齊民要術今釋下册一一四六頁與一一四九頁。）

⑭ 擊壤食葵：擊壤係古時野老之戲，「食葵」疑古時一種習俗。二者均係農民在田間休息時的娱樂。

⑮ 葛籠牧笛：葛籠即葛燈籠，夜間照明用。牧笛，召喚畜群用。王禎農書卷十五農器圖譜七載有葛燈籠和牧笛。

⑯ 毋倉生炁：「毋倉」應作「母倉」，是叢辰中一個方位名稱，叢辰中遇着它，便是吉日。「炁」，古「氣」字。關尹子六化：「以神存炁，以炁存形。」「必母倉、生炁下種，則一年可耕之日少」，即不一定要在母倉、生炁的時候才下種，如果這樣，那麽一年内可作的農事，就太少了。

⑰ 「通其變，使民不倦」，見易繫辭下。

⑱「神而明之，存乎其人」，見易繫辭上。

⑲往：解作過去。閻閎原官「給事中」，嘉靖中，貶爲蒙自縣丞。

⑳王磐：元世祖時召拜翰林學士，遷太常少卿。元史卷一六〇列傳四七有傳。王磐農桑輯要原序寫於至元癸酉歲（元世祖十年，公元一二七三年）。（定枎注）

㉑于永清序：萬曆癸巳（明神宗萬曆二十一年，公元一五九三年）青城于永清重刻便民圖纂時作。本書引文有删節。

㉒便民圖纂：明代的一部農家通書。至少最初刻刷的人是任邱鄺璠，原作者是誰，還不能肯定。嘉靖刻本（一五二七年）吕經序文，止說「若託始者，則任邱鄺廷瑞氏，選刻於吴者」。現有鄭振鐸編中國古代版畫叢刊所影印的明萬曆刻本及一九五九年農業出版社出版根據嘉靖甲辰（一五四四年）重刻本的整理本，可以參考。

㉓漢太子家令晁錯：史記（卷一〇一）列傳四一晁錯傳：「……（文帝）以爲太子舍人、門大夫、家令」，注引「服虔曰：『太子稱家』……」漢書（卷四九）列傳十九晁錯傳：「詔以爲太子舍人，門大夫」；注引顔師古説：「初爲舍人，又爲門大夫」後，再拜爲家令。「太子家」，即太子府；「家令」是太子府的總管，漢書又記有「匈奴彊，數寇邊」，晁錯上書兩次，議論如何抵抗匈奴；第二次上書，「言守邊備塞，勸農力本，當世急務二事……『不如選常居者，家室田作，且以備之……先爲室屋，具田器，迺募罪人及免徒復作（即經過判决執行勞動改造的罪人），令居之；不足，募以丁、奴、婢

(＝繳納這些人來)贖罪，及輸奴、婢欲以拜爵者；不足，迺募民之欲往者……』上從其言，募民徙塞下(邊塞之下)，『……實(＝填滿)廣(＝曠野)虛(＝空地)也，相其陰陽之和，嘗其水泉之味，審其土地之宜，觀其中(＝艸)木之饒，然後營邑立城，製里割宅，通田作之道，正阡陌之界。先爲築室，家有一堂二内(＝内室)，門户之閉，置器物焉。……爲置醫巫，以救疾病，以修祭祀。男女有昏(＝婚)，生死相卹，墳墓相從，種樹(＝從事耕作)畜長(＝畜養)，室屋完安。此所以使民樂其處，而有長(＝長久)居(＝居住)之心也』」。

㉔「上谷、雲中」：漢代上谷郡，在今河北懷來(沙城)附近，接近秦長城的地區；雲中郡，在陰山以南，今山西左雲、右玉等處。明代並無上谷、雲中等區劃，所指應是當時首都北京西北的宣府左、右、前衛，懷安、保安、懷來、延慶、開平……等，今河北和山西兩省長城以内的各個「衛所」。

㉕戾漢控胡：「戾」是背對着。從明代統治者的眼光看來，上谷、雲中，背(南)面是漢地，北面對着胡族。

㉖虜款以來：「虜款」指也先、俺答等首領和明代朝廷講和(款)。

㉗「閈陌耗敝，罄懸杼倚」：「閈」是里門，屬於市鎮；「陌」是鄉村。「罄」通「磬」，樂器。「杼」是織布的梭子，「罄懸杼倚」，即樂器懸起，梭子放起。兩句都是形容當時城鄉凋敝。

㉘「蒲、蠃」：出國語吴語「其民必移就蒲蠃於樂海之濱」，韋昭注「蒲，深蒲也；蠃，蚌蛤之屬」。王念孫在廣雅疏證中反對韋昭的解釋，以爲蒲蠃就是「蒲盧」，是一種蛤類。我們認爲蒲代表可以食

用的水生植物，蠃（＝螺）代表可食用的水生動物，韋昭的話大體上是對的，不過不應指實「深蒲」。

㉙ 襏襫：音同「撥釋」（讀 bō shì），粗糙的雨衣蓑衣之類。

㉚ 「庾、鬴」：「鬴」即「釜」字，兩者都是古代計量單位，用來計量糧食。這裏借用來指糧食供應。

㉛ 「韋、複」：「韋」是熟皮，「複」是夾衣綿衣。

㉜ 借壤鴈民：明代字書正字通解釋「鴈户」爲「流庸」，即無一定職業的流動勞動者；「唐書編民有『鴈户』，謂如鴈，去來無恒也」。「借壤鴈民」，即租用土地的流動農業勞動者。

㉝ 白登：大同東面的一個山名。

㉞ 「計文讕滿、羼名規役，租積逋且萬計」：「計文」，是政府的統計文書，包括「兵籍」在内；這裏兼指兵籍、户籍與租税。「讕」是謊話；「羼名」是捏造姓名，借此「規避」勞役和兵役；「租」是應向國家繳納的租税，「積逋」是「積欠」，「且」是「幾乎」，「萬計」是要用萬作單位來計算。

㉟ 尺伍執殳之夫：在役軍人。

㊱ 雕攰：「雕」，借作「凋零」的「凋」，「攰」音詭（讀 guì），疲敝已極；借自三國志魏書蔣濟傳濟所上疏中「弊攰之民」。

㊲ 飴堇荼：以野菜當糧食。按詩經大雅緜原有「周原膴膴，堇荼如飴」的兩句，説地肥了，連野菜也好吃。這裏顛倒原意，説連野菜都算是好吃的東西。

㊳ 絺縕：「絺」是粗布；「縕」是古代用碎麻代替絲棉作成的冬衣。明代棉花已輸入，這裏只是故意仿古，用這兩個字代替棉衣。

㊴ 銖：懷疑借作「袾」字，見廣雅，解作「衣身」，即衣的正身部分。

㊵ 乃裔徼習呰窳：「裔徼」，邊境地方。「呰(zǐ)窳」即貪懶，不肯力作。

㊶ 疆腹殊共：「疆」解作「邊疆」；「腹」是「內地」；「殊」是「不同」；「共」借作「供」(=供應，供給)。

㊷ 「大庾之金，不輦於塞，林林寄生之衆，將安所哺啜褸衪」：「大庾」指國庫；「輦」解作運輸。「林林」，解作數量極多(的群體)。「褸」是「褸裂」(見方言卷三)，即破成條縷。「衪」(音 yì)原應寫作「袣」，長衣的形容語。「褸衪」連用，尚未見有特別解釋。

㊸ 「氾勝、齊民之術」：「氾勝」應指氾勝之書，「齊民」應指齊民要術；原是兩部農書，這樣省略並舉，文理不順，事實不合。

㊹ 祈涓：「祈」是「祈禱」，即先向神貢獻物品，表示誠意，請求得到某些福利。「涓」字原來的意思是「潔除」，從「細流」引申得來，左思用「涓吉」(見魏都賦)，從「潔除」演進到「選取」；後來誤會，將「涓吉」解成「卜吉」。便民圖纂中卷八祈禳，——除了預祈福利之外，還有「禳」除災眚的內容——卷九是涓吉，都是唯心迷信材料。于永清用「祈涓」兩字，省略地代表這些材料，遷就文字，文理不通順，內容也不全面。

㊺ 「表地掩畝，……將率之事也」：出荀子富國第十一，「兼足天下之道在明分」章，原書(楊倞注本)

作「掩地（＝把表土翻入地下）表畝（＝標明壟畝），剌（＝删絶）中（古艸字）殖穀，多糞肥田，是農夫衆庶之事也，守時力民，進事長功，和齊百姓，使人不偷，是將率之事也」。「將率」的「率」字，古文中原有與「帥」字通用作他動詞的例子；意義是領導群衆，不專指帶兵。

㊻本節録自王禎農書卷一農桑通訣孝弟力田篇第三，略有删節。

㊼長其長：兩個「長」字，都讀zhǎng，上一個字作他動詞，下一個字作名詞；意思是「尊敬（長）他們的長輩」。

㊽「鄉飲」，相傳古代有「鄉飲酒」的一種儀式，讓大家尊敬老人，見周官地官黨正。「正齒位」，按年齡排次序，見地官黨正；「讀教法」，見地官州長。

㊾引自詩小雅甫田。毛傳：「烝，進；髦，俊也。」鄭康成説：「介，舍也。禮，使民鋤作耘耔，暇則於廬舍及所止息之處，以道藝相講肄，以進其爲俊士之行。」

㊿尚書商書中僞古文伊訓一篇，有這兩句。

(51)冀缺，春秋晉國的賢人，夫婦兩人，自己耕種。長沮、桀溺、荷蓧丈人，見論語微子第十八，是三個「隱於農」的賢人。

(52)這幾句現見周禮地官司徒鄉大夫。

(53)「宅不毛者，有里布」，據周禮地官載師：「凡宅不毛者，出里布。」「毛」指地面生長的植物；「宅」是住宅。「里布」是「一里居」（村落或街道）所應納的地税。「宅不毛」，是住宅近旁的土地没有耕種栽上桑麻；這樣懶惰的人，罰他繳納同「里」中二十五家人家所應出的「里布」。

(54) 夫家：清江永解釋爲「男女」；意義是成年男女（所應負擔的義務）。

(55) 「不畜者……不衰」，這幾句見周官地官閭師。

(56) 「至於瘖聾跛躃，斷趾侏儒，各以其器食之」，出自禮記王制。「躃」即瘸腿；「器」指「才能」；「食」作動詞，這裏的意義是「供給生活」。

(57) 孝弟力田之科：「科」即「科舉」。「科舉」原來的意義，是以某種資歷本領作爲根據（科），被選舉作爲官吏的候選人（並不專指「作八股文」「考秀才」）。漢惠帝（漢書惠帝紀四年正月）、吕后（漢書高后紀元年二月）、文帝都設立「孝弟力田科」；後來武帝改爲「孝廉」。

(58) 漢書卷四文帝紀：「（二年）春正月，丁亥詔曰『夫農天下之本也；其開籍田，朕親率耕』……。」

(59) 漢書卷四文帝紀：「十二年……又曰『孝悌，天下之大順也；力田，爲民生之本也……，其遣謁者勞賜三老、孝者帛，人五匹；悌者、力田，……三匹……而以户口率，置三老、孝悌、力田常員』……」本篇拆散引用。

(60) 此節録自王禎農書農桑通訣地利篇第二，有删節。

(61) 「乃命棄曰……播時百穀」，見尚書舜典。

(62) 見孟子滕文公上。

(63) 小注顯係徐光啓所加。

64 「騂剛用牛，……用蕡」：「騂剛」是赤色而堅硬的土壤。「赤緹」是紅色的土壤。「埴」是細密的黃土(黏土)。「壚」是黑色堅硬的土壤。「蕡」(fén)指麻莖或大麻子。

65 煮取汁也：指因土壤性質不同，以不同的獸骨或植物煮取其汁，用來浸種。

66 馬一龍農説：馬一龍，南京溧陽人，嘉靖丁未(一五四七年)進士。辭官歸家「躬耕」，「以農夫就其所爲事而言，皆非農者；農不知道，知道者又不屑明農」，所以作農説。全文只就水稻栽培過程作記載説的。所記大部分根據當時江南澤農經驗，許多措施和經驗都極實際，很可寶貴。可是他的解釋，所「知」的「道」，除借題發揮，發表倫理觀點與政見之外，全根據唯心的「理學」立論，充滿了方士氣息，不可置信。農政全書引用了本文正文全部，小注删節不少。我們用古今圖書集成博物彙編藝術典卷十農部總論所收全文校過。

67 歷山：史記五帝本紀「舜耕歷山」。

68 莘野：孟子萬章篇：「伊尹耕於有莘之野。」

69 「厭於力食」，即不願自食其力。「以其力食人」的「食」，作動詞用。即仗着權勢來剥削别人。

70 「嘗」，懷疑原應作「常」。

71 僕僕：煩細瑣碎地勞動。

72 踣其踵：即傷害其根部。

73 牿：音gù，縛在牛角上使牛不能觸人的横木。易大畜：「童牛之牿」，在這裏借來形容作物在幼時就受到束縛（窒息）。

㉔ 實粟：「粟」字固然可解，但懷疑是「栗」；——「實穎實栗」，見詩大雅生民；亦見本卷注㉖。

㉕ 粃：廣韻解爲「粉滓」。陳旉農書用「麻粃」作爲肥料，必須先經過腐熟。案東京夢華録中載有「麻粃」，代替火炬，應是大麻子壓油後剩下的枯餅，研碎作燃料或肥料用的。

㉖ 實穎實栗：引用詩大雅生民章語。毛傳：「穎，垂穎也。栗，其實栗栗然。」鄭康成説：「栗，成就也。」

㉗ 這一節所説「水奪」和下一節所説的「火攻」，措施完全正確；但馬一龍所作解釋，却完全是唯心的，不可置信！

㉘ 鎡錤：即鋤頭。廣雅釋器：「鎡錤，鉏也。」

㉙ 「蚩」字，字書中找不出根據，也無法推測。案：這節注文中所説的「五蟲」，止有「蟊」字是寫得合習慣的；「螟」字右側的「冥」，雖然寫錯，還在一般允許的範圍内；「賊」字，自來書籍中没有加「虫」的寫法，僅僅因爲上半的「賊」字還存在，可以猜測；「螣」字，原來是從「朕」從「虫」，左側再從「虫」的寫法，止見於集韻。前面這四種，在詩小雅甫田之什大田第一章中，彙總地在「去其螟螣，及其蟊賊」兩句裏出現，容易聯想，寫錯也還可以認識。「蚩」字，可能是馬一龍的創作，我們無法理解。據詩毛傳，「食心曰『螟』，食葉曰『螣』，食根曰『蟊』，食節曰『賊』」，大致一個穀物植株的各部分，都已分配完畢；再要增加就止能是「食穗」的蟲了。這「五蟲」的發生所作解釋，完

全是唯心荒謬的「化生説」，不可置信。

⑧0 酓灰：「酓」，讀 yǎn，借作「盦」字用：「盦」音「安」（唐宋以前中原音可能是 ap 或 am），解爲掩蓋。「盦灰」，即經過儲藏掩蓋的草木灰，吸濕後，潤澤的。

⑧1 這一段所談收種、浸種的措施，就水稻來説是合理的，解釋則完全是唯心的謬論，而且不能「以一例全」地應用到一切糧食作物上。

⑧2 稿：懷疑應是「槁」字（解作「枯死」），因字形相近而譌。

⑧3 遡：這是「疏」字隸變時寫錯的。圖書集成引文已改作俗體「踈」字。本文小注也寫作「踈」。

⑧4 這個小注疑係徐光啓所加。

⑧5 開挑罨掄：「挑」與擴同音義。「開挑」、「罨掄」均指耕作過程中的操作。

案：

〔一〕隔年見如樹　中華本王禎農書作「隔牛見茄樹」。案：「牛」字，應依本書作「年」，「茄」字應依中華本。茄，一般是一年生的木質草本，但在熱帶亞熱帶，可以成爲二年或二年以上的木本。閩閩可能在雲南南部見過這種情形。

〔二〕取具事目　「目」字，中華本作「耳」；應以作「耳」爲好，意思是取它具備事項而已。

〔三〕毋倉　本書各本同作「毋倉」，應依中華本作「母倉」，母倉是叢辰中一個方位名稱，叢辰中遇着它，便是吉日。参見本卷注⑯。

〔四〕以　殿本原書無「以」字，應删。

〔五〕論　原書殿本作「讀」，與下文「讀孟子」相同。

〔六〕見　殿本原書「見」字下有「其」字，「其」字似不可少。

〔七〕大哉農桑　殿本原書作「大哉農桑之業」。

〔八〕疆　原文作「彊」。

〔九〕「者」字上，王禎原書有「古」字，本書各本脱去後，將「者」字連在上句「可見」下斷句，是錯誤的，應依王禎原書改正。

〔一〇〕「周禮保章氏……張、翼、軫」，此段與王禎所引原書大異。王禎原引「農書云：穀之爲品不一，風土各有所宜……周禮職方氏云……」似乎將農桑輯要卷二「論九穀風土及種蒔時月」一段爲根據，改寫而成。接着，引書序一段，再自己有些發揮。本書删去這些文章，换周禮保章氏及淮南子，不知有何根據（保章氏見周官春官）。

〔一一〕城　應依王禎原書作「越」。

〔一二〕此段小注本書所引與王禎原書有出入，間有增益。

〔一三〕則方域之多大有不同　王禎原書是「方域之大多有不同」。

〔一四〕只　王禎原書作「又」。

〔一五〕爰　今通行本尚書作「先」。

〔一六〕圖書集成所引「齊」作「殊」，與下小注合，似應照改。

〔一七〕圖書集成所引「諸陽皆生者」一句，在「陽自下起」之上，似乎更順適。

〔一八〕見　本書諸本皆作「見」，然依上下文義，應爲「免」字形訛。（定枎案）

農政全書卷之三

農本

國朝重農考①

馮應京曰②：昔黄帝畫井分疆，依神農耒耨之教，導生民之利。稼穡爲寶，所從來矣。堯謹授時，禹勤溝洫，稷播嘉種，弘配天之烈。而邠風陳詩於耜，舉趾、築場納稼之間，王化基焉③。周官體國經野，安擾邦國，辨以土宜，分爲井牧。有徑畛涂道，以正其疆界；有溝洫澮川，以宣其水澤。安甿以田里，利甿以興鋤，勸甿以時器，任甿以彊予④。而帝王所爲，因天規地，率育群生之良法，於是乎大備。秦開阡陌而井制廢。玄扈先生曰：商鞅相秦，專以農戰强國，讀開塞、耕戰書可見矣。而謂其廢先王井田疆理溝洫道涂之制可乎？後世不曉，以爲廣地計也。不知廢此古制，地則荒矣。世有若是之愚商君乎？夫鞅之開阡陌者，古者一夫受田百畝，皆有限制。鞅尚首功，得五甲首而隸五家。又制爲武功爵，使有功者田連阡陌，廢先王百畝限田之法耳。太史病之，以是爲并兼之始也，豈謂其剷平疆理，廢先王之徑畛溝洫，而變爲平原廣隰乎哉？漢去古未遠，文帝有其時而不爲。唐太宗鋭意復古，可爲而無其臣。新莽非其人，周世宗非其時。而王道卒不可復矣。三代以後，善法古而師其意，唯是皇祖⑤。二百年來，藉〔一〕餘烈以休養，庶幾登平〔二〕上理矣。而邇乃財殫民窮，誰獨無根本之慮？書不云乎：法祖攸行⑥。皇祖宵旰民依，垂憲萬世，芳躅固班班可述也。而列宗踵武恤民，亦各有懿政在。謹用揚勵，綴以諸臣末議，備考鏡焉。

繄我太祖高皇帝，天縱聖神。憫元政之昏虐，目擊群雄無救民者，親提一劍，拯元元於水火，諸艱凶疾阨之苦業，身嘗在田間。復與衆英賢，深究民生利病，故注意於農事者獨詳。渡江初，即以康茂才爲營田使⑦，諭之曰：比兵亂，隄防頹圮，民廢耕作。而軍用浩繁〔三〕，理財莫先於務農，故設營田司，命爾此職，巡行隄防水利之事，俾高無患乾，卑不病潦，務以時蓄洩，毋負委托。已又以茂才所屯田積穀獨充仞，而他將皆不及，申令各督率軍士，及時開墾，以收地利。又下令田五畝至十畝者，栽桑麻木棉各半畝，十畝以上倍之；有司親臨督勸，惰不如令者罰。謂中書省臣曰：爲國，以足食爲本。大亂未平，民多轉徙失本業，而軍國費悉自民出。今春和時，宜令有司勸農事，勿奪其時，仍觀其一歲中之收獲多寡，立爲勸懲。吳元年冬，祀圜丘，世子從。上命左右導之，徧歷農家，觀其居處飲食器用。還，謂之曰：汝亦〔四〕嘗知吾農民之勞苦至此乎？夫農，樹藝五穀，身不離泥塗，手不釋耒耜，而茅茨草榻，麄衣糲飯，其以供國家經費甚苦，故令汝一知之，欲汝常念農勞，取用有節，使不至於饑寒也。上自舉義旗以來，兵革倥偬，百務草創，未遑獨計所爲，敉寧吾民，以厚其生，蓋不啻勤摯如此矣。比登大寶，洪武元年，即詔遣周〔一〕等百六十四人，往浙西覈田畝經理，以實聞，毋妄有增損，爲民病！二年二月，上躬享先農，以后稷氏配，遂耕籍田於南郊。又命皇后率内外命婦蠶北郊，供郊廟衣服如儀。自是歲爲常。是歲五月，駕幸鍾山，由獨龍岡步至淳化門，乃騎而入。謂侍臣曰：朕不歷農畝者久，適見田者冒烈暑而耘，心惻然憫之，不覺徒步至於此。農爲國本，百需皆所出，而苦辛若是。爲司牧者，壹嘗憫念之乎？三年，以中原久被兵，田多荒蕪，命省臣議計民授田，設司農司掌其事。夏久不雨，乃擇六月朔，四鼓，帝素服草履，徒步詣山川壇躬禱。設藁席露坐，晝暴於日，夜卧於地。皇太子捧榼進農家食。凡三日，已而大雨霑足。中書省臣奏言：「太原等衛屯田，宜稅。」上曰：「邊軍勞苦，能自給足矣，其勿徵。」四年，興廣西水利，修治興安縣馬援故所築靈渠，三十六陡水⑧，可溉田萬頃。已又命工部遣官往廣東買耕牛，給中原諸屯種之民。有司考課，令必書農桑學校之績，違者罰。今皆「紙上栽桑」矣⑨。聞士卒有饋運渡遼海溺死者，終夕不寐。乃命群臣議屯田法，以圖長久。十四年，上加意重本抑末。下令農民之家，許穿紬〔五〕紗絹布；商賈之家，止許穿布。農民之家，但有一人爲商賈者，亦不許穿紬紗。著大誥言：古田井於官，驗丁給民，士農工各有專務。商出於農，貿易於農隙。朕思治窮源，與民約告：凡鄰里，互相知丁，互知務業，絶不許有逸夫。二十年，上又念民貧富不均，富者畏避差役，往往以田産詭寄飛灑，奸弊百出。有司至莫能詰，而貧者益困。乃遣國子生武淳等，隨所在稅糧多寡，定爲九區，區設糧長四人，集耆民履畝丈量，圖其田之方圓曲直、美惡寬狹若丈尺。書主名，及田四至，如魚鱗相比次，彙爲册，謂之魚鱗圖册，上之，而經界於是乎始正。先是，詔：兵興來，所在流徙。所棄田，許諸人開墾業之。果行此，二百年百倍富於文景矣⑩。即田主歸，有司於附近撥給耕作，不聽爭。惟墳墓房舍還故主，不聽占。已又詔：陝西、河東、山東、北平等處，民間田土，聽所在民儘力開墾，爲永業，毋起科。二十一年，户部郎劉九臯言：「古狹鄉民，遷於寬鄉，欲地不失利，民有恒業也。河北諸處，自兵後田荒，居民少，宜徙山東、西之民往就耕。」上曰：「山東多曠土，不必遷；遷山西潞、澤民無田者往業之，令耕種，蠲科繇。仍户給鈔二十錠，備農具焉。」冬，下令五軍都督府，謂養兵而不病於農，莫若屯田。若但使兵坐食於農，農必敝。其令天下各衛所督兵屯種，以舒國用。已又命移湖杭温台蘇松諸郡無田之民，往耕淮河迤南，滁、和等處閑田。仍爲蠲賦給鈔。諭户尚書楊靖⑪曰：「國家使百姓衣食足給，不過因其利而利之。要在處置得宜，毋使有司爲侵擾也。」武定侯郭英，請築魯王塋所享堂周垣。上曰：「使民以時。奈何當耕種之日，急築垣以奪農時乎？」止之。二十七年，令户部移文天下，課百姓植桑棗，里百户，種秧二畝。始同力運柴草燒地，已乃耕。比三燒三耕，已乃種秧。高三尺，分植之，五尺闊爲壠。每百户，初年課二百株，次年四百株，三年六百株。栽種訖，具如目報，違者謫戍邊。又以湖廣辰永寶衡等處宜桑，而種者少。命於淮、徐取桑種二十石，送其處給民種之。尋遣監生人材詣天下，督吏民修農田水利，而具勅天下：諸陂塘湖堰，可瀦畜旱暵、宜洩瀉防霖潦者，各因地修治，毋怠。亦毋得妄興工役，疲吾民。二十八年，旨下户尚書，言百户爲里。春秋耕獲之時，一家無力，百家代之。又命天下：鄉置一鼓，遇農月，晨〔六〕鳴鼓，衆皆會，及時力服田。其惰者，里老督勸〔七〕之，不率者罰。里老惰不督勸，亦罰。蓋當是時，榛莽之地，在在禾麻。游散之民，人人錢鎛。每月旦，召京師父老，躬諭以力田敦行。於都哉！高皇帝之爲烈也。體天地養萬物之心，師帝王經井牧之意，仁義既效，樂利無窮，而猶蠲租之詔，無歲不下，遣賑之使，有玩必誅。恒若〔八〕飢寒之迫吾民，注望子臣之繼厥志。至今讀嘉瓜一贊，雖千萬世，休忘勸農之句，而情見乎詞矣。則豈非世世率繇之盛軌哉？建文帝嗣極之元年，即下養老墾田賑貧減租之詔。而方孝孺志恢王道，謂井田爲必可行。雖當羽檄旁午，一時君若臣，猶〔九〕不忘保民之思焉。文皇帝入纘大統，乃命寶源局鑄農器⑫，給山東等諸被兵處。徵耕牛於朝鮮，送至萬頭，每頭酧以絹一疋布四疋，以其牛分給遼東諸屯士。嘗〔一〇〕謂户尚書曰：近因兵戈蝗〔一一〕旱，民流徙廢業。不及今勸相，使儘力農畝，將不免有失所者。其亟遣人督勸，毋怱。首命靖安侯王忠，往北平，安〔一二〕屯田軍民，整理屯種。已又允工尚書黄福奏⑬，給陝西行都司所所屬屯田牛具，如北平例。諭令寧夏各屯，於四五屯内，擇一屯有水草者，四圍浚濠，廣丈五尺，深如廣之半，築土城高二丈，開八門以便出入，而聚旁近四五屯輜重糧草於此。俾無警，各分屯耕牧；有警，則驅牛羊入保，待援兵，使寇至無所掠。又命各都司摘差官軍，給牛種，耕閑田，視歲收之數，定考較法，謂之樣田。除官收正糧及種子外，餘糧悉以與軍。廣東奏：蕃夷入貢方物，請遣〔一三〕民力接運。上曰：爲君務養民。今番貢無定期，而農民少暇日。假令自春至秋，入貢不絶，皆役民，豈不妨農事？其俟十一月農畢，乃令接運。聞柳州自正月至六月不雨，憂形於色。乃命户部，亟遣人往視之。又下詔：中外軍民子弟，自削髮冒僞僧者，并其父兄發五臺山輸作⑭。畢日，就北京爲民種田。車駕北征，有告軍士取民田穀飼馬者，面責之曰：農終歲胼胝⑮，以供國用，汝獨不念耶？斬以狥。文皇帝躬親戎馬者四五載，念民勞止，時加撫綏。已復三犁虜庭，司農拮据不遑，惟是留意邊計，所畫屯田法甚具，斯亦厚農裕國一長略矣。昭皇帝⑯當監國時，台州啟修復河道，諭工部：以「春秋慎用民力，而譏不時。可令農隙修築。」嘗赴召，過鄒縣，道逢飢民，惻然下馬。入民舍，視民男女皆衣百結，竈釜傾仆。歎曰：民瘝不上聞，至此乎！召父老問所苦，賜以尚食。復責山東布政使石執中曰：民窮若此，動念否？執中以奏免田租對。曰：民飢且死，尚及徵租耶？速發官粟賑之，人六斗。毋〔一三〕懼擅發。吾見上，自奏也。及登極，詔下言：「郡縣水旱缺食，有司即體勘賑濟。其民流徙，田土拋荒者，爲覈〔一四〕實除豁。召別佃中官田，聽照民田例，起科。」已諭户部：令天下衛所屯田軍士，不許擅差，妨其農務。違者，處重法。工給事中郭永清疏：乞令有司如舊制，嚴督里老百姓，以時闢田園，修陂堰，種桑棗。從之。上嘗促詔賑淮、徐、山東飢，言：「救困窮，當如拯焚溺，不可緩。」其重民命如此。伏睹寶籙所載云：上嗣位，每曰：爲人君，止於仁。故弘施霈澤，詢民隱，急農事，日以恤人爲務。在位僅十月，而德政加多，廟號曰仁，允矣哉！章皇帝舊勞於外⑰，知小人之依。禮部進籍田儀注，上覽之，謂侍臣曰：「先王制籍田，以奉粢盛，以率天下務農，所貴有實心耳。誠體祖宗之心，念創業艱難，憂恤蒼生，使明德至治，達於神明，則黍稷之薦，不待親耕。誠輕徭薄賦，使之以時，而貴農重穀，禁止遊食，則人咸趨稼，不待勸率。斯蓋識禮之意矣。」已因春雨頻降，令户部移文郡縣，均徵徭，勸農桑。貧不給者，發倉賑之。時有建言：洪武中，命天下栽桑棗，今砍伐殆盡，有司不督民更栽，致民無所資。上曰：古宅不毛者，罰里布。祖宗養民意甚重，其申令郡縣，督民以時栽種，仍遣官巡視。

嘗謁陵，道中憫秉耒者，爲賜鈔。因御製耕夫記，識不忘。又嘗諭吏部臣：以欲使農民得所，在擇賢守令。因出御製憫農詩一章示之。而喜雨則有詩，織婦則有詩，豳風圖則又有長詩，令揭便殿，資儆勵。又令北直隸地方，照洪武二十八年山東、河南事例：民間新墾田地，無多寡，不起科。有氣力者，儘力種。率此言也，以至于今，樂利遍天下矣⑱。蓋嘗反覆章皇帝愛養懿政，而深有味乎其言也。曰：「朕祇奉祖宗成憲，諸司事有奏請者，必考舊典，兢兢民事。」斯固其法祖大端云。明興七十載於兹，高皇帝深仁厚澤，業奠不拔之基，而農業艱辛，載在皇陵碑記。且務本之訓，傳〔一五〕自文皇「鋤禾日當午」之詩，授于仁廟。休養生息，堂構相承。天下方脱鋒鏑湯火之苦，守令尚保舉久任，肅法字下⑲，役簡賦薄，安堵蓄富，號稱治平。比英廟冲齡嗣位，臨以太皇太后，猶襲餘庥，無忘民瘼。楊士奇等上言：太祖篤意養民，備荒有制。又開濬陂塘，修築圩壩，以備水旱。歲久弊滋，水利多湮。請遣京廉幹者，往督有司，平糴備荒，修復陂塘圩壩，即用以殿最有司⑳。得旨，令亟行之。蓋本朝高章，一創一守，光禹湯而邁成康。其傳家經國，惟是重農爲啟佑。而億萬載無疆惟休，厥有本矣。景泰間，商學士輅陳邊務言：口外田地極廣，其附城堡膏腴，先經在京勛臣等家占作莊田，其餘閑田，又被鎮守總參等官占爲業，軍士無近便田地可耕。下所司查議。谿成迄弘㉑，蓄積寖寡，而盜寖繁。乃下令申飭洪武中預備四倉之制。先政蕩然矣㉒。括鍰金糴粟，及勸借里户，以備旱澇。已又招民輸粟補官暨贖罪，而督有司積粟，視州邑大小有差。法具備。乃貴戚内臣，則往往有莊田，又有皇莊田，倣宋季公田租課典。以中官所侵奪鄰近民家業甚横，賴敬皇帝仁明㉓，稍裁以法，一時貴戚近幸，斂手不敢肆云。當弘治初，上允户尚書請，令禮部于耕籍儀註内，增上中下農夫各十人，服常服，執農器，引見行禮，乃令終畝。人賜布一疋。又允撫臣言：疏治河南彰德等府州縣渠堰。凡王府屯官之兼并，豪右碾磨之侵據，悉釐正之。尋又遣工侍郎濬吴淞白茅港，以泄積水。當是時，上方鋭意圖治，農桑不擾，蠲恤頻行。十八年培植深固，延至正德之季，猶能挈無缺之金甌，以付肅皇。夫亦孝廟之不忘國恤，所貽者遠也。肅皇帝起自潛邸㉔，適公私蠹耗之後，御宇二十年以前，軫念民事尤切。允給事中底藴言，改皇莊爲官田，禁諸勳戚家，不許朦朧陳乞，一掃中葉來畿甸民之擾害。又下詔言：農衣食所出，王政之首務也。各該撫巡所屬官，帶農田銜者，不許營別差委，務督令舉職循行勸課。其原未設官者，委佐貳主之，歲嚴課其殿最。其土田爲水衝沙塞，江海坍〔一六〕淤者，節有豁除。所司不能究宣，獨優富家，不及貧弱，加之攤派包賠，細民滋困。其擇廉節官，勘覈豁除之。九年，建先蠶壇於北郊。十年，行祈穀禮於大祀殿。已而召翟學士鑾等，偕往西苑視收穫。帝御豳風亭，諭諸臣曰：農之勞苦，親見爲真。我聖祖嘗有訓曰：衣帛當思織婦之勞，食粟當念農夫之苦。以此觀之，委爲粒粒辛苦也。又建無逸殿，書周書無逸篇於其壁。題其旁亭曰省耕，曰省斂；倉曰恒裕。刻興獻考㉕睿製農家忙律於殿壁，御爲文記之，意念遠矣。十八年，還自顯陵，途中爲賦麥浪詩。十九年，禱雨宫中有應。二十年，禱雪有應。皆爲賦詩志喜。時蓋玄修㉖未敢，嚴嵩未柄用，南北兵戈未熾。而上所爲，垂章光于蔀屋㉗，灑露潤於窮甿，蓋猶有恭儉之思焉。穆皇帝清净化民㉘，寬仁馭下。二年之耕籍，三年之賑災，休有烈光。雖非久上賓，貽謀弘遠矣。嗣我皇上天挺英睿，虔始勵精。萬曆初，允輔臣議清丈均賦者，用蘇民困，非盡地利求增税也。恩意深篤，一時府州縣無敢不行丈量法者。撫按官督課嚴核。其清强敏練，撫字忠愛之吏，因得自效。而諸方田法令，纖悉明具。人習步算，而賦均，異時虚糧貽累之弊盡汰。步算乃待此時習耶？且亦何能習也㉙？十三年春，久不雨，屢禱未應。命禮部具躬禱南郊儀以聞。上曰：朕步行，不乘輦，百官隨行。天象災旱，朕爲黎庶祈禱，豈憚途勞。乃齋居夙戒，擇四月十七昧爽，步詣郊壇，祭禱如儀。上於幄次，諭輔臣等曰：天時亢旱，雖由朕不德，亦因天下有司，多貪暴，爲民害，干天和。自今其慎選毋忽。仍步還宫。浹旬㉚乃大雨。是舉也，宛然高皇帝憂旱芳規矣。已因中州大飢，特出内帑，遣鍾御史化民，持節往賑。而慈聖宫、中宫，各爲捐助，費不下數十萬，中外莫不歌舞皇仁。乃頃者征繕日煩，繭絲㉛遍天下，議者惓惓罷升榷〔一七〕。譬病癰疽，不遑念元氣，藉使應砭而愈，正費調治。臣請言調治之方，則無如重農矣。公出獄，余唔之，未及勞苦，輒道此數語甚切。又亟與余索江南農師，以治江北之田。仁人之言哉㉜！

國家奠鼎燕京，即勝國㉝之故都。勝國當泰定時，翰林學士虞集議㉞，以爲京師〔一三〕東，瀕海數千里，北極遼海，南濱青齊，皆萑葦之所生也。海潮日至，淤爲沃壤。謂宜用浙江之法，築堤捍水爲之田。聽富民願耕者，合其衆，分授以地。定其等，爲之疆畔。能以萬夫耕者，授以萬夫之田，爲萬夫之長。能以千百夫耕者，亦如之。十年後，田成，有積蓄，命以官，高者佩印符，許傳子孫，如軍官之法。則近可得民兵十萬，以衛京師，禦島夷㉟；遠可紓東南萬里航海饋運之危難。而江海游食輕剽之民，亦率有歸。議中格。後竟以海運不繼，亟爲海口萬户之設。大都本集言，然已無及矣。本朝海運既廢，軍國大命，獨倚重於漕儲。頃復黄淮梗塞，轉運艱阻。且倉庾無二年之蓄，水旱有不時之憂，而三輔顧多曠土，海壖率成沮洳，在在可耕可鑿。嘉靖中，給事中秦鰲㊱、詹事霍韜㊲，皆扼腕言之。邇年，給事中徐貞明㊳念西北水利事，裹糧從一二三屬吏解事者經度之，信其必可行，以爲京東輔郡，皆負山控海。負山則泉深而土澤，控海則潮淤而壤沃。諸州邑，泉從地湧，一決即通；水與田平，一引即至，具可疏鑿成田。如㊴密雲之燕樂莊，平峪之水峪寺及龍家務莊，三河之唐會莊、順慶屯地，皆其著者。薊州，城北，則有黄厓營。城西，則有白馬泉鎮國莊。城東，則有馬伸橋夾林河而下。城南，則有别山舖，及〔一八〕夾陰流河而下，至於陰流濱。疏渠，皆田也。遵化，西南平安城，夾運河而下，及沙河舖地方。又鐵廠湧珠湖以下，至韭菜溝上素河下素河百餘里，夾河皆可田。遷安，北徐流營，山下湧出五泉，合流入桃林河。又三里橋湧泉，流入灤河。又鼉姑廟湧泉成河，夾河皆可田。盧龍，燕河營湧泉成河。及營東五泉，湧漫四出，至張家莊。撫寧西臺頭營河流，亦自燕河營湧泉而來，皆可田。豐潤，南則大寨及刺榆柁、史家河、大王莊。東則榛子鎮。西則鴉洪橋。夾河五十餘里，皆可田。玉田，清莊塢導河可田，後湖莊疏湖可田，三里屯及大泉小泉，引泉可田。其間，有民棄不業之地，有屯地，有牧地。民棄不業者，召民業之，助其力。屯牧地屬官者，闢其蕪而收其入。先之京東數處兆其端，而畿内列郡可漸行也。先之畿内列郡引其緒，而西北之地可漸行也。在邊陲，則先之薊鎮，而諸鎮可漸行。至瀕海，則先之豐潤，而遼海以東，青徐以南，皆可漸而行也。乃陳興水利十四便益，言甚悉。又謂行水之地，高則開渠，卑則築圍，急則激取，緩則疏引。其最下者，遂以爲受水之區，勢固不可强。如懷慶當丹、沁下流，而真定尤滹沱所必衝，安能久而無患？今致力當先于水源。先其源，則流微而易御。田其上流，則水殺而無衝激汎濫之虞。疏上，竟沮浮議不果行。先是臺臣周用㊵，因河數衝淤，議及東省水利，以爲治河墾田，事相表裏。田不治，則水不可治。運河以東，濟南、東昌、兖州三府州縣，雖有汶、沂、洸、泗等河，與民間田地曾不相貫注。每年泰山、徂徠，山水驟發，則漫爲巨浸，潰决城郭，漂没廬舍，與河無異。一值旱暵，則又故無陂塘渠堰蓄水以待急，遂致齊、魯之間，方四五千里之地，一望赤地，蝗蝻四起，草穀俱盡，此皆溝洫不修之故。今欲修溝洫，非謂一一如古也。古人原是如此㊶。但各因水勢地勢之宜，縱横曲直，隨其所向。自高而下，自小而大，自近而遠，盈科而進，委之於海，莫若正疆里以稽工程，集人力以助夫役，蠲荒糧以復流移，專委任以責成功，持定論以察群議。毋以欲速而輒〔一九〕更張，毋以小利而生沮撓，則治河裕民之計也。事需後㊷。張瀚之請墾鳳、淮田也。疏稱：兩府地廣人稀，一望黄茅紅蓼，多不耕之地。間有耕者，又苦旱澇。雨多則横潦瀰漫，無處歸束；無雨則任其焦萎，救濟無資。是以飢饉窘迫，煙稀土曠。此地界連蕭、碭、汝、潁，逋逃之藪，積久不無隱憂。宜得專官，教民稼穡。夫水土不平，耕作無以施方。必先度量地勢高下，跟尋水所歸宿，濬河以受溝之水，開溝渠以受横潦之水。官道之衝，設大堤以通行。偏小之村，亦增卑以成徑。惟欲於道傍多開溝洫，使接續通流，水由地中行，不占平地。又度低窪處所，多開塘堰以瀦蓄之。夏潦之時，水歸溝塘；亢旱之日，可資引溉。高者麥，低者稻，平衍地多，則木棉桑臬，皆得隨宜樹藝。土本膏腴，地無遺利，遍野皆衣食之資矣。次則招撫流移，寬慰安插，量撥地土，處給牛種，蠲逋負，緩起科。又或招致江南客户，或勸諭本土地鄰，或審擬徒夫無力者，令供役開濬，有力者出資給食。皆僉事可得專行。議既允，惜其時不講于任官之道，而猥以委之貪穢之史臬僉，竟令以人廢盛舉也。若東南水利，呂光洵條議㊸特詳，謂：三吴古稱澤國，其西南翕受太湖、陽城諸水，形勢尤卑，而東北際海岡隴之地，視西南特高。高者田常苦旱，卑者田常苦澇。昔人治之，高下曲盡其制。既於下流之疏爲塘浦，導諸湖之水，由北以入於江，由東以入於海；而又畝引江潮，流行於岡隴之外。岡隴，海涘也。岡隴之外則海矣㊹。是以瀦洩有法，而水旱皆不爲患。近來縱浦橫塘，多湮塞不治，惟二江頗通，曰黃浦，曰劉家河。然太湖諸水，源多而勢盛，二江不足以洩，而岡隴諸支河，此處實非岡隴，蓋近海之地，比下鄉稍高耳。如吾松之稱沙岡、竹岡者皆是也㊺。又多壅絶，無以資灌溉。於是上下俱病，而歲常告災。治之之法，當自要害始。先治澱山等處一帶茭蘆之地，導引太湖之水，散入陽城、昆承、三泖等湖；又開吴淞江，并太盈、趙屯等浦，洩澱山之水，以達於海；濬白茆港并鮎魚口等處，洩昆承之水，以注於江；開七浦、鹽鐵等塘，洩陽城之水，以達於江；又導田間之水，悉入於小浦，小浦之水，悉入於大浦。使流者皆有所歸，而瀦皆有所洩，則下流之地治，而澇無所憂矣。凡岡隴支河，湮塞不治者，皆濬之深廣，使復如舊，則上流之地亦治，而旱無所憂矣。此三吴水利之大經也。潘鳳梧有言：水利微紗，通知者少，自非殫思熟見，鮮能究其源委。試舉嘉湖，餘可類推。夫防護修葺之法，小民最無知，全賴上人真知而禁之。如湖州之圩低，其港常闊，人憚於增外，僅爲修内，故水益闊易衝，而湖州多淹。崇、桐之土高，其港常窄，人憚於開外，日爲填出，故水益窄易涸，而崇、桐多乾。此其言，蓋與光洵義互相發云。湖州，地下無土。崇、桐，地高土多。無土者，將何增外；土多者，其傍河之田，不肯增土以爲岡隴。凡高下鄉皆然。低鄉築圩，高鄉開河，如是而已㊻。中州濱河之區，歲苦「馮夷」衝嚙㊼。顧以全河建瓴而下，當秋水時至，百川灌河，方數千里之水，曾無一溝一澮爲之停蓄，以故頻受其患，而不獲資尺寸之利。若乃鄴之漳水，南陽之鉗盧陂，昔人率用以廣灌溉。宋於河北諸州，水所積處，興堰六百里，置斗門引定水灌田，民賴其利，何至於今皆没没也？關中引涇通渭，故有鄭國渠、白渠諸跡可尋。并州西南，若汾若沁，盡可引注爲農田用。李冰爲蜀守，壅江水作堋，穿二江通舟楫，因以溉諸郡。今陸海固在也。三楚漢沔，西來大江，中貫洞庭浩淼。誠盡力溝洫，開渠建閘，在在腴壤，何至如今之鹵莽而穫？廣南沿海，多淤沙饒沃，容有未興之利。八閩、江右，畝窄人稠。乃中原迤北之境，則極目荒莽，水無嚮導，田不墾發。「小人之情，安土重遷，寧就飢餒，終無適樂土之慮。故『民』之爲言『瞑』也。謂瞑瞑無知，猶群羊聚畜然，須牧者之所置之。置之茂草，則肥澤繁息；置之磽鹵，則零耗」。善乎崔寔〔二〇〕之言之也㊽。我高皇帝深維〔二一〕理道，數徙民就業寬鄉，移人通財，以贍蒸黎，猶彷彿乎井授遺意，而嗣後絶未有踵行之者，何哉？若屯政梳爬，非不嚴也，而託名逃荒，巧爲影占者，弊仍未易究詰。乃邊鎮如遼東如宣大如甘肅，視國初屯糧之原額，今且不啻損十之五。即雖參罰之例，故未嘗廢，亦惟是較多寡于催科，曾未聞有以撫流移，闢草萊，上功幕府者。又何暇責以建阡陌，浚溝洫，導利於非常之原乎？昔有爲行經界寓地網之議者，以爲狄〔二二〕騎利在平曠，易爲馳突。今邊塞，率平原曠野，險阻實稀。宜因屯田，定其經界，開爲溝洫。就用田者之力，每一里共濬一溝界，如古井田之制。一可以息争端，二可以備旱潦，三可以阻敵騎，四者，或我兵車禦虜，即可依此爲常陣，免臨時掘塹之勞。此蓋本吴玠在天水軍制金騎遺法也。今井制堙廢久矣，聞山東登、萊，猶存畎〔二三〕澮，而東虜竟以勢難踰越，不敢犯。寧夏多水田，有溝塹，夏月種作，則胡〔二四〕馬不能來，故稱安寧。以斯知廣畝濬川，所以興利厚農，亦以設險守國。且也計口授田，俾有恒産，庶人人樂本業而安爲黔首。即有豪傑，難以率亂。故三代盛時，人必里居，地必井畫，帝王治天下之大經大法，率不外此。方正學有言㊾：流俗謂井田不可行者，以吴越言之，山溪險絶，而人民稠也。夫山溪之地，雖成周之世，亦用貢法，而豈强欲堙卑夷高，以盡井哉？但使人人有田，田各有公田，通力趨事，相救相恤，不失先王之道，則可矣。而江漢以北，平壤千里，晝〔二五〕而井之，甚易爲力也。嗟乎！自限田名田之議，先漢不即行，而貧富益遠。唐李翱、宋林勳[50]倣古井田意，分劈講畫，作平賦、政本二書甚具。而宋儒張子厚[51]，有買田一方，畫爲數井之思，且講求法制，以爲不刑一人而可復。時皆不售。淳熙中，朱文公熹知漳州，欲行經界，獨丈量隱稅，令貧富得以實自占，非復若限田均田之難，而亦竟爲豪家猾吏所排沮。所以深致慨于井制之未易復也。生民之計，將無已遂窮乎？亦惟是我高皇帝宸慮精詳，時時體井田遺意，即召人墾荒，亦必驗丁撥給，限定田畝，不許抛荒流移。而御製大誥續編，且惓惓以田不井授爲憾。諸所爲農田計久遠者，酌古準今，足爲萬世法程至明也。余嘗謂夏后五十，殷人七十，非厚民而多予之田，乃限民不得多種也。吾高皇帝真得此意矣。故曰刱。明主意見，自然到此，不可學不必學也[52]。當其時，三尺新懸，有司奉行惟謹，未嘗特爲農事設專官，人盡農官也。以農桑責之郡縣，以屯種責之衞所，非農事修舉，不得注上考。官愈增，事愈廢矣。何也？事廢而後增官；官增，謂事舉矣，其實不舉事也[53]。蓋設官分職，原以爲民。孔曰富之，孟曰制田里，教樹畜。舍此更何事事哉。嗣後不察，而增設府州縣勸農佐貳，設屯田水利臬臣，又或特遣重臣。諸牧民之長，其賢者亦或體上愛養至意；不然者，且見以爲業有專官，而已可弛擔也。先臣吴世忠[54]嘗咄嗟道之矣，曰：臣任給事中時，具言水利爲農田急務，幸准覆行。

及備員湖蕩，而所屬陂塘池堰，湮塞如故。爲豪家填占迷失者，在在有之。有塘寬十百餘畝，無勺水可資。若占塘爲田，則豪家也。塘寬而無勺水可資，則非豪家也[55]。召里老咨問，云：往朝廷重農，州縣以水利爲急，差官清理，歲有修築。於時，豪强不敢填占，民以實保結。故亢旱而農田有救，百姓有所賴也。邇年州縣官惟勾攝詞訟之爲急，其餘塘堰册報，類非覈實，豪强填占，又置不問，雖奉勘合行視，特科索里户，供應而去。初曷嘗一至郊野，見所謂陂塘渠堰爲何若哉？及亢旱無收，恩旨蠲免，則已先期督徵入官。民未沾惠，而國用不足，往往又額外科征之。此獄訟所以日繁，而盜賊滋有也。嗚呼！自昔而已然矣，將何以挽其流乎？古天子巡狩，入其境，田野闢，受上賞；荒蕪不治，蒙顯罰。近世設按察司，察此務；分巡御史，巡此務也。竊查憲綱一款：農桑乃生民衣食之源。仰本府州縣行移提調官，常用心勸諭農民，趁時種植。仍將種過桑麻等項田畝，計料絲綿等項，分豁舊有新收數目開報。先臣霍韜發憤言：此乃巡按御史急務也，今則徒爲文具而已。旌舉守令，何曾稱某守某令興過若干水利，勸過若干農桑，乞勅都察院舉行。其在陝西、山西、北直隸、河南尤爲至急。而邇年都御史孫丕揚[56]，請以保民實政五事課有司，庶幾申明高皇帝要束。奈何率弁髦[57]之也！守令分符而治一方，儼然古封建侯伯之尊。昔尼父孜孜矻矻，無一同一旅[58]，以抒其猷。士抱遺經遇主，輒提千里之封[59]，乃民事不以關心，而一任蒿萊之彌望，謂誦法何？富教先勞，亦私議于車塵馬足之間而已，痛哉！可爲慟哭者也[60]。

趙邦清之爲滕縣也，均田治水，儲粟賑災，怨勞有所不避，此有司之則也。

校：

〔一〕藉　平本、曙本譌作「籍」，依黔、魯各本改正。

〔二〕平　黔、魯各本譌作「乎」；平本、曙本作「平」是正確的；「登平」是「登致太平」；「上理」是「上達治理」。

〔三〕繫　平本、曙本譌作「殷」，依魯本改正。

〔四〕亦　平本、曙本譌作「一」，依魯本、中華排印本改正。（定枎校）

〔五〕紬　平本譌作「細」，應依黔、曙、魯各本改作「紬」（即今日的「綢」字），方與下文相合。

〔六〕晨　魯本譌作「農」，應依平本、曙本作「晨」。

〔七〕勸　平本譌作「併」，應依黔本、曙本、魯本改正。

〔八〕若　平本、曙本作「若」；黔本、魯本譌作字形相近的「老」，誤。

〔九〕猶　平本作「然」，黔、曙、魯作「猶」，經世實用編原書作「猶然」兩字。現暫作「猶」。

〔一〇〕嘗　平本譌作「當」，依黔、魯改作「嘗」。

〔一一〕蝗　黔、魯各本譌作「煌」，應依平本、曙本作「蝗」。

〔一二〕遺　平本、曙本譌作「運」，依黔、魯各本改。

〔一三〕毋　平本譌作「母」，依魯、曙本、中華排印本改正。（定枎校）

〔一四〕覈　黔、魯譌作「竅」，應依平本、曙本作「覈」。

〔一五〕傳　平本譌作「傅」，依黔、曙、魯本改正。

〔一六〕坍　平本譌作「堋」，依黔、曙、魯各本改正。

〔一七〕榷　平本刻錯爲「稚」，應依魯、曙、中華各本改正。（定枎校）

〔一八〕及　平本、曙本譌作「反」，依魯本改。（定枎校）

〔一九〕輒　平本、曙本譌作「轍」，應依黔、魯本及原書改正作「輒」。

〔二〇〕寔　黔、魯作「實」，應依平本、曙本作「寔」。

〔二一〕維　黔、魯作「爲」，暫依平、曙本作「維」；——疑實當作「惟」，即「思惟」。

〔二二〕狄　黔、魯改平本的「狄」爲同音「敵」字，避清代忌諱。（康熙末年起，「夷狄」（＝非漢族）兩字，都犯「忌諱」。）現復原。

〔二三〕畎　平、魯、中華排印本譌作「畝」，依曙本改。（定枎校）

〔二四〕胡　平本的「胡」字，原指後金民族；黔、魯各本避忌諱改作「戎」，現復原。

〔二五〕畫　平本承前文「盡井」（＝全部作成井田），此處亦作「盡」字；依上文「地必井畫」及下文張子厚「畫爲數井」，此處應依黔、魯從方集原文改作「畫」。

注：

①國朝重農考，是馮應京所編皇明經世實用編書中的一篇。北京圖書館現存有全書縮影膠卷，分乾、元、亨、利、貞五集。「重農考」在該書卷十五利集中。本書引用有刪節。

②馮應京：明史卷二三七（列傳一二五）有傳。萬曆二十八年（一六〇〇年）作湖廣僉事，分巡武昌、漢陽、黄州三府，在職時得罪了稅監（皇帝派出來監督稅收的宦官），也因此得罪了皇帝。許多諫官保救他，更觸犯了皇帝，便由「錦衣衛」逮捕，關在廠獄裏，萬曆三十二年（一六〇四年）才釋放。馮應京在牢裏著書，皇明經世實用編大概就是獄中所著。

③這是邠風中七月中的事項：「三之日於耜，四之日舉趾」，「九月築場圃，十月納禾稼」。代表一年中幾項重要農業作務的安排。

④這是周禮地官的總結，地官有：「大司徒之職，……以佐王安擾（＝撫順）邦國，……以土宜之灋，辨十有二土之名物……小司徒……乃經土地，而井牧（＝按質量分配）其田野。……遂人，掌邦之野，……凡治野，以下劑致甿（＝耕作的人），以田里（＝居宅聚落）安甿，以樂昏擾甿，以土宜教甿稼穡，以興鋤利甿，以時器勸甿，以彊予任甿，……凡治野，夫間有遂，遂上有徑，十夫有溝，溝上有畛；百夫有洫，洫上有涂；千夫有澮，澮上有道。」

⑤皇祖：指明太祖。馮應京這篇議論，主題在於想從「復古」中讓大衆取得和平幸福的生活，用皇帝祖先行徑作例，來責備他。其實他所想復的「古」，既非真實，又無實現可能；而萬曆皇帝翊鈞

的昏聵低能，也不是用祖宗成法責備，就會振作起來的。

⑥現見尚書（僞古文）太甲上，「率乃祖攸行」。

⑦明史卷一三〇列傳一八康茂才傳：「太祖以軍興，民失農業，命茂才爲都水營田使，仍兼帳前總制親兵左副指揮使。」

⑧陡：字疑應作「陡」，靈渠，即湘灕江源之間的運河，至今稱爲「陡河」。

⑨小注疑徐光啓所加。「紙上栽桑」是元代許有壬諷刺「勸農官」謊報成績的話，見新元史食貨志二末。

⑩小注疑徐光啓所加。

⑪「户」字下，省去「部」字。下同者不另注。

⑫文皇帝，指明成祖。「寶源局」，是隸屬工部的一個局，專管鑄造。

⑬「工」字下，省去「部」字。

⑭「輸作」即「强迫勞動」。

⑮胼胝：音 pián zhī，原來指皮膚因長期磨擦或壓力而增厚，即今日口語中的「老繭」，這裏用來代替辛勤勞動。

⑯昭皇帝：指仁宗。

⑰章皇帝：指宣宗。

⑱小注疑徐光啓所加。

⑲肅法字下：「肅法」，是嚴肅地執行法令；「字」是「愛護」（原意爲「撫字」，即乳哺），「下」是「百姓」。

⑳殿最有司：「殿」作動詞，是落在最後面；「最」是在最前面。「有司」是有職位的官員。

㉑繇成迄弘：「繇」是古「由」字；即由憲宗（年號成化）到孝宗（年號弘治）。

㉒小注疑徐光啓所加。

㉓敬皇帝：指孝宗。

㉔「肅皇」、「肅皇帝」，指世宗。

㉕興獻考：世宗尊稱自己的父親興王祐杬爲興獻皇帝。

㉖玄修：世宗中年崇信道教，自己在宫中專門修道，稱爲「玄修」；不理事務，一切交給嚴嵩父子。

㉗蔀：意爲遮蔽，「蔀屋」指破爛黑暗的房子。

㉘穆皇帝：指穆宗。

㉙小注疑徐光啓所加。

㉚浹旬：古代以干支紀日，稱自甲至癸一周的十日爲浹日。「浹旬」即十日。

㉛繭絲：指「抽税」，——像從繭抽絲一樣，繼續不斷。（見國語晉語：「趙簡子使尹鐸爲晉陽。請曰：『以爲繭絲乎？抑爲保障乎？』」注：「『繭絲』，賦税。」）

㉜小注顯係徐光啓所加。馮出獄，在萬曆三十二年（一六〇四年），當時徐光啓在北京。

㉝勝國：周禮地官媒氏「勝國之社」注説，「勝國，亡國也」，即被滅亡的國家或朝廷。這裏指元朝。

㉞虞集：元史（卷一八一）列傳六八、新元史（卷二〇六）列傳一〇三有傳。這段議論，是「拜翰林直學士，……嘗因講（＝爲皇帝講解經書）四書，論京師恃東南運糧爲實；竭民力以航不測，非所以寬遠人而因地利也。因與同列進曰：……」時陳述的。

㉟島夷：指古時經常擾亂的倭寇。

㊱秦鰲：明史（卷二〇六）有傳（附魏良弼傳末）。

㊲霍韜：明史（卷一九七）有傳。

㊳徐貞明：見本書卷十二水利所引徐貞明請亟修水利以預儲蓄疏及潞水客談。

㊴此下密雲、平峪、三河、薊州、遵化、遷安、盧龍、撫寧、豐潤、玉田十處大地名，平本皆加綫標識。

㊵臺臣周用：明史（卷二〇二）列傳九〇有傳。周用從嘉靖八年（一五二九年）任右副御史起，歷任右都御史及左都御史，都是「諫臺」官，所以稱爲「臺臣」。

㊶小注疑徐光啓所加。

㊷事需後：「需」借作「須」，即等待。這是當時託故把事情「擱淺」的一種處理方法。

㊸吕光洵條議：見本書卷十四引吕光洵條水利以保財賦重地疏。

㊹小注疑徐光啓所加。

㊺小注疑徐光啓所加。

㊻小注疑徐光啓所加。

㊼馮夷：我國古代神話中的黄河水神。這裏借用來指黄河洪水。「馮」讀bíng或píng。

㊽自「小人之情」起這一節，出自後漢崔寔政論；杜佑通典卷一食貨一引有。（馮應京大致也只是從通典轉引，字句稍有改動；因爲政論宋代已散佚了。）這節文章，代表舊時一切統治階級對群衆的看法：不相信群衆有智慧，一切都可以而且必須由統治者安排。

㊾方正學：明建文帝時方孝孺，曾作蜀王世子的師傅；蜀王把他的住宅稱爲「正學」。這段話見「與友人論井田」（現見四部叢刊影印明嘉靖刻本遜志齋集卷十一）。

㊿林勳：宋史（卷四二二）有傳。建炎三年（一一二九年）獻本政書十三篇，提議恢復古井田法。本文引作「政本」，疑誤字。

(51)張子厚：即張載，宋代理學家。

(52)小注疑徐光啓所加，反映了他對復井田的態度。

(53)小注疑徐光啓所加。

(54)吴世忠：明史（卷一八五）有傳。孝宗末年，曾作過湖廣參議。

(55)小注疑徐光啓所加。

(56)孫丕揚：明史（卷二二四）有傳。

(57)弁髦：原出左傳，用來比較隨即棄去的物件。

58 一同一旅：「同」是土地面積單位（參看本書下一卷的圖），「旅」是人口總數的一個假定單位。這句話的意思是説孔子儘管有很大的抱負，却没有土地與人民來實現他的理想政治。

59 提千里之封：「提封」的解釋，見卷一注22。這裏，馮應京用錯了。「提千里之封」是負責治理一個地區的意思。

60 小注疑徐光啓所加。表達了他對地方官不關心民間疾苦的不滿。

案：

〔一〕「周」字下，原書有「鑄」字；明史卷七七（志五三）食貨一，「土田之利」下亦云「……遣周鑄等百六十四人……」，「鑄」字應補。

〔二〕「安」字下，皇明經世實用編原書有「插」字。

〔三〕元史本傳，「京師」下有「之」字，似不應少。

農政全書卷之四

田制

玄扈先生井田攷

周禮小司徒①：經土地而井牧其田野。九夫爲井，四井爲邑，四邑爲丘，四丘爲甸，四甸爲縣，四縣爲都。以任地事，以令〔一〕貢賦。

王禎曰②，按古制，井田，九夫所治之田也。鄉田同井，井九百畝。井十爲通，通十爲成，成十爲終，終十爲同。積萬井，九萬夫之田也。

井田考

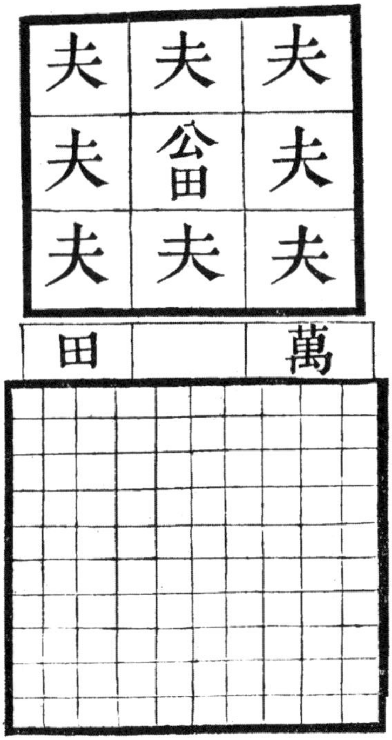

夫	夫	夫
夫	公田	夫
夫	夫	夫

萬田

井間有溝，成間有洫，同間有澮，所以通水於川也。遂人盡主其地。歲出稅，各有等差，以治溝洫。

陳祥道曰③：三屋爲井。井方一里，九夫。四井爲邑。邑方二里，三十六夫。十六井爲丘。丘方〔一〕四里，百四十四夫。六十四井爲甸。甸方八里，五百七十六夫。二百五十六井爲縣。縣方十六里，二千三百四夫。一千二十四井爲都。都方三十二里，九千四〔三〕百十六夫。

考工記匠人④：爲溝洫。耜廣五寸，二耜爲耦。一耦之伐⑤，廣尺深尺，謂之畎〔二〕，田首倍之。廣二尺深二尺，謂之遂。九夫爲井，井間廣四尺，深四尺，謂之溝。方十里爲成，成間廣八尺，深八尺，謂之洫。方百里爲同，同間廣二尋，深二仞⑥，謂之澮，專達于川。凡天下之地勢，兩山之間，必有川焉。大川之上，必有涂焉。

注曰：三夫爲屋。屋，具也。一井之中，三屋九夫，三三相具，以出賦稅，共治溝也。方十里爲成，成中容一甸。甸方八里，爲出田稅，緣邊一里治洫。方百里爲同，同中容四都，六十四成，方八十里出田稅，緣邊十里治澮。

遂人⑦：凡治野，夫間有遂，遂上有徑。十夫有溝，溝上有畛。百夫有洫，洫上有涂。千夫有澮，澮上有道。萬夫有川，川上有路，以達于畿。

注曰：十夫，二隣之田。百夫，一酇之田。千夫，二鄙之田。萬夫，四縣之田。遂溝洫澮，皆所以通于川也。萬夫者，方三十三里少半里，九而方一同，以南畝圖之，則遂從溝橫，洫從澮橫，九澮而川周其外焉。去山陵麓川澤溝洫城郭宫室涂巷，三分之制〔三〕，其餘如此，以至于畿。則中雖有都鄙，遂人盡主其地。

司馬法⑧：六尺爲步，步百爲畝，畮百爲夫，夫三爲屋，屋三爲井，井十爲成〔四〕，成十爲通，通十爲終，終十爲同。

書曰⑨：予決九川距四海，濬畎澮距川。

左氏傳曰⑩：少康之在虞思，有田一成，有衆一旅。

按蔡氏注書畎澮之制，但據周禮言之，蓋虞夏之制已無所考。然少康有田一成，有衆一旅。與一甸六十四井，五百一十二家之數略同，則田制亦不甚異也⑪。

孟子曰⑫：夏后氏五十而貢，殷人七十而助，周人百畝而徹，其實皆什一也。

陳祥道曰：夏商周之授田，其畝數不同，何也？禹貢於九州之地，或言土，或言作，或言乂⑬。蓋禹平水土之後，有土焉〔五〕而未作，有作焉而未乂，則于是時，人工未足以盡地力，故家五十畝而已。沿歷商周，則田浸⑭闢而法備矣。故商七十而助，周百畝而徹。詩曰⑮：「信彼南山，維禹甸之；畇畇原隰，曾孫田〔六〕之。我疆我理，東南其畝。」則法略于夏，備于周可知矣。

劉氏曰：王氏謂夏之民多，家五十畝而貢；商之民稀，家七十而助；周之民尤稀，家百畝而徹。熊氏謂夏政寬簡〔七〕，一夫之地，税五十畝。商政稍急，一夫之地，税七十畝。周政極煩，一夫之地，盡税焉，而所税皆十一。賈公彦謂夏五十而貢，據一易之地，家二百晦而税百畝也。商七十而助，據六遂，上地百畝，萊〔八〕五十畝，而税七十五畝也。周百畝而徹，據不易之地，百畝全税之。如三子之言，則古之民常多，而後世之民愈少。古之税常輕，而後世之税愈重。古之地皆一易，而後世之地皆不易。其果然哉？

玄扈先生曰：按三代制産，多寡不同，諸家之説互異。劉氏一説〔九〕疑之。夫謂古民多，後世之民少，必不然也。生人之率，大抵三十年而加一倍。自非有大兵革，則不得減。唐虞至周，養民幾二千年，雖其間兼并者歲有，度不能減生人之率。二代革命，所殺甚少，春秋時所殺亦少，直至戰國，乃殺人以數十萬計。此皆唐虞之代所留也。度殷時，人當數十倍於夏。周時，數十倍於殷耳。安得謂古時人多，而後世少乎？且禹驅蛇龍以居人，謂人多而田少，欲多授而不足，無是理也。謂古税輕，後税重，此無從辨其然不然。但如熊氏之説，則夏商皆二十税一矣。乃既賦田于民，又有税有不税，而所税者必于十一，此成何政體乎？亦無是理也。謂古地一易，而後世之地不易，此於理宜有之。何者？人少地多，則歲易；人多地少，則不易耳。但如賈公彦之説，則夏實二百畝而貢，殷實百五十畝而助，即歲易者以二當一，亦當言百畝，奈何二百畝而反謂五十畝乎？亦無是理也。三家之言，大都曲説。劉氏之疑民多少，是也。而疑歲易之田，亦誤。以愚意言之，此其間有一可論，有一不可論。嘗考尺度畝法，周之百畝，當今田二十四畝五分有奇而已。若夏尺夏畝與周等者，其五十畝，當今田十二畝有奇而已，而謂足以食八口之家乎？且聖王制産，必度民之力可治，必度民之用可足，何至夏周之間所差一倍？非夏之民勤于食，則周之民勤于力矣。此其尺度畝法，必有異同。乃夏商之故，今不可考也，此所謂不可論者也。其可論者，則三代聖王，所爲厚于民者，非以多予之田爲厚，而以少與之田爲厚。譬食小兒者，非以多予之食爲愛，而以少予之食爲愛也。語曰：「務廣地者荒。」詩曰⑯：「無田甫田，惟莠驕驕。」故后稷爲田，一畝三甽〔一〇〕。伊尹作爲區田，負水澆稼。古之治田者，盡力盡法而不務多。大禹時，稷爲農師未久也。於是洪水初治，作乂〔一一〕之土甚多，深恐其民務于廣地，以致荒蕪，故限田五十，不得踰制，而使精于其業。人人用后稷之法，即此五十之田，可以足八口之食矣。治田既少，業既耑精，積久之後，因生便巧。如后稷之耕，兩耜爲耦，其孫叔均，遂作牛耕是也。便巧既多，人力有餘，至于殷周，遂以漸加多，而其田亦治。故由七十而至于百畝，要使人之力足以治田，田之收足以食人，必不至于務廣而荒耳。然周人治田既稍廣，畜積必倍多，故周禮能以九年耕，餘三年之食矣。今世，貧人無卓錐，而廣虛之地，數口之家，輒田二三百畝。鹵莽滅裂，豐年則爲薄收，水旱則盡荒矣。此上之無法以教之，無制以限之故也。

考尺度⑰：按古者度以絲起。隋志曰⑱：「蠶所吐絲爲忽。十忽爲秒，十秒爲毫，十毫爲釐，十釐爲分。」考工記玉人⑲：「璧羨度尺，好三寸以爲度，好三寸，所以爲璧也。好，璧之孔也。裁其兩旁以益上下，所以爲羨也。袤十寸，廣八寸，所以爲度尺也。」則是十寸八寸，皆爲尺矣。以十寸之尺起度，則十尺爲丈，十丈爲引。以八寸之尺起度，則八尺爲尋，倍尋爲常，此周制也。自漢以來，世無正尺。律度量衡，靡有孑遺，度無自起。儒先所謂子穀秬黍中者⑳，徒有空言，了無實驗。心竭于思，口弊于議，不能決也。惟晉太始〔二二〕中，中書監荀勗尺，按古物七品多合：一曰姑洗玉律，二曰小呂，三曰西京銅望臬，四曰金錯望臬，五曰銅斛，六曰古錢，七曰建武銅尺㉑。依尺鑄律。時得漢時故鐘，吹律命之皆應。然時好推遷，諸代異制。隋書㉒載尺十有五等，以荀尺爲本。大梁周尺，漢劉歆尺，建武銅尺，宋祖冲之所傳尺，皆與荀氏一體。他如晉田父玉尺，漢官尺，魏杜夔尺，晉後尺，魏前尺、中尺、後尺，東魏後尺，銀錯銅龠尺，後周玉尺，宋氏尺，萬寶常水尺，劉曜渾儀尺，梁朝俗間尺，各與荀互異。自隋以來，荀〔一三〕尺亦莫傳用。唐有張文收律尺，有景表尺。五代有王朴律尺。宋則太府寺有尺四等，又高若訥嘗按古尺十五等，李照、胡翼之、鄧保信㉓各有黍尺。崇寧中㉔，魏漢津乞用聖上指尺。又紹興中㉕，內出金字牙尺二十八，遂以其中皇祐二年㉖所造大樂中黍尺作景鍾，然不知以何法累黍？程正叔㉗定周尺，以爲當省尺㉘五寸五分弱，而省尺之度，卒難考詳。朱元晦家禮㉙載司馬氏及考定雅樂黃鐘尺，

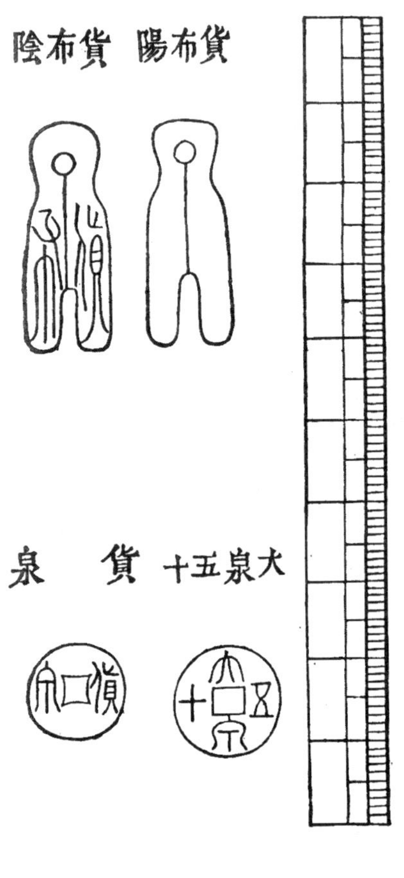

不明言長短。則周尺之制，迄無成説。獨丁度建言㉚：歷代尺度屢改，惟劉歆鑄銅斛之〔一四〕世，所鑄錯刀大泉五十，王莽天鳳中鑄貨布貨泉之類，不聞後世有鑄者。遂以此四物參校，分寸正同。況經籍制度，皆起周世。劉歆術業之博，祖冲之筭數之妙，晉荀氏之詳密，既合姬周之尺，則最可法者焉。但惜其事尋罷，竟不施用。今試以諸品泉刀玟之：按漢志㉛：「王莽更鑄大錢，徑寸二分，文曰大泉五十。天鳳五年㉜作貨布，長二寸五分，廣一寸，首長八分有奇，廣八分，其圜好徑二分半，足枝長八分，間廣二分。其文右曰貨，左曰布。貨泉，徑一寸，文右曰貨，左曰泉。」以貨布一分爲率，參較其首身足枝長廣之數以爲尺，又以大泉之寸二分，貨泉之徑寸較之，彼此毫釐無差。足明丁之議爲至當。而丁尺、荀尺、漢尺、周尺，一然無異。諸家影響之説，悉可廢矣。蓋古人制度，必徵〔一五〕實乃信。非可以揣摩定，非可以口舌争。不見古物而欲知古人之制，自不可得。荀、丁二氏，摭〔一六〕實之見，千載同符。今荀氏所玟古物七事，多不可得，而漢錢傳于世者，則往往有之。據此以求周、漢之度，以尋昔人定律、制器、營室、分田之數，殆爲灼然無疑者也。計周尺一尺，當今浙尺八寸，當今織染所欽降金星牙尺六寸四分。自後田畝，俱以周尺計定，别用今尺準之。

司馬法：六尺爲步。

每步積三十六尺㉝。

司馬法：步百爲畝。

考工記匠人爲溝洫。耜廣五寸，二耜爲耦。一耦之伐，廣尺深尺，爲之甽〔一七〕。古者，耜一金，兩人并發之。其壟中曰甽，甽上曰伐。伐之言發也。甽與伐〔一八〕，高深廣各尺。一畝之中，三甽三伐，廣六尺，長六百尺。以此計畝，故曰終畝，曰竟畝。

六尺爲步

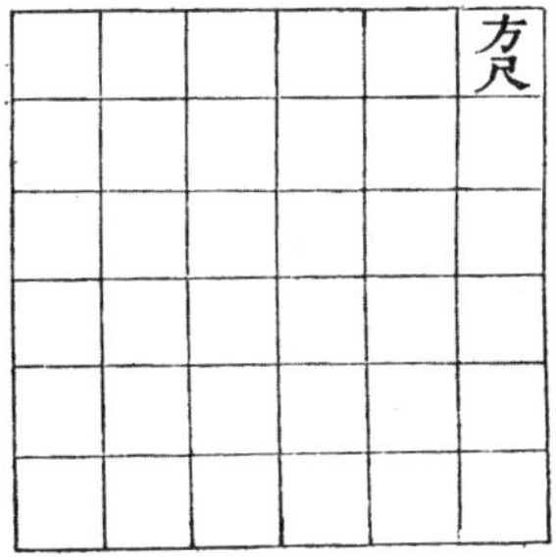

方尺

步百爲畝

十步

三十步

百步

鄭注畝方百步者，非是。

每一畝，積三千六百尺。

古之一畝，以尺計，得面，方六十尺㉞。自之得積三千六百尺。以下畝法，俱折方，取易筭故。以步計，得面，方十步。自之得積百步。

今時畝法，以步計，得面，方十五步四分九釐一毫九絲三忽二微零。自之得積二百四十步爲畝。

六尺爲步，以尺計，得面，方九十二尺九寸五分一釐六毫零。自之得積八千六百四十尺爲畝。以三十六尺而一㉟，得積二百四十步。

五尺爲步，以尺計得面，方七十七尺四寸五分九釐六毫零。自之得積六千尺爲畝。以二十五尺而一，得積二百四十步。

以丈計畝，得面，方七丈七尺四寸五分九釐六毫。自之得積六十丈爲畝。以二尺五寸㊱而一，得積二百四十步。

古之一畝，以今法準之，每浙尺八寸，準古一尺。得面，方四十八尺。自之得積二千三百零四尺。以今畝法八千六百四十尺而一，得田二分六釐六毫六絲六忽零。以六尺爲步計之，得面，方八步。自之得積六十四步。以今畝法二百四十步而一，得田二分六釐六毫六絲六忽零。後言浙尺準古，其尺法、步法、畝法，俱倣此。

若以牙尺六寸四分，準古一尺，得面，方三十八尺四寸。自之得一千四百七十四尺五寸六分。以今畝法六千尺而一，得田二分四釐五毫七絲六忽。以五尺爲步計之，得面，方七步六分八釐。自之得積五十八步九分八釐二毫四絲。以今畝法二百四十步而一，得田二分四釐五毫七絲六忽。後言牙尺準古，其尺法、步、畝法，俱倣此。

司馬法：畝百爲夫。

周禮遂人：凡治野，夫間有遂，遂上有逕。

考工記匠人：爲溝洫。廣尺深尺謂之甽，田首倍之。廣二尺，深二尺，謂之遂。

徑，廣二尺。

每百畝，積得一萬步，三十六萬尺。面，方六百尺，加遂徑八尺，共六百零八尺。自之得三十六萬九千六百六十四尺。內夫積三十六萬尺，爲田百畝，遂

百畝爲夫

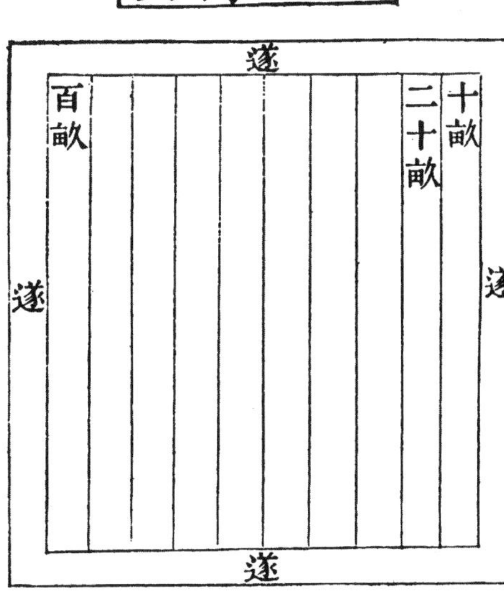

逕積九千六百六十四尺，得二畝六分八釐四毫一六。

古之百畝，今浙尺畝法，筭得二十六畝六分六釐六毫六絲六忽一六。

遂徑，七分一釐六毫。

今牙尺筭，得二十四畝五分七釐六毫。

遂徑，六分五釐九毫九〔一九〕絲。

司馬法：夫三爲屋。

屋，具也。一井之中，三三相具，出賦稅共治溝也。

屋之廣長，或傍遂溝洫澮不同。今以兩闊，加溝畛兩長，一作溝畛，一作遂徑計之：

長一千八百二十四尺，闊六百十二尺。自之得積一百一十一萬六千二百八十八尺，共三百十畝七釐九毫三六。

若以兩闊加溝畛，兩長加遂徑計之：

長一千八百一十六尺，闊六百十二尺。自之得積一百一十萬九千七百八十二尺，共三百零八畝三分七釐三毫一二。

夫三爲屋

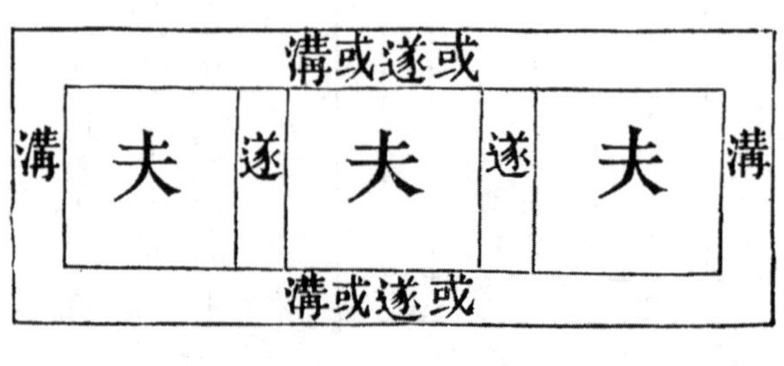

司馬法：屋三爲井。

井：方一里，九夫。

遂人：十夫有溝，溝上有畛。

考工記匠人：爲溝洫。九夫爲井，井間廣四尺，深四尺，謂之溝。畛，廣四尺。

一井之田，面，方一千八百尺。加溝畛遂逕，方一千八百二十四尺。自之得積三百三十二萬六千九百七十六尺。

内九夫，積三百二十四萬尺，爲田九百畝。

溝畛，積五萬七千八百五十六尺。

遂逕，積二萬九千一百二十尺。二積共二十四畝一分六釐。

小司徒：四井爲邑。

邑：方二里，三十六夫。

一邑之田，面，方三千六百尺，加溝畛遂徑，面，方三千六百四十尺。自之得一千

屋三爲井

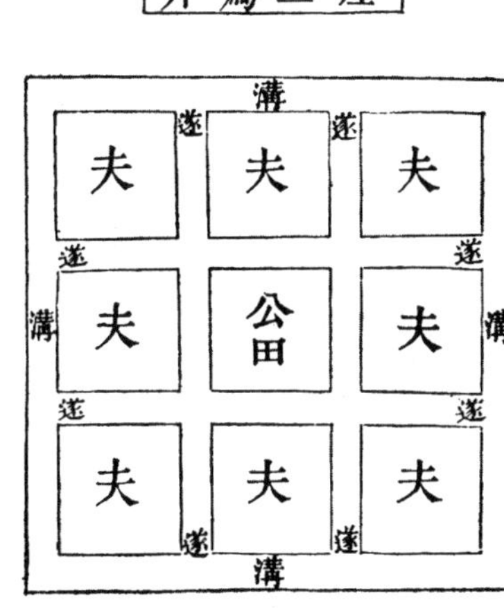

三百二十四萬九千六百尺。

內田，積一千二百九十六萬尺，爲田三千六百畝。

溝畛遂逕，積二十八萬九千六百尺，得八十畝四分四釐四毫一六。

小司徒：四邑爲丘。

丘：方四里，十六井〔二〇〕，百四十四夫。

一丘之田，面，方七千二百尺，加溝畛遂逕，七十二尺，共面，方七千二百七十二尺。自之得積五千二百八十八萬一千九百八十四尺。

內田，積五千一百八十四萬尺，得一萬四千四百畝。

溝畛遂逕，積一百零四萬一千九百八十四尺，得二百八十九畝四分四釐。

小司徒：四丘爲甸。

司馬法：井十爲成。

遂人：百夫有洫，洫上有涂。

四井爲邑

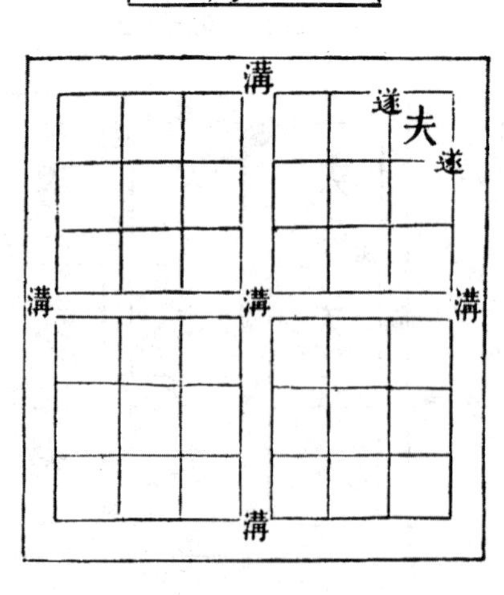

匠人：方十里爲成，成間廣〔二一〕八尺，深八尺，謂之洫。

成，方十里，成中容一甸。甸，方八里，出田税。沿邊一里，治洫。四井爲邑。四登于甸。甸，方八里，旁加一里，故方十里。甸之八里，開方計之，八八六十四井，五百七十六夫。出税。旁加一里，通廉隅㊲，三十六井，三百〔二二〕二十四夫，治洫。

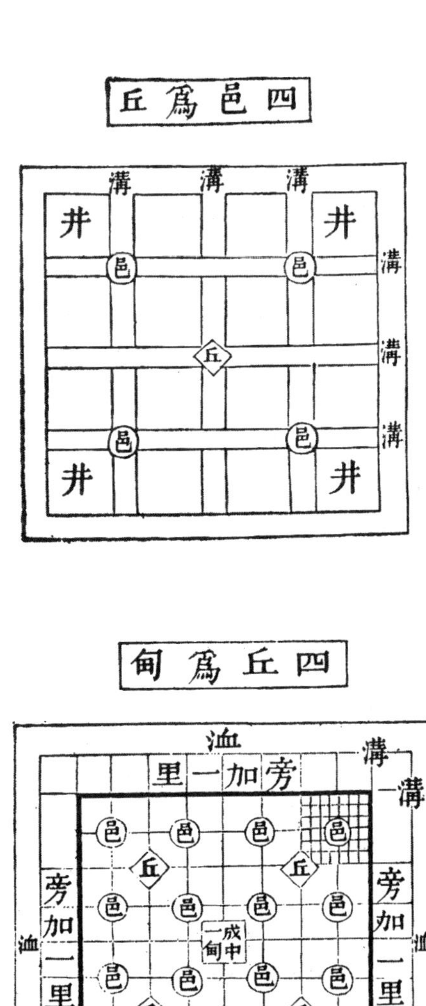

塗，亦廣八尺。

一成之田，面，方一萬八千尺，加洫涂溝畛遂逕，一百八十四尺，共〔二三〕一萬八千一百八十四尺。自之得積三億三千零六十五萬七千八百五十六尺。内積三億二千四百萬尺，爲田九萬畝。餘積六百六十五萬七千八百五十六尺，得洫涂溝畛遂徑，共一千八百四十九畝四分四毫一六。

一甸之田，面，方一萬四千四百尺。自之得積二億零七百三十六萬尺，爲田五萬七千六百畝。廉隅積一億一千六百六十四萬尺，爲田三萬二千四百畝，共得出税田九萬畝。

小司徒：四甸爲縣。

縣：方二十里，四百井，三千六百夫。

一縣之田，面，方三萬六千尺，加洫涂溝畛遂徑三百五十二尺，共面，方三萬六千三百五十二尺。自之得積一十三億二千二百四十六萬七千九百零四尺。内積一十二億九千六百萬尺，爲田三十六萬畝。餘積二千六百四十六萬七千九百零四尺，得洫涂溝畛遂徑，共七千三百五十二畝一分九釐五毫二。

小司徒：四縣爲都。

四甸爲縣

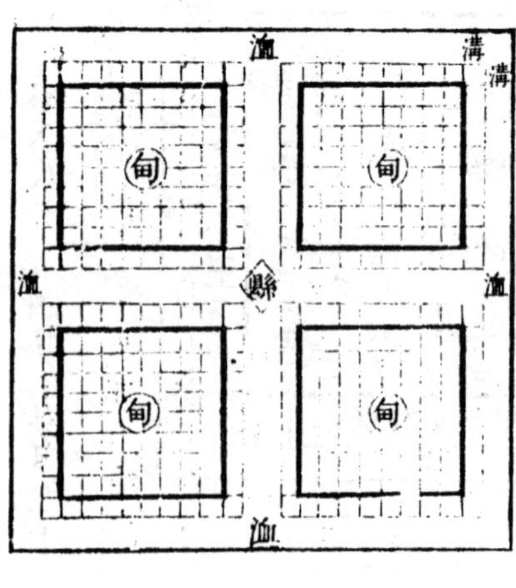

都：方四十里，一千六百井，一萬四千四百夫。

面，方四十里爲都。 一都之田，面，方七萬二千尺，加洫涂溝畛遂逕六百八十八尺，共面，方七萬二千六百八十八尺。 自之得積五十二億八千三百五十四萬五千三百四十四尺。 内積五十一億八千四百萬尺，爲田一百四十四萬畝。 餘積九千九百五十四萬五千三百四十四尺，得洫涂溝畛遂徑，共二萬七千六百五十一畝四分八釐四毫一六。

遂人：千夫有澮，澮上有道。

匠人：方百[二四]里爲同。 同間廣二尋，深二仞，謂之澮。 專達于川。

同方百里，同中容四都，方八十里，出田税。沿邊十里治澮。 四甸爲縣，四登于同，同方八十里，旁加十里，故方百里。 同之八十里，開方計之，八八六十四成，六千四百井，五萬七千六百夫，出税。 旁加十里，通廉隅三十六成，三千六百井，三萬二千四百夫，治澮。

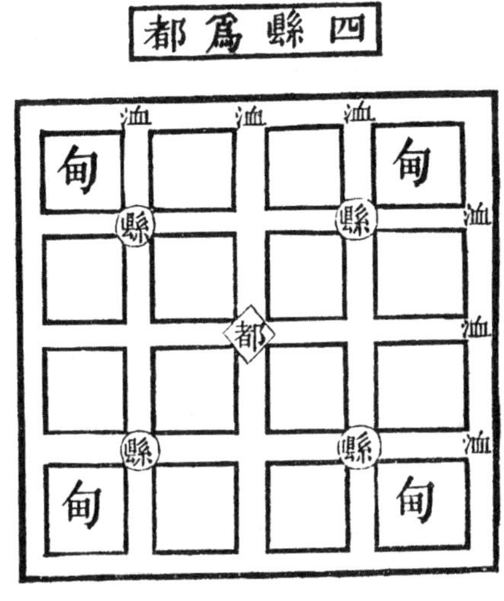

澮達于川。川者，大水通流，非人力所治。

道，廣二尋。

井田之制，備于一同。

一同之田，面，方一十八萬尺，加澮道六十四尺，洫涂一百四十四尺，溝畛七百二十尺，遂徑八百尺，共得面，方一千七百二十八尺。六而一，得三萬零二百八十八步。自之得積九億一千七百三十六萬二千九百四十四步。以畝法，積百步而一，得九百一十七萬三千六百二十九畝四分四釐。內六十四成，積五億七千六百萬步，爲田五百七十六萬畝。廉隅三十六成，積三億二千四百萬步，爲田三百二十四萬畝，共得出税田九百萬畝。澮道洫涂溝畛遂徑，共一十七萬三千六百二十九畝四分四釐。

若以面，方一十八萬一千七百二十八尺，自之得積尺三百三十億零二千五百零六萬五千九百八十四尺。以畝法，三千六百尺而一，得田數與前術同。

四都爲同

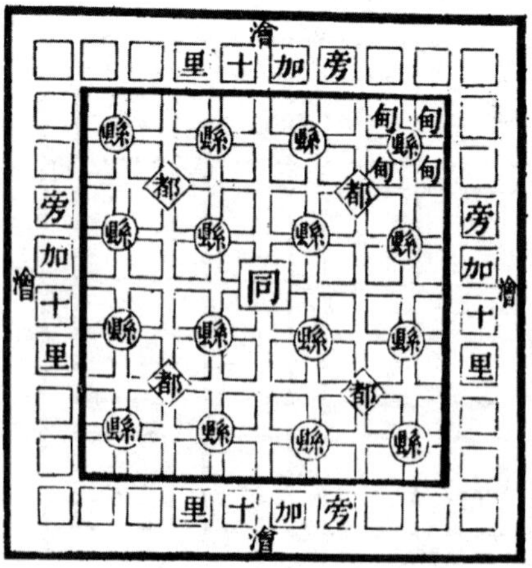

今時浙尺八寸，當古一尺。六尺爲步，二百四十步爲畝。筭得田二百四十四萬六千三百零一畝一分八釐四毫。牙尺六寸四分，當古一尺。五尺[二五]爲步，二百四十步爲畝，算得田二百二十五萬四千五百一十一畝一分七釐一毫一絲七忽。

古之九百萬畝[二六]，今浙尺二百四十萬畝，今牙尺二百二十一萬一千八百四十畝。古之澮道等十七萬三千六百二十九畝四分四釐，今浙尺四萬六千三百零一畝一分八釐四毫，今牙尺四萬二千六百七十一畝一分七釐一毫一絲七忽。

校：

〔一〕方　平本、曙本作「爲」，魯本、中華排印本作「方」，從上下文看，應作「方」。（定枎校）

〔二〕𨛜　平、曙本錯成「鄙」，應依魯本、中華排印本改作「𨛜」。（定枎校）

〔三〕制　平本作「制」，與周禮鄭注合；黔、魯本作「一」。暫從平本。

〔四〕井十爲成　平本脱「井」字，暫依黔、魯各本及現行本司馬法補。

〔五〕焉　平本、曙本作「見」，依黔、魯各本改。

〔六〕田　平本、曙本譌作「甸」，應依黔、魯各本據詩改作「田」。

〔七〕簡　平本作「蕳」，依黔、曙、魯各本改。

〔八〕萊　平本譌作「菜」，依黔、曙、魯各本改。

〔九〕一説　平本作「一首」，曙本作「一説」，黔、魯及中華排印本作「説首」。暫依曙本。

〔一〇〕畎　平本譌作「畂」，照魯、曙、中華排印本改。（定枎校）

〔一一〕乂　平本作「义」，依魯本改。

〔一二〕太始　平本「太」譌作「大」，應依黔、曙、魯各本改正。太始是晉武帝的第一個年號，公元二六五年至二七四年。

〔一三〕苟　平本譌作「苛」，依黔、曙、魯各本改。

〔一四〕之　平本及魯本作「之」，應在「之世」下斷句；中華排印本據曙本校改作「漢」字，便得在「斛」字斷句。今核對宋史卷七一（志二四）律曆四，原文作「惟劉歆鑄銅斛世之所鑄，……」案劉歆正是前漢末人；如在「斛」字斷句，則劉歆的時代便似乎不是「漢世」了。最好是依宋史原文作「世之」，至少應依平本作「之世」。

〔一五〕徵　平譌作「微」，依黔、曙、魯改。

〔一六〕摭　平本譌作「蹠」，應依魯、曙、中華排印本改正。（定枎校）

〔一七〕𤰝　平本譌作「畂」，應依黔、魯各本及考工記原文改作「𤰝」。下文同改。（案「畎」「⿰田巜」「𤰝」「甽」，是同一個字的四種寫法；本書前後不一致，我們也未加意統一。）

〔一八〕伐　平本譌作「代」，依黔、曙、魯各本改。

〔一九〕九　平本、曙本作「七」，依黔、魯各本改作「九」。（實際數字爲0.6591735畝。）

〔二〇〕井　平本脱，依黔、曙、魯各本補。

〔二一〕廣　平本脱，依黔、曙、魯各本從周禮原文補。

〔二二〕百　平本譌作「白」，依黔、曙、魯本改。

〔二三〕共　黔、魯各本譌作「其」，應依平本、曙本作「共」。

〔二四〕百　平、魯等本缺，依曙本及周禮匠人補。

〔二五〕尺　黔、魯各本譌作「寸」，應依平本、曙本作「尺」。

〔二六〕畝　平、魯本脱，應依曙本補。

注：

① 現見周禮地官小司徒。

② 現見王禎農書農器圖譜一田制門「井田」節。本書只引説明前段及圖（原圖無字注），説明末段删去。案王禎這一節總結，「鄉田同井，井九百畝」，出孟子滕文公上；「井十爲通……終十爲同」，出司馬法（本卷下文引有）；「井間有溝」以下，據周禮考工記及鄭注改寫。

③ 陳祥道：北宋人，著有禮書百五十卷（四庫全書收有）、注解儀禮三十二卷、禮例詳解十卷（以上均見宋史藝文志經部禮類），是研究「三禮」的專家之一。這一段，亦見明唐順之所編荆川稗海，

（古今圖書集成經濟彙編食貨典田制卷五十七引有）。

④ 現見周禮考工記匠人。

⑤ 伐：兩耜所起的土，共爲一「伐」。「伐」字，後來寫作「墢」或「垡」。

⑥ 「廣二尋，深二仞」：「尋」與「仞」，都是古代長度單位；但究竟兩者有無分别，過去争論很多。一般都説「八尺曰尋」，「八尺曰仞」；有人認爲「尋」是八尺，「仞」是四尺。我們綜合各種説法，暫時從字的構成方式上定爲：「尋」，是一個人兩臂平伸時，左右中指之尖的距離，用來横量寬度；「仞」，是一個人立着，將手中所執的戈（戈與身高相等）向上或向下伸，刃尖所達到的地方，用來縱量高度或深度。

⑦ 現見周禮地官遂人。

⑧ 司馬法：相傳爲戰國時司馬穰苴所作。現有刊本顯係後人僞作的書（我們用的是百子全書本）。據通典食貨田制上：「周文王在岐，用平土之法，爲治人之道，地著爲本，故建司馬法。」故本書所引司馬法關於田制的規定，有人認爲是周文王所建。

⑨ 現見尚書益稷。

⑩ 現見左傳哀公元年，是伍員對吴王夫差所説夏少康的故事。

⑪ 此注疑徐光啓所作。蔡氏注書指南宋蔡沈所注尚書。

⑫ 現見孟子滕文公上。

⑬「或言土，或言作，或言乂」，這是根據尚書禹貢僞孔傳對「土」「作」「乂」三字的説法，以爲「土」是新出現（「治水」後，顯露出來可供利用）的土地，「作」是「開始耕作」，「乂」是「已經上了軌道」。

⑭浸：解爲「漸漸」。

⑮現見詩小雅信南山章，這章詩相傳的解説，是「曾孫」（周武王）將禹所開闢的南山（今關中）作成井田，定出疆界，排列成東向南向的田畝。

⑯現見詩齊風甫田。「甫」，毛傳解爲「大」；這兩句，即不要把耕地擴展得太大，——結果會長滿雜草。

⑰本書各種版本，都將「周尺」及「王莽泉幣」圖，排在「考尺度」正文前面。爲了閲讀的方便，我們現在移在考訂結果之後。

⑱現見隋書卷一六（志一一）律曆上「審度」節，引孫子算術云：「蠶所生（案係衍字）吐絲爲『忽』……」（案本節所述各種古尺，至「梁朝俗間尺」爲止，隋書律曆志「審度」節都有叙述，可以參看。）

⑲現見周禮考工記「玉人」條。（下面應是注文，可是不是現在通行的「先鄭」「後鄭」注。）

⑳子穀秬黍中者：見漢書卷二一（志一上）律曆志上。——「度……本起黄鐘之長，以子穀秬黍中者……」顔師古注説：「子穀猶言穀子；秬即黑黍；……中者，不大不小也。言取黑黍穀子，大小中者，率爲分寸也。」

㉑「西京銅望臬……建武銅尺」：「西京」，指長安；「望臬」，是測日影（望）所用的「標」尺（臬），漢代

所製。下文「金錯望臬」，即另一個嵌黄金（「金錯」）的標尺。建武是漢光武的年號。

㉒即本卷注⑱所説隋書律曆志「審度」節。

㉓高若訥、胡翼之（即胡瑗）、鄧保信，都曾作過定長度與樂律標準的嘗試；見宋史律曆志四。李照，在律曆志中没有姓，在志七九樂一中，有姓名。

㉔崇寧：宋徽宗第二個年號，公元一一〇二年至一一〇六年。

㉕紹興：宋高宗第二個年號，公元一一三一年至一一六二年。

㉖皇祐二年：宋仁宗第七個年號，公元一〇五〇年。

㉗程正叔：即程頤。

㉘省尺：宋代的「省」是「衙門」；「省尺」，即中書衙門的「官尺」，意義大致與「工部尺」相當。

㉙朱元晦家禮：朱熹所著家禮。

㉚丁度：宋仁宗時的翰林學士，曾受皇帝命令，和高若訥、韓琦等討論尺度和樂律。見宋史律曆志四。（宋史卷二九二本傳中没有關於這件事的紀載。）

㉛漢志：指漢書食貨志下。這件事，在王莽居攝元年（公元六年）。

㉜天鳳五年：公元一八年；但漢書原文是「後五歲，天鳳元年……」應爲公元一四年。

㉝本卷中凡説「積……尺」的「尺」，指「平方尺」的面積單位。其他長度單位「積……」後，都是平方單位。以後同形式的句法都這樣解釋，不再加注。

㉞「得面，方六十尺」，解釋爲「得到一個每邊長六十尺的面」。以下各處同一形式的文句，不再注。

㉟以三十六尺而一：解釋爲每三十六平方尺爲一平方步。以下同一形式的文句，不再注。

㊱二尺五寸：實指0.25方丈，不是二市尺五方寸。

㊲廉隅：指邊角地。

案：

〔一〕以令　周官原作「而合」。

〔二〕四　應依圖書集成的引文作「二」，即九千二百十六夫，方合於計算所得的數字。

農政全書卷之五

田制

農桑訣田制篇①

王禎曰：器非農〔一〕不作，田非器不成。周禮遂人②：「凡治野，以土宜教甿稼穡，而後以時器勸甿。」命篇之義③，遵所自也。夫禹别九州，其田壤之法，固多不同，而稷教五穀則樹藝之方，亦隨以異。故皆以人力器用所成者書之，各有科等。用列諸篇之右。

區田④

王禎曰⑤：按舊説，區田，地一畝，闊一十五步，每步五尺，計七十五尺。

每一行，占地一尺五寸，該分五十行。長一十六步，計八十尺。每行一尺五寸，該分五十四〔二〕行。長闊相乘，通二千七百區。空一行，種〔三〕於所種行内，隔一區，種一區。除隔空外，可種六百七十五區。每區深一尺，用熟糞一升，與區土相和，布穀勻覆，以手按實，令土種相着。苗出，看稀稠存留。鋤不厭頻，旱則澆灌。結子時鋤土，深壅其根，以防大風搖擺。古人依此布種。每區收穀一斗，每畝可收六十六石。今人學種，可減半計。玄扈先生曰：當攷古今度量。又參攷氾勝之書及務本書〔四〕謂⑥：湯有七年之旱，伊尹作爲區田，教民糞種，負水澆稼。諸山陵傾阪，及田〔五〕丘城上，皆可爲之。其區當于閒時，旋旋掘下。正月種春大麥，二三月種山藥芋子，三四月種粟及大小豆，八月種二麥豌豆。節次爲之，不可貪多。夫儉豐不常，天之道也。故君子貴思患而預防之。如嚮年壬辰戊戌⑦，飢歉之際，但依此法種之，皆免飢殍。此已試之明效也。竊謂古人區種之法，本爲禦旱濟時。如山郡地土高仰，歲歲如此種蓺，則可常熟。惟近家瀕水爲上。其種不必牛犁，但鍫钁墾斸，又便貧難。大率一家五口，可種一畝，已自足食。家口多者，隨數增加。男子兼作，婦人童稚，量力分工，定爲課業，各務精勤。若糞治得法，沃灌以時，人力既到，則地利自饒。雖遇災〔六〕，不能損耗，用省而功倍，田少而收多，全家歲計，指期可必。實救貧之捷法，備荒之要務也。詩云：昔聞伊尹相湯日，救旱有方由聖智。限將一畝作田規，計區六百六十二。星分碁布滿方疇，參錯有條相列次。耕畬元不用牛犁，短臿長鑱皆佃器。糞腴灌溉但從宜，庾坂窮原俱美地。舉家計口各輸力，男女添工到童稚。坎餘種耨非重勞，日課同趨等娛戲。菽粟藷芋雜數品，辦作儲糧接充餌。歲餘五口儘無飢，倍種兼收仍不啻。久知豐歉歲不常，大抵古今同一致。

賈思勰曰⑧：區田以糞氣爲美，非必須良田也。諸山陵，近邑高危傾阪，及丘城上，皆可爲區田。區田不耕旁地，庶盡地力。凡區種，不先治地，便荒地爲之。以畝爲率，令〔七〕一畝之地，長十八丈，廣四丈八尺。當橫分十八丈作十五町。町間分爲十四道，以通人行。道廣一尺〔八〕五寸，町皆廣一尺五寸，長四丈八尺。尺直橫鑿〔九〕，町作溝。溝〔一〇〕一尺，深亦一尺，積穰於溝間，相去亦一尺。嘗悉以一尺地積穰，不相受，令弘作二尺地以積穰。種禾黍於溝間，夾溝爲兩行。去溝兩邊各二寸半。中央相去五寸，旁行相去亦五寸。一溝容四十四株，一畝合萬五千七百五十株。種禾黍，令上有一寸土。不可令過一寸，亦不可令減一寸。凡區種麥，令相去二寸一行，一溝容五十二株，一畝凡四萬五千五百五十株。麥上土，令厚二寸。凡區種大豆，令相去一尺二寸。一溝容九株，一畝凡六千四百八十株。禾一斗有五萬一千餘粒，黍亦少此少許，大豆一斗一萬五千餘粒。區種荏，令相去三尺。胡麻，相去一尺。區種，天旱常溉之，一畝常收百斛。上農夫：區方深各六寸，間相去九寸。一畝三千七百區。一日作千區。區種粟二十粒，美糞一升，合土和之。畝用種二升。秋收，區別三升粟，畝收百斛。丁男長女治十畝，十畝收千石。歲食三十六石，支二十六年。中農夫：區方九寸，深六寸，相去二尺。一畝千二十七區，用種一升，收粟五十一石。一日作三百區。下農夫：區方九寸，深六寸，相去二尺。一畝五百六十七區，用種六升，收二十八石。一日作二百區。諺曰：「頃不比畝善。」謂多惡不如少善也。區中草生，茇之。區間草，以〔一〕剗剗之，若以鋤鋤。苗長不能耘之者，以刨鐮比地，刈其草薉〔二〕。

又曰⑨：兖州刺史劉仁之，昔在洛陽，於宅田以七十步之地，域〔三〕爲區田，收粟三十六石。然則一畝之收，有過百石矣。少地之家，所宜遵用也。

玄扈先生曰：區收一斗，畝六十六石。即區田一畝，可食二十許人矣。蓋古今斗斛絶異。周禮⑩「食一豆肉，飲一豆酒，中人之食也」。孔明每食不過數升，而仲達以爲食少事煩。若如今斗，則中人豈能頓盡？孔明數升，已自不少⑪；而廉頗五斗⑫，得無太多？計如今之畝若斗，則每畝可收數石，可食兩人以下耳。見文學張弘言，有糞壅法，即今常種稻田，亦可得穀畝二十許斛也。近年中州撫院，督民鑿井灌田。竊意：遠水之地，自應種旱穀，若鑿井以爲水田，此令民終歲搰搰也〔一〕。若云救旱穀，則炎天燥土，一井所灌，其潤幾何？必須教民爲區田，家各二三畝以上，一家糞肥，多在其中，遇旱則汲井溉之。

圃田

此外田畝，聽人自種旱穀，則豐年可以兩全，即遇大旱，而區田所得，亦足免於飢窘。比於廣種無收，效相遠矣。

【圃田⑬】種蔬果之田也。周禮⑭：「以場圃任園地。」注曰：圃樹果蓏之屬。其田，繚⑮以垣墻，或限以籬塹。負郭之間，但得十畝，足贍數口。若稍遠城市，可倍添田數，至半頃而止。結廬于上，外周以桑，課之蠶利。内皆種蔬，先作長生韭一二百畦，時新菜二三十種。惟務多取糞壤，以爲膏腴之本。慮有天旱，臨水爲上，否則量地鑿井，以備灌溉。地若稍廣，又可兼種麻苧果穀等物，比之常田，歲利數倍。此園夫之業，可以代耕。至于養素之士，亦可托爲隱所，因〔一四〕得供贍。又可〔一五〕宦遊之家，若無別墅，就可棲身駐迹。如漢陰之獨力灌畦⑯，河陽之閒居鬻蔬⑰，亦何害于助〔二〕道哉！

【圍田⑱】築土作圍，以繞田也。蓋江淮之間，地多藪澤，或瀕水不時渰没，妨于耕種。其有力之家，度視地形，築土作堤，環而不斷，内容頃畝千百，皆爲稼地。後值諸將屯戍，因令兵衆，分工起土，亦做此制。故官民異屬。復有圩田，謂疊爲圩岸，捍護外水，與此相類。雖有水旱，皆可救禦。凡一熟餘〔一六〕，不惟本境足食，又可贍及鄰郡。實近古之上法，將來之永利。詩云：度地置圍田，相兼水陸全。萬夫興力役，千頃入周旋。俯納環城地，穹懸覆幕天。中藏仙洞祕，外遶月宮圓。蟠亘參淮甸，紆回際海壖。官民皆紀號，遠

圍田

架田

近不相緣。守望將同井，寬平却類川。隰桑宜葉沃，堤柳要根駢。交往無多逕，高居各一廛。偶因成土著，元不畏〔一七〕民編。生業團鄉社，闤廛隔市廛。溝渠通灌溉，塍埂互連延。俱樂耕耘便，猶防水旱偏。翻車能沃槁〔一八〕，瀽穴可抽泉。擁緑秧鋤後，均黄刈穫前。總治新稅籍，素表屢豐年。黍稌及億秭，倉箱累萬千。折償依市直，輪納帶逋懸。歲計仍餘羨，牙商許懋遷。補添他郡食，販入外江船。課最司農績〔一九〕，治優都水權。

【架田⑲】架，猶筏也，亦名葑田。集韻云⑳：葑，菰草〔二〇〕也。葑，亦作湗。江東有葑田，又淮東、二廣皆有之。東坡請開杭之西湖狀謂：水涸草生，漸成葑田。玄扈曰：東坡所云，與此異㉑。考之農書云㉒：若深水藪澤，則有葑田。以木縛爲田坵，浮繫水面，以葑泥附木架上，而種蓺之。其木架田坵，隨水高下浮泛，自不渰浸。周禮㉓所謂澤草所生，種之芒種是也。芒種有二義：鄭玄謂有芒之種，若今黄穋㉔〔二一〕穀是也。一謂待芒種節過乃種。今人占候〔二二〕，夏至小滿至芒種節，則大水已過，然後以黄穋穀，種之於湖田。然則有芒之種，與芒種節候二義，可並用也。黄穋穀，自初種以至收刈，不過六十七日〔二三〕，亦以避水溢之患。竊謂架田附葑泥而種，既無旱暵之災，復有速收之效，得置田之活法。水鄉無地者，宜倣之㉕。

櫃田

【櫃田】　築土護田，似圍而小，四〔三〕面俱置瀽穴，如此〔二四〕形制，順置田段，便于耕蒔。若遇水荒，田制既小，堅築高峻，外水難入，內水則車之易涸。淺浸處，宜種黄穋稻，周禮謂澤草〔二五〕生，種之芒種，黄穋〔四〕稻是也。黄穋稻自種至收，不過六十日則熟，以避水溢之患㉖。如水過，澤草自生，穇稗可收。高涸處，亦宜陸種諸物，皆可濟飢。此救水荒之上法。一名壩水溉田，亦曰壩〔二六〕田。與此名同而實異。詩曰：江邊有田以櫃稱，四起封圍皆力成。有時捲地風濤生，外禦衝盪如嚴城。大至連頃或百畝，內少墢埂殊寬平。牛犁展用易爲力，不妨陸耕及水耕。

【梯田㉗】　謂梯山爲田也。夫山多地少之處，除磊石及峭壁，例同不毛。其餘所在土山，下自橫麓，上至危巔，一體之間，裁作重磴，即可種蓺。如土石相半，則必疊石相次，包土成田。又有山勢峻極，不可展足，播殖之際，人則傴僂蟻沿而上，耨土而種，躡坎而耘。此山田不等，自下登陟，俱若梯磴，故總曰梯田。上有水源，則可種秫秔。如止陸種，亦宜粟麥。蓋田盡而地，地盡而山。山鄉細民，必求墾佃，猶勝不〔五〕稼。其人力所致，雨露所養，不無少穫。然力田至此，未免囏食，又復租稅隨之，良可憫也。詩云：世間田制多等夷，有田世外誰名題？非水非陸何所兮？危巔峻麓無田蹊。層磴橫削高爲梯，舉手捫之足始躋。傴僂前向防顛擠，佃作有具仍兼攜。隨宜墾斸或東西，知時種早

梯田

無噬臍。穲苗亟耨同高低，十九畏旱思雲霓。凌冒風日面且黧㉘，四體臞瘁肌若封。冀有薄穫勝稗稊，力田至此嗟彼啼。田家貧富如雲泥，貧無錐置富望迷。古稱井地今可稽，一夫百畝容可棲。餘夫田數猶半圭，我今豈獨非黔黎？可無片壤充耕犁。

【塗田㉙】書云㉚：淮海惟揚州，厥土惟塗泥。夫低〔二七〕水種，皆須塗泥。然瀕海之地，復有此等田法：其潮水所淤〔六〕〔二八〕沙泥，積於島嶼，或墊溺盤曲㉛，其頃畝多少不等。上有鹹草叢生，候有潮來，漸惹塗泥。初種水稗，斥鹵既盡，可爲稼田。所謂：瀉斥鹵兮生稻糧㉜。盈〔二九〕邊海岸築壁，或樹立樁橛，以抵潮汛。田邊開溝，以注雨潦。旱則灌溉，謂之甜水溝。其稼收，比常田利可十倍，民多以爲永業。又中土大河之側，及淮灣水匯之地，與所在陂澤之曲，凡潢汙洄互，壅積泥滓，退〔三〇〕皆成淤灘，亦可種蓺。秋後泥乾地裂，布掃〔三一〕麥種於上，其收倍常。此〔七〕淤田之效也。夫塗田淤田，各因潮漲而成。以地法觀之，雖若不同，其收穫之利，則無異也。詩云：書稱淮海惟揚州，厥土塗泥來已久。今云海嶠作塗田，外拒潮來古無有。霖潦滲漉斥鹵盡，沆沫〔三二〕已豐三載後。又有河淤水退餘，禾麥一收倉廩阜。昔聞漢世有民歌：「涇水一石泥數斗，且溉且糞長禾黍，衣食京師億萬口。」稔知燕地多陂渠，後魏裴延儁㉝爲幽州刺史，修復燕地故戾陵諸碣〔三三〕，及范陽督亢渠，溉田萬餘頃，爲利十倍。糞溉膏腴倍常畝。若云是地可塗田，先須滋培根本厚。闞政今知水利先，昔

塗田

司馬温公言：今闕政，水利居其一。天下豈無霖雨手？玄扈先生曰：温公亦解此。但令王介甫爲之，便不是。東坡輩又附會而排笮之，何哉㉞？

【沙田】 南方江淮間沙淤之田也。或濱大江，或峙中洲。四圍蘆葦駢密，以護堤岸。其地常潤澤，可保豐熟。普爲塍埂，可種稻秫，間爲聚落，可蓺桑麻。或中貫湖〔二四〕溝，旱則平〔二五〕溉；或傍繞大港，澇則洩水。所以無水旱之憂，故勝他田也。舊所謂坍江之田，廢復不常，故畝無常數，税無定額，正謂此也。宋乾道年間㉟，近習〔二六〕梁俊彦請税沙田，以助軍餉。既施行矣，時相葉顒㊱奏曰：沙田者，乃江濱出没之地。水激於東，則沙漲于西；水激於西，則沙復漲于東。百姓隨沙漲之東西而田焉，是未可以爲常也。且比年兵興，兩淮之田租並復，至今未徵，況沙田乎？其事遂寢，時論是〔二七〕之。今吾〔二八〕國家平定江南，以江淮舊爲用兵之地，最加優恤，租税甚輕。至於沙田，聽民耕墾自便，今爲樂土。愚嘗客居江淮，目擊其事，輒爲之贊云：江上有田，總名曰沙，中開畎畝，外繞蒹葭。耐經水旱，遠際雲霞，耕同陸土，横亘水涯。内備農具，傍泊魚杈。易勝畦埂，肥漬落華㊲。普宜稻秫，可殖桑麻。種則雜錯，收則倍加。潮生上溉，水夾分叉。澇須浚港，旱或戽車。地爲永業，姓隨某家。三時力穡，多稼逾秏㊳。公私彼此，横縱邇遐。租賦不常，豐稔惟嘉。

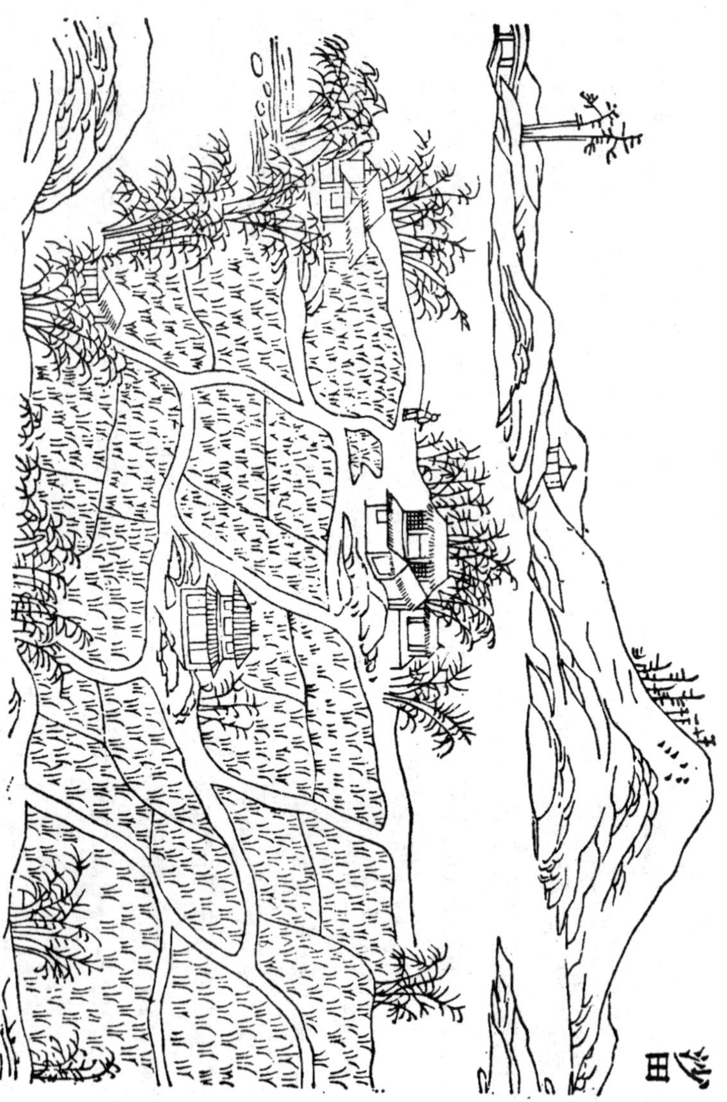
沙田

玄扈先生曰：肥積苔華此四字，弗輕誦過。是糞壤法也。今濱湖人漉取苔華，以當糞壅，甚肥，不可不知。王君既作贊，而糞壤篇㊴又不盡著其法，此爲不精矣。余讀農書，謂王君之詩學勝農學，其農學絶不及苗好謙、暢師文輩也。

又曰：苔華壅田，惟濱湖之北者乃可。夏月，苔乘風則聚於北岸故也㊵。

校：

〔一〕搰搰 平本、曙本譌作「愲愲」，應依黔、魯改作「搰搰」。「搰搰」是「用力甚多而見功甚寡」，見莊子天地篇。參看本卷注⑯。

〔二〕助 平本從王禎原書作「助」；黔、曙、魯各本作「治」。案孟子公孫丑下有「得道者多助」的話，作「助」字更有道理。

〔三〕四 平本、魯本脱，應依中華排印本「照曙增」，與王禎原書合。

〔四〕黄穋 平本作「穋黄」，應依黔、曙、魯各本從王禎原書倒轉。

〔五〕不 平、黔、魯本譌作「禾」，依曙本改作「不」，與王禎原書合。

〔六〕淤 平本、曙本作「泥」，誤；從黔本、魯本改作「淤」。參見本卷案〔二八〕。

〔七〕其收倍常此 平本作「其所收比」四個字，黔、曙、魯作「其收倍常此」，中華排印本「照曙改」。暫依中華本處理。案：王禎原書「此」字下有「所謂」二字。

注：

①本書這一卷除徐光啓所加「跋語」和幾處小注外，全部文字都見於王禎農書中農器圖譜一田制門。這個總標題中「農桑訣」三個字，顯然是王禎原書中另一部分農桑通訣（本書卷二、卷六、卷七都引有）的名稱，記錯寫錯。（本書卷十七、十八，和二一、二二、二三、二四等卷，所引材料也都出自王禎農器圖譜；可是那幾卷却没有誤寫爲「農桑通訣」的情形。看來這錯誤可能與徐光啓無關，而是平露堂初刻前整理時隨手加錯了的。）原譜中這一卷，共十三節：其中第一至第四節，是「籍田」、（事實上止是指所謂皇帝「親耕」儀式，不是周代的真正「籍田」。）「太社」、「國社」、「民社」，根本與「田制」無關；第五節「井田」，徐光啓已另作詳盡細緻的考訂，連王禎原來的幾句話，都收在本書上一卷（卷四）裏面了。最末的一幅「授時指掌活法之圖」，也已收入本書卷十。餘下的八節，正是實實在在的「田制」，集合作爲本卷，可以見到徐光啓選材的精審。

②現見周禮地官遂人；王禎引用時，顛倒了字句。參看卷四注⑦。

③命篇之義：案王禎原文，起處是「農器圖譜，首以田制命篇（＝作爲篇名）者何也？」本書引用，删去了這兩句，因此這句話失去了意義。

④王禎「區田」原圖，止是一幅小方格（庫本 20×30；殿本 18×29）。本書畫成黑白相間的圖，大致是就王禎原譜中「空一行，種一行」和「隔一區，種一區」的説明改的。

⑤這一段，現見王禎農器圖譜田制門第六條「區田」。本書所引，字句稍有改動。王禎原文引用的

材料，所注出處有不明確之處；對所引原文也有删改。（案：依以後各條的體例，「王禎曰」上應有〔區田〕的小標題。）

⑥ 王禎所謂「參攷氾勝之書及務本（新）書」，事實是這樣：氾書原文，王禎未必見到（宋末馬端臨文獻通考已不載）；只是根據齊民要術種穀第三所引，而且也只是「湯有旱災（王據務本新書改作「湯有七年之旱」），伊尹……及丘城上，皆可爲之」。「其區，當於閒時，……」以下，則是務本新書的文章（現見農桑輯要卷二耕墾篇引）。而輯要所引的務本新書文，也經過王禎割裂重排。

⑦ 壬辰戊戌：疑指金世宗大定十二年（一一七二年）及十八年（一一七八年）時黄河流域兩次大天災，——有旱，也有洪水。（案務本新書是金代著作，大家基本上同意了；但究竟是金中葉世宗時還是金末哀宗時，還未能決定。我們傾向於認爲是世宗時。）

⑧ 現見齊民要術（卷一）種穀第三。要術原書是作氾勝之書「區種法」引用的。本書所據要術版本不精，現不作全面校注，請參看齊民要術今釋第一分册，第 41 面（中華書局版第 58 頁）。

⑨ 這一段，確是賈思勰的文字，本書引用時稍有删節。

⑩ 現見周禮考工記梓人。「豆」原來是一個盛乾食物的容器，也用作乾物容量單位。究竟這個單位是多大，古來有不少争論。大致不同時代不同地區的標準不一樣。左傳所記「四升爲豆」可能比較普遍；但春秋時的升，大概只等於現在的升十分之二稍多一些；四升，比現在一升還少。考工記這兩句下的鄭注，則以爲「豆」應是「斗」字。

⑪「孔明數升，已自不少」，三國志蜀書五諸葛亮傳注，引魏氏春秋：「（亮）使對曰：『諸葛公夙興夜寐；罰二十以上，皆親擥焉；所噉食不至數升。』宣王（司馬懿）曰：『亮將死矣。』」

⑫廉頗五斗：史記（卷八一）廉藺趙李列傳：「廉頗……一飯，斗米、肉十斤。」

⑬圃田：王禎原圖，庫本、殿本和本書大體相當，不過止有中間的田，没有殿本上角偏右邊的田。左上角的「桔槔」，都明確可認識。中間田畝上邊，止有兩個亭，没有本書所畫兩個相對立的人像。圖下方是水。殿本圖畫比較草率。原譜後面所附長詩，本書删去了。

⑭現見周禮地官載師，注是鄭氏注。

⑮繚：解爲「環繞」。

⑯漢陰之獨力灌畦：見莊子天地篇，「子貢南遊於楚，反於晉。過漢陰，見一丈人，方爲圃畦；鑿隧而入井，抱甕而出灌，搰搰然用力甚多，而見功寡」。

⑰河陽之閒居鬻蔬：晉書（卷五五）潘岳傳，引潘所作閑居賦；賦有（自）序「……逮事世祖武皇帝，爲河陽懷令」，接着表示要棄官閑居，「……築室種樹，逍遥自得。池沼足以漁釣，春税足以代耕。灌園鬻蔬，以供朝夕之膳」。

⑱圍田：王禎原書，圖都是單幅。庫本，整個圍田，全用土堤圍繞，堤外盡是水；圖中房屋人物較少，右上角的村舍，還有木栅包圍。殿本，土堤有些段用木栅代替了。本書雙幅圖，堤圍不很明顯；中間橋上的人，畫得很粗拙，和後幾卷的圖，大不相稱；左幅左下角的田，與殿本左下角的一

段「畔」相當的，庫本没有。原譜，本書基本上採録了，止刪去附詩之前的兩句；附詩末段，也刪去了十八句。

⑲ 架田：本書的圖，和庫本原圖更接近，不過增加了一條繫在樹上的纜。殿本似乎採取一些透視的原理，外加木樁，表示的更明白，但也没有畫上纜繫的情形。原書譜後附詩，本書全刪。

⑳ 現見集韻（去聲「三用」）「葑」紐第一字；注：「菰根也。江東有葑田」；没有本書所引「葑亦作湗」一句。「湗」字止解爲「深泥」。

㉑ 徐光啓這一個判斷，完全正確；蘇軾所説「葑田」，只是湖濱地帶菰草長起來，成爲大片大片的「葑草田」，不是人工種的「田」。陳旉所説的「葑田」，才是王禎指爲「架田」形式的「田」。案南宋胡仔苕溪漁隱叢話（前集二七末條）引「蔡寬夫詩話云：吴中陂湖間，茭蒲所積。歲久，根爲水所衝蕩，不復與土相着，遂浮水面，動輒數十丈，厚亦數尺；遂可施種植耕鑿。人據其上，如木筏然，可撑以來往，所謂『葑田』是也。……嘗有北人宰蘇州屬邑，忽有投牒（＝送上書面報告），訴夜爲（＝被）人竊去田數畝者，怒以爲侮己，即苛繫（＝加上重刑具關在牢裏）之。已而徐詢左右，乃『葑田』也，始釋之……」。

㉒ 現見陳旉農書卷上地勢之宜第二。

㉓ 現見周禮地官稻人。

㉔ 穋：音 lù，係播種遲而成熟早的穀物。

㉕本節正文全録王禎原書，只附詩删去末十二句。

㉖這個小注，現見本王禎原書有，事實上是從陳旉農書節録的。

㉗梯田：本書插圖，遠不如原圖。最不合實際的，是下面所畫的水塘魚籠。庫本原圖，是三縱列的石山，和三縱列均匀的田塊，實際上也很少見到。止有殿本的圖，在兩列山之間，疊出一些畦來，比較上最像實物。原譜所附詩，本書引用時删去末四句。

㉘「淩冒風日面且黧」的「且」字，懷疑有誤。

㉙塗田：本書的圖，和海水之間的聯接，似乎太突然些。庫本和殿本原圖，根本没有田，也和標題不符合，不過畫上了一帶「石塘」，可以讓我們認識海濱作田的方法。譜中三處注文，前兩個原有，後一個是徐光啓所加。

㉚即尚書禹貢。

㉛地面下陷，稱爲「塾溺」；「塾溺盤曲」，即水邊窪地的小彎汊。

㉜潟斥鹵兮生稻粱：此句是鄴地大衆，稱贊史起引漳灌鄴的成績所作歌中一句（見史記河渠書，原作「終古澤鹵兮生稻粱」），「粱」字應依史記原記録作「粱」；王禎引文原亦作「粱」字。

㉝裴延儁：參看卷七注55。

㉞徐光啓這個小注中，批判司馬光、蘇軾意氣用事地反對王安石，極公平正確。「排笮」的「排」是「排擠」，「笮」即今日「榨」字。

㉟ 乾道：宋孝宗第二個年號，公元一一六五年至一一七三年。

㊱ 葉顒：宋史（卷三八四）列傳一四三有傳：「武臣梁俊彦，請税沙田、蘆塲；帝以問顒。對曰：『沙田，乃江濱地，田隨沙漲而出没不常；蘆塲，則臣未之詳也。且辛巳軍興，蘆塲田租並復（＝免），今（疑缺「税」字）沙田，不勝其擾。』上曰：『誠如卿言。』顒至中書，召俊彦切責之曰：『汝言利求進；萬一爲國生事，斬汝不足以塞責！』俊彦皇恐汗下。是日，詔『沙田、蘆塲並罷』。」

㊲ 菭：即「苔」字。過去，凡水面及陰溼地方乃至於樹皮上生長的矮形緑色植物，一律稱爲「菭」或「苔」。所指植物，事實上包括今日植物學上的藍緑藻、多種緑藻，乃至一些地衣、苔類、蘚類。這裏所説的「菭華」，顯然指水面漂浮着的緑藻與藍緑藻的共棲群落。藍緑藻中，不少種類具有固定大氣氮的本領，所以可以「當糞壅」。

㊳ 秅：音chā；説文解字（七上）禾部「秅」字説解「……四百秉（＝二百四十斤）爲一秅」。

㊴ 糞壤篇：指王禎農書中農桑通訣糞壤篇第八，本書卷七引有。

㊵ 徐光啓這兩段案語，第一段的主題，是對王禎農書的批判。雖然語言分量很重，但畢竟還是公正的。王禎農書中農業栽培技術方面的記載，很少新創；而文字從頭至尾，都貫徹着「詩情」，所以「詩學勝農學」，的確不冤枉。可是在農業器械方面，却顯示了他的特殊造詣。——這一點徐光啓没有給他公平的評價。第二節，是一點很細緻的觀察。

案：

〔一〕「農」字，應依王禎原書作「田」，與上下句對稱。

〔二〕四　王禎原書作「三」。

〔三〕空一行種　王禎原書作「空一行種一行」；「一行」兩字應補。又，原書作「通二千六百五十區」，「可種六百六十二區」，係依五十三行計算。本書依五十四行計算，所以是「通二千七百區」，「可種六百七十五區」。其實這些數字都很難和實踐相合。

〔四〕務本書　應依王禎引文作「務本新書」。

〔五〕「田」字，王禎原引文及要術、輯要所引都没有，應删。

〔六〕「災」字上，王禎原書有「天」字。

〔七〕今　應依要術原引作「令」。

〔八〕尺　各本均譌作「尺」，應作「丈」。請參看齊民要術今釋第一分册第四三頁校記（中華書局版第六〇頁）。

〔九〕鑒　應依要術校定本作「鑿」字。

〔一〇〕「溝」字下，要術原引有「廣」字，應補。

〔一一〕「以」字下，要術原引有「利」字，應補。

〔一二〕要術所引，「蕞」作「矣」。

〔一三〕域　各本的「域」字，應依要術改正爲「試」。

〔一四〕因　王禎原書作「日」。

〔一五〕可　應依王禎原書作「有」。

〔一六〕「餘」字上，王禎原書有「之」字。

〔一七〕畏　應依王禎原書作「異」。

〔一八〕稿　應依王禎原書作「槁」。

〔一九〕司農績　王禎原書作「勸農職」。

〔二〇〕草　王禎原引文作「根」，與集韻合；本書改爲「草」字，不知是徐光啓手筆，還是平露堂刻書時所改。

〔二一〕穋　陳旉原書作「緑」，王禎改「穋」。

〔二二〕「占候」兩字，王禎引文脱去。

〔二三〕六十七日　應依王禎引文及陳旉原書作「六七十日」。

〔二四〕此　王禎原書作「櫃」。

〔二五〕「澤草」下，應依王禎原文（從稻人）補「所」字。

〔二六〕壩　王禎原書作「垻」，並有小注「音匱」。按廣韻（去聲）「四十禡」有「垻」字，注説「蜀人謂平川曰垻」；今日長江上游還有這個説法，應當是從「貝」的字，讀「霸」音。集韻（去聲）「十四泰」另收一個「垻」（讀「貝」）字，解作「障水堰；今人謂堰埭曰『垻』」，則是堤垻的「垻」、「壩」。王禎原書中從「具」音「匱」的字，不知道另有何種根據？

〔一七〕夫低　應依王禎原書作「大抵」。

〔一八〕淤　王禎原書作「泛」；平本、曙本作「泥」，是字形相似而寫錯，黔、魯作「淤」，可以解釋，但不如原書「泛」字。

〔一九〕「盈」字，王禎原書改作「沿」。

〔二〇〕「退」字上，應依王禎原書補「水」字。

〔二一〕掃　王禎原書作「撒」。

〔二二〕沆沐　應依王禎原書作「秔秫」，即秈稻和糯稻。

〔二三〕碣　當依王禎原書作「堨」。

〔二四〕湖　應依王禎原書作「潮」。

〔二五〕平　應依王禎原書作「頻」。

〔二六〕「近習」兩字，王禎原書未有。

〔二七〕是　王禎原書作「韙」。

〔二八〕吾　王禎原書沒有「吾」字。

農政全書卷之六

農事

營治上

齊民要術曰①：凡人家營田，須量己力，寧可少好，不可多惡。假如一䄪牛②，總營得小畝三頃，據齊地，大畝一頃三十五畝也。每年一易，必須頻種〔一〕。其雜田地，即是來年穀資。欲善其事，先利其器；悦以使人，人忘其勞。且須調習器械，務令快利。秣飼牛畜，常〔二〕須肥健。撫恤其人，常遣歡悦。觀其地勢，乾濕得所。凡〔三〕秋收了，先耕蕎麥地，次耕餘地，務遣深細，不得趂多。看乾濕，隨時蓋磨著。切見世人耕了，仰著土塊，竝待孟春蓋。若冬乏水雪，連夏亢陽，徒道秋耕，不堪下種，無問耕得多少，皆須旋蓋磨如法。如一䄪牛，兩個月秋耕，計得小畝三頃，經冬加料餧。至十二月内，即須排比農具，使足。一入正月初未，開陽氣上，即更蓋所耕得地一遍。凡田地中，有良有薄者，即須加糞糞之。其踏糞法：凡人家秋收後，治糧〔四〕場上所有穰穀䅹③等，竝須收貯一處。每日布牛脚下，三寸厚。每平旦收聚，堆積之。還依前布之，經宿即堆聚。計經冬，一具牛踏成三十車糞。玄扈先生曰：不止牛也，凡猪羊皆倣此作，而以灰及雜草薉布之。至十二月正月之間，即載糞糞地。計小畝畝別用五車，計糞得六畝。匀攤耕蓋著，未須轉起。自地亢後④，但所耕地，隨向〔五〕蓋之，待一段總轉了，即横蓋一遍。計正月二月兩個月，又轉一遍。然後，看地宜⑤納粟，先種黑地，微帶下地，即種糙種。然後種高壤白地。其白地，候寒食後，榆莢盛時納種。以次種大豆，油麻等田。然後轉所糞得所〔六〕，耕五六遍。每耕一遍，蓋兩遍，最後蓋三遍。還縱横蓋之。候昏房心中，下黍種，無問。穀，小畝一升下子，則稀概得所。候黍粟苗未與壠齊，即鋤一遍。黍經五日，更報鋤第二遍。候未蠶老畢，報鋤第三遍。如無力，即止。如有餘力，秀後更鋤第四遍。油麻大豆竝鋤兩遍止，亦不厭旱〔七〕鋤。穀第一遍耕科定，每科只留兩莖，更不得留多。每科相去一尺，玄扈先生曰⑥：古一尺，大約今一尺二寸有餘。後齊民要術中尺寸倣此。兩壠頭空。務欲深細。第一遍鋤，未可全深。第二遍，唯深是求。第三遍，較淺於第二遍。第四遍，較淺。

齊民要術耕田篇曰⑦：田，陳也。樹穀曰田。象形從口從十，阡陌之制也。耕，種也。從耒〔一〕，井聲。一曰古者井田。劉熙釋名曰⑧：田，填也。五穀填滿其中。犂，利也。利發土絶草根⑨。耨，似鉏，以薅禾也。斸，誅也。主以誅鉏根株也。凡開荒山澤田，皆七月芟艾之。草乾，即放火。至春而開墾。其林木大者，劉⑩殺之，葉死不扇⑪，便任耕種。三歲後，根枯莖朽，以火燒之。耕荒畢，以鐵齒鎊楱⑫再徧杷之。漫擲黍穄，勞亦再徧。明年，乃中爲穀田。

凡耕：高下田，不問春秋，必須燥濕得所爲佳。若水旱不調，寧燥不濕。燥雖耕塊，一經得雨，地則〔二〕粉解。濕耕堅垎确洛⑬，數年不佳。諺曰：「濕耕澤鋤，不如歸去。」言無益而有損。濕耕者，白背⑭速鎊楱之，亦無傷；否則大惡也。春耕，尋手勞。古曰耰，今曰勞。說文曰：耰，摩田器。今人亦名勞曰摩⑮。秋耕，待白背勞。秋多風，若不尋勞，地必虛燥，秋田塌實，塌〔八〕勞令地硬。諺曰：「耕而不勞，不如作暴。」蓋言澤難遇，喜天時故也。桓寬鹽鐵論曰⑯：茂木之下無豐草，大塊之間無美苗。凡秋耕欲深，春夏欲淺，犁欲廉，勞欲再。犁廉耕細，牛復不疲。再勞，地熟，旱亦保澤也。秋耕，𥝖⑰青者爲上。比至冬月，青草復生者，其美與小豆同也。初耕欲深，轉地欲淺。耕不深，地不熟；轉不淺，動生土也。菅茅之地，宜縱牛羊踐之。踐則浮根〔九〕。七月耕之則死。非七月，復生矣。

凡美田之法，緑豆爲上，小豆胡麻次之，悉皆五六月中穙⑱美懿反〔三〕，漫種也。種。七月八月，犁𥝖殺之。爲春穀田，則畝收十石。農桑輯要曰：一石大約今二斗七升。十石，今二石七斗有奇也。後齊民要術中石斗倣此。其美與蠶矢熟糞同。凡秋收之後，牛力弱，未及即秋耕者，穀黍穄梁秫茇之下，即移羸。速鋒之⑲，也⑳恒潤澤而不堅硬。乃至冬初，嘗得耕勞，不患枯旱。

若牛力少者，但九月十月一勞之，至春穡〔一四〕種亦得。

魏文侯曰：「民，春以力耕，夏以鋤耘〔一〇〕，秋以收斂。」

雜陰陽書曰：「亥爲天倉，耕之始。」呂氏春秋曰：「冬至後五旬七日，菖生。菖者，百草之先生者也。於是始耕。」高誘注曰：「菖，菖蒲，水草也。」

淮南子曰：「耕之爲事也勞，織之爲事也擾。擾勞之事，而民不舍者，知其可以衣食也。人之情，不能無衣食。衣食之道，必始於耕織之物。若耕織始初甚勞，終必利也衆。」又曰：「不能耕而欲黍粱，不能織而喜縫裳，無其事而求其功，難矣」。

氾勝之書曰：凡耕之本，在於趣時，和土，務糞澤，早鋤穫〔一一〕。春凍解，地氣始通，土一和解。夏至，天氣始暑，陰氣始盛，土復解。夏至後九十日，晝夜分，天地氣和。以此時耕田，一而當五。名曰膏澤，皆得時功。春地氣通，可耕堅硬强地黑壚土。輒平摩其塊以生草，草生，復耕之。天有小雨，復耕。和之，勿令有塊，以待時，所謂强土而弱之也。春候地氣始通，椓橛木，長尺二寸。埋尺，見其二寸。立春後，土塊散，上没橛，陳根可拔。此時，二十日以後，和氣去，即土剛。以此時耕，一而當四；和氣去，耕，四不當一。杏始華榮，輒耕輕土弱土。望杏花落，復耕，耕輒藺之。草生，有雨澤，耕重藺之。土甚輕者，以牛羊踐之。如此，則土强。此謂弱土而强之也。春氣未通，則土歷適不保澤，終歲不宜稼，非糞不解。愼無旱耕。須草生㉑。至可種時，有雨即種。土相親，苗獨生，草穢爛，皆成良田。此一耕而當五也。不如此而旱耕，塊硬，苗穢同孔出，不可鋤治，反爲敗田。

秋，無雨而耕，絶土氣，土堅垎，名曰脂〔一二〕田。及盛冬耕，泄陰氣，土枯燥，名曰脯田。脯田與脂田，皆傷田，二歲不起稼，則一歲休之。凡愛〔一三〕田，常以五月耕，六月再耕，七月勿耕。玄扈先生曰：古治田者歲易，故可夏耕。今居廣虛之地者，宜仍用古法。若麥田種秋苗，自然五六月耕，不待論也。謹摩平以待種時。五月耕，一當三；六月耕，一當再；若七月耕，五不當一。

冬雨雪止，輒以㉒藺之，掩地雪，勿使從風飛去。後雪，復藺之，則立春保澤，凍蟲死，來年宜稼。得時之和，適地之宜，田雖薄惡，收可畝十石。

崔寔四民月令曰：正月，地氣上騰，土長冒橛，陳根可拔，急菑㉓强土黑壚之田。二月，陰凍畢澤，可菑美田，緩土，及河渚水〔一四〕處。三月，杏華勝〔一五〕，可菑沙〔五〕白輕土之田。五月六月，可菑麥田。

崔寔政論曰：武帝以趙過爲搜粟都尉，教民耕殖。其法：三犂共一牛，一人將之，下種，挽耬，皆取備焉，日種一頃。至今三輔猶賴其利。今遼東耕犂，轅長四尺，迴轉相妨，既用兩牛，兩人牽之，一人將耕，一人下種，二人挽耬。凡用兩牛六人，一日纔種二十五畝，其懸絶如此。按：二〔六〕犁共一牛，若今三脚耬矣。未知耕法如何？今自濟州迤西，猶用長轅犁，兩脚耬。長轅，耕平地尚可，於山澗之間則不任用。且迴轉至難，費力。未若齊人蔚犁之柔便也。兩脚耬種壠穊，亦不如一脚耬之得中也。

農桑通訣墾耕篇㉔曰：墾耕者，農功之第一義也。墾，除荒也。耕，犁也。古文耕作畊，蓋古井田之制，今從耒，井聲，故作井〔一六〕。凡墾闢荒地，春曰燎荒，如平原草萊深者，至春燒荒，趁地氣通潤，草芽欲發，根荄柔脆，易爲開墾。夏曰䅖青，夏日草茂時開，謂之「䅖青」。可當草糞，但根鬚壯密，須籍强牛乃可。蓋莫若春爲上。秋曰芟夷。其次秋暮，草木叢密時，先用鐵刀，徧地芟倒。暴乾，放火。至春而開墾，乃省力。如泊下蘆葦地內，必用劚刀引之，犁鑱隨耕，起撥㉕音伐。特易，牛乃省力。沾〔一七〕山或老荒地內，科〔一八〕木多者，必須用钁劚去㉖。餘有不盡根科〔一九〕，俗謂之「埋頭根」也。當使熟鐵煅成鑱尖，套於退舊生鐵鑱上。縱遇根株，不至擘缺，妨誤工力。或地段廣闊，不可偏劚，則就斫枝莖，覆於本根上，候乾焚之，其根即死而易朽。又有經暑雨後，用牛曳磟碡，或輥子之〔二〇〕所斫根查上㉗，和泥碾之，乾則掙死。一、二歲後，皆可耕種。其林木大者，則劉殺之。謂剥斷樹皮，其樹立死。葉死不扇，便任種蒔。三歲後，根株莖朽㉘，以火燒之，則通爲熟田矣。

周禮：「薙氏掌殺草，春始生而萌之，夏日至而夷之，秋繩去聲。而芟之，冬日至而耜之㉙。」書薙作夷，謂芟草也。又：「柞氏掌攻草木，及林麓。夏日至，令刊陽木而火之。冬日至，令剥陰木而水之㉚。」註云：「刊剥謂□斫去次地之皮」，即此謂除木也。詩曰：「載芟載柞，其耕澤澤㉛。」蓋謂芟草除木，而後可耕也。大凡開荒，必趂雨後，又要調停犁道淺深麄細。淺則務盡草根，深則不至塞墢，麄則貪生費力，細則貪熟少功，唯得中則可。耕荒畢，以鐵齒鎘錂，鎘錂過。漫種黍稷，或脂麻緑豆，耙勞再徧。明年，乃中爲穀田。今漢沔淮潁上，率多創開荒地。當年多種脂麻等種，有痛□收至盈溢倉箱速富者。如舊稻塍内，開耕畢，便撒稻種，直至成熟，不須薅拔。緣新開地内，草根既死，無荒可生。若諸色種子，年年揀净，別無稗莠，數年之間，可無荒薉，所收常倍於熟田。蓋曠閑既久，地力有餘，苗稼鬯茂，子粒蕃息也。諺云：「坐賈行商，不如開荒。」言其獲利多也。除荒墾闢之功如此。若夫耕犁之事，又有本末。上古聖人，制耒耜以教耕耨。三代以上，皆耦耕。謂兩人合二耜而耕之。詩曰㉜：「亦服爾耕，十千維耦」者，此也。春秋之時，后稷之裔孫叔均始作牛耕。至漢趙過，增其制度，三犁一牛，則力省而功倍。今之耕者，大率祖此。玄扈先生曰：三犁一牛者，耬犁，非耕犁也。周禮：「遂人治野，以時器勸甿㉝」，言農夫之耕，當先利其器也。故詩曰㉞：「三之日于耜，四之日舉趾。」又曰：「有略其耜，俶載南畝㉟。」周禮：「車人爲耒耜㊱」，耜有三等。今易耒耜而爲犁，不問地之堅强輕弱，莫不任使。欲淺欲深，求之犁箭，箭一而已。欲廉欲猛，取之犁梢㊲，稍一而已。然則犁之爲器，豈不簡易而利用哉？耕地之法，未耕曰生，已耕曰熟，初耕曰塌㊳，再耕曰轉。生者欲深而猛。熟者欲淺而廉。此其略也。農書云㊴：旱田穫刈纔畢，隨即耕治曬暴，加〔七〕糞壅培，而種豆麥蔬茹，因而熟土壤而肥沃之，以省來歲功役。其所收，又足以助歲計。晚田，宜待春乃耕，爲其藁秸堅韌，必待其朽腐，易爲牛力也。北方農俗所傳：春宜早晚耕，夏宜兼夜耕，秋宜日高耕。中原地皆平曠，旱田陸地，一犁必用兩牛三牛或四牛，以一人執之。量牛强弱，耕地多少，其耕皆有定法。所耕地内，先並耕兩犁，墢皆内向，合爲一壠，謂之浮疄〔八〕。自浮疄爲始，向外繳耕，終此一段，謂之一繳〔二三〕之外。又間作一繳，耕畢，於三繳之間，歇下〔二四〕繳；却自外繳耕至中心，劃作一暘㊵。蓋三繳，中成一暘也。其餘欲耕平原，率皆倣此。南方水田泥耕，其田高下闊狹不等。以一犁用一牛挽之，作止回旋，惟人所便。高田早熟，八月燥耕而熯之，以種二麥。其法：起墢爲疄，兩疄之間，自成一甽。一段耕畢，以鋤横截其疄，洩利其水，謂之腰溝。二麥既收，然後平溝甽，蓄水深耕，俗謂之再熟田也。下田熟晚，十月收刈既畢，即乘天晴無水而耕之。節其水之淺深，常令塊墢半出水面，日暴雪凍，土乃酥碎。仲春土膏脈起，即再耕治。又有一等水田，泥淖極深，能陷牛畜，則以禾扛横亘田中，人立其上而鋤之。南方人畜耐暑，其耕，四時皆以中晝。此南北地勢之異宜也。古者分田之制㊶，一夫一婦，受田百畝。以其地有肥墝，故有不易、一易、再易之别。不易之地，家百畝，謂可以歲耕之也。一易之地，家二百畝，謂歲耕其半也。再易之地，家三百畝，謂歲耕百畝，三歲而一周也。先王之制如此，非獨以爲土畝則草木不長，氣衰則生物不遂也；抑欲其財力有餘，深耕易耨，而歲可常稔。今之農夫，既不如古，往往租人之田而耕之。苟能量其財力之相稱，而無鹵莽滅裂之患，則豐壤〔三五〕可以力致，而仰事俯育之樂可必矣。今備述經傳所載農事之法，兼高原、下田地勢之宜，自北自南，習俗不通，曰墾曰耕，作事亦異。通變謂道，無泥一方㊷，則田功修，而稼穡之務，可以次第而舉矣。

種蒔直說云㊸：古農法，犁一⿰木罷六㊹。今人只知犁深爲功，不知⿰木罷細爲全功。⿰木罷功不到，土麄不實，下種後，雖見苗，立根在麄土，根土不相着，不耐旱，有懸死蟲咬乾死等諸病。⿰木罷功到，土細又實，立根在細實土中，又碾過，根土相着，自耐旱，不生諸病。

韓氏直說曰㊺：爲農大綱，一則牛欺地，二則人欺苗。牛欺地，則所種不失其時。人欺苗，則省力易辦。反是，則徒勞無益矣。凡地除種麥外，竝宜秋耕。先以鐵齒⿰木罷，縱横⿰木罷之，然後插犁細耕，隨耕隨撈〔三六〕，至地大白背時，更⿰木罷兩偏。至來春，地氣透時，待日高，復⿰木罷四五徧。其地爽潤，上有油土四指許，春雖無雨，時至，便可下種。秋耕之地，荒草自少，極省鋤工。如牛力不及，不能盡秋耕者，除種粟地外，其餘黍豆等地，春耕亦可。大抵秋耕宜早，春耕宜遲。秋耕宜早者，乘天氣未寒，將陽和之氣，掩在地中，其苗易榮。

玄扈先生曰：月令「地氣沮泄」之說爲近。若寒暖之氣，豈能掩在地中乎？遇秋天氣寒冷，有霜時，必待日高，方可耕地，恐掩寒氣在内，令地薄不收子粒。春耕宜遲者，亦待春氣和暖，日高時，依前耕櫂。

農桑通訣耙勞篇曰：凡治田之法，犁耕既畢，則有耙勞。耙有渠疏之義，勞有蓋磨之功。今人呼耙曰渠疏，勞曰蓋磨，皆因其用以名之。所以散撥去芟㊻，平土壤也。桓寬鹽鐵論曰：茂木之下無豐草，大塊之間無美苗。耙勞之功不至，而望禾稼之秀茂實粟難矣。齊民要術云㊼：耕荒畢，以鐵齒錑再偏耙之。蓋鐵齒鎘錑，已爲之先，再用耙鎘錑而後勞之也。今人但耕地畢，破其塊墢，而後用勞平磨，乃爲得也。齊民要術云㊽：耕地深細，不得趂多，看乾濕隨時蓋磨，待一段總轉了，横蓋一偏，每耕一偏，蓋兩偏，最後蓋三偏，還縱横蓋之。種麥地，以五月耕三偏。種麻地，耕五六偏，倍蓋之。但依此法。除蟲災外，小小旱乾，不至全損，緣蓋磨數多故也。又云㊾：春耕，隨手勞。秋耕，待白背勞。蓋春多風，不即勞則致地虛燥。秋田濕，濕速勞則恐致地埂㊿。又曰[51]：耕欲廉，勞欲再。凡已耕耙欲受種之地，非勞不可。諺曰[52]：「耕而不勞，不如作暴。」切見世人耕了，仰著土塊，並待孟春蓋。若冬乏冰雪，連夏亢陽，徒道秋耕，不堪下種也[53]。然耙勞之功，非但施於納種之前，亦有用於種苗之後者。齊民要術曰[54]：穀田既出壠，每一遇雨，白背時，蓋以帖齒鎘錑，縱横耙而勞之。耙法：令人坐上，數以手斷其草，草塞齒，則傷苗。如此，令地熟軟，易鋤省力。

此用於種苗之後也。南方水田，轉畢則耙，耙畢即抄[55]，抄見農器譜。故不用勞。其耕種陸地者，犁而耙之。欲其土細，再犁再耙，後用勞，乃無遺功也。北方又有所謂撻者，與勞相類。齊民要術云[56]：春種欲深，宜曳重撻。春氣冷，生遲，不曳撻則根虛，雖生輒死。雖生夏氣熱而速〔二七〕。曳撻，遇雨必致堅垎。春澤多者，或亦不須撻。必欲撻者，須待白背，濕撻令地堅硬也。又用曳打場圃，極爲平實。今人凡下種耬種後，惟用砘車碾之。然執耬種者，亦須腰繫輕撻曳之，使壠土覆種稍深也。或耕過田畝，土性虛浮者，亦宜撻之，打令土實也。今當耕種用之，故附于耙勞之末。然南人未嘗識此，蓋南北習俗不同，故不知用撻之功。至於北方遠近之間，亦有不同。有用耙而不知用勞，有用勞而不知用耙。亦有不知用撻者，今並載之。使南北通知，隨宜而用，無使偏廢。然後治田之法，可得論其全功也。

農桑輯要曰[57]：治秧田，須殘年開墾，待冰凍過則土酥，來春易平，且不生草。平後，必晒乾，入水澄清，方可撒種，則種不陷土中，易出。玄扈先生曰：落秧，宜清，易拔；落散，宜濁，易生根。壅田，或河泥，或麻豆餅，或灰糞，各隨其地土所宜。麻豆餅，畝三十斤，和灰糞。棉餅，畝三百斤。插禾前一日，將棉餅化開，勻攤田內，耖然後插禾。或草。

齊民要術收種篇曰[58]：凡五穀種子，浥鬱則不生。生者，亦尋死。種雜者，禾則早晚不均，春復減而難熟，糶賣以雜糅見疵，炊爨失生熟之節。所以特宜存意，不可徒然。粟黍穄粱秫，常歲歲别收，選好穗絶色者，劁刈，高懸之。玄扈先生曰：收種，特宜密藏。晉人云：「函封多不生」，謬也。至春，治取别種，以擬明年種子。耬耩秫〔二八〕種，一斗可種一畝。量其家田所須種子多少種之。其别種種子，嘗須加鋤。鋤多則無秕也。先治而别埋。先治，塲净，不雜。窖埋，又勝器盛。還以所治穰草蔽窖。玄扈先生曰：窖藏爲佳者，土中恒受生氣故。將種前二十許日，開出水淘，浮秕去則無莠。即曬令燥，種之。依周官相地所宜，而糞種之。周官曰：草人，掌土化之法。以物地相其宜而爲之種。鄭玄注曰：土化之法，化之使美。以物地占其形色爲之種。黄白宜以種禾之屬。凡糞種，騂剛用牛，赤緹用羊，墳壤用麋，渴澤用鹿，鹹潟用貆，勃壤用狐，埴壚用豕，彊檕用蕡，輕爂〔九〕用犬。此草人職。鄭玄注曰：凡所以糞種者，皆謂煮取汁也。赤緹，縓色也。渴澤，故水處也。潟，鹵也。貆，貒也。勃壤，分〔二九〕解者。埴壚，粘疏者。强檕，强堅者。輕爂，輕脆者。故書騂爲挈，墳作盆59。杜子春挈讀爲騂，爲地色赤而土剛强也。鄭司農云：用牛，以牛骨汁漬其種也，謂之糞種。墳壤，多盆鼠也。壤，白色。蕡，麻也。玄謂墳壤，潤解。氾勝之書曰：種傷濕鬱，熱則生蟲也。取麥種，候熟〔一〇〕可穫，擇穗大彊者，斬束立塲中之高燥處。曝使極燥。無令有白魚60，有輒揚治之。取乾艾雜藏之，麥一石，艾一把，藏以瓦器竹器。順時種之，則收常倍。取禾種，擇高大者，斬一節下，把懸高燥處。苗則不敗。

農桑輯要曰61：氾勝之書曰：牽馬，令就穀堆食數口，以馬踐過爲種，無虸蚄等蟲也。薄而[三〇]不能糞者，以原蠶矢雜禾種種之，則禾不蟲。又取馬骨剉一石，以水三石煮之。三沸，漉去滓，以汁漬附子五枚。玄扈先生曰：如此，農家宜種附子。今成都彰明縣民間多種之，不營他業也。三四日，去附子，以汁和蠶矢羊矢各等分，撓令洞洞如稠粥。先種二十日時，以溲種如麥飯狀。當天旱燥時，溲之立乾。薄布數撓令乾，明日復溲。天陰雨則勿溲。六七溲而止。輒曝謹藏，勿令復濕。至可種時，以餘汁溲而種之，則禾稼不蝗蟲。無馬骨亦可用雪汁。雪汁者，五穀之精也，使稼耐旱。常以冬藏雪汁，器盛埋於地中。治穀如此62，則收常倍。玄扈先生曰：北方斥鹵之地，最宜積雪，地方多春旱故也。

農桑通訣播種篇曰63：書稱64：黎民阻饑，汝后稷，播時百穀。詩言65：降之穜稑，稙穉菽麥，奄有下國，俾民稼穡。蓋言天相后稷之功也。後之農家者流，皆祖述之，以至于今，其法悉備。周禮66：司稼，掌巡邦野之稼，而辯其穜稑之種。周知其名，與其所宜地，以爲法，而縣于邑閭。

農書云67：種蒔之事，各有攸序。能知時宜，不違先後之序，則相繼以生成，相資以利用。種無虛日，收無虛月。何匱乏之足患，凍餒之足憂哉？正月種麻枲。二月種粟。脂麻有早晚二種，三月種早麻。四月種豆。五月中旬種晚麻。七夕以後種萊菔菘芥。

八月社前，即可種麥。經兩社，即倍收而堅好。如此，則種之有次第，所謂順天之時也。地勢有良薄，山澤有異宜。故良田宜種晚，薄田宜種早。良田非獨宜晚，早亦無害。薄田種晚，必不成實。山田宜種强苗，以避風霜。澤田種弱苗，以求華實[68]。孝經援神契曰[69]：黄白土宜禾，黑墳宜麥，赤土宜菽，汙泉宜稻。所謂因地之宜也。南方水稻，其名不一。大槩爲類有三：早熟而緊細者，曰秈；晚熟而香潤者，曰粳；早晚適中，米白而黏者，曰稬[70]。三〔一一〕者布種同時。每歲收種，取其熟好堅栗〔一二〕，無秕不雜穀子，晒乾蔀藏[71]，置高爽處。至清明節取出，以盆盎别貯。浸之三日，漉出納草篅中。晴則暴暖，浥以水，日三數。遇陰寒，則浥以温湯。候芽白齊透，然後下種。須先擇美田，耕治令熟，泥沃而水清。以既芽之穀漫撒，稀稠得所。秧生既長，小滿芒種之間，分而蒔之。旬日高下皆遍。北土高原，本無陂澤，遂一曲〔三〕而田者，納種如前法。既生七八寸，拔而栽之。凡下種之法，有漫種、耬種、瓠種、區種之别。漫種者，用斗穀盛種〔一三〕，挾左腋間，右手料取而撒之，隨撒隨行。約行三步許，即再料取。務要布種均匀，則苗生稀稠得所。秦晉之間，皆用此法。南方惟種大麥，則點種。其餘粟豆麻小麥之類，亦用漫種。其法甚備。齊民要術云：凡種〔一四〕，欲牛遲緩行，種人令促步，以足躡隴底，欲土實，種易生也。今人製造砘車，隨耬種子〔三〕後，循隴碾過，使根土相著，功力甚速而當[72]。瓠種者，竅瓠貯種，隨行隨種，務使均勻。犁隨掩過，覆土既深，雖暴雨〔一五〕不至搥撻，暑夏最爲耐旱。且便於撮鋤。今燕趙間多用之。又曰⑬：菜茹有畦，瓜瓠果蓏，殖於疆埸。則是五穀之外，蔬蓏亦不可闕者。故穀不熟曰飢，菜不熟曰饉。物理論云⑭：百穀者，三穀各二十種，菜果各二十種，共爲百穀。蓋蔬果之實，所以助穀之不及也。是故烹葵食瓜⑮，乃繫之豳風農桑之詩；畜菜取蔬，互見於月令收斂之後。然地有肥瘠，能者擇焉。時有先後，勤者務焉。若夫種蒔之法，姑略陳之。凡種蔬蓏，必先燥爆其子，地不厭良，薄即糞之。鋤不厭頻，旱即灌之。用力既多，收利必倍。大抵蔬宜畦種，蓏宜區種。畦地長丈餘，廣三尺，必〔二三〕種數日，斸起宿土，雜以蒿草，火燎之，以絶蟲類，併得爲糞。臨種，益以地〔二四〕糞，治畦種之。區種如區田法。區深廣可一尺許。臨種，以熟糞和土拌勻，納子糞中，候苗出，料視稀稠去留之。又有芽種，凡種子先用⑯淘浄，頓瓠瓢中，覆以濕巾。三日後，芽生長可指許，然後下種。先於熟畦内，以水飲地⑰，勻摻芽種，復篩細糞土覆之，以防日曝。此法菜既出齊，草又不生。

玄扈先生曰：非草不生也。草生遲於菜，不得同孔而出，少而易鋤矣⑱。

凡菜有蟲，搗〔二五〕苦參根，併石灰水潑之，即死⑲。苟能依上法種蒔，非止家可足食，餘者亦可爲資生之利。

校：

〔一〕耒　平本譌作「來」，應依黔、曙、魯各本從要術改作「耒」。

〔二〕則　黔、魯各本譌作「利」，應依平、曙從要術作「則」。

〔三〕反　平本、曙本依要術作「反」不誤；黔、魯作「及」便不可解。（「美」字有問題，請參看齊民要術今釋第一分册耕田第一第六面校記。中華書局版第九頁。）

〔四〕穑　黔、魯譌作右邊從「啇」的字；應依平本、曙本作「穑」，合於要術原字。「穑」解作撒播。

〔五〕沙　平本、曙本作「沙」，與要術引文合；黔、魯作「少」，係根據明刻要術的譌字。

〔六〕三　平本譌作「二」，依魯、中華排印本改。（定扶校）

〔七〕加　黔、魯各本譌作「如」，應依平本從王禎引文及陳旉原文作「加」。

〔八〕疄　平本這節小注中兩個「疄」字都譌作從「虫」的字，應依下一小注作「疄」字，與黔、曙、魯各本所據王禎原文合。案：「疄」字廣韻（上平聲「十七真」）解釋爲「田壠」。

〔九〕爂　平、曙譌作「爂」，中華排印本譌作「爨」，應依魯本從周禮改作「爂」。下文同改，不另出校。（定扶校）

〔一〇〕熟　平本譌作「熱」，依魯、中華排印本從要術改作「熟」。（定扶校）

〔一一〕三　平、曙譌作「二」，應依魯本、中華排印本從王禎原文改作「三」。（定扶校）

〔一二〕粟　平、曙譌作「粟」，依黔、魯從王禎原文改作「粟」。

〔一三〕斗穀盛種　王禎原書是「斗盛穀種」；平、曙誤將「盛穀」二字倒轉；黔、魯更將「穀」字改作「斛」；應依王禎原書復原。

〔一四〕凡種　王禎引要術，此上原有「北方多用耬種，其法甚備」兩句，所以引要術，就直録原文。本書引王禎，省去上面二句；平、曙尚依王禎原文不誤，黔、魯各本就在「凡」字下添一個「耬」字。現依平本。

〔一五〕雨　魯本譌作「兩」，應依平、黔、曙本從王禎原書作「雨」。（下面的「搥」字，王禎原書無「扌」旁。）

注：

① 這一篇，在現有齊民要術各種版本中，都排在卷一之前，序文之後，題爲「雜説」。不少人懷疑它不是賈思勰本人手筆。由内容和出現時代看來，大概是隋至北宋初年之間，今日山東省某一個地區的農業實踐者，所作紀録。其中某些難解處，可參閲科學出版社的石聲漢齊民要術今釋。

② 一犋牛：即共同從事力役的一「組」牛，可能是二匹、三匹，乃至四匹。北宋、南宋本要術「犋」字均作「具」。

③ 穖：字書中查不到；暫解作「䅋」、「穛」。（參看齊民要術今釋第一分册雜説第一七面注。）

④ 亢：廣韻（去聲）「四十二宕」「亢」字，解釋爲「高也，旱也」；這裏應解作「旱燥」。

⑤ 地宜：土地相宜的情況。

⑥ 這一個注，已見明萬曆刻本農桑輯要（卷二）耕墾篇「耕地」章所引要術雜説「牛脚下三寸厚」下，顯然不是徐光啓的文字；大概本書整理付刻時，整理人不曾細校，隨手加上了這麽五個字。古代尺比後來短，本書卷四田制井田考中，徐光啓已有説明；此注中「古一尺，大約今一尺三寸有餘」的説法，完全錯誤，徐光啓決不會這樣説。

⑦ 本節，現見齊民要術（卷一）耕田第一篇的標題注中。本書引用、刪節的地方，頗有雜亂；——很可能是平露堂初刻前，整理時「刪者十之三，增者十之二」所産生的。這節「田，陳也……」之前，賈書原來還有許慎説文曰：「耒，手耕曲木也……」一大段，標明引文來源。現在將「耒……」等幾條，連「許慎説文曰」一齊刪去，責任交待便不明白。應在「田，陳也」前面，補上賈書原有的「許慎説文曰」。此後，下文所引，到劉熙釋名末句「……誅鉏根株也」，都屬於原書標題注。再以下的「凡開荒山……」，才是正文。現在都作大字（這倒不是徐光啓或平露堂諸人的問題，而是明代覆刻要術時已有的錯誤），黏連起來，眉目不清，應當説明。此外，由於徐光啓所見明覆刻本要術，譌脱甚多；除了關係較大的某些字句之外，我們便不逐一注明，諸參看齊民要術今釋第一分册校正的文字。

⑧ 現見釋名（卷一）釋地第二（「田，填也……」一條）及（卷七）釋用器第二十一（以下各條）。

⑨ 利發土絶草根：案釋名原書及要術引文，「利」下有「則」字，應照補。

⑩ 劙：讀yíng，即將樹皮割斷、剥去一環。

⑪ 扇：作動詞用，解作遮蔽。

⑫ 鎘楱：音lóu còu，據王禎農器圖譜杋杷門的解説引文（見本書卷廿一），即「人字杷」。

⑬ 垎𦕁洛：下面兩個字，在南宋本要術是爲「垎」字注音的「胡洛反」三個字，寫作兩行；後來復刻中，將並列的「胡」字「反」字，看成一個字，便成了不可解的一個謎。

⑭ 白背：地面發白，即已經乾燥一些後的情形。

⑮ 今人亦名勞曰摩：至今華北還有許多地區，將「勞」稱爲「摩」，寫作「耱」字。

⑯ 現見鹽鐵論輕重第十四。

⑰ 稀：即翻入土中。

⑱ 穙：音mí，撒種之意。

⑲ 「即移羸。速鋒之」：羸，意瘦瘠。「移羸」，指土地因失水而逐漸轉向瘦弱（是跑墒的結果）。「速鋒之」，就是人工用鋒（農器）趕快進行淺耕。

⑳ 「也」，應依要術作「地」。（這句的解釋，請參看今釋第一分册耕田第一第七面。）

㉑ 「慎無旱耕。須草生」，案：「旱」字要術原引文有誤；依上下文及關中生産實踐看，應作「早」。「須」解作「等待」。

㉒ 「輒以」下，傳本要術引文有脱漏：應當有「物」、「時」……等字，作爲「以」的受格。也可能「以」字

是多餘的。

㉓ 菑：即「滅茬」。

㉔ 農桑通訣是王禎農書中第一部分；墾耕篇第四在通訣卷二。本書引用，除有删節外，字句亦稍有改動。（懷疑未必全是徐光啓改的，有些顯然是平露堂刊刻時加工的人並未查對原書，隨手改寫。）

㉕ 撥：這個字，應依王禎原書作從「土」的「撥」（也寫作「坺」）。本書所引，下文還有一處，正是寫作從「土」的字。

㉖ 劚：同斸（zhú），大鋤，在此解作「掘」。

㉗ 查：即今日常用的「茬」字。

㉘ 根株：王禎原書如此，懷疑有譌字。這一句，承襲齊民要術（引文見上），應作「根枯」。

㉙ 見周禮秋官司寇。這幾句話的解釋，是「春天，才發生時，就將萌芽除掉；夏至前後，平地面割掉；秋天連種實一併割，冬至前後，用犁翻轉」。依周官的安排，「薙氏」的職責，止删除雜草，不管木本植物；木本歸「柞氏」清除。

㉚ 見周禮秋官司寇，原在「薙氏」之前。「火之」，是用火燒；「水之」，應當是引水來浸没。

㉛ 現見詩經周頌閔予小子之什載芟。「芟」是除草，「柞」是「除木」；「澤澤」，有人以爲是耕地的聲音，有人以爲是耕後土地鬆散。

㉜ 現見詩周頌臣工之什噫嘻。

㉝ 現見周禮地官遂人。「時器」，鄭注解爲「鑄作耒耜、錢鎛之屬」，意思是「合時的工具」；「勸」是「鼓勵」。

㉞ 現見詩豳風七月。

㉟ 現見詩周頌閔予小子之什載芟。「略」字，鄭注解作「利」。

㊱ 現見周禮考工記車人，王禎原書依周禮原文作「車人爲耒庛」，下句作「庛有三等」。

㊲ 「稍」字，應依王禎原書作「梢」。

㊳ 塌：王禎原書有小注「音搭」。「塌」字習慣用法，是土壤向地面貼伏。（如俗話說「死心塌地」，「坍塌」等。）這樣用來特稱「初耕」，是王禎創始的。推想中，是形容表層土壤翻向深層貼伏的情形。

㊴ 現見陳旉農書卷上耕耨之宜篇第三。

㊵ 劀作一暘：王禎原書無「劀」，集韻（見入聲「十九鐸」「廓」紐下）解爲「劆」的「或體」，讀 kuò，意義是「解」，即破開。「暘」音 shāng，即「塲」。

㊶ 「古者分田之制」以下，現見陳旉農書卷上財力之宜篇第一，到「歲可常稔」爲止，有刪改處。這種「分田之制」，只是想像之詞，誰也不能證明它確實出現過。

㊷ 泥：讀去聲，作動詞用；解作「機械地堅持」，即「拘泥」。

㊸種蒔直說：原書可能是金、元人著作，尚未發現；本節現見農桑輯要（卷二）耕墾篇「耕地」章。王禎農桑通訣所引標爲韓氏直說，不知是否與韓書同爲一書？或者王禎偶然寫錯。

㊹犁一欘六：欘（音bà），即用「耙」來平整。陸龜蒙耒耜經寫作「耙」，王禎引文寫作「欘」。

㊺韓氏直說：原書懷疑也是金、元人所作，至今未見原書，只農桑輯要和王禎引用過。本節現亦見輯要「耕地」章，又農桑通訣耙勞篇第五也引有，但無「秋耕之地」以後兩段。

㊻所以散撥去芟：「撥」字，應依王禎原書作「撥」。「芟」字，懷疑應作「茇」，即殘留的禾茬。

㊼見要術耕田第一。

㊽見卷首雜說，本書本卷引有。

㊾見耕田第一。

㊿小注兩句有錯漏，可參看本卷案〔八〕所在處的引文。

(51)見耕田第一。

(52)見耕田第一。

(53)「切見世人耕了……不堪下種也」，見卷前雜說，本卷引有。

(54)見種穀第三。句首無「穀」字，「田」字原作「苗」，「蓋」作「輒」，「帖」作「鐵」，均應依要術原文及王禎引文改正。又「耙法」以下，在要術原係小注。

(55)抄：王禎原文有錯誤；應依農器圖譜作「耖」。

56 仍見種穀第三。

57 案農桑輯要中「水稻」節，僅引有齊民要術及要術所引周官、氾勝之書、四民月令，沒有「秧田」。（估計司農司最初編撰輯要時，元朝統治下，稻還不是重要作物。）本書現有材料，實在是引用便民圖纂卷三耕穫類「治秧田法」和「壅田」兩段湊成。末了的小注，疑徐光啓所加。最末的「或草」兩字，可能應解釋爲用「翹蕘」（即紫雲英）、「陵苕」（即金花菜。均見下文引農桑通訣糞壤篇的一個小注中）等「草」，作爲緑肥。（參看本書卷二五「稷」節小注中，玄扈先生曰：「……吴人稱……陵苕爲草……」）

58 現見要術（卷一）收種第二。本書引用有删節。

59 赤緹，緹音 tí，淺絳色。縓色，縓音 quán，淺絳色。貆貒，貆（通狟、獾，音 huān），幼小的貉，或豪豬；貒音 tuān，豬獾。坌（音 fén）通蚡、鼢。

60 白魚：據瀋陽孟方平同志和中國科學院山東分院歷史研究所王子英等同志説，山東現在將麥穗末端的兩個空小穗，稱爲「白魚」。這兩個小穗，即使不是粃粒；但灌漿既不飽滿，將來發生的幼苗，一定不健壯。

61 現見輯要（卷二）播種篇「收九穀種」章；實際上這幾段氾勝之書還是據要術收種第二轉引的。

62 治穀如此：句中「穀」字，元刻本輯要作「穀」，殿本則已依要術引文改正作「種」字。

63 現見農桑通訣（卷二）播種篇第六，本書所引（至本卷末爲止）有删節。

(64) 現見尚書虞書舜典。

(65) 「稙穉菽麥」三句，是詩魯頌閟宮中的詩語。「稙」是早收的品種，「穉」是晚熟品種。（前面「降之穜稑」，原詩句是「降之百福，黍稷重穋」；「穜稑」與「重穋」是同樣兩個字不同的寫法，意義也還是後熟與先熟。）

(66) 現見周禮地官司稼節。

(67) 指陳旉農書；這裏所引的是陳旉書六種之宜篇第五。

(68) 「地勢有良薄……以求華實」，現均見齊民要術種穀第三。「良田宜種晚」等六句，原是「地勢有良薄」的注解；「山田……」以下是「山澤有異宜」的注解。

(69) 孝經援神契是東漢人作的緯書，作爲孝經的一種「緯」，原書現已散佚。這裏所引幾句，分別見於齊民要術種穀第三、大小麥第十、大豆第六、水稻第十一等篇。「宜麥」的「麥」字上，應當還有一個「黍」字；王禎引時改在「麥」的下面，本書漏掉了。

(70) 稬：即「糯」字。

(71) 蔀：讀 bù 或 bǒu，用（草薦）遮蓋，不見光。

(72) 當：王禎原書有小注「去聲」；即「當」字，讀 dàng，解作「恰當」。

(73) 王禎原書，上面引有漢書食貨志「種必雜五種」兩句，這裏是另一節引文，所以加「又曰」。本書把上面兩句删去，這個「又曰」便無來歷了。（看來，這些地方，可能還是平露堂諸人整理時「删者十之三」所删的出毛病。）

㊹楊泉物理論，本節現見要術收種第二所引。

㊺烹葵食瓜：見詩豳風七月，「七月烹葵及菽」，「七月食瓜」。

㊻「用」字下，懷疑脱去「水」字。

㊼「飲」字，讀去聲，即用水澆灌。這個説法，至今全國大部分方言中都保存着，只是往往不知如何寫法。授時通考（「淤蔭」）寫作「蔭」，是一個可笑的錯誤。

㊽這一個注，依本書體例應作小字，列在「草又不生」之下，不應提行。下面一節，也不應提行。

㊾這個方法，出自陳旉農書。

案：

〔一〕每年一易必須頻種　「一」字，現有要術各本均作「二」；「須」字，北宋、南宋本均作「莫」，明、清刻本才改作「須」。案：「二易」，即種兩茬；「必莫頻種」，即不要種到兩茬以上。這樣，才可以使土地得到休閑恢復機會。應依原文作「二」與「莫」。

〔二〕常　要術雜説原作「事」。

〔三〕凡　北宋本要術雜説原作「禾」，以作「禾」爲好。

〔四〕秋收後治糧　原文是「秋收治田後」。

〔五〕向　要術雜説原作「餉」。

〔六〕所　應依原文作「地」。

〔七〕旱　應依北宋、南宋本要術改作「早」。

〔八〕這一個「墋」字，應依要術原書作「濕」，即「溼」字。（「墋」字解作含水黏重。）

〔九〕浮根　應依要術倒轉作「根浮」。

〔一〇〕夏以鋤耘　「鋤」字，北宋、南宋本要術原依淮南子人間作「强」；「夏」字，淮南子原作「暑」。

〔一一〕旱鉏穫　應依校定本要術作「早鉏早穫」。

〔一二〕脂　應依校定本要術作「臘」。

〔一三〕愛　應依要術校定本作「麥」。

〔一四〕水　應依要術校定本作「小」。

〔一五〕勝　應依要術校定本作「盛」。

〔一六〕此條小注，王禎原書原作正文，句末「井」字，應依王禎原文作「耕」。

〔一七〕沾　應依王禎原書作「沿」。

〔一八〕科　應依王禎原書作「樹」。

〔一九〕根科　殿本王禎農書作「耕科」；「耕」字不如本書的「根」字，能和下面小注「埋頭根」相對應。

〔二〇〕之　應依王禎原書作「于」。

〔二一〕謂 周禮注原作「皆謂」；王禎原書脱「謂」字，本書引王禎文改作「謂」，脱去「皆」字。應從原注作「皆謂」。

〔二二〕「痛」字，現見本王禎農書中没有。（可能是殿本編者删去的；有「痛」字，「速富」的根據似乎更充足些。）

〔二三〕一繳 王禎原書，「一繳」兩字重複；上兩字屬上句，作爲「謂之」的受格，下兩字領起「之外」，少去這兩次重複，文意就不顯明，應補足。

〔二四〕「下」字下，王禎原書還有一個「一」字，也不可少。

〔二五〕「壤」字，應依王禎原文作「穰」，即「滿收」。

〔二六〕撈 王禎所引，直接寫作「勞」，和齊民要術的「勞」相同。

〔二七〕「雖生」兩字，王禎原書也有，係衍文；由於上面小注中「雖生輒死」一句中的「雖生」而誤多寫的。「夏氣熱而速」，「速」字上應補「生」字。由這句起，到下面「……令地堅硬也」，在要術原是小注，與上面「雖生輒死」相連。

〔二八〕秫 應依要術原文作「稴」。

〔二九〕分 應依要術原引作「粉」。

〔三〇〕而 應依要術原引文作「田」；本書承襲了明本輯要的錯字。

〔三一〕遂一曲 王禎原作「逐水曲」。按，從「北土高原」句起，至「拔而栽之」止，現見齊民要術水稻第十一；「逐水曲」，要術原作「隨逐隈曲」。這句下面，要術原來還有「二月冰解，地乾，燒而耕之，仍即下水。十日，塊既散液，持木斫平之」，才到「納種如前法」。王禎删節原文後，意義不完全了。

〔三二〕子　當依王禎原書作「之」。

〔三三〕必　應依王禎原書作「先」。

〔三四〕地　應依王禎原書作「他」。

〔三五〕搏　應依王禎原書作「擣」。

農政全書卷之七

農事

營治下

農桑通訣鋤治篇曰①：傳曰②：「農夫之務去草也，芟夷蘊崇之。絶其本根，勿使能殖。則善者信矣③。」蓋稂莠不除，則禾稼不茂。種苗者，不可無鋤芸之功也。又説文云④：鋤言助也，以助苗也。故字從金從助。凡穀須鋤，乃可滋茂。詩曰：「其鎛斯趙，以薅荼蓼⑤。」按齊民要術云⑥：苗生如馬耳，則鏃鋤。諺曰：「欲得穀，馬耳鏃〔一〕。」稀豁之處，鋤而補之。凡五穀，惟小鋤之爲良。小鋤者，非直省功，穀亦大勝。大鋤者，草根繁茂，用功多而收功亦少〔一〕。苗出壠，則深鋤。不厭數⑦〔二〕，周而復始，勿以無草爲〔三〕暫停。鋤者，非止除草，乃地熟而穀〔四〕多，糠薄，米息。鋤得十遍，便得八米也⑧。春鋤起地，夏爲鋤草。故春鋤不用觸溼。六月已後，雖溼亦無嫌。春〔五〕既淺，陰未〔二〕覆地，溼鋤則地堅。夏苗陰厚，地不見日，故雖溼亦無害矣。管子曰⑨：「爲國者，使民寒耕而熱〔三〕芸〔六〕。」除草也。又云⑩：候黍粟苗未與壠齊，即鋤一徧。經五七日〔七〕，更報鋤第二徧。候未蠶老畢，報鋤第三徧。無力則止〔八〕。如有餘力，秀後更鋤第四徧。脂〔九〕麻大豆，並鋤兩徧止。亦不厭早鋤。穀第一徧，便科定。每科只留兩三〔一〇〕莖，更不得留多。每科相去一尺，兩壠頭空。務欲深細。第一徧鋤，未可全深。第二徧，惟深是求。第三徧，較〔四〕淺于第二徧。第四徧，又淺于第三徧〔一一〕。蓋穀科大，則根浮故也⑪。諺云：「穀鋤八遍餓殺狗」，爲無糠也。其穀，畝得十石，斗得八米，此鋤多之效也。其所用之器，自撮苗後，可用以代耬鋤者，名曰耬鋤。見農器譜。其功過鋤功數倍，所辦之田，日不啻二十畝。或用劐子⑫，其制頗同。如耬鋤過，苗間有小豁眼⑬不到處，及壠間草薉未除者，亦須用鋤理撥一遍爲佳。別有一器曰鐽，營州以東用之，又異于此。凡耘苗之法，亦有可鋤不可鋤者，旱耕塊墢，苗薉同孔出，不可鋤治，此耕者之失，難責鋤也。曾氏農書耘稻篇⑭謂禮記有曰⑮：仲夏之月，利以殺草，可以糞田疇，可以美土彊。蓋耘除之草，和泥渥漉，深埋禾苗根下，漚罨既久，則草腐爛而泥土肥美，嘉穀蕃茂矣。大抵耘治水田之法，必先審度形勢。先于最上處瀦水，勿致走失，然後自下旋收〔一二〕旋芸之。其法須用芸爪〔五〕，不問草之有無，必徧以手排漉。務令稻根之傍，液液然而後已。荆揚厥土塗泥，農家皆用此法。又有足芸，爲木杖如拐子，兩手倚之以用力，以趾塌撥泥上〔一三〕草薉，擁之苗根之下，則泥沃而苗興，其功與芸爪大類，亦各從其便也。玄扈先生曰：不如手芸之細⑯。今創有一器，曰芸盪，以代手足，工過數倍，宜普效之。芸盪是二事，俱不可已⑰。慕文曰〔一四〕：養苗之道，鋤不如耨。耨，今小鋤也。鋤後復有薅拔之法，以繼成其鋤之功也。夫稂〔一六〕莠荑稗，雜其稼出，蓋鋤後莖葉漸長，使可分別，非薅不可。薅即芸也。故有薅鼓薅馬之說。其北方村落之間，多結爲鋤社，咸〔一五〕十家爲率，先鋤一家之田，本家供其飲食，其餘次之。旬日之間，各家田皆鋤治。自相率領，樂事趨功，無有偷惰。間有病患之家，共力助之。【頗有鄉田同井之風。】故田無荒穢，歲皆豐熟。秋成之後，豚蹄盂酒，遞相犒勞，名爲鋤社，甚可效也。今採摭南北耘耨之法，備載于篇，庶善稼者，相其土宜，擇而用之，以盡鋤治之功也。

種蒔直說曰⑱：芸苗之法，其凡有四：第一次曰撮苗。第二次曰布。第三次曰擁。第四次曰復。俗謂添功。一次不至，則稂莠之害，秕糠之雜入之。營州之內以鋤，營州之東以鏟。爰有一器，出於鋤者，名曰耬鋤。撮苗後，用一驢帶籠觜挽之。初用一人牽，慣熟，不用人，止一人輕扶。入土二三寸，其深痛過鋤力三倍。所辦之田，日不啻二十畝。今燕趙多用之，名曰劐子。劐子之制，又少異于此。劐子第一遍，即成溝子。穀根未成，不耐旱。耬鋤刃在土中，故不成溝子。第二遍，加搿土木鴈翅，方成溝子，其土分壅穀根。搿土。用木厚三寸，闊三寸，長六寸，取成三角樣，前爲尖，中作〔七〕一竅長一寸，闊半寸，穿于鐵鋤柄上，壓鋤刀上。韓氏直說⑲：如耬鋤過，苗間有小豁不到處，用鋤理撥一遍。如種黍粟大小豆等田，當用一尺三寸寬脚種蒔⑳下種。易使鋤耬故也。如種麻麥〔八〕，用狹脚種蒔則可。

農桑通訣糞壤篇曰㉑：田有良薄，土有肥磽。耕農之事，糞壤爲急。糞壤者，所以變薄田爲良田，化磽土爲肥土也。玄扈先生曰：田附郭多肥饒，以糞多故。村落中民居稠密處亦然。凡通水處，多肥饒，以糞壅便故。古者分田之制，上地，家百畝，歲一耕之；中地，家二百畝，間歲耕其半；下地，家三百畝，歲耕百畝，三歲一周。蓋以中下之地，瘠薄磽确，苟不息其地力，則禾稼不蕃。後世井田之法變，强弱多寡不均。非爲田不均，亦爲人不均。所以稠密之地，農人多無立錐。廣虚之野，即又務廣地而荒之㉒。所有之田，歲歲種之，土敝氣衰，生物不遂。爲農者必儲糞朽以糞之，則地力常新壯，而收穫不減。孟子㉓所謂百畝之糞，上農夫食九人也。踏糞之法㉔：凡人家于秋收場上，所有穰穢等，並須收貯一處。每日布牛之脚下三寸厚，經宿牛以蹂踐便溺成糞。平旦收聚，除置院内堆積之。每日亦〔一六〕如前法。至春，可得糞三十餘車。至夏月之間，即載糞糞地。地〔一七〕畝用五車，計三十車，可糞六畝。匀攤耕蓋，即地肥沃，兼可堆糞〔一八〕行。又有苗糞、草糞、火糞㉕、泥糞之類。苗糞者，緑豆爲上㉖，小豆胡麻次之。蠶豆大麥皆好㉗。悉皆五六月穊種，七八月犂掩殺之，爲春穀田，則畝收十石。其美與蠶矢熟糞同。此江淮迤北用爲常法。草糞者，于草木茂盛時，芟倒就地内掩罨腐爛也。

禮記〔九〕有曰㉘：仲夏之月，利以殺草，可以糞田疇，可以美土疆。今農夫不知此，乃以其耘除之草，棄置他處，殊不知和泥渥漉，深埋禾苗根下，漚罨既久，則草腐而土肥美也。江南三月草長，則刈以踏稻田，歲歲如此，地力常盛。江南壅田者，如翹蕘、陵苕，皆特種之，非野草也。恐苜蓿亦可壅稻㉙。農書云㉚：種穀必先治田，積腐藁敗葉，剗薙枯朽根荄，遍鋪而燒之，即土暖而爽。及初春再三耕耙，而以窖罨之，肥壤壅之。麻耔㉛舒榛反。穀殼，皆可與火糞窖罨。穀殼朽腐，最宜秧田。必先渥漉精熟，然後踏糞入泥，盪平田面，乃可撮種。其火糞積上〔九〕，同草木堆疊燒之。土熱〔一〇〕冷定，用碌軸碾細用之。江南水地多冷，故用火糞。種麥、種蔬尤佳。又凡退下一切禽獸毛羽親肌之物，最爲肥澤。積之爲糞，勝于草木。毛羽和撏湯積之，久則潰腐。如欲速潰，置韭菜一握其中，明日爛盡矣㉜。下田水冷，不論下田，近泉源處即冷㉝。亦有用石灰爲糞治，則土煖而苗易發㉞。下田水不得冷，惟山田泉水，未經日色則冷。閩廣用骨及蚌蛤灰糞田，亦因山田水冷故也。爲山田者，宜委曲導水，使先經日色，然後入田，則苗不壞㉟。然糞田之法，得其中則可。若驟用生糞，及布糞過多，糞力峻熱，即燒殺物，反爲害矣。火〔二〇〕糞力壯，南方治田之家，常於田頭置塼檻，窖熟而後用之，雖熟亦不得過多。多用者，須臘月下之㊱。其田甚美。北方農家，亦宜效此，利可十倍。又有泥糞，於溝港内，乘船以竹夾取青泥，杴撥岸上。凝定，裁成塊子，擔去同火〔二一〕糞和用，比常糞得力甚多。或用小便，亦可澆灌。但生者立見損壞。不可不知。土壤氣脉〔一一〕，其類不一，肥沃磽确，美惡不同。治之，各有宜也。夫黑壤之地信美矣，然肥沃之過，不有生土以解之，則苗茂而實不堅。磽确之土信惡矣，然糞壤滋培，則苗蕃秀而實堅栗。土壤雖異，治得其宜，皆可種植。今田家謂之糞藥，言用糞猶用藥也。凡農居之側，必置〔一二〕糞屋，低爲簷楹，以避風雨飄浸。屋中必鑿深池，甃以磚甓。凡掃除之草薉，燒燃之灰，簸揚之糠秕，斷藁落葉，積而焚之，沃以肥液，積久乃多。凡欲播種，篩去瓦石，取其細者，和匀種子，疎把撮之。待其苗長，又撒以壅之。何物不收？爲圃之家，于廚棧下㊲，深闊鑿一池，細甃使不滲洩，細甃有良法，宜用水庫法造之㊳。每舂米，則聚礱簸穀殼，及腐草敗葉，漚漬其中，以收滌器肥水，與滲漉泔淀。漚久，自然腐爛。一歲三四次，出以糞苧，因以肥桑。愈久愈茂，而無荒廢枯摧之患矣。又有一法，凡農圃之家，欲要計置糞壤，須用一人一牛，或驢駕雙輪小車一輛，諸處搬運積糞。月日既久，積少成多，施之種藝，稼穡倍收，桑果愈茂，歲有增羨，此肥稼之計也。北土不用糞壤，作此甚有益㊴。夫掃除之隈〔一三〕，腐朽之物，人視之而輕忽，田得之爲膏潤。唯務本者知之，所謂惜糞如惜金也。故能變惡爲美，種少收多。諺云：「糞田勝如買田。」信斯言也。凡區宇之間，善於稼者，相其各各〔一四〕地理所宜而用之，庶得乎土化漸漬之法，沃壤滋生之效，俾業擅上農矣。

農桑通訣灌溉篇曰㊵：昔禹决九川，距四海，濬畎澮，距川，然後播奏庶艱食，烝民乃粒㊶。此禹平水土，因井田溝洫以去水也。後井田之法，大備于周。周禮所謂遂人、匠人之治㊷。夫間有遂，十夫有溝，百夫有洫，千夫有澮，萬夫有川。遂注入溝，溝注入洫，洫注入澮，澮注入川。故田畝之水有所歸焉。此去水之法也。若夫古之井田，溝洫脉絡，布于田野，旱則灌溉，潦則泄去。故説者曰：溝洫之於田野，可決而決，則無水溢之害。可塞而塞，則無旱乾之患。又荀卿曰㊸：「修隄防，通溝洫之水潦，安水藏，以時決塞。」則溝洫豈特通水而已哉？水藏，即後世之水櫃㊹。考之周禮：稻人㊺掌稼下地，以水澤之地種穀也。以瀦蓄水，以防止水，以遂均水，以列舍水，以澮瀉水。此又下地之制，與遂人匠人異也。後世灌溉之利，實昉㊻於此。至秦廢井田而開阡陌，於今數千年，遂人、匠人所營之迹，無復可見。惟稻人之法，低溼水多之地，猶祖述而用之。天下農田灌溉之利，大抵多古人之遺跡。如關西㊼，有鄭國、白公、六輔之渠；關外，有嚴熊、龍首渠；河内，有史起十二渠；自淮泗及汴通河，自河通渭，則有漕渠；【漕渠非治田也。】郎州㊽，有右史渠；南陽，有召信臣鉗盧陂；廬江，有孫敖[二五]芍陂；潁川，有鴻隙陂；廣陵，有雷陂；浙左，有馬臻鏡湖；興化，有蕭何堰；西蜀有李冰、文翁穿江之迹，皆能灌溉民田，爲百世利。興廢修壞，存乎其人。夫言水利者多矣，然不必他求别訪，【世有幾處，古今有幾人？而不必别求他訪乎？】但能修復故迹，足爲興利。此歷代之水利。下及民事〔二六〕，亦各自作陂塘，計田多少，於上流出水，以備旱涸。農書云㊾：「惟南熟于水利，官陂官塘，處處有之。民間所自爲溪堨音曷。水蕩，難以數計，【而云不必别求他訪乎？】大可灌田數百頃，小可溉田數十畝。若溝、渠、陂、堨，上置水閘，以備啟閉。若塘堰之水，必置洇音蹇。竇㊿，以便通泄。此水在上者。若田高而水下，則設機械用之。如翻車、筒輪、戽斗、桔槔之類[51]，挈而上之。如地勢曲折而水遠，則爲槽架、連筒、陰溝、浚渠、陂栅之類，引而達之。此用水之巧者。若不灌〔二七〕及平澆之田爲最，或用車起水者次之，或再車三車之田，又爲次也。其高田，旱歲自種至收，不過五六月，其間或旱，不過澆灌四五次，此可力致其常稔也。傅子曰[52]：「陸田者，命懸于天。人力雖修，水旱不時，則一年功棄。陸田獨不可灌乎？古井田之法，皆爲陸田也[53]。水田制之由人，人力苟修，則地利可盡。天時不如地利，地利不如人事。」此水田灌溉之利也。方今農政未盡興，土地有遺利。【元之人，可謂盡心于民矣，識達者尚云然，而况今乎？】夫海内，江淮河漢之外，復有名水萬數，枝分派别，大難悉數。内而京師，外而列郡，至於邊境，脉絡貫通，俱可利澤。或通爲溝渠，或蓄爲陂塘，以資灌溉，安有旱暵之憂哉？復有圍田及圩田之制，凡邊江近湖，地多閑曠，霖雨漲潦，不時淹没，或淺浸瀰漫，所以不任耕種。後因故將征進之暇，屯〔二八〕戍于此。所統兵衆，分工起土，江淮之上，連屬相望，遂廣其利。亦有各處富有之家，度視地形，築土作堤，環而不斷，内地率有千頃，旱則通水，澇則洩去，故名曰圍田。又有據水築爲堤岸，復疊外護，或高至數丈，或曲直不等，長至彌望。每遇霖潦，以圩〔一七〕水勢，故名曰圩田。此等初爲大〔一四〕利。久而漸多，亦或妨于潴水。詳浙中復鏡湖議，可見也。至如北土，淀水至多，急而營之。此而慮其爲鏡湖也，尚早尚早[54]。内有溝瀆，以通灌溉。其田，亦或不下千頃。此又水田之善者。又如近年懷孟路，開浚廣濟渠，廣陵復引雷陂，廬江重修芍陂。似此等處，略見舉行。其餘各處陂渠川澤，廢而不治，不爲不多。倘能循按故迹，或創地利，通溝瀆，蓄陂澤，以備水旱，使斥鹵化而爲膏腴，污藪變爲沃壤，國有餘糧，民有餘利。然考之前史，後魏裴延儁爲幽州刺史[55]。范陽【今涿州】有舊督亢渠[56]，漁陽【今薊州】燕郡有故戾諸堰〔一八〕，皆廢。延儁營造而就，溉田萬餘頃，爲利十倍。今其地，京都所在，尤宜疏通導達，以爲億萬衣食之計。故秦渠銘〔一五〕其略曰：鄭國在前，白渠起後。舉插如雲，決渠爲雨。且溉且糞，長我禾黍。衣食京師，億萬之口。夫舉事興工，豈無今日之延儁？倘有成效，不失本末先後之序，庶灌溉之事，爲農務之大本也。

農桑通訣勸助篇曰[57]：書曰[58]：「相小人，厥父母，勤勞稼穡。厥子不知稼穡之艱難，乃逸。」蓋惡勞好逸者，常人之情。偷惰苟且者，小人之病。上之人，苟不明示賞罰，以勸助之，則何以獎其勤勞，而率其怠勸〔一六〕歟？周禮載師[59]：凡宅不毛者有里布，謂罰以一〔一七〕里二十五家之泉也。田不耕者出屋粟，謂罰以三家之稅粟也。凡民無職事者，出夫家之征。謂雖閑民，猶當出夫稅家稅也。閭師言：無職者出夫布，不畜者祭無牲，不耕者祭無盛，不植者無椁，不蠶者不帛，不績者不衰。先王之于民如此，豈爲厲農夫哉？凡欲振發而飭其蠹弊，使之率作興事耳。是以地無遺利，民無趨末，田野治而禾稼遂，倉廩實而府庫充，則斯民寧復有餓莩流離之患哉？月令：孟春之月，命田司相土地所宜，五穀所殖，以教導民，必躬親之。孟夏，勞農勸民，無或失時，命農勉作，無休于都。仲秋，乃勸種麥，無或失時。其有失時，行罪無疑。季冬，命田官告民，出五種。命農計耦耕事。古人之于農，蓋未嘗一日忘也。後世勸助之道不明，其民往往去本而趨末。故諺曰：「以貧求富，農不如工，工不如商。刺繡紋，不如倚市門[60]」。此說一興，天下之民，男子棄耒耜而爭販鬻，婦人舍機杼而習歌舞，惰游末作〔一八〕，習以成俗。一遇凶飢，食不足以充其口腹，衣不足以蔽其身體，懷金形鵠[61]，立以待盡者，比比皆是。昔成王適于田，以其婦子之饁彼南畝，攘其左右，而嘗其旨否[62]。愛民如此，田野安得而不治，黍稷安得而不豐？文帝所下三十六詔，力田之外無他語，減租之外無異說，逐末之民，安得而不務本？太倉之粟，安得而不紅腐[63]？此上之人，重農如此。至于承流宣化之官，又在于守令之賢，各盡其職，勤加〔一九〕勸課，務求實效。及覽古之循吏，如黄霸之治潁川[64]，勸種樹，樹，謂樹藝五穀。龔遂之治渤海[65]，課農耕。何武行部[66]，必問墾田。茨充爲令[67]，益治桑柘。召信臣治南陽[68]，開溝瀆爲民利。任延治九真〔二〇〕[69]，易射獵爲牛耕。張堪守漁陽[70]，開稻田。皇甫隆治燉煌[71]，教耬犁。此先賢勸助之迹，載諸史册。今天下之民，寒而思衣，皆知有桑麻之事。飢而思食，皆知有稼穡之功。則男務耕鋤，女事紡織，蓋有不待勸而後加勸者。況諄諄然諭之，懇懇然勞之哉？又況加實意，行實惠，驗實事，課實功哉？如或不然，上之人作無益以妨農時，斂無度以困民力。般樂怠傲，不能以身率先于下，雖課督之令，家至而户説之，民亦不知所勸也。今長官皆以勸農署銜，【長官以「勸農」署銜，宋元皆然，斯亦存古之餼羊也哉！而今無之，復何望耶？】農作之事，己猶未知，安能勸人？借曰勸農，比及命駕出郊，先爲文移，使各社各鄉，預相告報，期會齎斂，秪爲煩擾耳。柳子厚有言[72]：「雖曰愛之，其實害之。雖曰憂之，其實讎之。」種樹之喻，可以爲戒。庶長民者鑒之。更其宿弊，均其惠利，但具爲教條，使相勉勵，不期化而民自化矣。又何必命駕鄉都，移文期會，欺下誣上，而自邀功利，然後爲定典哉！

農桑通訣收穫篇曰[73]：孔氏書傳云[74]：種曰稼，斂曰穡。種斂者，歲事之終始也。食貨志云：力耕數耘，收穫如盜賊之至[75]。蓋謂收之欲速也。故物理論曰[76]：稼，農之本。

穡，農之末。本輕而末重，前緩而後急。稼欲熟，收欲速，此良農之務也。記曰⑰：種而不耨，耨而不穫，譏其不能圖功攸〔二二〕終也。是知收穫者，農事之終。爲農者，可不趨時致力，以成其終，而自廢其前功乎？月令，仲秋之月，命有司趣民收斂。季秋之月，農事備收。孟冬之月，循行積聚，無有不斂。至于仲冬，農有不收藏積聚者，取之不詰。皆所以督民收斂，使無失時也。禹貢曰：二百里納銍，三百里納秸服。蓋納銍者，截禾穗而納之。納秸者，去穗，而刈其藁，納之也。詩言刈穫之事最多⑱：臣工詩曰：「命我衆人，庤乃錢鎛，奄觀銍艾。」銍艾二器，見農器譜。七月詩云：「九月築場圃，十月納禾稼。」言農功之備也。載芟之詩云：「載穫濟濟，有實其積，萬億及秭⑲。」良耜之詩云：「穫之秷秷，積之粟栗。其崇如墉⑳，其比如櫛，以開百室。」皆言收穫之富也。凡農家所種，宿麥早熟，最宜早收。故韓氏直説云㉑：五六月麥熟，帶青收一半，合熟收一半。若候齊熟，恐被暴風急雨所摧，必致抛費。每日至晚，即便載麥上場堆積，用苫密覆，以防雨作。如搬載不及，即于地内苫積。天晴，乘夜載上場，即攤一二車，薄則易乾。碾過一遍，翻過，又碾一遍。起稭〔二三〕下場，揚子收起。雖未净，直待所收麥都碾盡，然後將未净稭稈〔二三〕〔二九〕再碾。如此，可一日一場。比至麥收盡，已碾訖三之一〔三〇〕矣。大抵農家忙併，無似蠶麥。古語云：「收麥如救火。」若少遲慢，一值陰雨，即爲災傷。遷延過時，秋苗亦誤鋤治。今北方收多肝𨥉杉去聲。用麥綽〔三一〕，𨥉麥覆于腰後籠內。籠滿則載而積于場，一日可收十餘畝。較之南方以鎌刈者，其速十倍。南方梅天多雨，雨時連秸刈，暨著屋下候乾。若只𨥉取穗，積之必腐[82]。凡北方種粟，秋熟當速刈之。齊民要術云：收穀而熟速刈，乾速積[83]。刈早則鎌傷。刈晚則穗折。遇風，則收減。溼積，則藁爛。積晚則耗損〔二四〕。連雨則生耳[84]。南方收粟，用粟鋻〔三二〕摘穗。北方收粟，用鎌并藁刈之。田家刈畢，稛而束之，以十束積而爲稞，然後車載上場，爲大積積之。視農功稍隙，解束以旋旋鑱穗撻之[85]。南方水地，多種稻秫。早禾則宜早收，六月七月則收早禾。其餘，則至八月九月。詩云[86]：「十月穫稻」，齊民要術曰[87]：稻至霜降穫之，此皆言晚禾大稻也。故稻有早晚大小之別。然江南地下多雨，上霖下潦。劖刈之際，則必須假之喬杆，多則置之笐架，待晴乾曝之，可無耗損之失。齊民要術云[88]：收禾之法，熟過半，斷之。刈穄欲早，刈黍欲晚。皆即溼踐。穄踐訖，即蒸而浥之。黍宜晒之，令燥。凡麻有黄埻則刈，刈畢則漚之。刈菽欲晚，葉落盡然後刈。脂麻欲小束，以五六束爲一叢，斜倚之。俟口開，乘車詣田抖擻，還叢之。三日一打，四五遍乃盡耳。粱秫收刈欲晚，早刈損實。大抵北方禾黍，其收頗晚，而稻熟亦或宜早。南方稻秫，其收多遲，而陸禾亦或宜早。通變之道，宜審行之。

農桑通訣蓄積篇曰[89]：古者三年耕，必有一年之食。九年耕，必有三年之食。雖有旱乾水溢，民無菜色⑳。豈非節用預備之效歟？冢宰眡年之豐凶，以制國用。量入以爲出。祭用數之仂。而又以九貢九賦九式均節之㉑。取之有制，用之有度。此理財之法有常，而國家之蓄積所以無闕也。國無九年之蓄曰不足，無六年之蓄曰急，無三年之蓄，曰國非其國矣。蓄積者，豈非有國之先務乎？周禮㉒：倉人掌粟入之藏，以待邦用。若不足，則止餘法用。有餘則藏之以待凶而頒之。遺人掌邦之委積，以待施惠。鄉里之委積，以恤民之艱阨。關市之委積，以養老孤。郊里之委積，以待賓客。野鄙之委積，以待羇旅。縣都之委積，以待凶饑。以此見先王蓄積皆爲民計，非徒曰藏富于國也。彼有損下以自益，剥民以自豐，如商王鉅橋之粟，隋人洛口之倉，【今并鉅橋、洛口亦無之。】所積雖多，豈先王預備憂民之意哉？大抵無事而爲有事之備，豐歲而爲歉歲之憂。是故國有國之蓄積，民有民之蓄積。當粒米狼戾之年㉓，計一歲一家之用，餘多者倉箱之富，餘少者儋石之儲，莫不各節其用，以濟凶乏。此固知堯之時有九年之水，湯之時有七年之旱，而國亡捐瘠㉔。所謂蓄積多而備先具者，豈皆藏于國哉？蓋必有藏于民者矣。今之爲農者，見小近而不慮久遠，一年豐稔，沛然自足，侈費妄用，以快一時之適，所收穀粟，耗竭無餘。一遇小歉，則舉貸出息于兼并之家。秋成備稱而償之。歲以爲常，不能振拔。其間有收刈甫畢，無以餬口者，其能給終歲之用乎？嘗聞山西汾晉之俗，居常積穀，儉以足用，雖間有飢歉之歲，庶免夫流離之患也。【山西之民，富甲天下，豈但救死而已乎？】傳曰：「收斂蓄藏，節用御欲，則天不能使之貧。」信斯言也。近世利民之法，如漢之常平倉，穀賤則增價糴之，不至于傷農；穀貴則減價而糶之，不使之傷民。唐之義倉，計墾田頃畝多寡，豐年納穀而藏之，凶年出穀以賙貧乏。官爲主之，務使均平。是皆斂其餘以濟不足，雖遇儉歲，而不憂飢殍也。然嘗考之漢史：賈生言于文帝曰⑮：漢之爲漢，幾四十年，公私之積，猶可哀痛。彼一時也，自文帝躬行節儉，以化天下，至景帝末年，太倉之粟，陳陳相因，而民亦富庶。人徒見古之蓄積常有餘，後之蓄積常不足，豈天之生物，不如古之多？人之謀事，不如古之智？蓋古之費給有限，而後之費給無窮，無怪乎有餘不足之不同也。

校：

〔一〕鏃　黔、魯譌作「鋤」，依平、曙作「鏃」合要術原文。

〔二〕未　平本譌作「米」，曙本作「氣」，依黔、魯各本從王禎引文從要術原文改正。

〔三〕熱　平、曙本作「熟」，依魯本、中華排印本從王禎農書引文及要術原文改作「熱」。（定扶校）

〔四〕較　平、曙本譌作「交」，依魯本、中華排印本從王禎農書引文及要術原文改作「較」。（定扶校）

〔五〕爪　黔、魯各本譌作「瓜」，應依平本從王禎原書作「爪」；下面還有一處同改，不另出校。案：王禎原書此下本有小注：「見農器譜。」殿本王禎農書農器圖譜五，所畫的「耘爪」，是套在指尖上的竹管；本書卷二十二有一種改良的形式。請參閱。

〔六〕稂　平、魯本譌作「狼」，依曙、中華排印本改作「稂」，合於王禎農書。（定枎校）

〔七〕中作　這兩字，平本是兩個墨釘；中華排印本「照曙改」作「中作」；魯本作「後開」；暫依中華本處理。案：應依殿本輯要作「中鑿」。末句「鋤刀」的「刀」字，應依輯要作「刃」。

〔八〕麥　平、曙與輯要同作「麥」，魯本譌作「多」。

〔九〕禮記　平本倒作「記禮」，依曙、魯、中華排印本乙正。（定枎校）

〔一〇〕熱　平、曙譌作「熟」，應依魯本、中華排印本改作「熱」，合於王禎農書。（定枎校）

〔一一〕置　魯本譌作「至」，應依平本、黔本從王禎所引及陳旉原文作「置」。

〔一二〕若不灌　依王禎原書當作「若下灌」。平、曙、黔本「下」譌作「不」；魯本譌作「莫不灌」。

〔一三〕屯　平、曙譌作「巳」，依黔、魯各本從王禎原書改作「屯」。

〔一四〕大　平本譌作「人」，依魯、曙、中華排印本改作「大」。（定枎校）

〔一五〕銘　平本作「若」字，中華排印本「照曙改」作「銘」，暫依中華本處理。王禎原書作「序」字。案：這是漢書溝洫志中所載，大衆歌頌白渠的歌辭；作「序」還勉强説得過，似乎並不是「銘」。又辭中「舉插如雲」的「插」，應依漢書作「臿」。

〔一六〕勸　平本譌作「劵」，應依曙、魯、中華排印本從王禎原書改正。（定扶校）

〔一七〕一　平本譌作「二」，應依黔、曙、魯各本從王禎原書改作「一」。

〔一八〕作　魯本譌作「末」，應依平、黔、曙各本從王禎原書作「作」。

〔一九〕加　平、曙譌作「如」，應依黔、魯各本從王禎原書改作「加」。

〔二〇〕真　平、曙譌作「員」，依黔、魯各本及王禎原書改。

〔二一〕攸　平、曙本譌作「收」，依魯、黔、中華排印本從王禎農書引文改作「攸」。（定扶校）

〔二二〕楷　平本譌作「楷」，依曙、魯、中華排印本從王禎農書引文改作「稭」。（定扶校）

〔二三〕稭稗　平、曙本作「楷稗」，據魯本、中華排印本改。應依農桑輯要作「稭稈」。參看本卷案〔二九〕。（定扶校）

〔二四〕損　平本譌作「捐」，應依黔、曙、魯各本從王禎及要術改。

注：

① 現見農桑通訣（卷三）鋤治篇第七，本書這一節，正文全引原書，只删去原有小注十一條，另加新注三處。

② 指左傳，見隱公六年，評論陳侯，所引周任的話。

③ 信：借作「伸」，即不受阻礙的意思（王禎原書有小注「音伸」）。

④今傳本許慎説文解字，只有從「金」從「且」的「鉏」。先秦諸書中，也以作「鉏」的字爲「正」字。「鋤，助也」，只見於後漢末劉熙的釋名（卷七）釋用器第二十一。王禎這一條文字，如果是原狀而不是後來覆刻有錯，則止能假定他另見過一種今日已失傳的説文；或者是他信筆寫成，没有核對原書，所以引錯了。

⑤見詩周頌閔予小子之什良耜章。「鎛」是鉏；「趙」是「刺」，即快速地穿入土中；「荼」在這裏可能特指吐秀了的蘆葦之類，「望之如荼」的「荼」，不是「堇荼（苦菜）如飴」的「荼」，和「蓼」一樣，是水濱雜草。

⑥現見要術種穀第三，只引了與「鉏」有關的原文及小注。

⑦數：讀「朔」，即頻繁也。

⑧八米：意思是十成種實，收得八成米。現在陝北還有「穀子鉏八遍，八米二糠」的説法。

⑨現見管子臣乘馬第六十八：「善爲國者，使農夫寒耕而暑芸」；又事語第七十一：「農夫寒耕而暑芸。」本書所引「民」字，依王禎；管子兩處都是「農夫」，要術作「農」字更合適。

⑩現見要術卷首雜説。

⑪「科大則根浮」，這一點，王禎的分析完全正確：把淺根鉏斷，促使根系深入土層，利用深層水分，避免表土濕度頻繁起落的影響，有很大益處。

⑫剗子：見本書卷二十一（最末一項）和王禎農器圖譜三。

⑬眼：是衍字；本卷下面所引韓氏直説，字句全同，只無「眼」字。

⑭與陳旉農書卷上耨耘之宜第八對勘，字句稍有出入，大體相符。按文獻通考經籍考四十五「農家類」，有曾安止禾譜。王毓瑚先生中國農學書録中，曾懷疑王禎所引曾氏農書是否即禾譜，並述及王書祈報篇所引曾氏農書，文句與陳旉農書略同。這一段引文，又爲曾氏農書與陳旉農書内容的相似供給了一個例證。

⑮見月令，實是「季夏之月」（參看本書卷十「六月」引文）。

⑯小注疑徐光啓所加。

⑰小注疑徐光啓所加。

⑱現見農桑輯要卷二「播種」章「種穀」節。（殿本輯要有與元刻本不符處，本書所引，有些字句比殿本好。）

⑲現見農桑輯要卷二「種穀」節。

⑳種蒔：即「耬車」的一個别名，見王禎農器圖譜二耒耜門「耬車」。

㉑現見農桑通訣三糞壤篇第八。本書引用全篇，並加了小注。

㉒小注疑徐光啓所加。「務廣地而荒之」，「廣」與「荒」都作他動詞用。

㉓見孟子萬章下「北宫錡問」一章。

㉔踏糞之法：據要術卷首雜説改寫，參看本書卷六所引。

㉕火糞：這是草木灰和燒過的土壤混合作爲「肥料」的處理。

㉖緑豆爲上：現見齊民要術耕田第一，「凡美田之法，緑豆爲上……與蠶矢熟糞同」。

㉗小注似爲徐光啓所加。

㉘「禮記有曰」以下，至「而土肥美也」，大體與陳旉農書（卷上）薅耘之宜篇第八前一段相同。

㉙小注疑徐光啓所加。

㉚現見陳旉農書卷上善其根苗篇，文字大體相同。

㉛麻粈：「粈」，據王禎書原有小注「舒榛反」，應讀 xūn。陳旉原書，所記是麻枯，並記有用腐熟來處理麻枯的詳細辦法。

㉜小注疑徐光啓所加。所説情况，似乎有些誇張。

㉝小注疑徐光啓所加。

㉞「亦有用石灰爲糞治，則土煖而苗易發」，案：這種處理，效果顯然在於補足了鈣的缺乏，並不是「冷暖」（温度）問題。

㉟小注疑徐光啓所加。

㊱小注疑徐光啓所加。

㊲「于廚棧下」至下文「愈久愈茂」，現見陳旉農書卷下種桑之法篇第一末段。

㊳這個小注，大致可以斷定是徐光啓自加。造水庫法，見本書卷二十所引泰西水法。

㊴ 小注疑徐光啓所加。

㊵ 現見農桑通訣卷三灌溉篇第九。

㊶ 「決九川……烝民乃粒」，出自尚書虞書益稷篇。

㊷ 「遂人」，是周官地官「司徒」屬下的一個官職，專管土地分配和利用。「匠人」，是「冬官」的一個官職，專管水利工程。

㊸ 見荀子王制第九「序宜」節，有「修隄梁，通溝澮，行水潦，安水藏，以時決塞……」。

㊹ 小注疑徐光啓所加。

㊺ 稻人：是周官地官「司徒」屬下另一個官職，專管在「下地」（＝低窪區域）種莊稼。

㊻ 「昉」解作「開始」。

㊼ 此下的這些渠道和這些水利工作者，請參看本書卷十六注(62)至(86)。

㊽ 「郎」字，應作「朗」。（宋代避諱，「朗」字缺末兩筆，容易看成「郎」字。可能王禎所見唐書，「朗」字避諱作「朗」，所以誤會了。）

㊾ 不知道所指是什麼農書；現見陳旉各本中没有這些文字。

㊿ 涸竇：涸音 jiǎn，「涸竇」即孔洞。

(51) 這些水利機械名稱請參看本書卷十七、十八；有圖和説明。

(52) 傅子：今百子全書、二酉堂叢書及郎園全書收有，傅子是晉初傅玄所作。本書引文，見百子全書本及二西堂叢書附録中，有兩個重要的字不同。缺「水田」的「水」字；「人事」作「人和」。「水」字，郎園全書本依馬總意林補入。太平御覽卷八二一所引，末句正作「人事」。案晉書列傳一七傅玄傳：「泰始四年（二六六年）……時頗有水旱之災……玄復上疏曰……其三曰：以魏初未留意於水事。先帝統百揆，……以水功至大，與農事並興……其四曰：……其病正在於務多頃畝，而功不修耳。竊見河堤謁者石恢，甚精練水事及田事，知其利害……」傳文簡略得很多，懷疑這幾句，應在這個「疏」中。

(53) 小注，顯然是徐光啓所加。

(54) 小注，顯係徐光啓所加。

(55) 裴延儁：即裴延儁。魏書卷六九（列傳五七）、北史三八（列傳二六）均有裴延儁傳。北魏孝明帝時（六世紀初），裴延儁「修督亢渠、戾陵堰……溉田百餘萬畝。」

(56) 督亢：今河北省涿縣、固安、易縣、定興、新城等地方。今日的拒馬岔河，相傳即舊督亢渠遺跡。

(57) 現見農桑通訣（卷四）勸助篇第十。本書引用有删節；小注一條，係原書本有。

(58) 現見尚書周書無逸。大意是「看一般人吧，他們的父母，辛勤地從事農業生産，他們的兒女，却不知道農業生産的艱難，只貪享受」。

(59) 見周官地官。

(60) 現見史記貨殖列傳引。

(61) 形鵠：「鵠」是天鵝；「形鵠」，即像天鵝一樣伸長着頸等待。

(62) 「昔成王適于田……而嘗其旨否」，這一節，是對詩大雅甫田第三章舊時的傳統解釋，以爲這是周成王愛老百姓的表現。「攘」字，借作「饟」（＝餽送）用。

(63) 紅腐：漢書（卷六四下）賈捐之傳，賈捐之稱述文帝的節儉，歷年累積結果，到「孝武皇帝元狩六年，太倉之粟，紅腐而不可食……」顏師古注解說：「粟久腐壞，則色紅赤也。」

(64) 黃霸：漢書（卷八九）循吏傳黃霸傳，說黃霸「爲潁川太守……使郵亭鄉官，皆畜雞、豚，以贍鰥、寡、貧、窮者，……及務耕、桑、節用，殖財，種樹。……鰥、寡、孤、獨，有死無以葬者，鄉部書言，霸具爲區處：某所大木，可以爲棺；某亭豚子，可以祭。吏往，皆如言」。齊民要術序文中引有這麼一段。

(65) 龔遂：亦見漢書循吏傳本傳，要術序文：「龔遂爲渤海，勸民務農桑。令口種一樹榆，百本薤，五十本葱，一畦韭；家二母彘，五母雞。民有帶持刀劍者，使賣劍買牛，賣刀買犢。曰：『何爲帶牛佩犢？』春夏不得不趣田畝，秋冬課收斂，益蓄果實、菱、芡。吏民皆富實。」

(66) 何武：字君公，蜀郡郫縣人，漢書列傳五六有傳：「……出記，問墾田頃畝，五穀美惡。」

(67) 茨充：後漢書循吏傳衛颯傳末注文中有他的事蹟。要術序文：「茨充爲桂陽令，俗不種桑，無蠶、織、絲、麻之利，類皆以麻枲頭貯衣。民惰窳，少麤履；足多剖裂血出，盛冬，皆然火燎炙。充教民益種桑、柘，養蠶，織履，復令種紵麻。數年之間，大賴其利，衣履温煖。今江南知桑蠶織履，皆充之教也。」

(68) 召信臣：漢書循吏傳有傳。要術序文：「召信臣爲南陽，好爲民興利，務在富之：躬勸耕農，出入阡陌，止舍，離鄉亭，稀有安居。時行視郡中水泉，開通溝瀆，起水門提閼凡數十處，以廣溉灌。民得其利，蓄積有餘。禁止嫁、娶、送終奢靡，務出於儉約；郡中莫不耕稼力田。吏民親愛信臣，號曰『召父』。」

(69) 任延：後漢書列傳六六有傳。要術序文：「九真、廬江，不知牛耕，每致困乏；任延、王景，乃令鑄作田器，教之墾闢，歲歲開廣，百姓充給。」

(70) 張堪：後漢書列傳二一有傳：「乃於狐奴開稻田八千餘頃；勸民耕種，以致殷富。百姓歌曰：『桑無附枝，麥穗兩歧，張君爲政，樂不可支。』……」

(71) 皇甫隆：三國志魏書一六倉慈傳注引魏略「……燉煌不甚曉田……又不曉作耬犁、用水及種；人牛功力既費，而收穀更少。隆到，教作耬犁，又教衍溉。歲終率計，其所省庸力過半，得穀加五……。」

(72) 柳子厚有言：柳宗元，字子厚。柳文郭橐駝傳，大意是記一個善於種樹的郭橐駝，所説種樹的道理，寄託自己對長官擾民的反感；這幾句話，就是全文核心總結。在這一點上，王禎自己既有很大的抱負，而對當時這些情況，也有很大的反感，所以借用柳文，發泄自己的慨嘆。

(73) 現見王禎農書卷四收穫篇第十一；本書引用，删去末段及原有小注多處。

(74) 現見尚書洪範(僞孔傳)「土爰稼穡」注。

(75) 現見漢書食貨志。「數」是頻繁多次。「盜賊之至」，漢書原作「寇盜之至」。
(76) 引文現見齊民要術種穀第三。
(77) 現見禮記禮運篇。
(78) 詩言刈獲之事最多：臣工，見周頌臣工之什；七月，見豳風七月；載芟、良耜，見周頌閔予小子之什。載芟和良耜兩章相連。
(79) 「載穫濟濟，有實其積，萬億及秭」：「濟濟」，毛傳「難」也，解釋爲「均齊不絕」，即是排成長行；「積」，是禾穀堆；「秭」是多少億的總數。
(80) 「穫之秷秷，積之栗栗。其崇如墉」：「秷秷」，今本詩作「挃挃」；毛傳説「穫聲也」，即割禾時的聲響；「栗栗」是「多」；「墉」是城牆。
(81) 現見農桑輯要卷二「播種」章「大小麥」節；本書引文，與輯要所引字句略有不同。
(82) 小注疑徐光啓所加。
(83) 現見齊民要術種穀第三。「收穀而」三字，要術原無；——至少「而」字是衍字。
(84) 生耳：杜甫詩秋雨嘆：「禾頭生耳黍穗黑」，應是連雨之後，大氣潮濕，穀穗（「禾頭」）和黍穗，都長黴，一團團黄白色、肉紅色、黑色的黴，象長了木耳的情形。唐張鷟朝野僉載記有當時農諺「……秋雨甲子，禾頭生耳；……」（「耳」字與「子」字叶韻）。「生耳」的話，由六世紀到九世紀，還在流行中。齊民要術今釋懷疑「生耳」是「生芽」是錯誤的，應當更正。

85 解束以旋旋鑱穗撻之：「以」懷疑應作「而」。「旋旋」即隨時的意思，「鑱」是「割斷」；「撻」是「捶打」。

86 見豳風七月。

87 現見要術水稻第十一；原文無「稻至」兩字。

88 現分別見種穀第三、（「收」字，原作「穫」，引自氾勝之書。）黍穄第四、（穄、黍）小豆第七、（「葉落盡則刈之。」）胡麻第十三、（「刈束欲小……乃盡耳」）粱秫第五（「收刈欲晚，早刈損實」）。「麻」，應見種麻第八，但文句全不相類似。

89 現見農桑通訣卷四蓄積篇第十二。本書引用，刪去後段。

90 「古者三年耕……民無菜色」，現見禮記王制「冢宰制國用」節。「旱乾」原作「凶旱」。

91 「冢宰眡年之豐凶……而又以九貢九賦九式均節之」，也見於王制；在上文所引一節之上。「眡」即「視」字，「仂」是「數之餘」。「九貢」、「九賦」、「九式」，見周禮天官大宰，「九貢致邦國之用」，「九賦斂財賄」，「九式均財節用」。

92 現見周禮地官司徒。「止」是「減少」；「委積」，是聚積；積得少的叫「委」，積得多才稱「積」。

93 粒米狼戾：孟子滕文公上，滕文公問爲政，孟子説：「樂歲粒米狼戾。」「樂歲」，是豐收的年分；「粒米」，是加工過的糧食；「狼戾」是亂抛亂流。

94 國亡捐瘠：「亡」借作「無」字；「捐」是抛棄，這裏指抛棄的屍體；「瘠」是餓瘦了的人。

95 賈生言于文帝：賈誼向漢文帝説的話，見漢書食貨志。

案：

〔一〕小注係要術原有。本書引文中，「大」字要術原文是「倍」；句末「功亦」，王禎引文作「功益」，要術原文止有一個「益」字。原文兩處均較勝。

〔二〕不厭數　王禎引文及要術原文，句首還有一個「鉏」字。

〔三〕爲　原書作「而」。

〔四〕穀　要術原書作「實」。本書依王禎作「穀」。

〔五〕「春」字下，要術及王禎引文原有「苗」字，應補。

〔六〕「芸」字，王禎引文及要術原文均重出；第二個「芸」字作爲「除草也」的主語，應補。

〔七〕經五七日　要術原作「黍經五日」；王禎引文删去「黍」字，增加「七」字，語句似乎更完善。

〔八〕無力則止　要術原文是「如無力即止」。

〔九〕脂　要術原文作「油」。

〔一〇〕三　要術原文没有「三」字。

〔一一〕第四徧又淺于第三徧　要術原作「第四徧較淺」；這是王禎補足的形式，較好。

〔一二〕收　應依王禎引文及陳旉原書作「放」。

〔一三〕上　應依王禎原書作「土」。

〔一四〕慕　應依王禎原書作「纂」。纂文是南朝宋何承天所作字典。王禎引文，現見要術耕田第一標題注轉引。

〔一五〕「咸」字，王禎原文所無，應删。

〔一六〕亦　王禎原文作「俱」。

〔一七〕「地」字，王禎原書止有一個，不重出。

〔一八〕「糞」字下，應依王禎原書補「桑」字。

〔一九〕上　應依王禎原書作「土」。

〔二〇〕火　應依王禎原書改作「大」。

〔二一〕火　應依王禎原書改作「大」。

〔二二〕「土壤氣脉」上，王禎原書有「農書糞壤篇云」一句標明出處的，應補。農書糞壤篇的内容，現見陳旉農書（卷上）糞田之宜篇第七，字句稍有不同。

〔二三〕隈　應依王禎原書作「猥」，即瑣碎雜亂的東西。

〔二四〕各各　應依王禎原書作「各處」。

〔二五〕孫敖　應依王禎原書作「孫叔敖」。

〔二六〕事　應依王禎原書作「間」。

〔二七〕圩　應依王禎原書作「扞」，即對抗。

〔二八〕戾諸堰　魏書作「戾陵諸堰」，北史作「戾陵諸堨」，「陵」字疑應補。

〔二九〕稗　王禎原書無「稗」字；輯要「稗」作「稈」，應以作「稈」爲是。

〔三〇〕「一」字，輯要及王禎均作「二」。

〔三一〕北方收多肝䥽用麥綽　應依王禎原書作「北方收麥多用䥽刃麥綽」。

〔三二〕粟鑒　應依王禎原書作「粟豎」。本書卷二十二，有録自農器圖譜的「粟豎圖」。

農政全書卷之八

農事

開墾上

諸葛昇選貢，壽昌人，定遠知縣①。墾田十議曰②：江淮偏瘠已久，流離觸目可虞。謹陳開荒十議，以盡地力，以厚民生事：兩淮，古昔與兩江兩浙等，何以至是③？照得卑職受事此中，三閱歲于兹。熟計利弊，其有民生最利時事最急者，則無如墾田一議。墾田在西北爲利，而在鳳陽一屬，尤利之利者也。竊見鳳屬，頻年以來，旱澇爲祟，螟螣再罹，疫癘流行，道殣相繼。小民蕭條滿目，則微鄉土之思④，生計無聊⑤，則寡性命之樂。以故慓悍輕生，離鄉遠竄者，十之七。而迫窮爲盜，偷延喘息者，十之三。斯時也，彼已不自用其命，而督之以科條，威之以箠楚，又將安用之？則有操之以法度，莫如養之以膏澤。膏澤者，墾田是也。田墾則民自聚，民聚則財自豐。膏澤行，而法度有所恃矣。此無他，貨利者，此中之不足，而隴畝者，此中之有餘。因其有餘而開之，則于勢易，更從其有餘而收之⑥，則爲功倍也。以此謹摭墾田十議，以備採擇施行：

一、築塘壩以通水利

古者，畫井而田，甽達於溝，溝達於洫，洫達于澮。逆壅順洩，而皆取利於水。今淮以南，田無宿水，靠雨爲秋⑦。而陂塘壩堰之利，脩築不時，疏通無法。以致雨驟則狂瀾四溢，助河爲虐；稍乾則揚塵涸底，赤地如焚。而旱澇皆以爲民害，豈直地勢使然哉？卑職蒞任三稔〔一〕皆遇旱。預計水利，爲築陶家堰、楚漢泉等壩拾數處。凡近壩之田，得水灌溉，俱獲全熟。及秋後淫霖，支流就壑，而亦無衝決之虞，是築堤明驗也。爲其事無其功者，未嘗覩之也⑧。第州縣有簿書之繁，脩築有工食之費。巡行阡陌，動經旬日，一處不督理，而小民之偷惰者如故矣。合無責治農一官⑨，專司水利，遍歷郊圻，尋往昔舊跡。如池塘之閼塞者開濬之，溝澮之壅滯者疏導之，灣澗間視地之高下，爲堰之淺深，而隄之閘之。高則開渠，卑則築圍。急則激取，緩則疏引。水由地中行，無枯竭亦無泛濫，而荒土皆沃壤矣。鳳陽之水，無可激取者，不過用孺東兩成語耳⑩。

一、設廬舍以復流移

江淮歲罹災祲，貧民餬口四方，逃竄境外，郊野幾爲一空。間有招集拊循，稍稍復業者。隴畝雖荒，故土猶在，惟是廬舍數椽，原係草土築成，初無棟宇完固，歲月既久，風雨摧淋，遂成圮壞。脩築限於無資，食息苦於無地，傍徨四顧，寧無轉徙之他哉？議量於荒田最多之處，或鄉落寥廓之場，量動無礙脩理官銀⑪，爲蓋草房，每處約百十餘間，使受廛之衆，襁褓而來者，咸得棲身而托足焉。則往來行旅，無戒于途，犬吠雞鳴，相聞于境。生齒漸至庶蕃，而草萊可以漸闢矣。

一、借籽〔二〕種以時播插

炤得⑫頻年蝗旱，二釜不登⑬。民間擔石之儲，方罄出以供枵腹，豈復留餘爲播插計乎？及無種下田，始借貸於有力之家，倍其息，猶靳弗與者。貧民計所收不足償所貸，而且苦於無貸，則有〔三〕舍己之田，代人耕作，及去而之他者，比比然矣。本縣每春夏之交，借種肆伍千石，至六月中，猶有借晚種而佈者。雖得升合，如獲珠璣，誠籽粒之艱也。合無預設種子一倉，大州縣約拾處，小州縣約五六處，每倉約稻一〔四〕千石，歲祲賑濟不與焉，專以待開荒者。給借之法，則酌户內人口之多寡，及所墾田畝之廣狹以爲差。實有田如千畝，始給種如千石。而收成之際，一視歲之荒歉，爲息之厚薄。大豐則叁息之，次豐則貳息之，僅豐則壹息之，不豐不歉，則收其本而蠲其息。如或大歉，則并其本而蠲之。至於杜冒濫，稽真僞，則責成於鄉約保甲，長官唯爲綜核焉。借種之大略備是矣。

一、蕃樹畜以厚生殖

王者之政，不過制田里，教樹畜而已。況議樹畜于江北，較江南尤易。江南寸土無閑，一羊一牧，一豕一圈。喂牛馬之家，鬻芻豆而飼焉。江北則林多豐草，澤盡葅洳⑭，縱馬放牛，可以無人牧圉。使倣養伍字之法⑮，而牲畜不遍野乎？江南園地最貴，民間蒔葱薤于盆盎之中，植竹木於宅舍之側，在郊桑麻，在水菱藕，而利藪共争，誰能餘隙地？江北則廢圃荒畦，鞠爲茂草⑯，深陂廣澤，一望唯蓼蘋耳。使盡開百穀之利，而一蔬一菓，皆民食也。民有自然之利，相安於偷惰而不興。地有不盡之力，竟同於稿壤而莫取⑰。比饑寒切身，流離遠去，始覓草根木實，以延旦夕之喘，何不蚤計乎？議於數口之家，必畜雞豚牛羊之利。開荒而外，每種蔬菓花麻各一畦⑱。有隙地者，仍襍種梨棗桑柳等木。保甲長一一籍記，鄉約彙送州縣稽查。行之不十年，而江淮皆樂土矣。此吾太祖之令甲，有司之歲事也。後稍凌夷，當朝覲造册，則虛揑報數。今都不省視，并紙上栽桑云云⑲，人間亦不知爲何語⑳。

一、總軍屯以覈規避

江北荒田，民荒者十之三，軍荒者十之七。民荒者，州縣督焉。軍荒者，有司過而不敢問。揆厥所繇，曰：此田係某伍下，積負徵粮而逃者也。領其田必且償其負，而民不敢佃。又曰：此攤荒已久，開墾必大費誅鋤之力。比方成熟，而本軍還奪焉，而民不敢佃。所以一望膏腴之地，坐視爲黄茅紅蓼之區則已耳。然亦有本軍召佃，而貽累更多。本軍糊口所急，先期執券收兑貳粮，以供枵腹。及旗甲徵收，屯官勒比，而上納不前，則又藉口爲某某百姓所占。本官不察，謬呈倉屯督儲等衙門批行所在官司，株連蔓引，罄産重輸。小民無收獲之利，而先受賠累之苦，不有視軍屯爲陷穽者乎？合無自今伊始，凡有佃屯認粮者，取其合同文券，陳告管屯衙門，准給印信執炤，仍置印信文簿，登記查攷。民以所給印信文約，投本縣掛號，亦置文簿，登記參核。俾民得安心開墾，儘力耕種。收熟之時，炤所佃糧額，竟赴管屯衙門，當官完納，請給印信實收，隨以實收赴縣掛號。額粮外，每畝量出錢若干文，以爲屯造幫操之費，亦於交納時交付本軍，附載印信實收之後。此外不得重科，以滋煩擾。開墾之後，須佃種十年，方許更易，不得因成熟有利，而遽奪之。庶公私兼足，軍民兩利矣。北方土地雖曠莽，然棄置不耕者，獨鳳陽爲多，皆軍屯也。此條良是。要其根本，尤在子粒額重。故在軍累軍，在民累民，天下軍皆然也。必廟堂主計者，知開墾勝于抛荒，大有更張，則屯政乃可問矣㉑。

一、禁越告以專農業

江北田地抛荒，半繇訴越拖累㉒。一詞入官，株累者必數人；一詞未結〔五〕，守候者必數月，而三時已奪矣。況軍民雜處，詞訟交搆，凡遇關提，多占恡不發，而勢必批行于各屬，遠控于隔江。小民之畏赴各屬、赴隔江也〔六〕，猶其畏赴湯火也，更必分控于上司以抵之。故有一人而數處行提者，一罪而數處發落者，貧民將安所奔命焉！自非雉經自盡㉓，則有迷門〔七〕而竄矣。一竄之後，前案照提，數年之内，永不敢歸，而所遺田地俱荒。而三徵四差，復貽賠累於本〔八〕户，而本户亦竄矣。則繇各屬之自立藩籬，而不繇一體關會也。本縣議詳：凡各軍民詞訟，自下而上，俱乞批原籍問理。如遇批發隔屬，容請改批。或情輕事小，已經本處斷結者，竟申註銷。則軍民不苦於拖累，而農業得專矣。

一、嚴保甲以專責成

今之保甲，即古之井田也。井田之制久湮，而出入守望相友相助之意㉔，不可倣而行乎？本縣議：每巨鎮大集，人煙湊集之處，則拆爲數井。人煙稀少，鄉村聯絡之處，則合爲一井。孤懸遠僻之處，則自爲一井。每井之内，推一有行者爲甲長，推一有力者爲保長，若處中宫然，而以八家翼之。非爲不法者，同井之人得以覺察糾舉，甲保長轉聞之官。或朋比容隱，爲他人所告發，或官府另有所咨訪，則一井與本犯同罪。又責令同井之人，或遇火盗，必互相救援。争忿須爲解分，不得坐視。當耕種收穫之時，緩急相周，各相幫助，如古通力合作之意。一人荒業，則九人共督。如其不然，則荒業者坐罪，而同井之人，罪亦如之。如此，不但稽核之法有所責成，亦且保伍之中，各有聯絡，而少離竄之蹟矣。

一、籍客户以蕃丁口

聞有分土，無分民。苟踐吾土，食吾毛，而受吾役，即吾民也。安問土著客户哉？鳳屬當勝國㉕兵亂之後，生齒未繁，邑里消索㉖。高皇帝常遷松、常、蘇、杭、嚴、紹、金、處之民以實之㉗。占籍坊里，世爲編民。今外郡之人，貿易經營於邑中者踵相接，頗亦起家，欲遷居占籍焉。里人不許，得非以客之利，主之不利乎？不知若輩占籍此中，則彼刱世業，長子孫，輸賦均徭，與吾共其利，亦與我同其勞。今不許，則彼歲權子母，捆載而歸，以其家爲内帑，以吾邑爲泉府㉘。所謂滔滔者，如逝波不返也。彼受贏〔九〕，我誠受其絀，土人殆未之思耳。但是荒蕪之處，人情盡然，凶年流徙，又仰給于他方，可謂不恕矣㉙！況每奉憲檄，招拊流移，流移尚許占籍，乃有力墾種者，獨不之許乎？本縣議：令凡外郡商賈，有置業〔一〇〕産而願受廛者，悉許其占籍坊里，入仕當差，則歸附既多，荒蕪自闢。十年生聚，十年教訓，生齒不嵬然與江以南埒乎？故當勝之。何者？賦役甚輕故也㉚。

一、改折贖以資工作

凡擬罪，以懲不肖也。而律文不尤嚴造意故犯之條乎？今乃槩爲收贖之例㉛。彼豪悍之民，作奸犯科者，曾何愛于錙銖？且曰：吾儻捐橐中金無幾，而三尺㉜之加於我者止如是。而不肖之心，豈有懲焉？至於貧窘之人，詿誤犯瀍者，必且質田廬，鬻妻子，以僅完一罪，金矢方入，而囊篋已罄矣。且也出之小民，追比不勝苦，剥膚入之官帑，主司不免恣冒濫。豈直謂贖鍰所入，遂與俸禄同養廉乎哉？今議㉝：凡造意故犯徒配者㉞，勿槩擬有力。有力㉟杖㊱者，間令納賑稻㊲，勿槩折贖錢，或與無力㊳者同准㊴其工作㊵，所限之期，如所笞之數以爲差，以開無主荒田焉。則一州縣之中，計歲所徒杖者，不下數什伯，計歲所墾之田，不下數千萬矣。余嘗思：祖宗流罪之法不廢，而北土之田盡墾，則國富兵强久矣，亦此意也㊶。

一、役徒夫以供開濬

古者城旦㊷之役，原以備工作，亦以動其悔悟之心，而開其生全〔一一〕之路。今之徒配者則不然，其有力行賄者，則倩保代役。官吏染指其間，不以差委避，則以逃病申。其無力者，縲絏長羈，衣食缺乏，徒坐而斃耳。徒配非重辟，與其瘐〔一二〕死於獄中，孰若生全於隴畝之爲得耶？本縣看得近驛之處，每多荒田，責令有力農人，或殷實馬户㊸，帶領耕作。每人日給倉穀二升，爲飯食之費，供役一日，准筭徒限一日。如有親識，願助供役者，亦准通筭總計，三百六十工爲一年，滿即釋放。有司核其所墾過田若干畝，一歲所入穀若干石，而籍記焉。除牛〔一三〕種工本，所餘量爲該驛廪糧之費，庶可免加派于小民也。如此，不但徒配得生全之路，而附驛一帶，無復蒿萊狐兔之區矣，亦開荒之一奇也。如此〔一四〕，必須驛丞吾輩人爲之。近錫山有夫頭倪某等，養徒夫以墾田甚多；如此人，以爲「督郵」可也㊹。

總督漕運巡撫軍門户部右侍郎兼都御史陳批：墾田一説，處處當行，而江北淮南尤急。本院數以語人，人鮮應者。得此十議，而知天下事任之在人，非其人不能任，即非其人不能言也。亦有非其人而言者。知言者，乃能辨之㊺。該縣有此識見，當遂力行，以奠一方之生，以爲各屬之望，本院將樂觀其成焉。當世寧有幾人？非無其人也，上無其人，所求不存焉故也㊻。

玄扈先生曰：凡開墾，必當告明屯院，行文道府，出示禁約，庶無阻撓。北人不知墾田有利于彼，以我南人異鄉，不無嫌忌。南北初交，定生矛盾。四五年後，或親或友，可無争鬬，涿州可爲驗矣〔一五〕。

凡買地，必得成段方員，庶可築圍打埂，隨高就低，耙平成田，畜水耕種。有奸狡〔一六〕之輩，不云侵占地畝，則云淹壞田禾，易起争端。水溝必得買通，庶無阻塞。如墾新城地，原有徐尚寳開成溝瀆㊼，但得府道明文，立碑爲記，可永無阻塞之病矣。招徠佃户，量其財力撥田，少給牛種。近地卜居，搭橋建閘，使居民便於行走，此要務也。明年開田，今年先收買粮食，庶佃户歸心，人衆則無餘地也。

汪應蛟海濱屯田疏曰㊽：海濱屯田，試有成效，酌議留軍併墾，召民兼種，以資兵餉，以永固重地。臣竊見天津葛沽一帶，咸謂此地從來斥鹵不耕種，間有近河滋潤，種藝豆者，每畝收不過二斗。臣竊以謂此地無水則鹻，得水則潤。若以閩浙瀕海治地之法行之，穿渠灌水，未必不可爲稻田。而一時文武將吏諸人，無肯應命者。至今春始買牛制器，開渠築堤，一時並舉。計葛沽、白塘二處，耕種共五千餘畝，内稻二千畝。其糞多力勤者，畝收四五石。餘三千畝，或種薥豆，或旱稻。薥豆得水灌溉，糞多者，亦畝收一二石。惟旱稻竟以鹻立槁。臣近巡歷天津，親詣查勘，據副總兵陳燮臯稱：水稻，約可收六千餘石。薥豆，可收四五千石。于是地方軍民，始信閩浙治地之法，可行于北海，而臣與各官，益信斥鹵可盡變爲膏腴也。夫天津當河海咽喉，爲神京牖户。自倭警震隣，開府設鎮，署將增兵，而其地益重。今鯨波雖息，内備未忘。矧中原多事之秋，尤未雨徹桑之日㊾。見在水陸兩營兵，尚存四千人，歲費餉六萬餘兩，原無請給内帑，俱加派民間，欲留兵，不免于病民；欲恤民，無以給兵。臣嘗早夜〔一七〕熟思，惟有屯田可成，斯得足食長策。然召募之兵，非有室家婦子之助，計一夫不過耕種四五畝，即畝收三石，不過六萬石。而可墾〔一八〕荒田，連壤接畛，奚啻六七千頃？若盡依今法，爲之開渠，以通蓄洩，爲之築堤，以防水潦。每千頃各致穀三十萬石，以七千頃計之，可得穀二百萬餘石。非獨天津六萬金之餉，可以取給，即以充近鎮之年例，省司農之轉饋，無不可者。且地在三岔河外，海潮上溢，取以灌溉，于河無妨。白塘〔一九〕以下多地〔一〕，原無粮差。白塘以上，爲静海縣，民或五畝十畝而折一畝，粮差不過一分八釐。民願賣，則給價，不願則田仍給種，于民情無拂。就中經理得宜，行之久遠，可不謂國家萬世之利哉？惟是地廣則墾治之難，田多則耕種之難。又招徠數千家，而後能任數千頃之地，必群聚數萬之人，而後能供數十萬畝之耕。如地方十里，爲田五百四十頃。一面濱河，三面開渠，與河水通，深廣各一丈五尺。四面築堤以防水澇，高厚各七尺。又中間溝渠之制，條分縷析，大約用夫六十萬人，而後可以成功。河中起土，築堤之餘，四倍于堤又四十九分堤之五，不知安在何處[50]？無論北人慵惰，憚于力作，即有南方善耕之人，誰能集衆裹粮，百十爲群，越數千里，以從難成之役。其富商大賈，衣輕乘肥，操奇贏，坐收三倍，又誰肯捐數萬金之資以勞形哉？此闢地生財之説，雖屢廑廟議，而未睹成績也。臣今爲計，惟有用軍墾田，以田分民。軍能墾而不能盡種，民能種而不必自墾。軍有月粮，而無傭值之費。民無勞役，而有〔二〇〕可耕之田。然後趨之若流水，應之如赴聲。策無便于此者，然非見在水陸兩營之兵所能獨成也。彼以四千之衆，勤力于二萬畝之耕，又三農之餘，無廢其坐作擊刺之條〔二一〕，其操畚鍤而從事于濬築，所就能幾何哉？欲成此，非勸誘富民不可，此禹之舊法也。軍墾民種，而大半收之，此爲何法哉[51]。臣請以防海官軍，用之於海濱墾地，計左右兩營，軍共六千，併水陸兩營之兵，總得萬人。除人各耕種外，每歲開渠築堤，可成田數百頃。一面召募邊地殷實居民，及南人有資本者，聽其分領承種。少或五十畝，多不過一二頃，悉令倣炤南方，取水種稻。本年開耕，姑免起科，以償其牛種器具之費。次年每畝定收稻米五斗，以後永爲世業。其軍兵自種五畝，每名定收稻米一石五斗。如此重税，民必不來，則軍爲徒勞矣[52]。其有父兄子弟，願領種餘田，聽。各營中軍總哨及天津三衛官舍，有率其子弟童僕願領者，聽。誰願領者，固宜旋舉旋廢[53]。總之，多不許過二頃。數年之後，荒地漸闢，各軍兵且屯且練。民間可省養兵之費，重地永資保障之安，邊境狼烽長静。兩營官軍，嘗留屯，可也。萬一虜釁可虞，復調春秋遞防，可也。至於米粟漸多，可支邊鎮之年例。民居漸廣，可實海邑之版圖。并一切署置調度事宜，容職〔三〕次第區畫具奏，非可以一端盡也。先是二十五年春[54]，户部奏覆：天津巡撫萬世德題[55]，天津開田一事：查山東之長島，遼東之千家莊，俱係海墩曠地。此皆海島，而諱言之曰海墩，其實海島何妨屯守哉[56]？近因倭儆，撥調軍士，且耕且防，不踰年而各獲萬計。又查得天津沿海一帶，前〔二〕該科臣戴士衡、徐元正並題：膠河水淡，可樹嘉禾，撫按設法招墾。此策良是，勝汪公遠矣[57]。祇因連值兵荒，官無餘餉，民無餘力，坐是因循日久，竟未奏效，合候命下。本部移咨天津海防巡撫都御史，督行各該兵備道，即將各哨上環海荒田地，南自静海，北至直沽、永平等處，并諭遠近軍民人等，各自備工本，儘力開種。官給印炤，世爲己業。成熟三年之後，方許收税。酌量本地所獲花利，每畝上地納穀一斗，中地六升，下地三升，另項收貯，專備海防餉費。此外，不許別項科擾。如有力大能開墾鑿池濬溝築堤建閘，並隨便經理，不相牽制。每歲終，撫臣躬親巡督。果有成效，如長山島千家莊之補助軍餉者，即分別墾田多寡，輸餉厚薄，酌議賞格，徑自舉行。至於有力大能捐本倡率者，另題優叙，庶幾人自勸勉，地闢而粮〔二二〕益增，兵農兼濟，上下相資，計無善于此矣。

沈一貫山東營田疏曰㊽：臣聞軍國之需，最先足食。生財之道，貴〔二三〕在聚民。頃因倭氛飈起，海防戒嚴，創設天津登萊巡撫，以圖戰守。更責内地巡撫，計處兵食器械，以資接濟。今山東巡撫缺，蒙特允以尹應元往彼整飭之。臣查其舊敕，山東巡撫，原有營田一事，後亦具文而不行。今日時務，特宜重此。臣請皇上於敕書内特許便宜，則可望山東一省，不請户部，不派小民，而自裕其海防之資。臣惟山東，古齊魯地。春秋時，管仲擁魚鹽之利，通財積貨，獨稱富强。至今舉臂勝事，無不服藉。輔其君桓公，尊王室，攘夷狄，爲五霸首。自秦皇帝，則輓黄腄負海之粟矣。今登萊，則古黄腄也，其菽粟狼戾，苦無所洩，民甚病之㊾。延至漢時，尚稱十二之國，餉饋關中，冠帶天下，何其雄也！乃今則僅僅裁自給，而司農悉仰之江南。該省甫一防海，輒告不足。甘棄沃饒，坐視匱乏，此豈無土哉！無人故耳。該省六府，大抵地廣民稀，而迤東海上，尤多拋荒。謂宜脩管子之法。管子曰㊿：凡有地牧民者，務在四時，守在倉廩。國多財，則遠者來。地闢舉，則民留處。今日之事，宜令巡撫，得自選廉幹官員。吏部所選何官？其官所幹何事㊄？將該省荒蕪土地，逐一查覈頃畝的數，多方招致能耕之民，如江西、福建、浙江、山西及徽、池等處，不問遠近，凡願入籍者，悉許報名。擇便官爲之正疆定界，署置安插。辯其衍沃原隰之宜，以生五穀六畜之利。語云：「荒田不耕，纔耕便争〔四〕。」必嚴輯土人，而告戒之，毋阻毋争。凡抛荒積逋〔五〕，一切蠲貸，與之更始。或聽和買，或聽分種。其新籍之民，則爲編户排年，爲里爲甲，循阡履畝，勸耕勸織。或又聽其寄學應舉，量增解額，以作興之。聽其試武科，充吏役，納粟官以榮進之。毋藉爲兵，以駭其心。毋重其課，以竭其財。有恩造于新附，而無侵損于土著。務令相安相信，相生相養。既有餘力，又爲之淘濬溝渠，内接漕流，以輕其車馬負擔之力，使四方輻輳于其間。米多價平，則鳴吠相應。不煩遠輸，而獲利已多。海渠交通，則商賈坌來。魚鹽肆出，而其利益廣。不出數年，可稱天府。夫本地自稱富庶，足以省司農請發之煩，免百姓加派之苦，紓九重東顧之憂，增環海長城之重矣。今第有司安循常而憚改作，居民席世業而患分授。必且曰：地皆主籍，原無抛棄，田皆耰鋤，曾何荒蕪？而不知東人之習爲惰農也已久。即所謂主籍耰鋤者，悉皆鹵莽滅裂，而與荒蕪正等耳。海内盡然，即南人亦未免此㊅。高允有言：方一里，田三萬七千頃。若勸之，則畝益三升；不勸則畝損三升。乃百里損益之率，爲粟三百二十萬斛，况其廣者乎？東土之貨棄于地，東人之力藏于身，安能如新集者，勤而相勸，以復周漢之齊魯哉？是事也，宜專責巡撫之力擔勇任，而令巡按以時稽察之。且重司道之選，如近日霍鵬之在肅州，以墾田聞，豈乏其人？可令各舉而用之以爲率。且精有司之選，如先年申其學、趙蛟、楊果輩，皆勤敏精幹，治邑如家，豈乏其人？宜不限科貢異流，而器使以爲長。不必別立農官，就府縣見職，可以責任。不許別請錢糧，就本省倉庫，可以通融。事本不難，得人即易。數年前，鄭汝璧巡撫此地，有其志矣，而被流言以去，美業不終，臣甚惜之。皇上奮誅島夷，海内方喁喁嚮風，樂趨王事。况招狹鄉之民，以就寬鄉之民，人心所欲。因民之利而利，事亦不勞。管仲之事功，雖不足爲天下士大夫願，而姑取救時，亦當有奮然而任者。「思文后稷」亦不足願歟[63]。且聞江北畿南，可墾甚多，又不特山東爲然也。以此風之，利可益開矣。奉聖旨：「今財匱餉艱，公私俱困，地方官只圖那借別省，搜索窮民，全不講求地利生財之法。覽卿奏，具見謀國忠猷，務本正論，便行與山東巡撫，督率有司，着實修舉。還着巡按御史，稽查勤惰，以行賞罰。都添入勅内，永遠遵行。」

附耿橘[64]開荒申曰[65]：常熟縣爲設法開墾荒田，以裕民生，以裨國計事。切炤本縣，坐濱江海，田地高下不齊，肥瘠〔二四〕參半，兼以賦役繁重，民生游惰，以故田多荒蕪，蕭條滿野，然非土性之荒也。水利未脩，旱澇無備，荒者且歲有益焉，則熟之難。流移未還，勞來未至，則熟之難。積逋未豁，原主告争，民雖有欲墾之心，鮮不蛇豕視[66]，則熟之難。風俗頹敗，邪行交作，民不務本，則熟之難。卷查萬曆二十八九兩年間[67]，前任趙知縣，清勘坍荒，有二項焉：一曰板荒，一曰坍江。闔縣四百八十四里内，勘出舊板荒田地一萬二千四十三畝一分九厘八毫。于内，蘆葦荒田地七百一十九畝六釐四毫，茭草荒田地四千八百六十七畝六分九釐九毫。又新荒田地一萬九千二百五十二畝九分八毫。又勘出坍江田地[68]并高明坍〔二五〕沙[69]二萬三百五十八畝七分五釐。坍江沉淪，遂將槩縣存留米抵補[70]，板荒畷〔二六〕畛具存，復熟有待，第入未限緩徵[71]。蘆葦，則每巳米一石[72]，祇徵銀二錢五分。茭草，每巳米一石，祇徵銀一錢二分五釐，並不派其本色。已經詳允立石矣。卑縣自愧綿才，無能彷彿萬一。而民生國計攸關，不敢不盡其犬馬之愚。試以荒田言之：本縣錢粮太重，催徵屬第一難事，但有緩之一字，即斷斷乎不可徵矣。自二十九年勘緩之後，及今又四閱禩矣，不聞有荒者之復熟，第見有熟者之告荒。何耶？一冒荒名，幸脱徵輸，視其田爲身外之物，頻年莽莽，而弗之恤。即草澤之利，竊取私收，猶畏乎人知，而稼穡之事，東作西成，遂絶于南畝。年復一年，人效其人，將安所窮耶？卑縣查勘水利，遍詣各鄉，遂設爲方略，招民開墾。一如左列款，斷不少變毫芒。此令一申，未及半月，即據二十五等都七等圖民陳福黃表等來告：共願墾田。俱發開荒，多者念畝，少者十畝，最少者五畝，俱註名荒田册中。嗣今已往，將開墾之人日益衆，荒蕪之地日益開，民生國計，兩有裨乎？至於坍江一項[二七]，雖粮經豁免，而土之在水，原無喪失。有坍則有漲，此坍則彼漲，其常理也。合無清查沿江自白茆一帶，凡有新漲之田，俱令計畝陞科。若荒田中果有沙瘠不堪耕種者，即以此粮補之，而荒粮即與豁除，期于不失原額而已。坍者熟田，漲者白塗，漸以成蕩，故抵補不盡[73]。

一、招撫流移人户

錢粮之重也，差役之繁也，水旱之無救也，民未有不逃徙他[二八]方者。田地抛荒，職此之繇。合無刊刻告示，遍揭各鄉，令其宗族親戚里排公正人等，轉相告布，招致歸耕。歸者必曲爲安全，務俾得所。

一、盡豁積逋

查得荒田一項，户係逃絶，粮從緩徵。自二十九年勘緩以至于今，實未嘗有氂毫之輸納也。二十九年以上，又可知矣。積欠如是，民雖有告墾之心，實有所懼而不敢前；即本縣諭以免追，亦有所疑而不敢信，是荒田無復熟之期矣。田無復熟之期，即粮無可完之日矣。合無明給帖文：凡荒粮在二十九年勘緩之列者[二九]，今以往盡免追徵。今而後，炤開墾事例，三年半税，五載全科。仍大張告示，俾百姓家喻户曉，如是則疑懼釋而胼胝⑭集矣。

一、酌給牛種

小民應詔來耕也，有有牛種者，亦有無牛種者。乃濟農倉穀，當此春仲〔三〇〕，正出陳易新之會也。合無略倣古人補助之遺意，查開墾小民，委無工本，及無大户借給者，許赴縣告濟，量其墾田多寡，工力難易，酌給濟農倉穀，作牛種之資。仍令該區大户保領，至秋成後，祇炤原數還倉，不追耗利。

一、矜免雜差

告認告墾之民，悉蠢愚孱弱可矜之民也⑮。其里排總甲塘圖等項雜役，本縣斷不差用。而里排總甲塘圖等役，奸民不無乘機索詐者，如解軍、巡邏、挑河、築岸諸名色是已。合無明給帖文爲炤：一切雜差，悉從矜免。如有前項人等，欺其愚弱，或勞其筋力，或科其毫厘者，許執帖赴縣口稟，即將前項人等，從重究擬。

一、禁絶豪强兼并

荒田之爲荒也久矣。原户何在，而任其莽莽若是，積欠若是？夫荒而棄之，熟而收之，人任其勞，己享其利，此奸民故智，而告墾者之所以不來也。合無大張告示，令新舊板荒各原户，赴縣告認。要將某區坵原田若干，自某年抛荒，今年認墾，某年半税，某年全徵，一一認明。以後按所認年分催科。其無人告認者，許別户告墾。要將某區某坵某業户田若干，一向抛荒，今來告墾，某年半税，某年全科，一一告明，給帖爲炤。發該區公正，督領開墾，以後炤所墾年分催科。如是，而成熟之後，復有原户告争、告絶、告贖者，即豪强兼并之徒也。此法立而崇本務實之人，將安心芟柞，草其有墾乎〔三一〕。

一、禁占蘆葦茭草微利

板荒，荒也。蘆葦、茭草，猶之乎荒也。乃有等惰民嬾户，不爲久遠長慮，逐茭蘆之微利，棄稼穡之大寶。不惟自不力墾，抑又忌人之墾。究其心，不過借荒名以逭錢粮，挾〔三二〕小利而懷苟安。致令土田漸躋于石版，闤闠日入于蕭條，國計歲虧乎正額，如之何其可者！合無大張告示，凡蘆葦茭草等地，悉令開墾復熟。即有原户私占者，並許別户告墾。有原户恃頑，不容別户告墾者，許該區公正呈舉究治。

一、明定税期

三年半税，五載全科。凡開荒者類然。而吏書作弊，或未及應税之期，而出帖勘查，良民受其擾。及其逾應税之期，而沉匿不舉，奸民專其利。合無于帖文内，刊載五等年分[76]，炤依原來斗則填註[77]：某年免税，某年免〔六〕税，某年起税若干，某年起税若干，某年全科若干，一樣二紙，合同用印。一給業户備炤，一落該房粘卷，仍挨順年月，編成字號，以便〔三三〕查考，使小民知税科一定，奸者不得幸免，良者無他煩費，各各安心畢力也。更宜議寬，寬則勝于久荒萬萬矣。

一、分任各區公正

公正者，粮長之别名⑱，一區之領户也。前官查理坍荒，及催徵錢粮，率用此輩。此輩亦稔熟土性民情，况且保惜身家。每規畫調度，小民視以爲從違。故開荒之事，非責成此輩不可。合無將各區荒田，以十分爲率，分别難易，着該管公正，分投督開，或以身先，或借工本，或多方招徠。每年限田若干，務在開完。三年之後，必于無荒。凡告認、告墾、告討牛種之真贗，與夫開墾之虚實，及秋後還倉等事，一一委之。有能盡心竭力，悉闢荒蕪者，本縣量行獎賞〔三四〕。若玩愒不忠，及有虚冒情弊者，定按法究治。

一、驅打行⑲惡少歸農

打行之風，本縣頗盛。凡愚民有報讐復怨之事，争投其黨。查得此輩，皆係無家惡少，東奔西趂之徒。合無密拿渠魁，及被人告發者，枷示之後，發于各區開荒，仍着該區公正收管。季終赴縣，遞改行從善結狀⑳，仍隨鄉約會聽講。夫枷示以殺其飄揚跋扈之氣，開荒務使有恒産恒心之歸，此變易風俗之一道，而草亦有墾矣㉑。但以重農之意，復祖宗流罪之法，則此數輩皆可歸農。否者，則空言也。

一、驅賭博遊手歸農

賭博之事，蕩敗之媒，盗之胚胎也。本縣此風頗盛。合無密拿「開場者」「相客者」枷示，及被人告發者，悉發各區開荒，仍着大户收管。季終赴縣，遞改行從善結狀，仍隨鄉約會聽講。夫重懲「開場」「相客」，則勾引無人，而又并驅歸農，以約其散漫之身，而抑其狂惑之志。庶此風可變，而草亦有墾矣。

一、驅販鹽無藉歸農

本縣地濱江海，兼以白茆、滸浦、福山、三丈諸港，與通泰、海門各鹽場徑對。風帆一指，俄頃可達。且于彼，每鹽一觔，價不過一釐幾毫，于此，則五六釐矣。且于彼，衣布米荳之屬，咸可相貿，于此，則銀錢始售矣。無耕耨穫刈之勞，而立享數倍之利，此販鹽者之所以紛紛也。卑縣除一面責令巡鹽主簿，巡檢司巡檢，以至本縣練兵，福山把總等官，各嚴緝拿外，除拒捕者斬絞，列械者遣配，毫無姑息外，其小船無械，與無船有鹽等小販，合無杖之以懲其過，發之開荒，以遂其生，仍令該區公正收管。季終赴縣，遞改行從善結狀，仍隨鄉約會聽講。夫大販必除，小販歸耕，日漸月化，草亦有墾矣。

一、驅訟師扛棍歸農

俗之敝也，訟師扛棍，互相爲市。此輩多係無家窮棍。合無懲創之後，發于各區開荒，着落公正收管。每季終赴縣，遞改行從善結狀，仍隨鄉約會聽講。夫重之刑威以革其面，驅之耕種以物其身。刁狡無良之念，將銷豁于南畝，而草亦有墾矣。按耿橘，號藍陽。萬曆三十四年任常熟知縣。水利荒政，俱爲卓絶。

校：

〔一〕稔　平、曙作「稔」，黔、魯各本作「載」，不知根據如何？

〔二〕籽　本書各刻本均譌作「籽」，應依中華排印本改作「籽」。

〔三〕有　平、曙作「有」，魯本及中華排印本作「且」。依文義，應爲「有」。（定枎校）

〔四〕一　平、曙本譌作「乙」，依魯、中華排印本改。（定枎校）

〔五〕結　平、曙本作「結」，黔、魯各本改作「決」，並無必要。「結詞」，即訴訟的判決，是向來公文書的例用語。

〔六〕赴隔江　黔、魯各本於「赴」上增一「畏」字。照文義，無必要；上面一個「畏」字，可以兼顧這兩個賓格。

〔七〕迷門　平本的「迷門」，即「慌不擇路」的意思。曙本作「出門」。黔、魯改作「閩匿」，典雅些；但是否原文，無從斷定，暫依平本。

〔八〕本　平、曙作「本」，與下句「本户」相對應；黔、魯改作「平」字，不知根據如何？　暫依平本。

〔九〕贏　平本譌作「羸」，依曙、魯本改。（定枎校）

〔一〇〕業　平、曙作「事」，依黔、魯各本改。

〔一一〕其生全　平本作「之生前」，應依黔、曙、魯各本改。

〔一二〕瘐　平本作「庾」，字形相近而譌；應依黔、曙、魯各本改。「瘐死」，是在監牢中磨折至死。

〔一三〕牛　平本譌作「午」，依黔、魯各本改。

〔一四〕如此　平本、曙本、中華排印本作「如此」，魯本作「如是」。（定枎校）

〔一五〕可爲驗矣　魯本脱「爲」字，應依平、曙本及中華排印本。（定枎校）

〔一六〕奸狡　平、曙本及中華排印本作「奸狡」，魯本作「狡獪」。（定枎校）

〔一七〕夜　魯本作「計」，不知根據如何？　應依平、曙從原書奏作「夜」。

〔一八〕墾　魯本譌作「懇」，應依平本從原書作「墾」。

〔一九〕白　魯本譌作「自」，應依平本、黔本從原文作「白」。下句同。白塘是一個地名，上文已見過。

〔二〇〕有　平、曙作「亨」，黔、魯各本作「有」。按上兩句「有」「無」，下兩句倒轉爲「無」「有」，更合適，依黔、魯各本改。

〔二一〕前　平本譌作「節」，依黔、曙、魯各本改。

〔二二〕粮　黔、魯作「餉」，曙作「根」，暫依平本作「粮」。

〔二三〕貴　黔、魯作「實」，應依平、曙作「貴」。

〔二四〕瘠　平本、曙本譌作「脊」，應依魯本、中華排印本改作「瘠」。（定扶校）

〔二五〕坍　魯本作「池」，應依平、黔、曙作「坍」。

〔二六〕𤳙　平、曙作「𤳙」，考不出根據；黔、魯改作「隰」，文義上也很難解釋，懷疑是字音相近的「畦」字寫錯；「畦畛」即田界。

〔二七〕項　平本譌作「頃」，依黔、曙、魯各本改正。

〔二八〕他　平本譌作「地」，依黔、曙、魯各本改。

〔二九〕列　平、曙、中華排印本作「列」，魯本作「例」。（定扶校）

〔三〇〕仲　平本空等，依黔、曙、魯各本補。

〔三一〕墾　魯本譌作「宅」，應依平、曙本作「墾」。

〔三二〕挾　黔、魯各本譌作「狹」，應依平、曙作「挾」。

〔三三〕便　平、曙作「便」，魯本及中華排印本作「備」，暫依平本。（定扶校）

〔三四〕賞　平本譌作「實」，依曙、魯、中華排印本改。（定扶校）

注：

① 選貢：明朝科舉中一種選拔的方式；也指由這種方式選拔的「讀書人」（見明史卷六九選舉一）。

壽昌：今日浙江省壽昌縣（按今日壽昌縣還有一個小鎮，名「諸葛」）。定遠：今日安徽省鳳陽縣南的一個縣。諸葛昇事跡，暫未查出其他材料；文中引用了徐貞明的文章，推想起來，應是比徐貞明稍晚的人。

② 據現見明代和清初的「公文程式」，起處必須有一句：「爲……事」，（「爲」「事」兩個字之間，填上文件的主題。）下面再接一個「照得」（即按照調查詢問所得），在「得」字下才是文件的正文。這裏，似乎脱去了一個「爲」字。這個文件是呈上級主管長官（漕運總督）的，所以「照得」下接着自稱「卑職」。

③ 小注顯係徐光啓所加。

④ 微：解作「無」。

⑤ 聊：解作「寄託」「倚賴」。

⑥ 更：作動詞，解爲「變更」。

⑦ 爲秋：即「收穫秋莊稼」。

⑧ 小注疑徐光啓所加。

⑨ 合無：「合」是「合適」、「得當」；「無」是否定。「合無」，即今日通用語言中的「可否」，這是明代公文書中常用成語之一。

⑩ 小注疑徐光啓所加。注中的「孺東」，指徐貞明（字孺東）。上面正文「高則開渠……緩則疏引」四

句，是徐貞明的總結，見潞水客談（本書卷十二有引文，可以參看）。

⑪ 無礙脩理官銀：「脩理官銀」，指國庫的現銀，指定作爲各項修理之用的；「無礙」，指動用時不發生妨礙。

⑫ 炤得：「炤」是「照」字的古寫法。「照得」，即按照調查研究所得結果。

⑬ 二釜不登：稻麥兩樣都未有收成。（下句「擔石」應作「儋石」。）

⑭ 菹洳：「菹」字，依習慣應作「沮」。沮洳是土壤蓄水很高，高到地面可以看出有積水的情形。

⑮ 養伍字：齊民要術序，有「倚頓，魯窮士；聞陶朱公富，問術焉。告之曰：『欲速富，畜五牸。』乃畜牛羊，子息萬計」。養牛馬驢騾第五十六，引陶朱公這句話，所加小注，是「牛、馬、豬、羊、驢五畜之牸」。「牸」即能生育的母畜，本應寫作「字」。

⑯ 鞠爲茂草：詩小雅小弁章有這麽一句；「鞠」，毛傳解釋爲「窮」，即「抛荒」的結果，長滿了草。

⑰ 槁：應作「槁」，枯乾的意思。

⑱ 花：懷疑所指的是「棉花」，不是普通的花卉。

⑲ 紙上栽桑：參看本書卷三注⑨。

⑳ 小注疑徐光啓所加。

㉑ 小注疑徐光啓所加。

㉒ 訴越：即越境訴訟，也就是標題中的「越告」。

㉓ 雉經：指上吊、自縊。

㉔ 出入守望相友相助：這是古代相傳「井田制度」中的項目。孟子滕文公上，載有孟子所描繪的理想制度：「鄉田、同井，出入相及，守望（＝看守）相助，疾病相扶持。……」

㉕ 勝國：指元朝（參看卷三注㉝）。

㉖ 消：應作「蕭」字，同音寫錯。

㉗ 「高皇帝嘗遷松、常、蘇、杭、嚴、紹、金、處之民以實之」：明太祖是鳳陽人；他在洪武三年（一三七〇年）六月下詔從蘇州、松江（以上「南直隸」）、嘉興、杭州、湖州（以上浙江）五府，「徙民無業者田臨濠，給資糧、牛種，復（＝免租役）三年」。見明史本紀二。食貨志一「户口」項下，所記爲「無田者四千餘户」及「徙江南民十四萬於鳳陽」。這裏所記的八個府，和明史相同的有三個；常州、嚴州、紹興、金華、處州五府，不見於明史；明史所載嘉興、湖州，也不見於本文。本書卷三引馮應京國朝重農考所舉爲「湖、杭、温、台、蘇、松諸郡」，又多出一個台州府。

㉘ 「以其家爲内帑，以吾邑爲泉府」：「内帑」，這裏借用爲儲藏財富的地方；「泉府」借用爲取得財富的地方。

㉙ 小注疑徐光啓所加。

㉚ 小注疑徐光啓所加。

㉛ 收贖：按照當時法律規定，凡老、幼、癈疾、篤疾（＝重病）和婦人，犯罪應徒（監禁）或流（罰徙居

至二千里以外的地方居住)罪的人,上繳定額銀錢,或炭、米等國家需要的物資,可以免受實際處分。

㉜ 三尺:漢代,用三尺長的竹簡寫法律,因此有「三尺法」的説法(見史記杜周傳)。

㉝ 「今議……開無主荒田焉」,這一小節,所用「刑法」名稱,集中解釋如後。(大半據明史卷六九至七一,刑法志一、二、三。)

㉞ 徒配:「配」是「配發」,即「流」到邊塞地方「做工」;「徒」是帶刑具(鐐、梏、鐵索)監禁並服役。「徒配」,是「配發」兼監禁服役。

㉟ 有力:有繳納「收贖」(鈔、錢、銀或實物)的能力。

㊱ 杖:犯罪後,由刑吏當廷用法定的「杖」,捶打六十至一百下。

㊲ 納賑稻:繳納稻米,供賑濟之用,作爲一種「收贖」。

㊳ 無力:犯罪人没有繳納罰款的能力。

㊴ 同准:同一標準。

㊵ 工作:明律「做工」,即監督勞動。有運灰,運囚糧,運水,運炭……。

㊶ 小注顯係徐光啓所加。

㊷ 城旦:秦漢時的刑罰,即在長城上,從事修理長城的各項勞役。

㊸ 馬户:代驛站飼管驛馬的人家。

㊹小注疑徐光啓所加。

㊺小注疑徐光啓所加。

㊻小注疑徐光啓所加。

㊼徐尚寶：指徐貞明，曾任「尚寶司丞」。

㊽汪應蛟：明史卷二四一（列傳一二九）汪應蛟傳：「……萬曆二年（一五七四年）進士，……朝鮮再用兵（案指萬曆二十五年，一五九七年），移應蛟天津；及天津巡撫萬世德經略朝鮮，即擢應蛟右僉都御史代之。屢上兵、食事宜，……應蛟在天津，見葛沽、白塘諸田，盡爲汙萊。詢之土人，咸言斥鹵不可耕。應蛟念地無水則鹻，得水則潤，若營作水田，當必有利。乃募民墾田五千畝，爲水田者十之四；畝收至四五石，田利大興。及移保定，乃上疏曰：……」這個疏，大致就是萬曆三十年（一六〇二年）在保定時所上。現見汪應蛟奏議卷八。本書所引，有刪節。

㊾未雨徹桑：本出詩豳風鴟鴞：「迨天之未陰雨，徹彼桑土，綢繆（＝補葺）牖户。」

㊿小注顯係徐光啓根據經驗和計算所加。

(51)小注顯係徐光啓所加。

(52)小注疑徐光啓所加。

(53)小注疑徐光啓所加。

(54)以下一段，應是徐光啓對汪疏所作的補充。

(55)萬世德：見本卷注㊽。「題」，是專疏奏請。
(56)小注疑徐光啓所加。
(57)小注疑徐光啓所加。
(58)沈一貫：明史卷二一八(列傳一〇六)有傳。此疏係萬曆廿六年(一五九八年)所上。現見沈著敬事草卷三，題爲「墾田山東疏」，本書引用，有删節。
(59)小注疑徐光啓所加。「黄」「腄」是山東半島的兩個縣。
(60)現見管子牧民第一。
(61)小注似徐光啓所加，對廷選表示不滿。
(62)小注似徐光啓所加(徐和沈一貫同是江南人)。
(63)小注疑徐光啓所加。
(64)耿橘：除本書引文末尾所附小注之外，暫未見到其他有關耿橘事蹟的材料。
(65)開荒申：現見常熟縣水利全書附開荒申。本書引用有删節。從耿橘這個「申文」中，可以看出㊙明代賦税制度剥削的嚴重；㊁農民所受壓迫與剥削層次之多；㊂長江下游農田與水利之間，關係既密切又極複雜；㊀耿知縣根據經驗所設防範，想得如此周到，應當可以得到支持與信任。
(66)蛇豕視：春秋左氏傳(定公四年)申包胥向秦求救時，控訴着説「吴爲封(＝大)豕(＝野豬)長蛇……」後來就用「封豕長蛇」，象徵性地代表貪殘的侵奪者。易頤卦有「虎視眈眈」的比喻，描繪虎在撲食前等待時機的窺伺。「蛇豕視」，湊合這兩個比喻，説明惡霸地主隨時準備找機會爭奪墾地所有權，管税收的貪官污吏隨時準備訛詐索取積欠租税，使願領墾的農民，想到這些「吃人的家夥」就害怕。

67 卷查萬曆二十八九兩年：即查看這兩年的檔案。（萬曆二十八九兩年，爲公元一六〇〇年、一六〇一年。）

68 坍江：被水浸没了的已墾田地。

69 高明坍沙：已浸没，但還可以在水面看見的、原來是「沙淤」的土地。

70 槩縣存留米抵補：明代，各縣應納賦税，依照定額繳納，不能減少。遇有「抛荒」、「坍没」……等田地實際減少時，就按一縣的田賦平均（＝「槩」）攤派。「縣」原有「存留米」（即從「上繳」額中存留下的米），也常用來「抵補」這些短缺。

71 未限：即「無限期的」。以上一些賦税制度名稱，止能作簡單解釋。（詳細請參看明史食貨志、續通典和續通志中「食貨志」部分。）

72 巳米：平、曙作「巳米」，黔、魯作「己米」，均不可解。疑係當時公文書中慣例，用來代替「折色」的符號，和「本色」相對應的。

73 小注疑徐光啓所加。

74 胼胝：讀 pián zhī，本來指「繭皮」；這裏用來指手脚上長了繭皮的人。

(75)矜：憐憫愛惜。

(76)五等年分：據明史和續通典所載，明代對墾荒所得耕地的稅收，最初是「永逸」，後來改爲免幾年，然後再「起科」（開始徵小額的稅），逐漸「陞科」（加額），達到一定標準爲止。具體辦法，找不出記載，大致彈性頗大。這裏的「五等年分」，參照下文看來，大致是第一段免，第二段起，第三段加收少額，第四段增加一些，最後達到第五等滿額，即「合科」。

(77)斗則：可以解釋爲按畝繳稅銀多少「斗」；——但更可能是「科則」（即按田類定稅額）寫錯。

(78)粮長：洪武年定下的制度，由「殷實富户」，作率領大衆納粮的頭人。

(79)打行：以械鬥爲「職業」的壞分子集團。

(80)結狀：一種認罪並保證「改過」的文書，由個人具名，並覓人擔保，交官存執的文書，稱爲「甘結」，——即「甘願如此了結」。

(81)草亦有墾矣：按商子（即假託爲商鞅所著的商君書）墾令第二，共十八段，每段陳述一種使大衆務農的措施或理論，都以「則草必墾矣」作結語。這裏是變通商子的句法。

案：

〔一〕多地　不可解；原奏作「多灶地」，即設煮鹽灶的地方，所以「無粮差」。

〔二〕條　應依原奏作「業」；「坐作擊刺」，是練兵的「業」。

〔三〕此「職」字，原奏作「臣」。奏疏只可以稱臣，應依原奏改正。

〔四〕「語云」等二句，敬事草刊本中無。

〔五〕積逋　敬事草刻作「租逋」，誤；「租」應作「積」。「積逋」是歷年累積下來的欠項。

〔六〕刊本無此「免」字，可能是免稅幾年後，第幾年起徵稅；以後第幾年的「起」，即「陞科」的意思。

農政全書卷之九

農事

開墾下

玄扈先生墾田疏曰①：京東水田之議，始于元之虞集②。萬曆間，尚寶卿徐貞明踵行之③。今良、涿水田，猶其遺澤也。職〔一〕廣其説爲各省直〔二〕槩行墾荒之議。然以官爵招致狹鄉之人，自輸財力，不煩官帑，則集之策不可易也。集之言曰：京師之東，瀕海數千里，北極遼海，南濱青、齊，萑葦之場也。海潮日至，淤爲沃壤。用浙人之法，築堤捍〔三〕水爲田，聽富民欲得官者，合其衆，分授以地，官定其畔以爲限。能以萬夫耕者，授以萬夫之田，爲萬夫之長。千夫百夫亦如之。三年後，視其成，以地之高下定額，以次漸征之。五年有積蓄，命以官，就所儲，給以禄，十年不廢，得世襲，如軍官之法。職按：集所言海濱之地，今斥鹵難用④，其可用者，或窒礙難行。而海内荒蕪之沃土至多，棄置不耕，坐受匱乏，殊非計也。職故祖述其説，稍覺未安者，別加〔二〕裁酌，期于通行無滯。今并條議事宜，列款如左：

一、墾荒足食，萬世永利，而且不煩官帑。招徠之法，計非武功世職〔二〕如虞集所言不可。或疑世職所以待軍功，今輸財力以墾田而得官，與事例何異⑤？則職嘗辯〔三〕之矣。唐虞之世，治水治農，禹、稷兩人耳，而能平九州之水土，粒天下之烝民⑥。當時之經費，何自出乎？蓋皆用天下之巨室⑦，使率衆而各效其力，事成之後，樹爲五等之爵以酬之⑧。禹貢一篇，所以不言經費，第于則壤成賦之後⑨，終之曰錫土姓而已⑩，故曰建萬國以親諸侯。若必以軍功封，則生民之初，何所事而得萬諸侯乎？後來兼併之世，乃以武得官。則生人而封⑪，比之殺人而封者，猶古也。況虞集尚言世襲如軍官之法，職所擬者，不管事，不陞轉，不出征，空名而已。田在爵在，去其田，去其爵矣，即世襲，又〔四〕空名也。名爲給之禄，禄其所自墾者，猶食力也。事例之官，爲天下之最大害者，爲其理民治事筦財耳。衛所之空銜，安得與事例比乎？今之事例，歲不過六十萬。此法行不數年，而公私並饒。即事例可罷，欲重名器，尤宜出此。但恐空銜無實，人未樂趨，故必以空銜爲根著，而又使得入籍登進以示勸⑫。凡狹鄉之人才必衆，進取無因，以此歆之，自然麕集。又疑土著之民不能相容，則另立屯額科舉鄉試⑬，不與土人相參也。以此均民而實廣虛，甚易矣。或又疑舉額加增，則仕途壅滯⑭。不知今之壅仕途者，非科貢也，事例也。今墾田入學，其中式以漸增加⑮。若增至百名，則墾田已得千萬畝，歲入至輕亦得百餘萬石。而藏富于民者，更不可數計矣。此時漸革事例，以舉人入選，猶患其少耳，何壅滯之有！

一、或疑均民之説，以爲人各安其居，樂其業足矣，何事紛紛，率天下而路乎⑯？不知徙遠方之民，以實廣虚⑰，漢人有此法矣。自漢以來，永嘉之亂，靖康之亂⑱，中原之民，傾國以去，所存無幾耳。南之人衆，北之人寡，南之土狹，北之土蕪，無怪其然也。司馬遷曰⑲：「本富爲上，末富次之，姦富爲下。」北人居閑曠之地，衣食易足，不務畜積，一遇歲祲，流亡載道，猶不失爲務本也。南人太衆，耕墾無田，仕進無路，則去而爲末富姦富者多矣。末富，未害也。姦富者，目前爲我大蠹，而他日爲我隱憂。長此不已，尚忍言哉！今均民之法行，南人漸北，使末富姦富之民，皆爲本富之民。民力日紓，民俗日厚，生息日廣，財用日寬，唐虞三代，復還舊觀矣。若均浙、直之民于江、淮、齊、魯，均八閩之民于兩廣，此于人情爲最便，而于事理爲最急者也。

一、虞集言：三年之後，視其成，以地之高下，定其額，以次漸征之。職今言開墾之月〔五〕，即定歲入之米，何也？祖宗朝，有開荒永不起科之例，不行久矣。必于三年之後，即目前無定則之田，人將恫疑而不就也。職今擬定：上田，每畝一斗。下田，炤本地科則折筭。名爲一斗，以半爲其俸入，實出五升而已。其止于五升者，板荒無粮之地，向來棄置，而盡力墾治，爲費已多。畝出五升，不爲薄也。其半荒者，原有本地糧額，決不可少，正額之外，加出五升，亦不輕矣。且今日之大利，在田墾而粟賤，和糴⑳易而畜積多耳，不在多取也。況有歲入之米爲據，即可以定其所墾之田，即可以定其入籍之人。彼應募者，又何吝此兩年之入乎？

一、耕墾武功爵例㉑：

二人，耕水田十畝，入米一石。二十人，耕百畝，入米十石，爲小旗。内以五石爲本名粮，餘半納官。小旗給帖，許立籍廣種。

五十人，耕二百五十畝，入米二十五石，爲總旗。内以十二石五斗爲名粮，餘半納官。總旗許嫡男一名考縣童生。

一百人，耕五百畝，入米五十石，爲試百户。内以二十五石爲俸，餘半納官。試百户許縣考童生二人。一百五十人，耕七百五十畝，入米七十五石，爲百户。内以三十七石五斗爲俸，餘半納官。百户許縣考童生三人。

二百人，耕一千畝，入米一百石，爲副千户。内以五十石爲俸，餘半納官。副千户許縣考童生四人。

二百五十人，耕一千二百五十畝，入米一百二十五石，爲正千户。内以六十二石五斗爲俸，餘半納官。正千户許縣考童生五人。

三百人，耕一千五百畝，入米一百五十石，爲指揮僉事。内以七十五石爲俸，餘半納官。指揮僉事許縣考童生六人。

三百五十人，耕一千七百五十畝，入米一百七十五石，爲指揮同知。内以八十七石五斗爲俸，餘半納官。指揮同知許縣考童生七人。

四百人，耕二千畝，入米二百石，爲指揮使。内以一百石爲俸，餘半納官。指揮使許縣考童生八人。

一、凡應募者，不論南北官民人等，但各自備工本，到閑曠地方，或認佃無主荒田，或自買半荒堪墾之田，即于本處報官。府縣即與查勘，丈量明白，編立步口號〔六〕，開造魚鱗圖册㉒，類報本道，就令開墾。成田入米之後，該道仍親詣丈勘，申詳題請給劄，俱准世襲職銜，與衛所官一體行事。仍給劄文，令嫡親子弟孫姪考試。有司炤驗帖文事理，仍准同官五員，連名保結，即與收考。其以他人冒頂倖進者，依冒籍律，同保連坐。向後如闕田闕米，本身及倖進子弟，俱追劄革職除名。或雖納米而無實墾田畝者，罪同。其自副千户以上，本身願改文官職銜者，或文官已經休致，而願進階及加銜加服色者，咨送吏部，酌量相應職級，奏請定奪。若勛戚大臣，雖不以衛所職銜爲重，而能爲國爲民，將自已莊田開墾成熟者，聽其推及族姓，或自願請給恩典者，該部代爲陳奏，取自上裁。

一、凡墾田者，若買到有主半荒之田，此田原有本地粮差，俱要于本等粮差之外，另自納米，爲水田歲入之數。其負欠本等粮差者，先將納米扣足，後筭歲入。

一、所墾之田，若是板荒地土，未入粮額者，聽憑告官開墾，水旱耕種，止納餘米。官民軍竈人等㉓，不許生端科索擾害。若是民田抛荒無主者，聽其告官佃種，止完承佃之後本地應出粮差，有司不得指以舊逋，勒令賠納。開墾成熟，原主復來争業者，遵奉恩詔事例，斷給荒田價值。

一、凡墾田，必須水田種稻，方准作數。若以旱田作數者，必須貼近泉溪河沽淘泊，朝夕常流不竭之水，或從流水開入腹裏，溝渠通達，因而畦種區種旱稻二麥棉花黍稷之屬，仍備有水車器具，可以車水救旱；築有四圍堤岸，可以捍水救潦。成熟之後勘，果水旱無虞者，依後開法例，准折水田一體作數。若不近流水，無法可以通濬而能鑿井起水，區種畦種成熟者，用力爲艱，定以一畝准水田一畝。其以若干畝准一畝者，止納一畝餘米。旱田餘米，除旱稻小麥准作米數外，有以黍稷豆等上納，炤依時價加添作數。

一、旱田通水灌溉者，即古人井田之制。損地愈多，其田愈沃㉔。今定准折之數，除有見成河沽泉溪淘泊之外，其以實地開作渠溝〔四〕塍岸者，每百畝損田十畝，即准水田百畝。損田五畝，准作五十畝。損田三畝，准作三十畝。損田二畝，准作二十畝。二畝以下，不准作數。

一、凡實地種水田，須多開溝澮，作徑畛，費田二十分之一以上，方爲成田。近大川者，減三之一，寧可過之，無不及焉。若平原漫衍，無徑涂溝洫，望幸天雨，水旱無備者，謂之不成田，不准作數。勘時，全要備細查明造册。其成田入米授職考試之後，復有水旱災傷，以致抛荒不能遽復者，許告明于别處墾補。其抛荒不報，止以納米搪塞者，事發，本身子弟俱行削革，餘田没官，另募墾種。有首告者，以半充賞。

一、凡水行地皆可灌，凡地得水皆可佃〔七〕。故地須水灌，必委曲用其水；水須地行，必委曲用其地。凡應募人衆，或買或佃，或認開積荒，所承地土，倘去江河溪澗稍遠，中間開通溝洫，畜洩水道，須從鄰田經過，要從附近人户，買田開濬者，須憑地方人等，議同和買。比于時值，量加半倍多至一倍爲止。墾户不得以應募爲辭，抑勒强買；田主亦不得以方圓爲辭，高求價值。違者，許各具情赴官，聽候裁斷。

一、墾田用水，其間開塞築治之事，有與地方官民相關者，或利〔五〕害互相争執，工費互相推調。院〔八〕道宜選委賢能官員，親詣查勘，斟酌調停，務期兩利無害。一切興脩工費，有應屬原係㉕官民者，有應屬墾田官民者，有共利共害，應均攤出辦者，俱須從公裁處，無得曲狥一面之詞，致有偏累。亦無得因其互争，槩從廢閣，以致有害不除，有利不舉。兩下亦宜平心聽處。如有偏執成心，理屈求伸者，合行盡法究罪。

一、墾田去處，有大工作，如開河渠、造牐壩等，有肯一力造辦者，有集合衆力造辦者，俱報官勘明興工。功成報勘，如費銀一千兩，准作水田一千畝。一體授職入籍，但無入米，亦無官俸。此外，本人別有開墾地[九]畝，炤數納米給俸。

一、邊方緊急去處，于耕種地所，造如式吊角空心敵臺一座，約用銀一千兩者，准水田一千畝。更高大多費者，勘實遞加准田之數。但造臺受職者，止許受職入籍，亦無入米，無官俸。此外，開墾田畝，炤常入米給俸。其所造敵臺，平時即與本官居住，仍令于臺上，各備大小火銃藥弩等件。遇有虜警，集户下壯丁于臺上射打。若殺賊數多，獲有功級，炤依邊方事例，一體給賞。其能自備馬匹盔甲軍火器械，本官率領户下丁壯，遇有零犯大舉，與官軍犄[六]角殺賊，獲有功級而願陞者，于屯衛職級之外，另陞職級，悉依軍政事例，給與[一〇]世襲。此項職級，與耕墾無與，不在闕田闕米革除職名之限。願賞者聽。

一、衝邊要地，人人憚往。獨能築治臺堡，開墾地畝者，與内地難易迥絶。應炤遼東諸生順天鄉試事例，特立邊字號，令其中式稍易，以示激勸。

一、今撫按司道職掌敕中，皆帶營田官，不須耑設。第人情各是[一一]所習，各安所近，須擇其耑意明農者，使居其任可矣。獨府州縣佐，宜歸併他務，選用一員專理，以便責成。

一、開墾去處，所選用司道府縣正佐，聽在京九卿科道，訪實保舉，通知農田水利，及有志富民足國者，從優選授。或未蒙保舉，而自願告就，查無規避情弊者聽。果有成績，從優陞遷，或加銜管事。其任久功多者，破格超遷，以示優異。或就于本處超遷，以便責成。

一、議者言：荒地有司多有隱匿私税者，故以荒爲利，最忌開墾。此或未必盡充囊槖，即以給官中公用，或抵補荒粮，亦屬非法。且境内之土盡辟，人必聚，何慮無財用。今後功令既頒，就墾既衆，若猶仍故習，生端藉口，或詭言境無荒蕪，或禁止和買，或抑勒承佃，如此沮人心，撓成議者，該撫按司道訪實參處。

一、新授指揮以下官員，俱用附近衛所名色，別稱屯田職銜。如附近某衛者，即銜稱某衛屯田指揮使。位本官之下。如指揮使，即序本衛指揮使之下，本衛指揮同知之上也。若此地官員既多，願自于緊要去處，設立屯衛衙門及屯學者聽㉖。其行移文案，若關職級等事，俱經繇本衛印官申詳院道。若田土錢粮〔二二〕事宜，經繇府州縣申詳。或有迫切及枉抑難明事情，徑自陳告院道，不關本衛所之事。

一、屯衛所官員，除有軍功世襲外，其餘俱以耕墾入米爲事。不在征調之限。其户下丁夫，除自願應募充兵者聽。其餘，不許邊方將官，用强勒充家丁㉗，以致人心不安，良法沮壞。如有故違者，許被害人輕則陳告，重則奏請處治。因而煽詐者，計贓論罪。

一、凡以墾田授職者，通不許私自頂名代職，違者以假官論。子弟考試者，以冒籍論。其田没入官，另行召募耕種。首告者，以没田一半充賞。

一、生員入學，俱于附近衛府州縣總計。與考童生二十名㉘，進學一名；生員五名，科舉一名。科舉計〔三〕二十五名。即題准加額中式一名㉙。俟本學生員滿二百名，别立屯學，設廩膳十名，增廣十名，四年一貢。滿三百名，各設十五名，三年一貢。滿四百名，各設二十名，二年一貢。廩生，止用名目捱貢㉚，其廩膳銀，姑俟成功之日，財用充足，另與設處。貢生舉人進士牌坊銀兩，俱炤京府事例，行文原籍支給。

一、鄉場中，另立屯字號，不論京省，每科舉二十五名，中式一名。會場不必遽加甲科之額。會場脚色，要開見在某處屯衛，原籍某處。硃墨卷，要炤原籍地方開填南北中字樣，不得用屯衛地方開寫，驟侵北土之額。後果鄉試中式數多，聽候臨期另行題〔七〕請定奪。

一、若止願墾田，不願入籍登仕者，或于授官入籍額外多墾者，皆免其歲入餘米，止完本田上粮差。

一、開墾成熟之田，不許地方豪右用强奪占，用價勒買。違者，赴合干〔八〕上司陳告處治。其墾田納米之外，獲有餘米，許依時價糶賣，各衙門不許指以官價爲名，減值勒買。違者亦聽被害人陳告處治。如衙門人役指官抑買者，告發計贓論罪。

一、各省直漕粮，江南民運白粮，耗費最爲煩苦。自今墾田以後，屯衛所官員人等，有於近京去處，收獲餘米，自出脚力搬運到來。白粮于户部光禄寺等衙門，漕粮於户部倉場總督等衙門告明，即許將合式粮米，炤例上納。給與印信倉收執炤，類總移文彼處漕運巡撫等衙門，轉下所司，炤數給與應解正耗貼役等米石車水脚等銀兩，免其解運。其民户情願扣除本名及子壻族親〔一四〕名下應納銀米者，聽其盡數扣除，有司不得留難抑勒，重復〔九〕徵收。違者許被害人徑赴合干上司陳告參處。在京各衙門，仍炤軍民粮運見行規則，刊刷易知單册，給與納户，以便交納扣除。

一、律法有流罪三等㉛，久廢不行。大率比〔一五〕附軍徒，引例擬斷。推原其故，當因杖流人犯，二三千里之外，了無拘管，亦無資藉，勢難存立。不若軍徒，既有衛所驛遞，官長鈐束，新軍亦有月粮三斗，徒犯亦有站銀二分，少資糊口。故流罪廢，而比附軍徒，勢不得已也。今既設立屯衛官員，皆在廣虚之地。若將流罪人犯，解赴收管，令作佃徒，以當差操擺站，即得服田食力，務本營生。以此聚人辟土，正合〔一六〕古人徙民之意，亦不至牽合比擬，使罪不麗法，法不當罪矣㉜。犯人本身，除有血戰功級，炤例升賞外，其餘墾田雖多，終身不得除罪受職。其子弟以墾田頃畝入米，考試上進者聽。

一、既墾成熟而棄去者，如未授職名，另募人耕種。已授〔一七〕者，革職除名，遺下田畝，亦另募耕種。所在有司軍衛鹽司等衙門，不得指以義田貼役養廉草束產鹽條鞭〔一八〕等項名目，勒作官田，以致逆沮人心，棄置永利㉝。其另募者，無開墾之勞，本身授職與子弟考試，准其半給。半給者，如耕二千畝，原該指揮使子弟八人與考，今止授副千户四人與考也。若委係邊地危險，或兵荒倥偬，而能應募補缺者，仍准全給。

校：

〔一〕省直　平、曙作「省直」，即各「省」與各「直隸州」。黔、魯各本倒轉，是錯誤的。本集及下文第二十六項均作「省直」，可爲佐證。

〔二〕加　黔、魯作「如」，應依平、曙作「加」；本集亦作「加」。

〔三〕辯　黔、魯作「辨」，應依平、曙作「辯」，即以言語説明。

〔四〕渠溝　黔、魯倒轉作「溝渠」，應依平、曙及本集作「渠溝」。

〔五〕利　平本譌作「和」，應依黔、曙、魯各本及本集改作「利」。

〔六〕犄　黔、魯譌作「特」，應依平、曙及本集作「犄」。

〔七〕黔、魯本「題」下有「奏」字，平、曙「題」下空一字，本集亦無「奏」字。

〔八〕合干　「干」即有「干係」（＝關係）的意思，應依平本作「干」；黔、曙、魯作「于」是錯的。（本集正作「干」。）

〔九〕復　平、曙與本集同作「復」，文義可通，黔、魯各本作「複」，沒有必要。

注：

① 這是徐光啓欽奉明旨條畫屯鹽疏五項（即墾田、水利、除蝗、禁私鹽、晒鹽）中「墾田第一」一項的原文。現見一九〇九年上海鉛印本李杕編徐文定公集（本卷以下引用時簡稱「本集」）。本集編者，未與農政全書核對過（這段引文，「本集」有「缺文一百五十字」一處，農政全書不缺；可以證明）。本書引文與本集，個別字句有差別。這一節疏文，可以看出徐光啓有一個「理想」：要用「屯田」「墾田」的方法，來解決當時政府在軍事與財政上左支右絀的困難，挽救明皇朝危亡的命運。他總結了歷代「軍屯」與「民墾」兩方面的成績與流弊，和元、明兩代在冀東地區旋墾旋荒的事跡，加上自己隨汪應蛟、徐貞明兩人之後，在天津附近墾田的經驗，擬出了這一項具體辦法：想以「空銜」，激發「巨室」（有錢或又有錢又有勢的人家），投出物力、組織人力來墾

荒；同時收到「實邊」的效果，對抗後金（清皇朝未入關以前的自稱）武力侵略；也同時減輕東南各省人民的負擔。由於出身及時代的限制，他所定的辦法，只能是爲統治階級服務的。其中基本的「農本思想」，和實施技術上用種水稻來利用鹽碱地等，還代表着他思想中合理的部分。

② 虞集：參看卷三注㉞。

③ 徐貞明：參看卷八注㊼與卷十二所引徐貞明亟修水利以預儲蓄疏及西北水利議。

④ 斥鹵：或寫作「澤鹵」，即土壤所含食鹽量很高，大氣潮溼時，吸水潮溼像「澤」，乾燥時地面又有鹽粒鹽霜，像「鹵」一樣。

⑤ 事例：明史卷六九（志四五）選舉：「『例監』始於景泰元年（一四五〇年），以邊事孔棘，令天下『納粟納馬者，入（國子）監讀書，……』成化二年（一四六六年），南京大饑，守臣建議，欲令官員軍民子孫納粟送監。禮部尚書姚夔言：『太學……納草納馬者，動以萬計，不勝其濫』……其後或遇歲荒，或因邊警，或大興工作，率援往例行之。……」這裏所指「事例」，大致即指這種「捐納」的「監生」。

⑥ 粒天下之烝民：「粒」，這裏用作他動詞，即以「粒食」（＝糧食）供應天下之烝民。

⑦ 「蓋皆用天下之巨室，……何所事而得萬諸侯乎」：「巨室」是有錢有勢的人家。案：這一點，是徐光啓的一種推測。徐自己出身於一個小有産者的家庭，由於時代的限制與傳統的習慣，總覺得

「有恒産有恒心」的士人,應當高人一等,可以上列於統治者階層中。因此歪曲古代歷史,來遷就自己的設想,以「古已有之」爲理由,解釋「巨室」應當永遠是領導者。前面卷八汪應蛟疏的一個小注,也就是從這種推測出的。

⑧五等之爵:公、侯、伯、子、男五個爵位名稱。案:近來大家認爲五等是春秋時候才有的;過去似乎只有侯與伯兩個稱號。

⑨則壤成賦:尚書原文是「咸(=都)則(=按照)三壤(=上、中、下三種不同土的生産力)成(=定)賦(=賦稅)」。

⑩錫土姓:「錫(=賜)土(=土地)姓」,是對諸侯的安頓。

⑪則生人而封:「生」字與下文「殺」字相對待,即「使人得生存,因此受封」。

⑫入籍登進:「入籍」,即記入户籍,從法律上承認這一家人家爲本地區的合法居民。「登進」,即在某一個地區,在科舉制度中,設一定取録名額,爲本地區合法居民創造進身於統治階級的條件。

⑬屯額:即在科舉中原來的「定額」以外爲「屯户」特設的「名額」。

⑭仕途壅滯:明代,有多次由於「捐納」出身太濫,有「出身」的「候補」人過多,而實職官位太少,「選」不上官;於是「仕途」(實際補官的道路)擁擠。

⑮中式:「中」讀去聲,「中式」,即合於規定的「程式」(=標準),也就是在科舉中給以「功名」或「出身」。

⑯路：作自動詞用，即「上路」（旅行）。

⑰實廣虛：見卷二注㉓，即填滿曠野和空地。

⑱「永嘉之亂，靖康之亂」：永嘉是西晉懷帝（三〇七年至三一二年）的年號，這時匈奴劉淵入侵；靖康是宋欽宗（一一二六、一一二七年）的年號，金人入侵。

⑲見史記貨殖列傳。

⑳和糴：政府按法定價格，向農民派購的糧食。

㉑武功爵：據明史卷七六（志五三）職官五：武官的官、職、定：

指揮使	所部兵五千人	秩正三品
指揮同知		秩正三品
指揮僉事		秩正四品
千户	千人	秩正五品
副千户		秩從五品
百户	百人	秩正六品
試百户		秩從六品
總旗	五十人	
小旗	十人	

按：「爵」的意義，只是一個無實職的「空銜」，徐光啓所以建議給爵，原來就再三聲明，僅僅是「空名」。這些「官銜」，「試百户」以上，有「正史」可考；總旗和小旗，明史和續通典中，都没有「秩」，不知應是幾品。但由「糧數」，可以推定，大致小旗是「從九品」。

㉒魚鱗圖册：明初，按耕地編繪的圖册，作收税根據。各處耕地，按原來形狀繪出，像魚鱗一樣，片片拼湊成圖，所以叫「魚鱗册子」。

㉓竈：即煎海鹽的「竈户」。

㉔「損地愈多，其田愈沃」：「損」，作他動詞用。「損」（去作溝渠用的）地愈多，留存的田便愈肥沃潤澤。因此，徐光啓的擬議中，以高「准折」率來獎勵大家「損地」開渠灌溉。一百畝旱地中，損去了十畝實地的，准作爲一百畝水田計功；損去了五畝的，一百畝旱田止作五十畝水田計算。

㉕原係：即「原來有關係」的。

㉖屯學：見開墾下第二十二項。即二五八頁「生員入學，俱于附近衛府州縣總計」項。

㉗用强勒充：即使用强力，逼迫充當。

㉘與考：參加考試。

㉙題准：即專案請求。

㉚止用名目援貢：即僅僅以「名義」「買額」，依比例「入貢」，不給「廩膳」（津貼）。

㉛律法有流罪三等：據明史刑法志一及續通典（卷一〇八）刑二，明初「流刑三」：二千里、二千五百

里、三千里；皆杖一百，五百里爲一『等』加減。」後來流罪改作以「三等，拘役（即强迫勞動）四年一百日」。以後都以「輸作」（＝勞動）折算，按「充軍」和「徒役」處理。

㉜「罪不罷法，法不當罪」：「罷」字作「正合於」解釋；「當」讀去聲，也是「正合」的意思。

㉝「所在有司軍衛鹽司等衙門……棄置永利」，全句的意思是：當地政、軍機關和鹽務部門均不得藉口族裏用田、補貼軍役、取薪煎鹽以及增收一條鞭税等爲理由，把遺下的田畝强收爲官田，以免人心不服，有損長遠利益。

案：

〔一〕「職」字，本集原作「臣」，符合上疏體例。作「職」，應是另鈔給户部的副本，不是原疏（以下不再説明）。

〔二〕垾　本書各本均依平本作從「土」的字。案：從「土」的字無任何根據。卷三馮應京國朝重農考所引，卷十二徐貞明亟修水利疏所引虞集的話，都是從「扌」的「捍」字；本集也是「捍」。此處應作「捍」。

〔三〕計非武功世職　本集作「論功世職」。

〔四〕又　本集作「亦」。

〔五〕月　應依本集作「日」。

〔六〕號　本集號下有「數」字，應照補。

〔七〕佃　應依本集作「田」。

〔八〕院　本集作「縣」。「縣」恐怕没有這樣的權力，似以作「院」爲宜。（以下並同，不再説明。）

〔九〕地　應依本集作「田」。

〔一〇〕與　本集作「黄」；懷疑當時世襲的官誥，係紅紙黄字，所以稱「黄」。

〔一一〕是　本集作「自」，以作「是」爲好。

〔一二〕粮　本集作「種」，不如「粮」字。

〔一三〕計　應依本集作「滿」。

〔一四〕族親　應依本集作「親族」，比較合習慣。

〔一五〕比　本集誤作「此」。「比附」，即「比照，附入」。

〔一六〕正合　本集作「一若」，意義相同。

〔一七〕「授」字下，應依本集補「職」字。

〔一八〕草束産鹽條鞭　本集作「煎水産鹽修執」。「煎水産鹽」，應依本集；「條鞭」係明世宗時所頒布的「一條鞭税法」省稱，應依平本。

農政全書卷之十

農事

授時

農桑通訣曰①：授時之説，始於堯典②。自古有天文之官。重黎③以上，其詳不可得聞。堯命羲和④，曆象日月星辰，攷四方之中星⑤，定四時之仲月⑥。南方〔一〕朱鳥七星之中殷仲春，則厥民析，而東作之事起矣。以東方大火房星之中正仲夏，則厥民因，而南訛之事興矣。以西方〔二〕虚星之中殷仲秋，則厥民夷，而西成之事舉矣。以北方昴〔三〕星之中正仲冬，則厥民隩，而朔易之事定矣。然所謂曆象之法，猶未詳也。舜在「璿璣玉衡，以齊七政⑦」，説者以爲天文器。後世言天之家，如洛下閎、鮮于妄人輩⑧，述其遺制，營之度之，而作渾天儀。曆家推步，無越此器，然而未有圖也。蓋二十八宿周天之度，十二辰日月之會，二十四氣之推移，七十二候之遷變，如環之循，如輪之轉。農桑之節，以此占之。四時各有其務，十二月各有其宜。先時而種，則失之太早而不生；後時而蓺，則失之太晚而不成。故曰：雖有智者，不能冬種而春收。農書天時之宜篇云⑨：萬物因時受氣，因氣發生。時至氣至，生理因之〔二〕。今人雷同，以正月爲始春，四月爲始夏〔三〕，不知陰陽有消長，氣候有盈縮，冒昧以作事，其克有成者，幸而已矣。此圖之作，以交立春節爲正月，交立夏節爲四月，交立秋節爲七月，交立冬節爲十月。農事早晚，各疏於每月之下。星辰干支，別爲圓圖，使可運轉。北斗旋於中，以爲準則。每歲立春，斗杓建於寅方，日月會於營室，東井昏見於牛〔四〕，建星辰〔五〕正於南。由此以往，積十日而爲旬，積三旬而爲月，積三月而爲時，積四時而成歲。一歲之中，月建相次，周而復始。氣候推遷，與日曆相爲體用，所以授民時而節農事，即謂用天之道也。夫授時曆，每歲一新，時〔六〕圖常行不易。非曆無以起圖，非圖無以行曆，表裏相參，轉運而無停。渾天之儀，粲然具在是矣。然按月農時，特取天地南北之中氣，立作標準，以示中道，非膠柱鼓瑟之謂。若夫遠近寒暖之漸殊，正閏〔七〕常變之或異，又當推測晷度，斟酌先後。庶幾人與天合，物乘氣至，則養〔八〕之節不至差謬，此又圖之體用餘致也，不可不知。務農之家，當家置一本，攷曆推圖，以定種蓺，如指諸掌。故亦名曰：授時指掌活法之圖。

馮應京曰⑩：按天地氣候，南北不同也。廣東、福建，則冬木不凋，而其氣常煥。如北之宣大，則九月服纊，而天雪矣。乃草木蔬穀，自閩而浙，自浙而淮，則二候每差一旬。

至于徐、魯之間，則五月萌芽方茁。是則此圖，當以活法參之，蓋不可膠議以求效也。

孟春⑪，立春節氣⑫：首五日，東風解凍。次五日，蟄蟲始振。後五日，魚上冰。次雨水中氣：初五日，獺祭魚。次五日，雁候北〔一〇〕。後五日，草木萌動。次仲春，驚蟄節氣：初五日，桃始華。次五日，倉庚鳴。後五日，鷹化爲鳩。次春分中氣：初五日，玄鳥至。次五日，雷乃發聲。後五日始電。次季春，清明節氣：初五日，桐始華。次五日，田鼠化爲鴽。後五日，虹始見。次穀雨中氣：初五日，萍始生。次五日，鳴鳩拂其羽。後五日，戴勝降於桑。凡此六氣一十八候，皆春氣，正發生之令。

授時之圖〔九〕

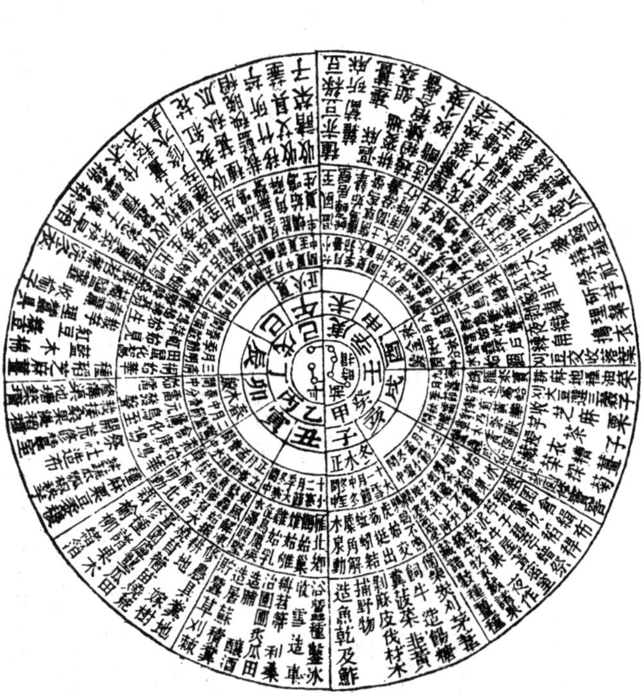

月令曰⑬：孟春之月，日在營室。昏參中，旦尾中。其日甲乙，其帝太皞，其神勾芒。其蟲鱗，其音角，律中太簇。其數八，其味酸，其臭羶。其祀户，祭先脾。東風解凍，蟄蟲始振，魚上冰。獺祭魚，雁候北。是月也，天子乃以元日祈穀於上帝。乃擇元辰，天子親載耒耜，措之於參保介之御間，帥三公九卿諸侯大夫，躬耕帝籍。天子三推，三公五推，卿諸侯九推。反，執爵於太寢。三公九卿諸侯大夫，皆御，命曰勞酒。是月也，天氣下降，地氣上騰，天地和〔三〕同，草木萌動。王命布農事，命田舍東郊，皆脩封疆，審端經術。善相丘陵阪險原隰，土地所宜，五穀所殖，以教道民，必躬親之。田事既飭，先定準直，農乃不惑。是月也，乃脩祭典，命祀山林川澤，犧牲毋用牝。禁止伐木，毋覆巢，毋殺孩蟲胎夭飛鳥，毋麛毋卵，毋聚大衆，毋置城郭。掩骼埋〔四〕胔。若孟春行夏令，則雨水不時，草木蚤落，國時有恐。行秋令，則其民大疫，飈〔一〕風暴雨總至，藜〔五〕莠蓬蒿並興。行冬令，則水潦爲敗，霜雪大摯，首種不入。

元日，五更鷄鳴時，點火把炤桑棗果木等樹，則無蟲。以刀斧班〔二〕駁敲打樹身，則結實。此謂之嫁樹⑭。是日，用尖刀刮破桃樹皮⑮。是月，命女工趨織布，典饋釀春酒⑯。是月十五日，賤糶廪炒令焦，和穀種子⑰。是月教牛，修農具，築墻垣〔六〕，開溝渠，修蠶室，整屋漏，織蠶箔。此月栽樹爲上時，上半月栽者多結子，南風不可栽⑱。

下子：茄、瓜、薏苡、諸般花子、葫蘆、瓟⑲。

扦插：楊柳、石榴、梔子。

栽種：松、桑、榆、柳、棗、葱、葵、韭、麻、胡桃、榛子、松子、杏子、椒、牛蒡子、菠菜、竹、宜初二日。雜樹木、宜上日⑳。木綿花、苦蕒、山藥、冬瓜、宜初〔七〕十日。黃瓜、萵苣生菜、四月芥。種蕈、種芋。

接換：梨子、林檎、棗、柿、栗、桃、梅、柰、李。以上，並雨後。

澆培：石榴、梨子、海棠、栗、棗、柿、梅、桃、杏、林檎、胡桃。已上，並下旬。

收藏：無灰臘糟、蒸臘酒、合小豆醬。

雜事：接諸般花木果樹。移諸般花木果樹。壠瓜地。修諸色果木。修接桑樹。騸諸色樹木。騸與嫁同。

月令曰：仲春之月，日在奎。昏弧中，旦建星中。其日甲乙，其帝太皞，其神句芒。其蟲鱗，其音角，律中夾鍾〔八〕。其數八，其味酸，其臭羶。其祀户，祭先脾。始雨水，桃始華。倉庚鳴，鷹化爲鳩。是月也，日夜分，雷乃發聲，始電。蟄蟲咸動，啓户始出。先雷三日，奮木鐸以令兆民曰：雷將發聲，有不戒其容止者，生子不備，必有凶災。日夜分，則同度量，鈞衡石，角斗甬〔九〕，正權概。是月也，耕者少舍，乃修闔扇㉑。寢廟畢備，毋作大事㉒，以妨農之事。是月也，毋竭川澤，毋漉陂池，毋焚山林。天子乃鮮羔開冰。仲春行秋令，則其國大水，寒氣總至，寇戎來征。行冬令，則陽氣不勝，麥乃不熟，民多相掠。行夏令，則國乃大旱，暖氣早來，蟲螟爲害。

齊民要術曰㉓：二月：順陽習射，以備不虞。春分中，雷乃發聲。先後各五日，寢別內外。蠶事未起，命縫人浣冬衣，徹複爲袷㉔。其有贏〔一〇〕帛，遂供秋服。凡浣故帛，用灰汁，則色黄而且肥〔一三〕。擣小豆細〔一四〕末，下絹簁，投湯中，以洗之，潔白而柔韌，勝皂莢矣。可糴粟黍大小豆麻麥子等。收薪炭。炭聚之下碎末，勿令棄之。擣簁，煮淅米泔搜之〔一一〕，更擣令熟，丸如雞子。曝乾，以供籠爐種火之用，輒得達曙，堅實耐久，踰〔一二〕炭十倍。

初二日，東作興，俗謂上工日㉕。田家雇傭工之人，俱此日執役之始，故名上工。

泥蠶室。春〔一三〕百果木根㉖，則子牢。此月雨水中，埋諸花樹條，則活。中旬種稻，爲上時。

下子：麻子、紅花、山藥、白扁豆、桑椹。

扦插：蒲桃、石榴。

栽種：槐、穀〔一四〕楮、栗〔一五〕、松、銀杏、棗、皂莢、菊、茶、薤、木瓜、桐樹、决明、百合、胡麻、黄精、木槿、茨菰、甘蔗、雜菜、藕、芋、宜雨多。竹、茄、瓜、莧、枸杞、萱草、蒼朮㉗、芭蕉、萵苣、紫蘇、烏豆、豌豆、茱萸、韭、夏蘿蔔、苕帚、大葫蘆、菘菜、大豍豆。

壓條：桑條。

接換：柑、橘、柿、棗、橙、柚、杏、栗、桃、梅、梨、李、胡桃、銀杏、楊梅、枇杷、沙柑、石榴、紫丁香。已上，春分前後皆可。

澆培：柑、橘、橙、柚、蒲萄。

收藏：百合曲㉘、槐牙㉙、皂角、新茶。

雜事：移諸般花果。並忌南風火日。理蠶事。春耕宜遲，恐陽氣未透。插諸色樹木。解樹上裹縛。二月二日，取枸〔一六〕杞菜煮湯沐浴，令人光澤，不老不病。

月令曰：季春之月，日在胃。昏七星中，旦牽牛中。其日甲乙，其帝太皞，其神勾芒。其蟲鱗，其音角，律中姑洗。其數八，其味酸，其臭羶。其祀户，祭先脾。桐始華，田鼠化爲鴽〔一七〕，虹始見，萍始生。天子薦鮪於寢廟，乃爲麥祈實。是月也，生氣方盛，陽氣發泄，勾者畢出，萌者盡達，不可以内。是月也，命司空曰：時雨將降，下水上騰。循行國邑，周視原野，脩利隄防，道㉚達溝瀆，開通道路，毋有障塞。田獵〔一八〕罝罘，羅網畢翳㉛，餧獸之藥，毋出九門。是月也，命野虞毋伐桑柘。鳴鳩拂其羽，戴勝降於桑。具曲植〔一九〕蘧筐，后妃齋戒，親東鄉㉜躬桑。禁婦女毋觀，省婦使以勸蠶事。既登〔二五〕，分繭稱絲效功，毋有敢惰。是月也，命工司〔一六〕令百工審五庫之量：金鐵皮革筋角齒羽箭幹脂膠丹〔二〇〕漆，毋或不良。百工咸理，監工日號，毋悖於時，毋或作爲淫巧，以蕩上心。是月也，乃合累牛騰馬，遊牝於牧，犧牲駒犢，舉書其數。命國〔二一〕九門磔攘，以畢春氣。季〔二二〕春行冬令，則寒氣時發，草木皆肅，國有大恐。行夏令，則民多疾疫，時雨不降，山林不收。行秋令，則天多沉陰，淫雨早降，兵革並起。

齊民要術曰㉝：是月也，蠶農尚閑，可利溝瀆，葺治墻屋，脩門户。警設守備，以禦春饑草竊之寇。是月盡，夏至，煖氣將盛，日烈映〔一七〕燥。利用漆油，作諸日煎藥。可糶黍，買布。四月：繭既入簇，趨繰剖綿㉞，具機杼，敬經絡。草茂可燒灰。是月也，可作棄蛹〔一八〕，以禦賓客。可糴麵〔一九〕及大麥弊絮。

下子：茨菰、宜穀〔二三〕雨日。麻子。

栽種：菉豆、茶、宜陰地。粟、穀、大豆、宜上旬。秫、稌〔二四〕、石榴、松、百合、山藥、黃瓜、紫草、紅花、甘蔗、菱、早芝蔴、雞頭、絲瓜兒、宜社日。葵菜、薑、香菜、早稻、宜上旬。地黃、梔子、藍、紫蘇、茭白、芋、綿花、杏、瓠子、菠菜、宜月末。葫蘆、桑葚、紵麻。

收藏：芥菜、桐花、毛羽衣物、清明醋、次茶、書畫入焙中、又可栽茶、宜陰地。諸般瓜、宜初三日，或辰戌〔二五〕日。葫蘆。宜清明日。

移植：椒、茄秧、枸杞苗、蒲、百合〔二六〕、柚、橘、橙、柑。

接换：杨梅、橙、柑、棗、栗、柿、枇杷。

雜事：犁秧田。梅上接杏，杏上接梅。埋楮樹。收菌。開溝。脩墻。防雨。浸穀種。脩蜜。

孟夏㉟，立夏節氣：初五日，螻蟈鳴。次五日，蚯蚓出。後五日，王瓜生。次小滿中氣：初五日，苦菜〔二七〕秀。次五日，靡草死。後五日，麥秋至。次仲夏，芒種節氣：初五日，螳螂生。次五日，鶪始鳴。後五日，反舌無聲。次夏至中氣：初五日，鹿角解。次五日，蜩始鳴。後五日，半夏生。次季夏，小暑節氣：初五日，温風至。次五日，蟋蟀居壁。後五日，鷹始鷙。次大暑中氣：初五日，腐草爲螢。次五日，土潤溽暑。後五日，大雨時行。凡此六氣一十八候，皆夏氣，正長養之令。

月令曰：孟夏之月，日在畢。昏翼中，旦婺女〔二八〕中。其日〔二九〕丙丁，其帝炎帝，其神祝融。其蟲羽，其音徵，律中仲吕。其數七，其味苦，其臭焦。其祀竈，祭先肺。螻蟈鳴，蚯蚓出。王瓜生，苦菜秀。是月也，繼長增高，毋有壞墮，毋起土工〔三〇〕。毋發大衆，毋伐大樹。是月也，天子始絺。命野虞出行田原，爲天子勞農勸民，毋或失時。命司徒循行縣鄙，命農勉作，毋休於都。是月也，驅獸，毋害五穀，毋大田獵，農乃登麥。是月也，聚畜百藥。靡草死，麥秋至。孟夏行秋令，則苦雨數來，五穀不滋，四鄙入保。行冬令，則草木蚤枯，後乃大水，敗其城郭。行春令，則蝗蟲爲災，暴風來格，秀草不實。

防有露[二九]傷麥：但有沙霧，用檾[三〇]麻散絟長繩上，侵晨，令兩人對持其繩，於麥上牽拽，抹去沙霧，則不生蟲[三一]。

是月，收諸色菜子斫倒，就地晒打收之。用瓶罐盛貯，標記名號。是月收蜜蜂。此月伐木不蛀[三二]。

下子：芝蔴。

扦插：梔子。

栽種：椒、松、大豆、紫蘇、麻、宜夏至前十日。晚黄瓜、葵、蓮、菉豆、白莧、荷根㊱、宜立夏前三日。梔子、枇杷。

收藏：絲綿、大麥、乾葚、蒿芥、鹽春菜、蘿蔔子、筍乾、芋魁、蠶豆、蚶菜乾㊲、晚菜乾。

雜事：晒白菜。移茄。包梨。鋤葱芋。斫竹。

月令曰：仲夏之月，日在東井。昏亢中，旦危中。其日丙丁，其帝炎帝，其神祝融。其蟲羽，其音徵，律中蕤賓。其數七，其味苦，其臭焦。其祀竈，祭先肺。小暑至，螳螂生，鵙始鳴，反舌無聲。天子命有司，爲民祈祀山、川、百源[三三]，祀百辟卿士有益於民者，以祈穀實。是月也，農乃登黍。天子乃以雛嘗黍，羞以含桃。令民毋艾㊳藍以染，毋燒灰，毋暴布，門閭毋閉，重囚益其食〔三二〕。游牝別群，則縶〔三三〕騰駒，班馬政。是月也，日長至，陰陽爭，死生分。君子齋戒。處必掩身，毋躁，止聲色，毋或進。薄滋味，毋致和。節嗜欲，定心氣。鹿角解，蟬始鳴，半夏生，木槿榮。是月也，毋用火南方。可以居高明，可以遠眺望，可以升山陵，可以處臺榭。仲夏行冬令，則雹凍傷穀，道路不通，暴兵來至。行春令，則五穀晚熟，百螣時起，其國乃飢。行秋令，則草木零落，果實早成，民殃於疫。

齊民要術曰㊴：五月：芒種節後，陽氣始虧，陰慝將萌；煖氣始盛，蟲蠹並興。乃弛角弓弩，解其徽絃。張竹木弓弩，弛其絃。以灰藏旃裘毛毳之物及箭羽。以竿挂油衣，勿辟藏。霖雨將降，儲米穀薪炭，以備道路陷滯不通。是月也，陰陽爭，血氣散。夏至先後各十五日，薄滋味，勿多食肥醲。距立秋，無食煮餅及水引餅。夏月食水時，此二餅得水即堅强難消，不幸便爲宿食傷寒病矣。試以此二餅置水中，即可驗。唯酒引餅入水即爛矣。可糴大小豆胡麻，糴穬大小麥。收弊絮及布帛。至後，糴〔三四〕麰麫，曝乾，置甖中密封，使不蟲生。至冬可養馬。

十三是竹醉日，可移竹㊵。

下子：夏菘菜、夏蘿蔔〔三四〕。

栽種：插稻秧、晚大豆、晚紅花、香菜。

收藏：豆醬、烏梅、豉豆㊶、木綿、菜子、蠶種、豌豆、紅花、白酒、芝蔴、槐花、小麥、大蒜、藍青㊷、椹子、蘿蔔子。

雜事：斫苧。埋桃杏李梅核在牛糞内，尖向上，易出。浸蠶種。斫桑。芒種後，壬日入梅。梅日，種草無不活者。五月五日，萵苣成片放廚櫃内，辟蟲蛀衣帛等物，收萵苣葉亦得。

月令曰：季夏之月，日在柳。昏火中，旦奎中〔三五〕。其日丙丁，其帝炎帝，其神祝融。其蟲羽，其音徵，律中林鍾。其數七，其味苦，其臭焦。其祀竈，祭先肺。温風始至，蟋蟀居壁，鷹乃學習。腐草爲螢。天子命漁師伐蛟取鼉，登龜取黿。命澤人納材葦。是月也，命四監，大合百縣之秩芻，以養犧牲。令民無不咸出其力，以共皇天上帝名山大川四方之神，以祠宗廟社稷之靈，以爲民祈福。是月也，命婦官染采，黼黻文章，必以法故，無或差貸。黑黄蒼赤，莫不質良，毋敢詐僞。以給郊廟祭祀之服，以爲旗章，以别貴賤等級之度。是月也，樹木方盛，命虞人入山行木，無有斬伐。不可以興土功，不可以合諸侯，不可以起兵動衆。毋舉大事，以摇養氣，毋發令而待，以妨神農之事也。水潦盛昌，神農將持功，舉大事則有天殃〔三六〕。是月也，土潤溽暑，大雨時行，燒薙行水，利以殺草。如以熱湯，可以糞田疇，可以美土彊〔三七〕。季夏行春令，則穀實鮮落，國多風欬〔三八〕，民乃遷徙。

行秋令，則丘隰水潦，禾稼不熟，乃多女災。行冬令，則風寒不時，鷹隼蚤鷙，四鄙入保。

齊民要術曰㊸：六月：命女工織縑〔三九〕練。絹及紗縠〔四〇〕之屬。可燒灰染青紺雜色也。此月斫竹不蛀㊹。

扦插：楊柳。

栽種：小蒜、冬葱、油麻、宜上旬〔四一〕。白莖秋葵、葵菜、林檎〔四二〕、蘿蔔、菉豆、葫蘿蔔、晚瓜、蔓菁。

收藏：米麥醋、三黄醋、豆豉、醬瓜、瓜乾、割蘇、紫草、綿絲、蘿蔔、楮實、白术、雨衣、麻皮、麯、宜伏中。七寶瓜、酒藥、鮝魚、槐花、二麥、椒。

雜事：洗〔三五〕甘蔗。鋤竹園地。染水藍。培灌橙橘。斫柴。做冰梅。打炭墼〔四三〕。打糞墼。耕麥地。耘稻。鋤芋。是月，飯不餿法：用生莧菜薄鋪在上，蓋之過夜，則不致餿壞。

立秋之節㊺，首五日，涼風至。次五日，白露降。後五日，寒蟬鳴。次處暑氣：首五日，鷹乃祭鳥。次五日，天地始肅。後五日，禾乃登。次仲秋，白露之節：首五日，鴻雁來。次五日，玄鳥歸。後五日，群鳥養羞。次秋分氣：初五日，雷乃收聲。次五日，蟄蟲坏〔四四〕户。後五日，水始涸。次季秋，寒露之節：初五日，鴻雁來賓。次五日，雀入大水爲蛤。後五日，菊有黄花。次霜降氣：初五日，豺乃祭獸。次五日，草木黄落。後五日，蟄蟲咸俯。凡此六氣一十八候，皆秋氣，正收斂之令。

月令曰：孟秋之月，日在翼。昏建星中，旦畢中。其日庚辛，其帝少皞，其神蓐收。其蟲毛，其音商，律中夷則。其數九，其味辛，其臭腥。其祀門，祭先肝。涼風至，白露降。寒蟬鳴，鷹乃祭鳥。是月也，農乃登穀，天子嘗新。命百官始收斂，完隄防，謹壅塞，以備水潦。脩宫室，坏〔二六〕墻垣，補城郭。孟秋行冬令，則陰氣大勝，介蟲敗穀，戎兵乃來。行春令，則其國乃旱，陽氣復還，五穀無實。行夏令，其國多火災，寒熱不節，民多瘧疾。

齊民要術曰㊻：七月：四日，命置麴室，具箔槌，取净艾。六日，饌治五穀磨具。七日，遂作麴，及曝經書與衣。作乾糗，採葸耳。處暑中，向秋節，浣故製新。作拾薄〔二七〕，以備始涼。糴大小麥豆，收縑練。

栽種：蕎麥、蒿菜、葱、苜〔四五〕蓿、蘿蔔、菠菜、宜月末日。赤豆、薑〔四六〕、菜㊼、蔓菁、早菜、冬葵、芥菜。立秋前。

收藏：採松子、割藍、米醋、鹹豉、茄乾、瓜乾、瓜種、瓜蒂、紫蘇、地黄、角蒿、可辟蛀。花椒、荆芥、松柏子、糟茄、糟瓜、醬瓜、荷葉、楮子、芙蓉葉。治腫。

雜事：斫伐竹木。分薙。剥棗。刈草。作瀫㊽。耕菜地。秋耕宜早，恐霜後掩入陰氣。收黄葵花。治湯火傷。七月七日，晒曝革裘，無蟲。

月令曰：仲秋之月，日在角。昏牽牛中，旦觜觿中。其日庚辛，其帝少皞，其神蓐收。其蟲毛，其音商，律中南吕。其數九，其味辛，其臭腥。其祀門，祭先肝。盲風至，鴻雁來，玄鳥歸，群鳥養羞。是月也，養衰老，授几杖，行糜粥飲食。乃命司服，具飭衣裳〔四七〕：文繡有恒，制有大小，度有長短。衣服有量，必循其故，冠帶有常。是月也，可以築城郭，建都邑，穿竇窖，脩囷倉。乃命有司趣民收斂，務畜菜，多積聚。乃勸種麥，毋或失時，其有失時，行罪無疑。是月也，日夜分，雷始收聲，蟄蟲坏户〔四八〕。殺氣浸盛，陽氣日衰，水始涸。日夜分，則同度量，平權衡，正均〔二八〕石，角斗甬。是月也，易關市，來商〔四九〕旅，納貨賄，以便民事。四方來集，遠鄉皆至，則財不匱，上無乏用，百事乃遂。仲秋行春令，則秋雨不降，草木生榮，國乃有恐。行夏令，則其國乃旱，蟄蟲不藏，五穀復生。行冬令，則風災數起，收雷先行，草木蚤死。

齊民要術曰㊾：八月：暑退，涼風戒寒，趣練縑帛，染綵色。擘絲治絮，製新浣故。及韋履賤好，預買以備冬寒。刈萑葦芻茭。涼燥，可上弓〔二九〕弩。繕理檠鋤，正縛〔五〇〕鎧絃，遂以習射。弛竹木弓弧。糶種麥，糴黍。

栽種：大蒜、罌粟〔五一〕、蠶〔五二〕豆、苦蕒、苧麻、蔓菁、諸般菜、葱子、大麥、牡〔五三〕丹、芍藥、分韭根、芥子、麗春、小麥、菱、蘹芋根〔五四〕、木瓜、花椒。

收藏：醋薑、茄醬、茄乾、糟茄、棗子、醃〔五五〕韭、晚黄瓜、地黄酒、芝蔴、栗子、柿子、韭花、柿漆、斫竹。

移植：早梅、橙橘、枇杷、牡丹。

雜事：踏麪。鋤竹園地。是月，防霧傷棗，棗熟着霧則多損。繰麻散絟於樹枝上，則可辟霧氣。或用稭稈，於樹上四散絟縛亦得。

月令曰：季秋之月，日在房。昏虚中，旦柳中。其日庚辛，其帝少皡，其神蓐收。其蟲毛，其音商，律中無射。其數九，其味辛，其臭腥。其祀門，祭先肝。鴻雁來賓，雀入大水爲蛤，菊有黄華，豺乃祭獸，戮禽。是月也，申嚴號令，命百官貴賤無不務内，以會天地之藏，無有宣出。乃命冢宰：農事備收，舉五穀之要，藏帝籍之收於神倉，祗敬必飭。是月也，霜始降，則百工休。乃命有司曰：寒氣總至，民力不堪，其皆入室。是月也，大饗帝，嘗犧牲，告備於天子，合諸侯制百縣，爲來歲受朔日，與諸侯所税於民輕重之法，貢職之數，以遠近地土所宜爲度。以是月也，草木黄落，乃伐薪爲炭。蟄蟲咸俯，在内皆墐其户。乃趨獄刑，毋留有罪。收禄秩之不當，供養之不宜者。是月也，天子乃以犬嘗稻，先薦寢廟。季秋行夏令，則其國大水，冬藏殃敗〔五六〕，民多鼽嚏〔五七〕。行冬令，則國多盗賊，邊境不寧，土地分裂。行春令，則暖風來至，民氣解惰，師興〔五八〕不居。

齊民要術曰㊿：九月：治場圃，塗囷倉，修竇窖。繕五兵，習戰射，以備寒凍窮厄之寇〔五九〕。存問九族孤寡老病，不能自存者，分厚徹重(51)，以救其寒。

栽種：椒、菊、茱〔六〇〕萸、地黄、蠶豆、牡丹、水仙、宜月初。柿、蒜、萱草、芥菜、宿麥〔六一〕、芍藥、罌粟、九日。諸般冬菜。

分栽：櫻桃、桃、楊。

移植：枇杷、橙、雜果木。

收藏：粟、諸色豆稈、五穀種、油麻、甘蔗、梔子、紫蘇、木瓜、韭子、牛蒡子、冬瓜子、蒝豆、茄種、粟子(52)、枸杞、榧子、皂角、黄菊、槐子、蟹殼、治産後兒枕疼。茶子、紫草子。

雜事：掘薑出土。草包石榴橘栗蒲萄。采〔六二〕菊。築墻圃。斫竹木。斫苧。收雞種。

立冬之節(53)，首五日，水始冰。次五日，地始凍。後五日，雉入大水爲蜃。次小雪中氣：初五日，虹藏不見。次五日，天氣騰，地氣降。後五日，閉塞而成冬。次仲冬，大雪節氣：初五日，鶡鴠〔六三〕不鳴。次五日，虎始交。後五日，荔挺出。次冬至中氣：初五日，蚯蚓結。次五日，麋角解。後五日，水泉動。次季冬，小寒節氣：初五日，雁北鄉。次五日，鶡始巢。後五日，雉始雊。次大寒中氣：初五日，雞始乳。次五日，征鳥厲疾。後五日，水澤腹堅。凡此六氣一十八候，皆冬氣，正養藏之令。

月令曰：孟冬之月，日在尾。昏危中，旦七星中。其日壬癸，其帝顓頊，其神玄冥。其蟲介，其音羽，律中應鍾。其數六，其味鹹，其臭朽。其祀行，祭先腎。水始冰，地始凍，雉入大水爲蜃，虹藏不見。是月也，天子始裘。命有司曰：天氣上騰，地氣下降，天地不通，閉塞而成冬。命百〔六四〕官謹蓋藏。命有司循行積聚，無有不斂。坏城郭，戒門閭，脩鍵閉，慎管籥，固封疆，備邊境，完要塞，謹關梁，塞徯徑。飭喪紀：辨〔六五〕衣裳，審棺槨之厚薄，塋丘〔六六〕壟之大小，高卑厚薄之度，貴賤之等級。是月也。天子乃祈年於天宗，大割祠於公社及門閭，臘先祖五祀。勞農以休息之。是月也，乃命水虞漁師，收水泉池澤之賦，毋或敢侵削衆庶兆民，以爲天子取怨於下。其有若此者，行罪無赦。孟冬行春令，則凍閉不密，地氣上泄，民多流亡。行夏令，則國多暴風，方冬不寒，蟄蟲復出。行秋令，則雪霜不時，小兵時起，土地侵削。

齊民要術曰[54]：十月：培築垣墻，塞向墐户。上辛，命典饋漬麴，釀冬酒；作脯腊。先冰凍，作涼餳，煮曝飼〔三〇〕。可折〔三一〕麻緝績布縷。作白履不惜。草履之賤者，曰不惜〔六七〕。賣縑帛弊絮，糴粟豆麻子。

移植：橙、柑、橘。

栽種：大小豆、春菜、生薑、蘿蔔。

收藏：地黄、莙薘菜、天蘿子、茶子、橘皮、天豆㊺、栗子、薏苡、椒、冬瓜子、芙蓉條、石橘㊻、蘿蔔、山藥、枸杞、皂角、苧。

雜事：移葵。接花果。澆灌花木。獲稻。納禾稼㊼。開磚。煮膠。收炭。造牛衣。修牛馬〔三三〕。塞北户。用蓋爐。石堦砌㊽。收二桑葉㊾。纏苧麻。耘麥地。收猪種〔六八〕。泥飾牛馬屋。壓桑。

月令曰：仲冬之月，日在斗。昏東壁〔六九〕中，旦軫中。其日壬癸，其帝顓頊，其神玄冥。其蟲介，其音羽，律中黄鍾。其數六，其味鹹，其臭朽。其祀行，祭先腎。冰益壯，地始坼，鶡鴠不鳴，虎始交。天子命有司曰：土事毋作，慎毋發蓋，毋發室屋，及起大衆，以固而閉。地氣沮泄，是謂發天地之房，諸蟄則死，民必疾疫，又隨以喪。命之曰暢月。是月也，命奄尹，申宫令，審門閭，謹房室，必重閉。省婦事，毋得淫，雖有貴戚近習，毋有不禁。乃命大酋，秫〔七〇〕稻必齊，麴櫱必時，湛熾必潔，水泉必香，陶器必良，火齊必得。兼用六物，大酋監之，毋有差貸。天子命有司，祈祀四海大川，名源淵澤井泉。是月也，農有不收藏積聚者，馬牛畜獸有放佚者，取之不詰。山林藪澤，有能取蔬食田獵禽獸者，野虞教道之。其有相侵奪者，罪之不赦。是月也，日短至，陰陽争，諸生蕩，君子齋戒。處必掩身，身欲寧。去聲色，禁嗜欲，安形性。事欲静，以待陰陽之所定。芸始生，荔挺出，蚯蚓結，麋角解，水泉動。日短至，則伐木，取竹箭。是月也，可以罷官之無事，去器之無用者。塗闕廷門閭，築囹圄，此以助天之閉藏也。仲冬行夏令，則其國乃旱，氛霧冥冥，雷乃發聲。行秋令，則天時雨汁，瓜瓠不成，國有大兵。行春令，則蝗蟲爲敗，水泉咸竭，民多疥癘。

冬至日鑽燧取火，可去瘟病[60]。

齊民要術曰：冬十一月，陰陽争，血氣散。冬至日先後各五日，寢別内外。可釀醢。

糴秔稻粟豆麻子[61]。

此月如有雪，則收貯雪水，埋地中。用雪汁溲穀種，倍收[62]，且耐旱〔七一〕。

栽種：小麥、油菜、萵苣〔七二〕、桑。

移植：松柏、檜。

收藏：鹽水蘿蔔、牛蒡子、豆餅、水果子、鹽菜。宜冬至前。

澆培：石榴、柑、橘、橙、柚、梨、栗、棗、柿。

雜事：做酒藥。接雜木。造農具。夾笆籬。澆菜。伐木。斫竹。打豆油。置碎草牛脚下，春糞田。盦芙蓉條。試穀種。鋤油菜。

月令曰：季冬之月，日在婺女。昏婁中，旦氐中。其日壬癸，其帝顓頊，其神玄冥。其蟲介，其音羽，律中大呂。其味鹹，其臭朽。其祀行，祭先腎。雁北鄉，鵲始巢，雉雊雞乳。是月也，命漁師始漁，天子親往，乃嘗魚。冰〔七三〕方盛。水澤腹堅，命取冰。冰以入。令告民出五種，命農計耦耕事，修耒耜，具田器。乃命四監，收〔七四〕秩薪柴，以共郊廟及百祀之薪燎。是月也，日窮於次，月窮於紀，星回於天，數將幾終。歲且更始，專而農民，毋有所使。天子乃與公卿大夫，共飭國典，論時令，以待來歲之宜。凡在天下九州之民者，無不咸獻其力，以共皇天上帝社稷寢廟山林名川之祀。季冬行秋令，則白露早降，介蟲爲妖〔七五〕，四鄙入保。行春令，則胎夭多傷，國多固疾，命之曰逆。行夏令，則水潦敗國，時雪不降，冰凍消釋。

齊民要術曰63：十二月，休農息役，惠必下浹。遂合耦田器，養耕牛，選任田者，以俟農事之起。去豬盍車骨，後三歲可合瘡膏藥。及臘日祀炙箑〔三〕，箑一作簴，燒飲治刺入肉中，及樹瓜田中四角，去蝨蟲。

栽種：橘、松、花樹、麥、宜臘日。桑、檾蔴。

收藏：臘米、臘水、臈酒、臘肉、臘葱、風魚、脯腊、臘糟、猪脂、冰〔七六〕。

雜事：造農具。舂〔七七〕米。舂粉。浸米。可止瀉痢。浸燈心。剥(64)桑。壓果木。添桑泥。墩牡丹土。合臘藥。掃(65)。以猪脂啗馬。臘水作麪糊褾背。不蛀。伐竹木。

校：

〔一〕方　平本譌作「房」，應依黔、曙、魯本及王禎原書改作「方」。

〔二〕昴　平本譌作「昂」，應依魯、曙、中華排印本及王禎原書改作「昴」。（定扶校）

〔三〕和　魯本作「合」，應依平、曙作「和」，與月令原文同。

〔四〕埋　黔、魯各本誤作「理」，應依平、曙及禮記作「埋」。

〔五〕藜　平、曙作「黎」，魯本、中華排印本作「藜」，從文義看，此處應作「藜」，依魯本、中華本改。（定扶校）

〔六〕垣　平、曙本作「園」，黔、魯本、中華排印本改作「垣」，農桑衣食撮要原作「園」。現暫從黔、魯本改作「垣」。

〔七〕初　平本、曙本空等，依黔、魯各本補。

〔八〕平本脱「鍾」字，應依黔、曙、魯各本及禮記原文補。

〔九〕甬　平本作「角」，顯係譌字。暫依黔、曙、魯各本改作「甬」，與現行本禮記月令同。呂氏春秋作「桶」；淮南子時則作「稱」；疑當作「斛」。

〔一〇〕贏　平本作「嬴」，應依黔、魯各本及要術原引四民月令改作「贏」，即「有餘」。

〔一一〕擣簁煮淅米泔捜之　「簁」，平本作「篵」；「淅」，平、曙作「浙」，均誤。應依黔、魯各本改從要術原字。案：「捜」字，仍應依要術作「溲」，解爲「加水調和」。

〔一二〕踰　平本譌作「喻」，曙作「愈」，應依黔、魯本及要術原文改作「踰」。

〔一三〕舂　黔、魯譌作「春」，應依平、曙作「舂」字。

〔一四〕榖　應依曙本作從「木」的「榖」字；平本作「穀」，黔、魯各本作從「禾」的「穀」，在其他地方有時改得正確，這裏却不合適。榖樹，現在寫作「構樹」。

〔一五〕栗　平、曙本譌作「粟」，依魯、中華排印本改。（定扶校）

〔一六〕枸　平、魯本譌作「拘」，照黔、曙、中華排印本改作「枸」。（定扶校）

〔一七〕鴽　平本譌作「駕」，應依魯、曙及中華排印本改作「鴽」（音rú），鵪鶉之類的小鳥。（定扶校）

〔一八〕獵　平本譌作「臘」，應依魯、曙及中華排印本改正。（定扶校）

〔一九〕植　平本作「直」，應依黔、魯及禮記原書改作「植」。

〔二〇〕丹　平本譌作「舟」，依魯、曙、中華本改作「丹」。（定扶校）

〔二一〕國　黔、曙、魯本作「儺」，平本作「國」，禮記「儺」借用「難」字。（案：吕氏春秋作「國人儺」最合理；淮南子時則作「令國儺」。）

〔二二〕春氣季　三字平本脱，應依黔、曙、魯及禮記原文補。

〔二三〕穀　平本譌作「穀」，依曙、魯、中華排印本改。（定扶校）

〔二四〕秫稌　平本譌作「秫稌」，應依魯、曙、中華排印本改正作「秫稌」。（定扶校）

〔二五〕戌　平本作「戊」，依黔、曙、魯改作「戌」。

〔二六〕蒲百合　平、曙作「蒲百合」，連在一起；魯本將「蒲」移至「柑」後；中華排印本作「蒲百合」，中間斷開最合理。（定扶校）

〔二七〕菜　平本譌作「萊」，應依黔、魯各本及禮記原文改作「菜」。

〔二八〕女　平、曙脱「女」字，應依黔、魯各本及禮記原文補。

〔二九〕日　平本作「口」，應依黔、曙、魯及禮記原文改作「日」。

〔三〇〕縈　平本譌作「縈」，應依魯、曙、中華排印本改正。（定扶校）

〔三一〕蛙　平本譌作「蛙」，應依魯、曙、中華排印本改正。下同改，不另出校。（定扶校）

〔三二〕重囚　平本作「關市」，曙本作「挺重囚」，黔、魯本作「重囚」。案：禮記此處原文爲「門閭毋閉，關市毋索；挺重囚，益其食」；呂氏春秋、淮南子時則並同。本書各刻本，各漏去數字，彼此錯落不齊；應依禮記原文補正。

〔三三〕縶　平本譌作「鷙」，應依黔、曙、魯各本從禮記原文改作「縶」。

〔三四〕蔔　平、曙本譌作「葡」，依魯、中華排印本改。下文同改，不另出校。（定扶校）

〔三五〕奎　平本譌作「圭」，應依黔、曙、魯本及禮記原文改正。

〔三六〕天殃　平本譌作「天秧」，依魯、曙、中華排印本改作「天殃」。（定枎校）

〔三七〕彊　黔、曙、魯本作「疆」，應依平本作「彊」，與禮記合。

〔三八〕欬　平本譌作「效」，應依黔、曙、魯各本從禮記原文改作「欬」。

〔三九〕緤　平本譌作「嫌」，依魯、曙、中華排印本改作「緤」，合要術原文。（定枎校）

〔四〇〕穀　平本作「榖」，應依黔、曙、魯各本與要術所引改作「穀」。

〔四一〕旬　平本空等一字，下作「日」，應依黔、曙、魯各本改作「旬」。

〔四二〕林檎　平本譌作「淋瀹」，應依黔、曙、魯各本改正。

〔四三〕墼　平本、中華排印本譌作「塹」，依魯本、曙本改作「墼」。「墼」音 jī，爲用炭屑或糞渣等壓制而成的磚狀物，可供取暖等用。（定枎校）

〔四四〕坏　平本譌作「瓌」，黔、曙作「坏」，魯作「坯」。周書作「培」。現依曙本從禮記原文改作「坏」。「坏」音 péi，解爲用泥土填塞。

〔四五〕苜　平本作「苷」，誤；應依黔、曙、魯本改作「苜」。

〔四六〕薑　平本譌作「姜」，顯誤，今改。後同改，不另出校。

〔四七〕具飭衣裳　平本譌作「且飭衣服」，應依黔、曙、魯各本及吕氏春秋、禮記改作「具飭衣裳」。

〔四八〕坏　平、曙作「坏」，與禮記合。黔、魯作「坯」，也可以通用。（案吕氏春秋作「坿」。）

〔四九〕商　平本譌作「商」，依魯、曙、中華排印本改正。（定枎校）

〔五〇〕縳　平本依要術原引文作「縳」，不誤。黔、曙、魯各本作「縛」，文義雖然也通，但不是原文。

〔五一〕粟　平本譌作「栗」，應依黔、曙、魯本改作「粟」。

〔五二〕蠶　平、魯本作「寒」，應依曙本改。

〔五三〕牡　平本譌作「牲」，應依黔、曙、魯本改作「牡」。

〔五四〕壅芋根　平本「壅」作「於」，依黔、曙、魯各本改作「壅」。案：依前「授時圖」，應作「斫芋」；但農桑衣食撮要八月有「放芋根」一項，「放」是將根旁的土鉏松，則作「放」是正確的。另一可能，是「壅苧根」，「苧」字譌作「芋」，則應在「十月」内。

〔五五〕醃　平本譌作「淹」，應依魯、曙、中華排印本改作「醃」。（定扶校）

〔五六〕敗　平本譌作「販」，應照黔、魯從禮記原文改作「敗」。

〔五七〕鼽嚏　平本字形稍有譌損，中華排印本改作「齀嚏」，黔、魯顛倒作「嚏鼽」，曙本作「鼽嚏」，應依曙本改正，合於禮記原文。「鼽」音 qiú，是「鼻塞」。

〔五八〕興　平本譌作「與」，依曙、魯、中華排印本從禮記原文改作「興」。（定扶校）

〔五九〕寇　平本譌作「冠」，應依魯、曙、中華排印本改作「寇」，與要術及四民月令九月原文合。（定扶校）

〔六〇〕茱　平本譌作「萊」，應依黔、曙、魯改作「茱」。

〔六一〕宿麥　平本作「苡麥」，應依魯、曙、中華排印本改作「宿麥」。（定扶校）

〔六二〕采　平本譌作「米」，應依黔、曙、魯各本改。

〔六三〕鶡鴠　平本「鴠」字譌作「鳴」，應依黔、曙、魯改從禮記原文。今本周書譌作字形相似的「鴞鳥」。

〔六四〕百　平本譌作「日」，依黔、曙、魯本及禮記原文改正。

〔六五〕辦　平、曙譌作「辦」，應依黔、魯本及禮記改作「辦」。

〔六六〕塋丘　平、曙作「塋丘」，與今本禮記同；「塋」，魯本作「營」，與吕氏春秋及淮南子時則同。案：作「營」爲是。

〔六七〕惜　平本脱，應依黔、魯各本從要術原文補入。

〔六八〕此下平、魯衍「造牛衣」三字，應依曙本删去。

〔六九〕壁　平、黔、魯譌作「辟」，應依曙本從禮記原文改正。

〔七〇〕秫　平本譌作「禾」，應依黔、魯從禮記原文改作「秫」。

〔七一〕用雪汁溲穀種倍收且耐旱　平本作「混穀種倍收不怕」，曙本、中華排印本作「用雪汁溲穀種倍收且耐旱」，黔、魯本作「澆穀種倍收不怕旱蝗」。暫依曙本、中華排印本改。

〔七二〕苣　平本空等，依黔、曙、魯本補。

〔七三〕冰　平本譌作「中」，依黔、曙、魯從禮記原文改作「冰」。

〔七四〕收　平本譌作「牧」，現依魯本、中華排印本改正作「收」。（定枎校）

〔七五〕妖 平本錯刻爲「妋」，字書無此字，依魯本、中華排印本改作「妖」。（定扶校）

〔七六〕冰 平本作「水」，依黔、曙、魯各本改作「冰」。

〔七七〕春 平本作「春」，應依黔、曙、魯各本改作「舂」。

注：

① 本節引自王禎農書第一部分農桑通訣中的授時篇第一，有删節。

② 堯典：尚書中的虞書第一篇爲堯典。

③ 重黎：史記（卷二六）曆書第四所記傳説：「顓頊……命南正重，司天以屬神；命火正黎，司地以屬民。……堯遂復重、黎之後，……使復典之而立『羲』『和』之官，明時正度……」重與黎，即羲與和，是兩「房」人；一房司天，一房司地。司天管天象，司地管地面的耕種事件。「羲和之官」，就是「天文」官。（過去有人將「重黎」認作一個人，我們以爲很可能另有一個名爲重黎的人，但他與這兩「房」人家的關係如何，不能肯定。）

④ 羲和：傳説中的羲氏、和氏，是司天象的天文官。堯命羲仲、羲叔、和仲、和叔兩對兄弟分駐東西南北四方，觀察日月星辰，並制訂曆法，頒行供老百姓使用。

⑤ 中星：二十八宿，分佈四方；每方各有一個「宿」，在天際正中，稱爲「中星」。

⑥ 定四時之仲月：以下一整段由「南方朱鳥」起，到「朔易之事定矣」，是根據堯典的文章，顛倒句法

作成。詳細解釋，可以參考尚書注疏。現在只將几個難解的字，注釋如下：「殷」＝正。「析」＝分開老少。「因」＝依賴。「訛」＝教化。「夷」＝平。「隩」＝藏入房屋。「朔」＝北方。

⑦「璿璣玉衡，以齊七政」，現見尚書虞書舜典。璿（也寫作「璇」，音 xuán）璣（＝能轉動的大小輪軸組成的儀器）玉衡（＝由横——即「衡」——直多數杠杆組成的儀器），是我國最古的天象儀。「七政」指日、月和金、木、水、火、土五星。

⑧「洛下閎、鮮于妄人」：漢書卷二一律曆一上，記有這兩個人，先後在漢武帝時計算曆法。案漢書律曆志記作「落下閎」，與史記卷二六曆書相同。史記注司馬貞索隱曰：「姚氏案益部耆舊傳云：『閎字長公，明曉天文，隱于落下。……』漢書顏師古注「姓落下，名閎……」但漢書卷五八列傳二九贊中，却有「曆數則唐都、洛下閎」字。落下、洛下，兩個地名，都未查出根據。不過，洛水有兩條；洛下閎是巴郡人，可能就是在關中的洛水下隱居的，所以我們暫依漢書「贊」作「洛」，王禎原書、平本也都作「洛」。

⑨指陳旉農書（上）第四篇天時之宜第四，王禎引用時有删節。

⑩案此段引文，現見馮所編月令廣義（一）圖説「授時圖」下，是對王禎「授時圖」的案語作爲小注的。

⑪「孟春」兩字，是作小標題用的，但與目録核對時，則似宜止作「春」字。

⑫本節及以下每「季」的首節正文，顯然是根據（逸）周書時訓第五十二改寫的。時訓將一年籠統地定爲三百六十天，分成「七十二候」，機械地定作每五天一候，依次排列而成。實際上，我國創

造的「二十四節氣」，原是按太陽年每年三百六十五天多，大致均匀地分節，每節十五天或十六天；單數的稱爲「節」，雙數的稱爲「中」。「七十二候」，則是每個月中出現的大致物候情形，與節氣雖相對應，但決不是機械地五天「一候」。另外時訓中還將「物候愆期」的現象，神秘地聯繫到政治和生産程序等人事上。本書把後面這些唯心迷信的材料删去，是正確的；但還保留了「五日一候」的機械觀點，仍與自然規律不符合。

⑬本書所引月令，現見禮記月令，引月令删去的都是一些「形式主義」的禮節，如皇帝該住什麽房間，穿什麽衣，吃什麽物，用什麽器具……可以看出徐光啓的「批判」與「接收」原則。禮記月令原出自吕氏春秋「十二紀」每紀的「首篇」。

⑭這幾句，現見元代魯明善所作農桑衣食撮要正月「嫁樹」。魯書可能是從唐韓鄂四時纂要正月内録出的。韓書可能以齊民要術種棗第三十三中「嫁棗」爲起點。這種「經驗」，曾有人企圖用改變物質運轉來説明，我們不能提出任何結論。

⑮桃樹皮：馮應京月令廣義正月令「授時」項，有「劃桃皮：桃樹，五年則皮纏緊而老；可將利刃直劃其皮裂開」：似從齊民要術種桃柰第三十四「桃性皮急。四年以上，宜以刀豎劚其皮……」導出。

⑯「命女工趨織布，典饋釀春酒」，現見齊民要術雜説第三十所引崔寔四民月令。

⑰「賤糯廩炒令焦，和穀種子」：「賤糯廩」三字，疑係「殘糕糜」鈔寫錯誤。「子」字，疑係「下」字寫錯。「殘糕糜」，是吃剩的蒸糕和濃粥；炒焦後，和入穀子種下，可以「下」得較均匀。（「正月望日

以糕糜祭蠶神」，見四時纂要所引齊諧記。）

⑱ 此節現見俞貞木種樹書（「南風」下原有「火日」兩字，已删去）。 其實，這條第一二兩句出自崔寔四民月令，以下出自韓鄂四時纂要。

⑲ 瓠：與農桑衣食撮要對勘後，可以知道這個字應作「匏」，係一種短頸大腹葫蘆。 案：這以下的幾節，每月「下子」「扦插」「栽種」「接换」「澆培」「收藏」「雜事」，似乎都是就農桑衣食撮要、種樹書、月令廣義、群芳譜、歲譜等書中各月分操作事項，選擇彙集作成。 這些書又直接或間接從四民月令、四時纂要和農桑輯要承襲得來。 逐條清理後，徐光啓自己所作第一次原始紀録，可以找出來。 這一步清理，我們還没有作。

⑳ 上日：懷疑應作「上旬」。

㉑ 乃修闔扇：「闔」是雙扇門，「扇」是單片門。

㉒ 「寢廟畢備，毋作大事」：宮廷、祠廟的房屋，早已經在去年冬天和今年正月修理得十分完備；這時候，就要少出些花樣去興辦大型工程。

㉓ 這節所引齊民要術見雜説第三十，正文是要術所引崔寔四民月令，小注是賈思勰所作説明。

㉔ 徹複爲袷：「複」是「多重」，即中間襯有厚布、絲綿、毛褐……等的衣；「袷」止有面和裏兩層，即今日所稱「夾衣」。

㉕ 「初二日，東作興，俗謂上工日」，現見田家五行「二月」。

㉖春百果木根：此句見金吴懌種藝必用，作「凡果實不牢者，社日春其根」。用「社日」，是傅會；春根，並不是春擊地下的根，而只是春擊莖幹接近地面的一段，是不是有改變物質流動情况的效應（和「嫁樹」相同），還不能作斷案。

㉗蒼术：二月種「蒼术」，見俞貞木種樹書；「蒼」字，大概係根據農桑輯要（卷六）「蒼术」條所增。輯要取材於四時纂要，但今本四時纂要二月的「種术」條，所説的「术」，止指「白术」（作爲補藥用的Atractylodes macrocephala）。

㉘百合曲：「曲」，懷疑是「苗」或「麴」字；如是「麴」，應另作一項。否則是衍了一個字。

㉙牙：應是「芽」字。

㉚道：借作「導」字。

㉛畢翳：「畢」是捕鳥的網；「翳」是獵人將自己隱藏起來，以便射鳥的一種工具。

㉜鄉：讀去聲，借作面向的「向」字。

㉝此段現見齊民要術雜説第三十，是引自崔寔四民月令的。

㉞線：疑應作「綿」（參看校注四民月令）。

㉟孟夏：和上面「孟春」一樣，是根據（逸）周書删節寫成。又本段小標題「孟夏」，與目録中的「夏」字不合；應止作「夏」。

㊱荷根：現見種樹書，上文已有「蓮」，此處再出「荷根」，便是重複。懷疑有錯誤，或者「荷」字上脱

去「蘘」字。

㊲ 蚶菜乾：不可解，懷疑「蚶」字應作「甜」——即不加鹽的。

㊳ 艾：借作「刈」字用。

㊴ 現見齊民要術雜説第三十引崔寔四民月令及賈思勰所作小注。

㊵ 此句節自種樹書；種樹書似是根據農桑輯要所引四時纂要。

㊶ 醎豆：據集韻（平聲「一東」）「醎」字音「嵩」，解作「酒名」。「醎豆」不知是什麽東西。懷疑有錯字。案：齊民要術作醬法第七十及玉燭寶典「五月」均引有崔寔四民月令：「五月爲醬，上旬鬺豆，中庚煮之……至六七月之交，以藏瓜……。」「鬺」（即「炒」字）與「醎」字有些相像，懷疑即「炒」豆。

㊷ 藍青：出自種樹書，「青」字懷疑是「靛」字殘缺鈔錯。

㊸ 現見齊民要術雜説第三十引崔寔四民月令。

㊹ 此月斫竹不蛀：現見農桑輯要卷七末歲用雜事所引四時纂要。

㊺ 立秋之節：這一節，仍是據（逸）周書改寫。和目録比較，這裏缺少小標題「秋」。

㊻ 這一節，仍是要術雜説第三十所引崔寔四民月令。

㊼ 菜：這一節中，上面已有「菵菜」，下面又有「旱菜」、「芥菜」，這個「菜」字，所指是什麽，很難解説。

㊽ 澱：即藍靛。原來是沉澱物，所以最古的寫法，即是「澱」；後來改寫爲「黗」、「靔」、「𪐴」、「靛」。

㊾ 仍是雜説第三十所引崔寔四民月令。

㊿ 仍是雜説第三十所引崔寔四民月令。

(51) 徹重：「重」讀平聲 chóng，意思是「重複」；「徹重」，即將同樣多的分出來。

(52) 栗子：平、黔本作「栗子」，與上面「栗」重；魯本作「茶子」，與下面「茶子」重；曙本此處作「茶子」，無下面「茶子」。各本均似有不妥，此句如删去下面重出的「茶子」，更好些。

(53) 「立冬之節」一節，仍據（逸）周書删節寫成，小標題「冬」亦應補。

(54) 仍是雜説第三十中所引崔寔四民月令。

(55) 天豆：疑應是「大豆」。

(56) 石橘：不可解，懷疑是「石榴」寫錯。

(57) 「獲稻。納禾稼」，詩豳風七月有「十月獲稻」和「十月納禾稼」的話，但所謂「十月」，應當是「子正」（即正月建子）的十月，等於「寅正」的八月，不能作爲「孟冬」的「雜事」處理。這兩項是否徐光啓原稿所有，很可懷疑。

(58) 「用蓋爐。石堦砌」：不可解，顯然有錯字。

(59) 收二桑葉：收藏秋季發生的遲桑葉，作成乾粉，準備明年補充蠶飼料或養牛（參看本書卷三十一）。

(60) 此條現見便民圖纂（卷九）祈禳類「十一月」。

(61) 「豆麻子」以上，係要術雜説第三十所引四民月令。

⑥② 此條來源，尚未查得。齊民要術引氾勝之書，有用雪水浸種的話。四時纂要十一月有一條「貯雪水」，是「要術云，是月，以器貯雪埋地中，以水浸穀種之，則收倍」。所謂要術，可能指王旻山居要術而言，不是齊民要術。

⑥③ 仍是雜説第三十所引崔寔四民月令，第一小注，是崔氏原有，第二小注，可能是賈思勰所加。

⑥④ 剶：應作「劖」（音 chuān），截除枝條。

⑥⑤ 掃：疑當依農桑輯要卷七末歲用雜事所引四時纂要作「糞地」。

案：

〔一〕南方　王禎原書，「南」字上尚有「以」字，與下面三句排比，應補「以」字。

〔二〕時至氣至生理因之　現行本陳旉原書作「其或氣至而時未至，或時至而氣未至，則造化發生之理因之也」，與王引文意義不同。

〔三〕以正月爲始春四月爲始夏　陳旉原書作「以建寅之月朔爲始春，建巳之月朔爲首夏」，因爲太陰月與太陽年之間有差距，所以「陰陽有消長，氣候有盈縮」；寅月初一，不一定是始春，而應當在立春節；巳月初一，也不一定是首夏，而應在立夏節。王禎這樣删節後，與原文顯有出入。

〔四〕東井昏見於牛　「牛」字，應依王禎原書改作「午」。與上句「寅」字相對應。

〔五〕辰　應依王禎原書作「晨」。

〔六〕「時」字上，應依王禎原書補「授」字。

〔七〕開　應依王禎原書作「閏」。

〔八〕「養」字上應依王禎原書補「生」字。

〔九〕圖見王禎農書（卷十一）農器圖譜一「授時指掌活法之圖」。王禎本書有錯字；本書轉刻時，又有錯字，但也有改正得合適的地方。現將王禎原圖的十二個月，分作十二「輻」；每「輻」第一「環」爲天干，第二環地支，第三環四季，第四環節氣；這四環沒有錯字之外，第五、六兩環，校對如下：

輻	**環**	**現作**（未注「正」字的，本書有錯。）	**王禎原作**
子	五	麋（正）	麋（誤）
丑	六	利桑	剥桑（案應作「劙桑」）
寅	五	魚陟負水	魚上水（應作「冰」字）
寅	六	緒箔	織箔
卯	六	黍稷	黍穄
巳	六	壅芋	壅苧
午	六	具葦	具簑
未	五	大雨時行（正）	大雨始行（誤）
未	六	耡桑	耡桑竹

申五	涼風生。	涼風至
申六	造藍地。　務機抒。	造藍靛。　務機杼。
酉六	斫芓。　練帛（正）　刈豆交。	斫苧　練綿（誤）刈豆茭
戌六	選三	選五
亥六	塞囷倉　葺密（正）室	實囷倉　葺蜜（誤）室
	藏諸穀種（正）、薑種	藏諸穀、薑種

〔一〇〕雁候北　吕氏春秋作「候雁北」，禮記作「鴻雁來」。

〔一一〕飈　吕氏春秋作「疾」，禮記作「猋」，淮南子時則作「飄」。「猋」字，可以看錯成「疾」；「飄風暴雨」見老子，淮南子作「飄」是有根據的。「飈」字較遲，是就「猋」字改裝而成。

〔一二〕班　應依魯本及要術原文作「斑」。

〔一三〕肥　應依要術作「脆」。

〔一四〕細　應依要術原文作「爲」。

〔一五〕「既登」之上，「蠶事」二字應依禮記重出。

〔一六〕司　應依禮記作「師」。

〔一七〕映　應依要術原文作「暵」。

〔一八〕窠蛹　應依要術校定本作「棗糒」。

〔一九〕糴麵　應依要術校定本作「糴𪍿」。

〔二〇〕工　呂氏春秋、禮記、淮南子時則均作「功」。「工」「功」可以通用；但作「功」意義更明顯。

〔二一〕露　據文義，「露」應是「霧」字；農桑衣食撮要各本，這個字「霧」「露」錯出。

〔二二〕生蟲　應依農桑衣食撮要作「傷麥」與標題相應。

〔二三〕源　與禮記原文同；但呂氏春秋及淮南子均作「原」。

〔二四〕糴　各本皆作「糴」，應依要術卷三雜説第三十及四民月令五月作「糶」。（定枎案）

〔二五〕洗　當依種樹書作「澆」。

〔二六〕坏　呂氏春秋作「坿」，禮記作「坏」。

〔二七〕捨薄　應依校定本要術原文作「袷薄」。

〔二八〕均　應依呂氏春秋、禮記、淮南子作「鈞」。

〔二九〕應依要術引文，在「弓」字上補「角」字。

〔三〇〕曝飼　應依要術原引作「暴飴」。

〔三一〕折　應依宋本要術引文作「析」。

〔三二〕修牛馬　月令廣義作「修牛馬屋」，「屋」字應有。亦見農桑輯要（作「遮掩牛馬屋」）及農桑衣食撮要。

〔三三〕簁　應依要術校定本作「箄」，解作懸肉的竿子。

農政全書卷之十一

農事

占候①

【正月】　凡春當〔一〕和而反寒，必多雨。諺云：「春寒多雨水。」元宵前後，必有料峭之風②，謂之元宵風。凡春有二十四番花信風③，梅花風打頭，楝〔二〕花風打末。上八日〔一〕宜晴，此夜若雨，元宵如之。諺云：「上八夜弗見參星，月半夜弗見紅燈。」上元日晴，春水少。括云：「上元無雨多春旱，清明無雨少黃梅；夏至無雲三伏熱，重陽無雨一冬晴。」雨水後陰多，主少水。高下大熟。諺云：「正月罯坑好種田④。」

【二月】　十二日夜宜晴，可折十二夜夜雨。二月最怕夜雨，若此夜晴，雖雨多，亦無所妨。越人陳元義云：二月內得十二個夜晴，則一年雨晴調勻。更十二夜中又雨，爲水潦年歲矣。十夜以上雨水，鄉人盡叫苦〔二〕。初四〔三〕有水，謂之春水。初八日〔四〕前後，必有風雨。諺云：「清明斷雪，穀雨斷霜。」言天氣之常。東作既興，早起夜眠，春間最爲要緊。古語云：「一年之計在春，一日之計在寅⑤。」

【三月】「清明晒得楊柳枯，十隻糞缸九隻浮。」「清明無雨少黄梅。」「雨打紙錢頭，麻麥不見收。」「雨打墓頭錢，今年好種田。」清明：午前晴，早蠶熟；午後晴，晚蠶熟。清明日，喜晴。諺云：「簷頭插柳青，農人休望晴；簷頭插柳焦，農人好作嬌。」若清明寒食前後，有水而渾，主高低田禾大熟，四時雨水調。穀雨日雨，主魚生。諺云：「一點雨，一個魚。」穀雨前一兩朝霜，主大旱。是日雨，則魚生，必主多雨。二麥紅腐，不可食用。月内有暴水，謂之桃花水，則多梅雨，無澇亦無乾。雪不消，則九月霜不降。雷多，歲稔。虹見，九月米貴⑥。

【四月】以清和天氣爲正。必作寒數日，謂之麥秀寒。即月令麥秋至之候〔三〕。夏至日風色，看交時⑦最要緊。屢驗。月中看魚散子，占水。黄梅時，水邊草上，看散子高低，以卜水增止。立夏日，看日暈，有則主水。諺云：「一番暈，添一番湖塘。」是夜〔五〕雨，損麥。諺云：「二麥不怕神共鬼，只怕四月八夜雨⑧。」大抵立夏後，夜雨多，便損麥。蓋麥花夜吐，雨多花損，故麥粒浮秕也。月内日暖夜凉，主少水。諺云：「日暖夜寒，東海也乾。」虹見，米貴⑨。

【五月】諺云：「初一雨落井泉浮。初二雨落井泉枯。初三雨落連太湖。」又云：「一日值雨，人食百草。」又云：「一日晴，一年豐。一日雨，一年歉。」立梅，芒種日是也。宜晴。陰陽家云：「芒後逢壬立梅，至後逢壬梅斷。」或云：「芒種逢壬是立黴」。按風土記云：「夏至前，芒種後雨，爲黄梅雨。」田家初插秧，謂之發黄梅。逢壬爲是。芒種〔四〕後半月内西南風，諺云：「梅裏西南，時裏潭潭。」但此風連吹兩日，雨立至。畏雷，諺云：「梅裏雷，低田拆〔五〕舍回。」言低田巨浸，屋無用也。甚驗。或云：「聲多及震響反旱〔六〕。」往往經試，才有雷便有雨遍，插秧之患。大抵芒後半月，謂之禁雷天。又云：「梅裏一聲雷，時中三日雨。」立梅日早雨，謂之迎梅雨。一云主旱，諺云：「雨打梅頭，無水飲牛。雨打梅額，河底開拆。」一云主水，諺云：「迎梅一寸，送梅一尺。」雜占云：「此日雨，卒未晴。」試以二日比較，近年纔是無雨，雖有黄梅亦不多，不可不知也。重五日只宜薄陰，但欲晒得蓬癟，步結切。枯病也。便好。大晴主水。雨主絲綿貴。大風雨，主田内無邊帶〔六〕，風水多也。至後半月爲三時：頭時三日，中時五日，末時七日。時雨：中時主大水；若末時，縱雨亦善〔七〕。括云：「夏至未過，水袋未破。」諺云：「時裏一日西南風，准過黄梅兩日雨。」又云：「時雨西南，老龍奔潭。」皆主旱，全不應。晚轉東南必晴。諺云：「朝西暮東風，正是旱天公。」末〔八〕時得雷，謂之送時，主久晴。諺云：「迎梅雨，送時雷。送去了，便弗回。」諺云：「黄梅天日〔七〕幾番顛。」冬青花占水旱。諺云：「黄梅雨未過，冬青花未破。冬青花已開，黃梅雨不來。」「夏至端午前，叉手種年田。」夏至日雨落，謂淋時雨，主久雨。其年必豐〔八〕。夏至有雲三伏熱〔九〕。如吹西南風，急吹急没，慢吹慢没。黃梅寒，井底乾。端午日雨，來年大熟。分龍之日⑩，農家于是日早，以米篩〔九〕盛灰，藉〔一〇〕之紙，至晚視之，若有雨點迹，則秋不熟，穀價高。人多閉糴。五月二十日大分龍，無雨而有雷，謂之鎖雷門〔一一〕。田家五行曰：至正壬辰⑪，春末夏初，水至。既非桃花，亦非黃梅⑫，去而復來，進退不已。余家所種低田數多，正苦于插種過時，田中積水，車浚未有乾期，此日尚且勉强督工。喜晴固好，然八風周旋，正不知吉凶如何。至申時，忽東南陣起，見掛帆雨⑬，隨有雷三四聲，方且驚愕。忽見一老農，拱手仰天，且連稱慚愧不已。因問其故？答云：今日無雨而有雷，謂之鎖龍門。復拱手相賀喜躍。或問：此處無雨，他處却雨，如何？老農云：晴雨各以本境所致爲占候也。幼聞父老言：前宋時，平江府⑭崑山縣作水災，隣縣常熟却稱旱。上司謂接境一般高下之地，豈有水旱如此相背之理？不准後申。其里人直赴于朝，訴⑮諸史丞相。丞相怪問，亦然。衆人因泣下而告曰：崑山日日雨，常熟只聞雷。丞相謂：有此理。悉聽所陳。至今吴中相傳以爲古諺。又諺云：「夏雨隔田晴。」又云：「夏雨分牛脊。」又云：「龍行熟路。」正此謂也。其年果熟，晴多雨少，自此日至立秋，止雨兩番。月内虹見，麥貴。有三卯，宜種稻。有應時雨。諺云：「二十分龍廿一雨，破車閣在弄堂裏。

二十分龍廿一鬣[16]，拔起黄秧便種豆[17]。」

【六月】 初一一劑雨，夜夜風潮到立秋。六月蓋夾被，田裏不生米。六月西風吹遍草，八月無風秕子稻。處暑雨不通，白露枉相逢。三伏中大熱，冬必多雨雪。蝍蟟蟬叫稻生芒。六月有水，謂之賊水，言不當有也。小暑日晴雨，亦要看交時最緊。六月初三日略得雨，主秋旱，收乾稻。蘇、秀人云[18]：此日略得雨，則西山及南海不斫篙竿[19]。初三日雨，難稿稻〔二〇〕。諺云：「六月初三晴，山篠盡枯零。」「六月初三一陣雨，夜夜風潮到立秋。」小暑日雨，名黄梅顛倒轉，主水。東南風及成塊白雲起，至[20]半月舶棹風，主水退兼旱。無南風，則無舶棹風，水卒不能退。諺云：「舶棹風雲起，旱魃精空歡喜。」仰面看青天，頭巾落在麻坼裏。」東坡詩云：「三時已斷黄梅雨，萬里初來舶棹風[21]。」正此日也。諺云：「六月不熱，五穀不結。」老農云：「三伏中，稿[22]稻天氣，又當下壅時，最要晴。晴則熱。」故也。又云：「六月蓋夾被，田裏無張屁。」言涼冷則雨多，雨多則水大，没田無疑矣。月令云：「季夏行秋令，則丘隰水潦，禾稼不熟。」又云：「伏裏西北風，臘裏船不通。」主冬冰堅，秋稻秕。又云：「六月無蠅，新舊相登。」米價平。夏秋之交，稿稻還水後，喜雨。諺云：「夏末秋初一劑雨，賽過唐朝一囤珠。」言及時雨，絶勝無價寶也。諺云：「秋前生蟲，損一莖，發一莖；秋後生蟲，損了一莖，無了一莖。」螟螽螣賊是也[23]。

七月秋㉔，蒔到秋；六月秋，便罷休。朝立秋，暮颼颼；夜立秋，熱到頭。立秋日天晴，萬物少得成熟。小雨，吉。大雨，主傷禾。齊民要術云：「晴主歲稔㉕。」未詳孰是。有雷損晚稻。諺云：「秋霹靂，損晚穀。」大抵秋後雷多，晚稻少收。非但忌此日。喜西南風，主田禾倍收。諺云：「三日三石，四日四石。」七月有雨㉖，名洗車雨，主八月有蓼花㉗。諺云：「七月七，無洗車。八月八，無蓼花㉘。」

【八月】早禾怕北風。晚禾怕南風。朔日晴，主〔九〕冬旱，宜薑。略得雨，宜麥。一云：風雨宜麥，主布貴，麻子貴十倍。又云：凡朔〔一〇〕要晴，唯此月要雨，好種麥。白露雨爲苦雨，稻禾霑之則白颯㉙，蔬菜霑之則味苦。諺云：「白露日個雨，來一路苦一路。」又云：「白露前是雨，白露後是鬼。」其時之雨，片雲來便雨。稻花見日吐出，陰雨則收。正吐之時，暴雨忽來，卒不能收，遂致白颯之患。若連朝雨，反不爲災。不免擔閣吐秀，有皮殼厚之病。秋分要微雨，或陰天最妙。主來年高低田大熟〔一一〕。喜雨，諺云：「麥秀風摇，稻秀雨澆。」此言將秀得雨，則堂肚大㉚，穀穗長。秀實之後雨，則米粒圓，見收數。畏旱，諺云：「田怕秋乾，人怕老窮。」秋熱損稻，旱則必熱〔一二〕。怕秋水潦〔一三〕稻，諺云：「雨水滰没産，全收不見半。」八月又作新涼，諺云：「處暑後十八盆湯。」又云：「立秋後四十五日，浴堂乾。」中旬作熱，謂之潮熱，又名八月小春。十八日潮生日，前後有水，謂之横港水㉛。

九月初有雨多㉜，謂之秋水。早〔一四〕稻嵐㉝，晚稻嵐，落縵天，蓼花水，浴車嵐㉞，路雨。中氣前後㉟，起西北風，謂之霜降信。有雨，謂之涇信。末風先雨，謂之料信雨。霜降前來信㊱，易過，善。後來信，了信，必嚴毒。此信乾濕，後信必如之。諺云：「霜降了，布衲著得。」言已有暴寒之色。重九日晴，則冬至、元日、上元、清明四日皆晴。雨則皆雨，又主竈荒㊲。括云：「重陽無雨一冬晴。」詳上元下。諺云：「九日雨，米成脯。」又云：「重陽溼漉漉，穰草千錢束㊳。」

【十月】立冬晴㊴，則一冬多晴。雨，則一冬多雨，亦多陰寒。諺云：「賣絮婆子看冬朝，無風無雨哭號咷。」立冬日西北風，主來年旱天熱。晴，過寒。諺云：「立冬晴過寒，弗要樞柴積㊵。」又主有魚。雨，主無魚。諺云：「一點雨，一個模魚鴉。」冬前霜多，主來年旱；冬後多，晚禾好。十六日爲寒婆生日，晴主冬暖。此説得之崇德舉人徐伯和，自江東石洞秩滿而歸云，彼中客旅遠出，專看此日，若晴煖，則但隨身衣服而已，不必他備。言極有准也。月內有雷，主災疫。諺云：「十月雷，人死用耙推。」有霧，俗呼曰沫露，主來年水大，仍相去二百單五日水至，老農咸謂極驗。或云：要看霧著水面則輕，離水面則重。諺云：「十月沫露塘瀊，十一月沫露塘乾。」冬初和暖，謂之十月小春，又謂之晒糯穀天。

澌見天寒日短，必須夜作。諺云：「十月無工，只有梳頭吃飯工。」又云：「河東西，好使犁。河射角，好夜作。」立冬前後起南北風，謂之立冬信。月内風頻作，謂之十月五風信。諺云：「冬至前後，鴻〔一四〕水不走㊶。」

【十一月】冬至，古語云：「明正暗至。」又諺云：「晴乾冬至溼漉年。」二說相反。諺曰：「乾冬溼年，坐了種田。」又云：「鬧熱冬至冷淡年。」蓋無〔一五〕人尚冬，欲晴故也。或云：「冬至雨，年必晴；冬至晴，年必雨。」此說頗准。至後九九氣〔一六〕諺云：「一九二九，相喚弗出手。三九廿七，離頭吹觱篥㊷。四九三十六，夜眠如鷺宿。五九四十五，太陽開門户。六九五十四，貧兒爭意氣。七九六十三，布衲擔頭擔。八九七十二，猫狗尋陰地。九九八十一，犁耙一齊出。」沈存中筆談云㊸：是月中遇東南風，謂之歲露，有大毒。若飢感其氣，開年著瘟病。又云：風色多與下年夏至相對。農桑輯要云：欲知來年五穀所宜，是日取諸種各平量一升，布囊盛之，埋窖陰地，後五日發取量之【此占候之有理者也】，息多者歲所宜也㊹。月内雨雪多，主冬春米賤。有雷，主春米貴。冬至前米價長，後必賤；落則反貴。諺云：「冬至前，米價長，貧兒受長養；冬至前，米價落，貧兒轉蕭索。」有霧主來年旱。諺云：「一日折過十月内三日㊺。」「風雨來〔一七〕，春少水㊻。」

【十二月】立春在殘年，主冬暖。諺云：「兩春夾一冬，無被暖烘烘。」至後第三戊爲臘。臘前三兩番雪，謂之臘前三白，大宜菜麥。諺云：「若要麥，見三白。」又云：「臘雪是被，春雪是鬼。」又主來年豐稔。諺云：「一月見三白，田翁笑嚇嚇。」又主殺蝗〔一八〕子。占風，諺云：「今夜東北，明年大熟。」月内有霧，主來年有水。風雨，主來年六月、七月内橫水。十二月裏霧，無水做酒庫。霧主半月旱，准十月内五日霧。冰結後水落，主來年旱。冰結後水漲，名上〔一九〕水冰，主水。若緊厚，來年大水。十二月謂之大禁月。忽有一日稍暖，即是大寒之候。諺云：「一日赤膊，三日齷齪。」諺云：「大寒須守火，無事不出門。」又云：「大寒無過丑寅，大熱無過未申㊼。」

【論日】 日暈則雨。諺云：「月暈主風，日暈主雨。」日脚占晴雨。諺云：「朝又天，暮又地」，主晴。反此，則雨。日没後，起清白光數道，下狹上闊，直起亘天，此特夏秋間有之，俗呼青白路，主來日酷熱。日生耳，主晴雨。諺云：「南耳晴，北耳雨。」日生雙耳，斷風截雨。」若是長而下垂通地，則又名白日〔二〇〕幢，主久晴。日出早，主雨；出晏，主晴。老農云：此特言久陰之餘，夜雨連旦，正當天明之際，雲忽一掃而捲即光，日出，所以言早。少刻必雨，立驗。言晏者，日出之後，雲晏開也，必晴，亦甚准。蓋日之出入，自有定刻，實無早晏也。愚謂但當云：晴得早主雨，晏開主晴。不當言日出早晏也。日外自雲障中起，主晴。諺云：「日頭趕雲障㊽，晒殺老和尚。」日没返照，主晴。俗名爲日返塢。一云：

「日没臙脂紅，無雨也有風。」玄扈先生曰：日返塢，明朝水没路。日打洞，明朝晒背痛。或問：二候相似，而所主不同何也？ 老農云：返照，在日没之前。臙脂紅，在日没之後。諺云：「烏雲接日，明朝不如今日。」又云：「日落雲没，不雨定寒。」又云：「日落雲裏走，雨在半夜後。」已上皆主雨。 此言一朶烏雲漸起，而日正落其中者。 諺云：「日落烏雲半夜枵，明朝晒得背皮焦。」此言半天元〔一五〕有黑雲，日落雲外，其雲夜必開散，明必甚晴也。 又云：「今夜日没烏雲洞，明朝晒得背皮痛。」此言半天上雖有雲，及日没下去，都無雲而見日，狀如巖洞者也。 已上皆主晴，甚驗㊾。

【論月】 月暈主風，何方有闕。 即此方風來㊿。

【論旬中尅應】 新月下，有黑雲横截，主來日雨。 諺云：「初三月下有横雲，初四日裏雨傾盆。」月盡無雨，則來月初必有風雨。 諺云：「廿五廿六若無雨，初三初四莫行船。」廿五日謂之月交日，有雨，主久陰。 廿七日最宜晴。 諺云：「交月無過廿七晴。」「廿七廿八交月雨，初二初三勿肯晴[51]。」

【論星】 諺云：「一個星，保夜晴。」此言雨後天陰，但見一兩星，此夜必晴。 星光閃爍不定，主有風。 夏夜見星密，主熱。 諺云：「明星照爛地，來朝依舊雨。」言久雨正當黄昏，卒然雨住雲開，便見滿天星斗，豈但明日有雨，當夜亦未必晴。「黄昏上雲半夜消，黄昏消雲半夜澆。」若半夜後雨止雲開，星月朗然，則必晴無疑[52]。

【論風】 夏秋之交大風，及有海沙雲起，俗呼謂之風潮，古人名之曰颶風。言其具四方之風，故名颶風。有此風，必有霖淫大雨同作，甚則拔木偃禾，壞房室，決堤堰。其先必有如斷虹之狀者見，名曰颶母。航海之人見此，則又名破帆風。凡風單日起，單日止，雙日起，雙日止。諺云：「西南轉西北，搓繩來絆屋。」又云：「半夜五更西，天明拔樹枝。」又云：「日晚風和，明朝再多。」又云：「惡風盡日沒。」又云：「日出三竿，不急便寬。」大凡風，日出之時，必略静，謂之風讓日。大抵風自日内起者，必善，夜起者，必毒。日内息者亦和，夜半息者必大凍。已上並言隆冬之風。諺云：「風急雨落，人急客作。」又云：「東風急，被蓑笠，風急雲起，愈急必雨。」諺云：「東北風，雨太〔一六〕公。」言艮方風雨，卒難得晴，俗名曰牛筋風雨，指丑位故也。諺云：「行得春風有夏雨。」言有夏雨應時，可種田也，非謂水必大也。經驗。諺云：「春風踏脚報。」言易轉方，如人傳報不停脚也。一云：「既吹一日南風，必還一日北風。」答報也。一説俱應。諺云：「西南早到[53]，晏弗動草。」言早有此風，向晚必静。諺云：「南風尾，北風頭。」言南風愈吹愈急，北風初起便大。春南夏北，有風，必雨。冬天南風三兩日，必有雪。大凡喜忌風雨，在得中爲准〔一七〕。假如此一時即占候喜何方風，得此風色爲正，微和極應。若是顛狂大作，則反爲凶。又云：如〔一八〕

此一時，即忌何方風，遇此風微，最矣〔二一〕，若得大作，反不爲災。占雨亦然也。往往歷試甚驗，蓋亦過猶不及之理也。琴瑟絃索，調得極和，則天道必是一望略無纖毫，方能如是。若是調卒不齊，則必陰雨之變。蓋亦氣候所到而然也。若高潔之弦，忽自寬，則因琴床潤溼故也，主陰雨之象。春初夏末，天氣暴暄，凡庭柱與板壁之類，温潤如流汗，主有陣頭雨至。田䵷火占水旱之事，燒生炭盆中，法並同。俱載十二月之内(54)。颶母，船上人名曰破篷掛。蓋言見此物，篷必爲風所破矣。天氣溼熱鬱蒸，主有風。古語云：「熱極則生風。」語云：「東南風跳擲，三日退一尺(55)。」

【論雨】　諺云：「雨打五更，日晒水坑。」言五更忽然雨，日中必晴，甚驗。晏雨不晴。雨著水面上，有浮泡，主卒未晴。諺云：「一點雨似一個釘，落到明朝也不晴。一點雨似一個泡，落到明朝未得了。」諺云：「天下太平，夜雨日晴。」言不妨農也。諺云：「上牽畫下牽齋，下畫雨嚌嚌。」諺云：「病人怕肚脹，雨落怕天亮。」亦言久雨正當昏黑，忽自明亮，則是雨候也。雨夾雪，難得晴。諺云：「夾雨夾雪，無休無歇。」諺云：「快雨快晴。」道德經云：「飄風不終朝，驟雨不終日。」凡雨喜少惡多。凡久雨至午少止，謂之遺晝。在正午遺，或可晴，午前遺，則午後雨不可勝。竈灰帶温作塊(56)，天將變，作雨兆。齋前風，晝後雨，並言難止。雨怕天亮(57)，是天明時忽雨，此日不得晴也。若昏黑忽明亮反是雨候，則何時晴耶58？

【論雲】 雲行占晴雨。諺云：「雲行東，雨無踪，車馬通。雲行西，馬濺泥，水没犁。雲行南，雨潺潺，水漲潭。雲行北，雨便足，好晒穀。」上風雖開，下風不散，主雨。諺云：「上風皇，下風隘，無蓑衣，莫出外。」雲若砲車形起，主大風。雲起下散四野，滿目〔一九〕如煙如霧，名曰風花，主風起。諺云：「西南陣，單過也落三寸。」言雲陣起自西南來者，雨必多。尋常陰天，西南障上，亦雨。諺云：「太婆年八十八，弗曾見東南陣頭發。」又云：「千歲老人，不曾見東南陣頭雨没子田。」言雲起自東南來者，絶無雨。凡雨陣自西北起者，必雲黑如潑墨，又必起作眉梁陣。主先大風而後雨，終易晴。天河中有黑雲生，謂之河作堰，又謂之黑豬渡河。黑雲對起，一路相接亘天，謂之女作橋。雨下闊，則又謂之合羅陣。皆主大雨立至。少頃必作滿天陣，名通界雨，言廣闊普徧也。若是天陰之際，或作或止，忽有雨作橋，則必有掛帆雨脚59，又是雨〔二〇〕脚將斷之兆也。不可一例而取。諺云：「旱年只怕沿江跳〔二一〕，水年只怕北江紅。」一云：「太湖晴。」上文言亢旱之年，望雨如望恩，纔是四方遠處雲生陣起，或自東引而西，自西而東，所謂沿江跳也。則此雨，非但今日不至，必每日如之，即是久旱之兆也。澇年，每至晚時，雨忽至，雲稍浮北，似霞非霞，紅光曜日，雨必隨作，當主夜夜如此，直至大暑而後已，謂之北江紅60。此吴語也，故指北江爲太湖。若是晚霽，必兼西天，但晴無雨。諺云：「西北赤，好晒麥。」陰天卜晴，諺云：「朝要天頂穿，暮要四脚懸。」又云：「朝看東南，暮看西北。」諺云：「魚鱗天，不雨也風顛。」此言細細如魚鱗斑者。一云：「老鯉斑雲障，晒殺老和尚。」此言滿天雲大片如鱗，故云老鯉。往往試驗，各有准。秋天雲陰，若無風，則無雨。冬天近晚，忽有老鯉斑雲起，漸合成濃陰者，必無雨，名曰護霜天。諺云：「識每㉛，護霜天。不識每，著子一夜眠㉜。」

【論霧】莊子云：「騰水上溢爲霧。」爾雅云：「地氣上天不應曰霧。」凡重霧三日，主有風。諺云：「三朝霧露起西風。」若無風，必主雨。又云：「霧露不收即是雨。」

【論霞】諺云：「朝霞暮霞，無水煎茶。」主旱，此言久晴之霞也。諺云：「朝霞不出市，暮霞走千里。」此皆言雨後乍晴之霞。暮霞若有火燄形而乾紅者，非但主晴，必主久旱之兆。朝霞雨後乍有，定雨無疑。或是晴天隔夜雖無，今朝忽有，則要看顔色斷之。乾紅，主晴。間有褐色，主雨。滿天謂之霞得過，主晴。霞不過，主雨。若西天有浮雲稍厚，雨當立至。

【論虹】俗呼曰鱟。諺云：「東鱟晴，西鱟雨。」諺云：「對日鱟，不到晝。」主雨。言西鱟也。若鱟下便雨，還主晴。

【論雷】諺云：「未雨先雷，船去步來。」主無雨。諺云：「當頭雷無雨，卯前雷有雨。」

凡雷聲響烈者，雨陣雖大而易過，雷聲殷殷然響者，卒不晴。雷初發聲微和者，歲内吉。猛烈者凶。雪中有雷，主陰雨，百日方晴。東州人云：「一夜起雷三日雨。」言雷自夜起必連陰。

【論電】夏秋之間，夜晴而見遠電，俗謂之熱閃。在南，主久晴。在北，主便雨。諺云：「南閃半〔二〕年，北閃眼前。」北閃俗謂之北辰閃，主雨立至。諺云：「北辰三夜，無雨大怪。」言必有大風雨也。

【論冰】冰後水長，名長水冰，主來年水。冰後水退，名退水冰，主旱。若冰堅可履，亦主水。

【論霜】每年初下只一朝，謂之孤霜，主來年歉。連得兩朝以上，主熟。上有鎗芒者吉，平者凶。春多主旱。毛頭霜(63)，主明日〔三〕風雨。

【論雪】其詳在十二月下。霽而不消，名曰等伴，主再有雪。久經日照而不消，亦是來年多水之兆也。

【論山】遠山之色，清朗明爽，主晴。嵐氣昏暗，主作雨。起雲，主雨。收雲，主晴。尋常不曾出雲，小山忽然雲起，主大雨。久雨在半山之上，山水暴發，一月則主山崩，却非尋常之水。

【論地】地面溼潤，甚者水珠出如流汗，主暴雨。若得西北風解散，無雨。石磉水流亦然。四野鬱蒸亦然。

【論水】夏初水中生苔，主有暴水。諺云：「水底起青苔，卒逢大水來。」水際生靛青，主有風雨。諺云：「水面生青靛，天公又作變。」諺云：「大水無過一周時。」言天道久雨，山澤發洪，大水橫流，江河陡漲之易也。諺云：「大旱不過周時雨，大水無非百日晴。」言天道須是久晴，則水方能退也。故論潮者云：「晴乾無大汛。」合而言之，可見水漲之易，退之難也如此。凡東南風退水，西北反爾。此理蓋只是吳中太湖〔二三〕東南之常事。往來〔二三〕初冬，大西北風，湖水泛起，吳江人家，皆俱浸水中。風息復平，謂之翻湖水。纔是南風，連吹半月十日，便可退水三二尺，又不還漲。水邊經行，聞得水有香氣，主雨水驟至，極驗。或聞水腥氣亦然。河內浸成包稻種，既沒復浮，主有水。

【論草】草得氣之先者，皆有所驗。薺菜〔二四〕先生，歲欲甘。葶藶先生，歲欲苦。藕先生，歲欲雨。蒺藜先生，歲欲旱。蓬先生，歲欲流〔二四〕。水藻先生，歲欲惡。艾先生，歲欲病。孟月占之。五穀草占稻色。草有五穗，近本莖，爲早〔二五〕色，腰末爲晚禾。隨其穗之美惡，以斷豐歉，未必極驗。但其草，每年根根相似。茆蕩內，春初雨過菌生，俗呼爲雷蕈。多則主旱，無則主水。草屋久雨，菌生其上。朝出晴，暮出雨。諺云：「朝出晒殺，暮出濯殺。」看窠草，一名干戈，謂其有刺故也。蘆葦之屬，叢生于地，夏月暴熱之時，忽自枯死，主有水。諺云：「頭苧生子，没殺二苧。二苧生子，旱殺三苧。」茭草，水草也。村人嘗剥其小白嘗之，以卜水旱。味甘甜主水，已來亦未止。味餿氣主旱，已來亦已定。

【論花】梧桐花初生時，赤色主旱，白色主水。匾豆五月開花，主水。杞[64]，夏月開結，主水。藕花謂之水花魁，開在夏至前，主水。野薔薇開在立夏前，主水。麥花晝夜〔二五〕，主水。扁豆、鳳仙花開在五月，主水。槐花開一遍，糯米長一遍價。

【論木】雜陰陽書曰：禾生于棗或楊，大麥生于杏，小麥生于桃，稻生于柳或楊，黍生于榆，大豆生于槐，小豆生于李，麻生于楊或荆[65]。師曠占術曰：杏多實不蟲者，來年秋禾善。五木者，五穀之先，欲知五穀，但視五木。擇其木盛者，來年多種之，萬不失一也[66]。凡竹笋透林者，多有水。楊樹頭並水際根乾紅者，主水。此説恐每年如此，不甚應。

【論潮】每半月逐日候潮時，有詩訣云：「午未未申申，寅寅卯卯辰，辰巳巳午午，半月一遭輪。夜潮相對起，仔細與君論。」十三、二十七名曰水起，是爲大汛，各七日。二十、初五名曰下岸，是爲小汛，亦各七日。諺云：「初一月半午時潮。」又云：「初五二十夜岸潮，天亮白遥遥。」又云：「下岸三潮登大汛。」凡天道久晴，雖當大汛，水亦不長。諺云：

「晴乾無大汛，雨落無小汛。」

【論飛禽】　諺云：「鴉浴風，鵲浴雨，八哥兒洗浴斷風雨。」鳩鳴有還聲者，謂之呼婦，主晴。無還聲者，謂之逐婦，主雨。鵲巢低，主水；高，主旱。俗傳鵲意既預知水，則云終不使我没殺，故意愈低。既預知旱，則云終不使晒殺，故意愈高。朝野僉載云：「鵲巢近地，其年大水。」海燕忽成群而來，主風雨。諺云：「烏肚雨，白肚風。」赤老鴉含水叫旱，主雨多，人辛苦；叫晏晴多，人安閒。農作次第。夜間聽九逍遥鳥叫，卜風雨。諺云：「一聲風，二聲雨，三聲四聲斷風雨。」鸛鳥仰鳴則晴，俯鳴則雨。鵲噪早，報晴明，曰乾鵲。冬寒天雀群飛，翅聲重，必有雨雪。鬼車鳥，北人呼爲九頭蟲，夜聽其聲出入，以卜晴雨。自北而南，謂之出窠，主雨。自南而北，謂之歸窠，主晴。古詩云：「月黑夜深聞鬼車。」喫鷦叫，主晴。俗謂之賣蓑衣。鷗叫，諺云：「朝鷗晴，暮鷗雨。」夏秋間雨陣將至，忽有白鷺飛過，雨竟不至，名曰截雨。家雞上宿遲，主陰雨。燕巢做不乾净，主田内草多。母雞背負雞雛，謂之雞駝〔二六〕兒，主雨。喫井，水禽也，在夏至前叫，主旱。諺云：「夏前喫井叫，有車個恰喫、無車個嘯。」鵜鶘[67]，一名淘河，鵝鸛之屬。其狀異常，每來必主大水。近至正庚寅五月十八日，方梅水漲，忽見此怪數十，自西而東，衆謂没田先兆。一老農云：不妨。夏至前來曰犁湖，至後曰犁途，以其嘴之形狀相似。湖言水深，途言水淺。今至後八日，此後雨脚斷，水退矣。雖然疑信不决。後果天晴，高下皆得成熟。若此，至前至後，便分禍福兩端，可謂奇驗。占候者慎之。玄扈先生曰：凡異常禽鳥至，皆大水徵。

【論走獸】獺窟近水，主旱。登岸，主水。有驗。圍塍上野鼠爬泥，主有水。必到所爬處方止。鼠咬麥苗，主不見收。咬稻苗亦然。倒在根下，主礱下米貴，銜在洞口，主囷頭米貴。狗爬地，主陰雨。每眠灰堆高處，亦主雨。狗咬青草吃，主晴。狗向河邊吃水，主水退。鐵鼠，其臭可惡，白日銜尾成行而出，主雨。猫兒吃青草，主雨。絲毛狗褪毛不盡，主梅水未止。

【論龍】龍下便雨，主晴。凡見黑龍下，主無雨。縱有亦不多。白龍下，雨必多。水鄉諺云：「黑龍護世界，白龍讓世界。」龍下頻，主〔二七〕旱。諺云：「多龍多旱。」龍陣雨，始自何一路，只多行此路。無處絶無。諺云：「龍行熟路[68]。」

【論魚】魚躍離水面，謂之秤水，主水漲。高多少增水多少。凡鯉、鯽魚，在四五月間，得暴漲，必散子。散不盡，水未止。盛散，水勢必定。夏至前後，得黄鱨魚甚散子時，雨必止〔二八〕。雖散不甚，水終未定。最驗〔二九〕。車溝内，魚來攻水逆上，得鮎，主晴；得鯉，主水。諺云：「鮎乾鯉溼。」又云：「鯽魚主水，鱨魚主晴。」黑鯉魚，脊翼長接其尾，主旱。夏初，食鯽魚，脊骨有曲，主水。漁者網得死鱖，謂之水惡，故魚著網即死也。口開，主水立至，易過。口閉，來遲，水旱不定。鰕籠中張得鱘魚，風水。夏至前，田内晒死小魚，主水。口開，即至易過。閉，反是。

【論雜蟲】 水蛇蟠在蘆青高處，主水。高若干，漲若干。回頭望下，水即至，望上稍慢。水蛇及白鰻入蝦籠中，皆主大風水作。春暮暴煖，屋木中出飛蟻，主風雨。平地蟻陣作，亦然。鱉探頭，占晴雨，諺云：「南望晴，北望雨。」田角小螺兒，名曰鬼螄，浮于水面，主有風雨。石蛤蝦蟆之屬，叫得響亮成通，主晴。諺云：「杜蛤〔三〇〕叫三通，不用問家公。」言報晚晴有准〔三一〕也。田雞噴[69]水叫，主雨。蚱蜢、蜻蜓、黄蝱等蟲，在小滿以前生者，主水。俗呼是魚口中食。謂其纔經風雨，俱死于水故也。黄梅三時内，蝦蟆尿曲[70]，有雨。大曲大雨，小曲小雨。二蠶初出，變化得多，主水。蚯蚓俗名曲蟮，朝出晴，暮出雨。夏至日蟹上岸，夏至後水到岸。

校：

〔一〕當　黔、曙、魯作「當」，平本從田家五行作「雷」，據文義，以作「當」字爲是。

〔二〕楝　平、黔、魯譌作「揀」，依曙本改正，楝是 Melia azedarach。

〔三〕候　平本依田家五行作「後」，暫依黔、曙、魯各本改作「候」，——解作「徵候」。

〔四〕種　平、曙無，與田家五行同；暫依黔、魯各本補。懷疑「芒後」在當時已是「約定俗成」的簡稱，和「明前」「雨前」一樣。

〔五〕拆　平本譌作「折」，應依魯、曙、中華排印本改作「拆」。（定枎校）

〔六〕旱　平本譌作「早」，依黔、魯各本改正。

〔七〕亦善　平本作「一善」，魯本作「亦善」，曙本、中華排印本作「無善」。暫依魯本改。（定枎校）

〔八〕末　黔、魯譌作「未」，依平、曙作「末」，與田家五行原文合。

〔九〕篩　平本譌作「飾」，應依黔、魯各本改。（案：種藝必用亦作「（篩）」。）

〔一〇〕藉　平、黔、魯作「籍」，依曙本改作「藉」，與種藝必用合。

〔一一〕雷門　黔、魯作「龍門」；暫依平、曙作「雷門」，與田家五行拾遺原文合。（但下文仍作「龍門」，還值得考慮。）

〔一二〕旱　黔、曙、魯各本作「涼」；依平本作「旱」，與田家五行合。

〔一三〕潦　平本從田家五行作「撩」，暫依黔、曙、魯各本改作「潦」。

〔一四〕早　黔、魯及中華排印本譌作「旱」，依平、曙作「早」，與田家五行合。

〔一五〕元　平本依田家五行作「元」是正確的；黔、曙、魯各本作「上」，不知根據如何？現依平本。

〔一六〕太　平本作「大」有誤，應依黔、魯本及田家五行原文改作「太」。

〔一七〕准　黔、魯各本譌作「淮」，依平、曙作「准」，與田家五行拾遺合。

〔一八〕如　平、曙依田家五行拾遺原文作「好」；依黔、魯各本改「如」，與上文「此一時」相對應。

〔一九〕目　平、曙譌作「日」，依魯本改正與田家五行原文合。

〔二〇〕雨　此處兩個「雨」字，平本均譌作「兩」，依魯、曙、中華排印本改作「雨」。後面「論飛禽」鵗鶘條中，「此後雨脚斷」中的「雨」字情況相同。（定枎校）

〔二一〕閃半　平本兩字爲墨釘，依黔、曙、魯補。案：田家五行及便民圖纂俱作「閃千」。

〔二二〕日　平、曙、中華排印本作「日」，魯本作「年」，這一條没有查到出處，未知孰是。（定枎校）

〔二三〕太湖　平、黔、魯作「大湖」，依曙改作「太湖」，與田家五行原文合。

〔二四〕菜　平、黔、魯譌作「萊」；依曙本改作「菜」，與要術所引師曠占文合。案：這一條，田家五行也有，起處作：「豐、苦、水、旱四等草花雜占云」；結句是「皆以孟春占之」，「春」字似較本書「月」字好。

〔二五〕早　黔、魯作「旱」，依平、曙作「早」，與田家五行合。

〔二六〕駝　平、曙依田家五行作「跎」，依黔、魯改作「駝」。照習慣，應寫作「馱」。

〔二七〕主　平、黔、魯譌作「生」；依曙改作「主」，與田家五行原文合。

〔二八〕止　平、黔、魯譌作「正」，依中華排印本「照曙改」合田家五行原文。

〔二九〕驗　平、黔、魯譌作「緊」，依中華排印本「照曙改」合田家五行原文。

〔三〇〕蛤　平本譌作「恰」，依曙、魯、中華排印本改。（定枎校）

〔三一〕准　田家五行作「準」，平、曙作「准」，是同一個字，黔、魯譌作「淮」。

注：

① 這一卷占候的内容，清代授時通考引用時，籠統標作「農政全書曰」。現在從核對中，發現它絶大部分仍然不是徐光啓自己的第一手材料，而是以田家五行（共引用105條）和田家五行拾遺（引用17條）爲主，共占全卷條數的百分之八十一以上；另外，輯録了便民圖纂和月令廣義等的一些條文，彙集編成。編撰時，棄去前人迷信説法，側重農用氣象學，達到了本書凡例所説：「夫氣序占測，豈必季冬所頒，疇人所習哉？農師耕父，能言之矣。故載其易通而驗者」的目標。八千卷樓書目（卷十）子部農家類，録有占候一卷，題「明徐光啓撰」。胡道静先生在圖書館雜誌（一九六二年第三期）發表的徐光啓農學著述考説：「關於占候問題……北京清華大學圖書館藏有這部叢書，占候在其中的第四册。我去函清華大學圖書館，請爲一查。占候到底是否從農政全書卷十一摘出單刻？據該館答復説：查江陰季氏叢刻中的占候，在卷端占候下刻有『農政全書本』五個小字。與農政全書第十一卷核對數段，完全一致。確是一書無誤』。」徐光啓另外並無占候一書，這樣得到了徹底澄清。

案：田家五行，我們見過的格致叢書本，共分兩卷，二十二類。其中「三旬」、「六甲」、「涓吉」、「祥瑞」四類，完全是迷信唯心的材料，本書未採用只字。其餘十二月的占候，以及以各種天象動植物活動等作爲「預報徵候」的，固然也有些傅會偶合，有些因果倒置，甚至迷信；但大部分却還是根據大衆實際體驗所紀録的，應當認爲是很可貴重的原材料。這部書現題「婁元禮述」；

顯然不是自著而是輯録。倪燦宋史藝文志補認田家五行作者婁元禮爲宋人。但現見材料中，有引用元代書農桑輯要的條文（現見本卷「十一月」），表明至少有元人的手筆攙入。另有一部田家五行拾遺，題「元陸泳撰」，其中有「至正壬辰」（按係元順帝至正十二年，即公元一三五三年）和「前宋」（本書現引有）等語句，可證明確係元末乃至明初的人。兩部書，都以江南地區的地方情況爲背景。明中葉的江南農家通書便民圖纂和更晚的馮應京月令廣義中，引用這兩部書的地方不少。

② 料峭：指寒風；宋人詩詞中才開始遇見的一個形容詞。

③ 二十四番花信風：據舊辭海，「二十四番花信風」的説法，最早見於晉宗懔荆楚歲時記（約公元六世紀五十年代），但現行本（漢魏叢書本）荆楚歲時記中，未見辭海所引「始梅花，終楝花，凡二十四番花信風」的話。止見於南宋陳元靚歲時廣記（卷一）引東皋雜録。又南宋周煇（宋光宗時人）清波雜志（卷九）有一條：「江南自初春至首夏，有二十四番風信，梅花風最先，楝花風最後……。」明代王逵（稗海刻本誤題爲宋人）蠡海集氣象類（叢書集成初編）的叙述，比較完整：「……一月二『氣』六『候』；自『小寒』至『穀雨』，凡四月、八『氣』、二十四『候』，每『候』五日，以一花之風應之……『小寒』：一候梅花，二候山茶，三候水仙；……三候楝花。花竟則『立夏』矣」，則已在田家五行之後。

④ 以上「正月」各條，均見田家五行。第一、二條，見下卷「氣候類」；第三、四、五條見上卷「正月

類」。

⑤以上二月各條，均見田家五行，第一條見「二月類」，第二、三、四、五條見「氣候類」。

⑥以上三月各條，現出田家五行的，第二條見「正月類」，第五條、第八、第九條見「三月類」。現出便民圖纂的第六、七條，均見（卷八）「三月」項。第一條及第三條前兩句，未查得出處。

⑦交時：我國的二十四節氣，大致是按太陽年平均分作二十四條的，每個節氣都不是整日，日下有畸零數的時刻分。到達那個時刻分，稱爲「交」。

⑧這一條，現見田家五行拾遺。原文爲「小麥不怕神和鬼，只怕四月初八夜裏雨」。

⑨以上四月各條，出自田家五行的，第一條在「氣候類」，第四、五、六條在「四月類」。「月中看魚散子」一條，暫未查得出處。

⑩「分龍之日」一條，現見金吴懌種藝必用。

⑪田家五行這一條，實在是上面一條的後段，現見田家五行拾遺。至正，是元順帝第三個年號，至正十二年壬辰，是公元一三五二年。

⑫「既非桃花，亦非黄梅」：春末的大水，稱爲「桃花水」；陰曆四五月間的大水，稱爲「黄梅水」。

⑬掛帆雨：見本卷下面「論雲」項中所引田家五行。

⑭平江府：明清兩代的蘇州府，宋代稱爲平江府。

⑮訢：應是「訴」字寫錯。

⑯ 鱟：這裏用來指「虹」，參看本卷「虹」項。「鱟」，吴方言稱「虹」爲「鱟」(hòu)。

⑰ 以上五月各條，第一至第十二，又第十八，現均見田家五行(上)「五月類」；第十三條，見便民圖纂(卷七)「四月」；第十五見種藝必用；第十六、第十七，應合併爲一條，現見田家五行拾遺；第十四和末一條，未查得出處。

⑱ 「蘇、秀」：蘇指蘇州府地區，秀指秀水縣(湖州附近)。

⑲ 篙竿：晾稻用的工具，見本書卷二十二(那裏寫作「喬扦」)。

⑳ 至：懷疑有錯。便民圖纂作「主有」，「至」字可能原是「主」字。

㉑ 此句引蘇軾的舶趠風詩；詩前有小引，説「吴中梅雨既過，颯然清風彌旬，歲歲如此，湖人謂之舶趠風，是時海舶初回，云此風自海上與舶俱至云爾」。案：「棹」字，蘇集作「趠」；圖纂作「艙」；以作「趠」爲是，讀 chuó 或 chāo。

㉒ 稿：疑應作「熇」；解作晒乾。

㉓ 以上六月各條，第一至第六條，未查得出處；但下文第十條末和第一條相似；第十二條有兩句，和第二條相似。第七、第八條現見田家五行拾遺；第九條以後，均見田家五行(上卷)「六月類」。

㉔ 七月秋：上面脱去「七月」標題。應補。

㉕ 齊民要術今日各傳本中均無此句。

㉖ 七月有雨：這一條，現見田家五行拾遺。「月」字，懷疑應作「日」；古今圖書集成乾象典「雨部」卷

八十引荆楚歲時記：「七月六日有雨，謂之『灑淚雨』；七日雨，則云『洗車雨』；八日，曰『荳（疑當作「蓼」）花雨』。……」

㉗蓼花：八月初八日的雨，名「蓼花雨」。見上。

㉘以上七月各條，第一條未查得出處。第二條見群芳譜，第三、四、五條見田家五行，末條見田家五行拾遺。

㉙白颯：稻花未受粉即乾枯，穎苞都變成白色，長不成子粒，稱爲「白颯」（「颯」字音 sà）。這種現象，與雨水「灌花」有關係，但灌花還不是唯一原因。

㉚堂肚：禾穀孕穗時，旗葉鞘膨大的地方。（「堂」是容易納物件的空處。）

㉛以上八月各條，第一條未查得出處；第二至第七，見田家五行（上卷）「八月類」，其餘在（下卷）「氣候類」。

㉜九月初有雨多：上面似脱去了「九月」標題。

㉝嵐：廣韻（下平聲「二十二覃」）解釋爲「山氣」；即地温與氣温有大差别時，從遠處望見山邊空氣，似乎有浮動的現象。

㉞「蓼花水，浴車嵐」，案：八月的雨稱爲「蓼花雨」；七月初七的雨，稱爲「洗車雨」，均見前面七月注所引荆楚歲時記「浴車嵐」下，懷疑脱去「一」字。

㉟中氣：陰曆九月的「中氣」，一般指「霜降」這個節氣。

㊱前來信：案此段，田家五行原文作：「霜降前來信，『前信』，易過，善；後來信，『了信』，必嚴毒。」（即是説「霜降信」共有「滛信」、「料信雨」、「前信」、「了信」四種形式。）本書引文在「前來信」後脱去「前信」兩字，意義便不顯豁。

㊲竃荒：即缺柴薪。

㊳九月各條，俱見田家五行：「重九」以前各條，在「氣候類」；以後各條，在「九月類」。

㊴立冬：案田家五行這一條所指日期是十月朔日，所以下方稱爲「冬朝」。

㊵樫：字書中未查出根據。懷疑與今日粤語方言中寫作「慳」讀作 hān 的字相當，解釋爲節約。

㊶十月各條，現均見田家五行；第一至第七條在上卷「十月類」，以下在下卷「氣候類」。

㊷離：懷疑應作「籬」。「籬頭吹觱篥」，指北風吹過竹籬頭上，聲音很響亮。

㊸沈存中筆談：似指沈括夢溪筆談，沈括字存中；現行本筆談未見有。

㊹現見輯要（卷二）「收九穀種」引（此條原出氾勝之書）。

㊺原文這一條在「除夜」下，現在删去「除夜」的標題，意義不明確了。「除夜」，爲冬至前一日。（案：曙本在「風雨來」之上作兩個墨釘，似乎已覺察到平本所留兩空等有問題。）

㊻十一月各條，全見田家五行；止有「至後九九」一條，見「氣候類」；其餘均在上卷「十一月類」。

㊼十二月各條，第一至第四現見田家五行（上卷）「十二月類」，第五條見便民圖纂（卷八）「十二月」。第六條見田家五行（上卷）「天文類」，字句有删改。第七條以後見田家五行（下卷）「氣候類」。

⑱ 䓝：廣韻（下平「二十七銜」）本音biàn，則現在應讀bǎn或pán，解釋爲「步（行）渡水」。

⑲ 以上「論日」各條均見田家五行（上卷）「天文類」「論日」。

⑳ 這條見田家五行（上卷）「天文類」「論月」。

㉑ 「論句中尅應」各條，除末條未查得出外，其餘均見田家五行（下卷）「三旬類」「論旬中尅應」。

㉒ 「論星」各條，除末條未查得出處外，其餘均見田家五行（上卷）「天文類」「論星」。

㉓ 到：疑應作「致」。

㉔ 俱載十二月之内：田家五行補遺中雖有這一句，但上文並無明文；本書引用，更没有着落，這句應删去。

㉕ 「論風」各條，第一至第十均見田家五行（上卷）「天文類」「論風」。以後各條見田家五行拾遺。次序有變動。

㉖ 温：疑係「濕」字寫錯。

㉗ 雨怕天亮：這一句現見便民圖纂（卷七）「論雨」項。下面的原文是「以久雨正當昏黑，忽自明亮，則是雨候也」。本書「是天明時忽雨……」以下的文字，則是對圖纂的批判。

㉘ 「論雨」各條，第一至第十（「凡雨喜少惡多」）均見田家五行（上卷）「天文類」「論雨」；第十一條見便民圖纂（卷七）「論雨」項；第十二條見田家五行拾遺。

㉙ 脚：疑應作「却」，連下句。

60「澇年……謂之北江紅」，田家五行缺此句，本書引文見便民圖纂（卷七）。顯係田家五行傳本脫落，便民圖纂原引文較完備。

61 識每：「每」字，即今日口語中的「嘛」；「識」解作「認識」。

62 以上「論雲」各條，均見田家五行（上卷）「天文類」「論雲」，第九條田家五行今傳本有缺漏，見注58。

63「毛頭霜」一條，未查得出處。

64「杞」字，不明確；可能上面漏去「枸」字。

65 引雜陰陽書現見齊民要術第一、二兩卷。這些穀類的專篇所引，第一次集中成爲本書現引形式的，大概是農桑輯要（卷二播種「收九穀種」節）。

66 引師曠占術，現見齊民要術收種第二。

67「鵓鴣」一條，現亦見田家五行。但文中有「至正庚寅」（元順帝至正十年，公元一三五〇年），則應是元末田家五行拾遺中的材料，很可懷疑。

68 這段所說的「龍」，都指遠處天邊的雲陣，並不是真正的生物。

69 噴：應作字形相似的「噴」；唐代的「噴」或「咏」，讀hòng，即今日的「哼」字。

70 尿：應作字形相似的「咏」。

案：

〔一〕上八日　田家五行原作「穀日，俗名上八日」，——即正月初八日。

〔二〕「十夜以上雨水，鄉人盡叫苦」這兩句，田家五行原書所無。

〔三〕初四　田家五行止作「二月初」。

〔四〕「初八日」下，原有「張大帝生日」一句，本書裁去，極好。

〔五〕是夜　田家五行原是「初八日」下的一個分條；現在少了「初八日」，交待便不够明白。

〔六〕只宜……無邊帶　「只」，田家五行原作「天」。下文「大風雨，主田内無邊帶，風水多也」，不易解；但田家五行拾遺有一條「重午日大雨，主田内無遺帶，謂有風水故也」，「遺」字，值得考慮：「無遺帶」，可解作「没有留下（一條）帶」，即全被水淹没。

〔七〕「日」字後，田家五行有「多」字。

〔八〕「其年必豐」四字，田家五行無，便民圖纂作「歲稔」。

〔九〕「夏至有雲」一條，田家五行作「占風」：「南，大熱；西南，六月水横流，諺云『急風急没，慢風慢没』；西風，秋大雨……」圖纂作「怕西南風，諺云『急……没』，立驗。無雲，主三伏熱」。

〔一〇〕難稿稻　田家五行作「主有水」，圖纂引文與本書同。（「稿」字有問題，參看本卷注㉒。）

〔一一〕主　田家五行「主」字下有「連」字。

〔一二〕凡朔　田家五行作「月以初一」。

〔一三〕主來年高低田大熟　田家五行無此句，大概是從便民圖纂中摘録補入。

〔一四〕鴻　應依田家五行作「瀉」，即傾潑在地面。

〔一五〕無　應依田家五行作「吳」。「吳人尚冬」，即江蘇人把冬至看得很重。

〔一六〕「氣」字下，應依田家五行原文補「候」字。

〔一七〕「風雨來」上，應依田家五行補「晦日」兩字。

〔一八〕「蝗」字下，田家五行原文有「蟲」字，應補。

〔一九〕上　田家五行原作「長」；又本卷下文「論冰」節亦作「長」。

〔二〇〕白日　圖纂作「曰」字，大可考慮。

〔二一〕矣　應依田家五行拾遺作「美」。

〔二二〕跳　這一條中兩處「沿江跳」之「跳」字，本書都作「跳」；田家五行前面作「挑」，後面作「排」；便民圖纂作「桃」。「桃」是譌字，但却指示着原來的字是「扌」旁，可能以「排」字爲最合適。

〔二三〕來　應依田家五行「論水」條作「年」。

〔二四〕「流」字，與南宋本齊民要術合；現見朝鮮本四時纂要所引，也還作「流」。田家五行引文作「荒」，與明末復刻的齊民要術相同。案：「蓬」歷來認爲是隨風逐水流轉的草，應以作「流」爲是。

〔二五〕夜　應依田家五行作「放」。

農政全書卷之十二

水利

總論

荒政要覽論禁淤湖蕩曰①：古之立國者，必有山林川澤之利，斯可以奠基而蓄衆。川主流，澤主聚。川則從源頭達之，澤則從委處蓄之。川流淤阻，其害易見，人皆知濬治者。萬頃之湖，千畝之蕩，堤岸頹壞，鮮知究心。甚有縱豪强阻塞，規覓小利者②。不知澤不得川不行，川不得澤不止。二者相爲體用。易卦：坎爲水。坎則澤之象也。爲上流之壑，爲下流之源，全繫乎澤。澤廢是無川也。況國有大澤，澇可爲容，不致驟當衝溢之害；旱可爲蓄，不致遽見枯竭之形。必究晰於此，而水利之説可徐講矣。

荒政要覽曰③：水利之在天下，猶人之血氣然，一息之不通，則四體非復爲有矣。故大而江河川澤，微而溝洫畎澮，其小大雖不同，而其疏通導利，不可使一息壅閼則一也。故成周溝洫之制④，與井田並行。匠人之職⑤：方井之地，廣四尺者，謂之溝。十里之成，廣八尺者，謂之洫。百里之同，廣二尋者，謂之澮。夫自四尺之溝，積而至於二尋之澮，其捐膏腴之地⑥，以爲溝洫者，凡幾也？小司徒經土地而井牧其田野⑦，説者謂田税之所出。則百井之地，出田税六十有四，而三十六井則治洫也。萬井之地，出田税者四千九十有六井，而五千有奇，則治溝與洫也。夫自一成之地，積而至於一同、萬夫之衆，其損賦税之入，以治溝洫者，凡幾也？成周之君，豈不愛膏腴之地，賦税之入，而棄以爲無用之溝洫哉？誠以所棄者小，而所利者大也。然其所以得溝洫之利者，治之者非一官，領之者非一人。營溝行水之制，則職之匠人，俾任浚導之功。止水蓄水之令，則領之稻人，俾專儲蓄之利。夫既有以浚之，又有以積之，此所以旱澇均無患也。自經界之不明，而先王溝洫之制，漫無可考。至於後世，與水争地，貪尺寸之利，而遂遺無窮之害矣。

荒政要覽曰⑧：按「地平天成」，「禹錫玄圭⑨」，後畢世經營，只是濬渠築岸，以養稼穡。夫子稱之曰「卑宫室而盡力乎溝洫⑩」，此論王夏之日也。或疑言疏瀹，不兼言封築，則堤岸似屬餘事。不知井田之制，百步爲畝，深尺廣尺，爲田間水道，而不立封限。百畝爲遂，遂上有徑。十夫有溝，溝上有畛。百夫有洫，洫上有涂。千夫有澮，澮上有道。萬夫有川，川上有路。言致力溝洫，則畛涂在其中。禹貢稱九澤必曰「既陂」，是彭蠡、震澤之底定⑪，亦藉陂障圍潴成澤。開濬封築，信非兩事也。於此想見唐虞三代之用民力，專用之于此而已。玄扈先生曰：商君傳曰：「爲田，開阡陌封疆，而賦稅平。」必非破壞而平夷之也⑫。

西北水利

郭守敬傳曰⑬：守敬，字若思，順德邢臺人。習水利〔一〕，巧思絶人。世祖召見，面陳水利六事：其一：中都舊漕河，東至通州，引玉泉水以通舟，歲可省雇車錢六萬緡。通州以南，於蘭榆河口，徑直開引，由蒙村跳梁務，至楊村還河，以避浮雞淘盤淺、風浪遠轉之患。其二：順德達泉〔二〕，引入城中，分爲三渠，灌城東地。海内如是者甚多⑭。其三：順德澧河，東至古任城，失其故道，没民田千三百餘頃。此水開修成河，其田即可耕種。自小王村徑滹沱合入御河，通行舟栰。其四：磁州東北滏、漳二水合流處，引水由滏陽、邯鄲、洺州、永年，下經雞澤，合入澧河，可灌田三千餘頃。其五：懷、孟沁河雖澆灌，猶有漏堰餘水，東與丹河餘水相合，引東流至武陟縣北，合入御河，可灌田二千餘頃。其六：黄河自孟州西開引少分一渠，經由新舊孟州中間，順河古岸，下至温縣南，復入大河，其間亦可灌田二千餘頃。每奏一事，世祖歎曰：「任事者如此人，不爲素餐矣。」授提舉諸路河渠【盡人之用】。四年，加授銀符副河渠使。至元元年，復〔三〕張文謙行省西夏。先是，古渠在中興者⑮，一名唐來，其長四百里。一名漢延，長二百五十里。他州正渠十，皆長二百里。支渠大小六十八，灌田九萬餘頃。兵亂以來，廢壞淤淺。古今之際，可恨如此⑯。守敬更立牐堰，皆復其舊。二年，授都水少監。守敬言：舟自中興，沿河四晝夜至東勝⑰，可通漕運。及見查泊〔四〕、兀郎海，古渠甚多，宜加修理。又言：金時，自燕京之西麻峪村，分引蘆溝一支，東流穿西山而出，是謂金口。其水自金口以東，燕京以北，灌田若干頃，其利不可勝計。兵興以來，典守者懼有所失，因以大石塞之。今若按視故蹟，使水得東流，上可以致西山之利，下可以廣京畿之漕。又言：當於金口西，預開減水口，西南還大河，令其深廣，以防漲水突入之患。帝善之。十二年⑱，丞相伯顏南征，議立水站，命守敬行視河北、山東，可通舟者。不行視，誰則知之？非其人，若何行視⑲？自陵州至大名〔五〕，又自濟州至沛縣，又南至呂梁，又自東平至綱城，又自東平清河逾黃河古道，至與御河相接，又自衛州御河至東平，又自東平西南水泊至御河，乃得濟州、大名、東平泗汶與御河相通形勢，爲圖奏之。二十八年，有言灤河〔六〕自永平挽舟踰山而上，可至開平。有言瀘溝自麻峪，可至尋麻林。朝廷遣守敬相視：灤河不可行，瀘溝舟亦不通。守敬因陳水利十有一事：一相視，即言者莫敢妄言。不相視而直指爲妄言，即郭生亦無由自見。第非郭生，固不諳相視耳⑳。其大都運糧河，不用一畝泉舊原，別引北山白浮泉水，西折而南，經甕山泊，自西水門入城，環匯於積水潭。復東折而南，出南水門，合入舊運糧河。每十里置一牐。比至通州，凡爲牐七。距牐里許，上重置斗門，互爲提閼，以通舟止水。帝覽奏，喜曰：當速行之。於是復置都水監，俾〔一〕守敬領之。帝命丞相以下，皆親操畚牐倡工，待守敬指授而後行事。置牐之處，往往於地中偶值舊時甎木，時人爲之感服。船既通行，公私省便。先是，通州至大都，陸運官糧，歲若干萬石。方秋霖雨，驢畜死者不可勝計，至是皆罷之。三十年，帝還自上都，過積水潭，見舳艫蔽水，大悦，名曰通惠河。守敬又言，於澄清牐稍東，引〔七〕與北壩河接。且立牐麗正門西，令舟楫得環城往來，志不就而罷。大德二年，召守敬至上都，議開鐵幡竿渠。守敬奏：山水頻年暴下，非大爲渠堰，廣五七十步不可。執政吝於工費，以其言爲過，縮其廣三之一。俗吏之爲害如此㉑。明年大雨，山水注下，渠不能容，漂没人畜廬帳，幾犯行殿。成宗謂宰臣曰：「郭太史神人也。」自然之理，何神之有哉㉒？守敬在西夏〔八〕，常挽舟遡流而上，究所謂河源者。又嘗自孟門以東，循黄河故道，縱廣數百里間，各爲側㉓量地平，或可以分殺河勢，或可以灌溉田土，具有圖誌。又嘗以海面較京師至汴梁地形高下之差，謂汴梁之水，去海甚遠，其流峻急，而京師之水，去海至近，其流且緩。其言信而有徵。此水利之學，其不可及者也。

丘濬曰㉔：井田之制雖不可行，而溝洫之制則不可廢。北方正可井田，正可如古人之制，但不必限田耳㉕。今京畿之地，地勢平衍，率多洿下。一有數日之雨，即便淹没，不必霽〔九〕潦之久，輒有害稼之苦。農夫終歲勤苦，盻盻然而望此麥禾㉖，以爲一年衣食之計，賦役之需，垂成而不得者多矣，良可憫也。北方地經霜雪，不甚懼旱，惟水潦之是懼。十歲之間，旱者什一二，而潦恒至六七也。旱非不懼，其所傷不如潦多耳。旱而蝗，大可懼也，而蝗又生於潦也㉗。爲今之計，莫若少倣遂人之制：每郡以境中河水爲主〔一〇〕，又隨地勢，各爲大溝，廣一丈以上者，以達于大河。又各隨地勢，各開小溝，廣四五尺以上者，以達于大溝〔一一〕。又各隨地勢，開細溝，廣二三尺以上者，委曲以達于小溝。其大溝，則官府爲之。小溝，則合有田者共爲之。細溝，則人各自爲於其田。每歲二月以後，官府遣人督其開挑，而又時常巡視，不使淤塞。如此，則旬月以上之雨，下流盈溢，或未必得其消涸。下流何故盈溢，乃可不爲措置㉘？若夫旬日之間，縱有霖雨，亦不能爲害矣。朝廷於此，又遣治水之官，疏通大河，使無壅滯。又於夾河兩岸，築爲長隄，高一二丈許〔一二〕，則衆溝之水，皆有所歸，不至溢出，而田禾無〔一三〕淹没之苦，生民享收成之利矣。是亦王政之一端也。

徐貞明請亟修水利以預儲蓄疏曰㉙：臣惟神京雄據上遊，以御六合，兵食厥惟重務，宜近取諸畿甸而自足㉚。乃食則轉漕，兵則清勾㉛，若皆取給於東南，不可一日缺者；豈西北古稱富強之地，不足以裕食而簡兵乎？夫賦稅所出，括民脂膏，而軍船之費，夫役之煩，常以數石而轉一石，東南之力竭矣。而河流多變，運道時梗。忠於謀國者，鏡勝國之往事，以慮變於將來，竊有隱憂焉。是竭東南之力，而不能保國計於無虞。此西北水利所當亟修者也。軍丁遣戍，雖有骨肉，而軍裝出于户丁，幫解出于里遞，每軍不下百金，東南之民困。而軍非土著，志不久安，輒賂衛官以私回。衛官利其初見之賂，又可以頂軍而冒糧也，輒縱之而使回，又皆冒支存恤月糧。是困東南之民，而不能使軍政之有賴。此東南軍勾所當議停者也。臣待罪該科㉜，水利修舉，職掌攸關。先任山陰時，於軍勾之苦，又嘗目擊。敢竭愚衷，爲皇上陳之：

西北之地，夙號沃壤，皆可耕而食也。惟水利不修，則旱潦無備。旱潦無備，則田里日荒。遂使千里沃壤，莽然彌望，徒枵腹以待江南，非策之全也。臣聞陝西、河南，故渠廢堰，在在有之。山東諸泉，可引水成田者甚多。今且不暇遠論。即如都城之外，與畿輔諸郡邑，或支河所經，或澗泉所出，可皆引之成田。北人未習水利，惟苦水害，而水害之未除者，正以水利之未修也。蓋水聚之則爲害，而散之則爲利。棄之則爲害，用之則爲利㉝。今順天、真定、河間等處地方，桑麻之區，半爲沮洳之場。揆厥所由，以上流十五河之水，而泄於猫兒一灣，欲其不泛濫而壅塞，勢不能也。今誠于上流疏渠濬溝，引之成田，以殺水勢㉞，下流多開支河，以泄横流，其淀之最下者，留以瀦水，淀之稍高者，皆如南人圩岸之制，則水利興，而水患亦除矣。此畿内之水利所宜修也。臣又嘗考元史，學士虞集建議㉟，欲於京東瀕海地方，如浙人築塘，捍水成田。惜其議中格。及末年，海運不繼，始有海口萬户之設，已無救于元事矣。臣嘗臨文歎惋，恨集言不蚤售于當時㊱。今自永平灤州，以抵滄州慶雲之境，地皆萑葦，土實膏腴，集議斷然可行。當全盛之時，河漕歲通，而思患預防，紛然獻議，獨于集議尚廢焉未講。若倣其意，招撫南人，築塘捍水，雖北起遼海，南濱青齊，皆可成田，有不煩轉漕于江南而自足者。其思患預防之深意，又不止於開河通漕而已。此瀕海之水利所宜修也。議者或以水利久廢，驟而行之，必役重而民擾，勢逆而功難。臣以爲不然。蓋施爲緩急，在當時酌而行之耳。民所素業者，姑置勿問，而荒蕪不治，人所共棄者，從而經略其端，則不棄者，群起以效力矣。功力難施者，姑置勿問，而勢順費省，功力易成者，從而經略其端，則難成者，以漸而就緒矣。順民之情，因地之勢，亦何憚而不爲哉？伏乞敕下工部，酌議覆請，特命憲臣寔心爲國爲民者，假以事權，不沮浮議，需以歲月，不求近功。將畿輔諸郡，及京東瀕海水利，相度土宜，率先修舉。或撫窮民，而給其牛種，或任富室，而緩其科税；或選健卒，而分建屯營；或招南人，而許其占籍。諸凡招徠勸相，俱許便宜行事。俟行之稍有成績，次及山東、河南、陝西等處地方。將江南歲運，酌量改折，助其費而究其功。東南之歲運漸減，西北之儲畜常裕，不惟民力可紓，而國計永保于無虞矣。東南之民，素稱柔脆，本不宜於遠戍也。勾補無用，莫不知之，而軍伍日漸虛耗，又不能舉其法而盡廢。今徒致嚴于勾補之中，而不議處于勾補之外，非計之得也。各處軍户，除户絶法當除豁，及户内消耗止有老弱不堪，法當紀録外，其有應解軍户，丁田衆多，不願遠戍者，如匠班事例，量徵軍班行。分其户爲三等，而上下其班行。上户若干，中户若干，下户若干，俱解赴應戍之所，以資召募。班行既定，可免歲歲清勾，軍户無遠戍之苦，里遞免解送之勞。此班行之有益於民，所當議者也。歲徵班行，或類解京師，或轉發該衛，就便召募土著，則可揀擇壯丁，不至老弱充數，得備禦之實用。土著安居，永無逃亡之患。存恤月糧，又可裁革，併資召募。此班行之有益于國，所當議者也。議者或以清勾，則解丁永戍，班行則每歲誅求，似于軍政有礙。臣以爲不然。夫所裨于軍政者，不當眩于勾補之虛數，當求召募之實用耳。今軍班歲出不甚多，然積數歲以通募，則一軍之班，雖募兩軍可也。軍户畏於軍補㊲，漸脱户而隱丁。若止徵班銀，軍户必無隱脱，則一時之召募，遂爲經制可也。較之清勾有虛數而無實用，所得不又倍哉？伏乞敕下兵部酌議覆請，查照先年匠班事例，將應解軍丁免其解補。每年量徵班行，以資召募。將存恤月糧裁革，以杜虛冒。使南北之勾補永罷，西北之行伍漸充。不惟民困獲甦，而軍政坐見其有賴矣。又照畿内諸郡邑，統轄既分，事多牽制。先因亟拯民溺，以奠内地事宜，議欲專遣憲臣一員，竟以畿内差多，未經允行。臣以爲水利重務，必專其事權，方克有濟。各省清軍，先有專差。近浙江、南直隸㊳、雲、貴、四川，因先差御史養病陞任停差，令各巡按御史兼攝，惟湖廣、廣東、廣西、江西、福建，尚有專差。是以政體未一。伏乞敕下都察院酌議覆請，專差老成憲臣一員，經略畿内水利。如畿内差多，則裁減别差，并歸水利亦便。將前各省清軍御史取回别差，俱令巡按御史兼攝，則水利之事權專，而清軍之政體一矣。豈有一年一差，而能經略此事者？若久任按臣又不可。蓋此撫院之事，所宜久任，而責成功焉耳。但得其人，又何煩别設耶㊴？

徐貞明西北水利議 即潞水客談㊵

徐子徵入諫垣〔一三〕，居無何，以罪逐。客有唁於潞水之湄者，見徐子屏居野寺中讀書，意適無懟色。則數徐子曰：「子以外吏，一朝列侍從之班，際聖明在上，固希世之遇也。曾不能卑節馴行〔一四〕，效尺寸以圖報塞，迺抱釁而往，將自棄於明時。且子嘗欲乞身以奉菽水。使子亟成其志，寧有今日哉？奔走竄逐間，負國恩而違親養，忠孝兩無當也。予竊爲子悲之。」徐子聞言，零淚緣纓，坐客而與之語曰：「客之數予，予則悲矣，客亦惡知予哉？予始待罪垣中，首疏西北水利事。水衡當事者迂其言，置不省。予乃撫膺而歎曰：當今經國訏謨㊶，其大且急，孰有過于西北水利者乎？雖然，槩而行之，則效遠而難臻；

騾而行之，則事駭而未信。蓋西北皆可行也，盍先之於畿輔？畿輔諸郡皆可行也，盍先之於京東永平之地？京東永平之地皆可行也，盍先之于近山瀕海之地？近山瀕海之地皆可行也，盍先之數井，以示可行之端？則效近而易臻，事狎而人信。又恐其難于遥度也，則又裹糧屬二三解事者，走永平瀕海近山之境，相度而經略之。既得其水土之性，疆理之詳，始信其事之必可行，而猶冀其言之獲售也。欲再疏以請，草具將上，適與罪會〔一五〕。使予得罪稍緩，則疏必再上，或庶幾其言之獲售。使予不欲再疏以售其言，則乞養以退，當在始疏報罷之時，寧濡忍以及罪譴，負國恩而違親養？誠如客言，予則悲矣。客亦惡知予哉？」客曰：「予聞天下事，諫官皆得言之。今天子鋭意化理，子職諫數月，即水利報罷，寧無崇論竑議可以動聽而中當事者之指？乃諰諰焉惟冀水利之復行㊷，亦左矣。」徐子曰：「禹功茂矣，而濬畎距川，乃其盡力而終身者。騶孟談王〔一六〕，田里樹蓄，厥惟先務。客惡得以水利而左之？予將爲客悉其利。夫雨暘在天，而時其蓄洩，以待旱潦者，人也。乃西北之地，旱則赤地千里，潦則洪流萬頃，惟寄命于天，以幸其雨暘時若，庶幾樂歲無飢耳。此可以常恃哉？惟水利興而後旱潦有備。其利一也〔一七〕。神京北聳，財賦取給于東南。忠於謀國者，鏡勝國之往事，懷杞人之隱憂，尚有出于河流外者。惟興水利，近取常裕，視東南爲外府可也。中人之治生，必有附居常稔之田，始可以安土而無飢。乃國家全盛之勢，據上游以控六合，獨待哺于東南，近廢可耕之田，遠資難繼之餉，豈計之全哉？令運蚤而積久，儲蓄信有賴矣。然運蚤而收之，不及其熟，有浥損之患，久積而散之，恒過其期，有紅腐之憂。水利既興，則田疇之間，要皆倉庾之積。其利二也〔一八〕。東南轉輸，每以數石而致一石，民力竭矣。而國計所賴，欲暫紓之而未能也。惟西北有一石之入，則東南省數石之輸。所入漸富，則所省漸多。玄扈先生曰：此條西北人所諱也，慎弗言！慎弗言㊸！先則改折之法可行，久則蠲租之詔可下，東南民力，庶幾獲甦。其利三也。昔禹播河海，而溝洫之修尤盡力焉，固以利民，亦以分殺支流，而不以助河之虐。河之無患，溝洫其本也。周定王以後，溝洫漸廢，而河患種種矣。今河自關中以入中原，合涇、渭、漆、沮、汾、泌、伊、洛、瀍、澗及丹、沁諸川數千里之水。當夏秋霖潦之時，諸川所經，無一溝一澮，可以停注。曠野洪流，盡入諸川，其勢既盛，而諸川又會入於河流，則河流安得不盛？流盛則其性自悍急，性悍則遷徙自不常，固勢所必至也。今誠自沿河諸郡邑，訪求古人故渠廢堰，師其意不泥其迹，疏爲溝澮，引納支流，使霖潦不致泛溢于諸川，則並河居民，得水利成田，而河流漸殺，河患可彌矣〔一九〕。其利四也。古人之畫地而國也，曰『我疆我理，南東其畝』。既順土而宜民，亦設險而禦侮也。晉之邀齊也，必曰『盡東其畝㊹』，以爲戎車之利。晉之利，齊之害也。今西北之地，平原千里，寇騎得以長驅。若使溝洫盡舉，則田野之間，皆金湯之險。而田間植以榆柳棗栗，既資民用，又可以設伏而避敵。其利五也。往者劉六、劉七之亂㊺，持竿一呼，從者數萬，則游惰歸之也。蓋業農者，縻其田里。惟游惰之民，輕去鄉土，而易于爲亂。今西北之境，土曠而民游，識者常惴惴焉。誠使水利興而曠土可墾，而游民有所歸，消釁彌亂，深且遠矣。其利六也。東南之境，生齒日繁，地苦不勝其民，而民皆不安其土。乃西北蓬蒿之野，常疾耕而不能徧。蘇子謂『聚則争於不足之中，散則棄於有餘之外』，其不均固如此也。今若招撫南人，修水利以耕西北之田，則民均而田亦均矣。其利七也。東南多漏役之民，而西北罹重徭之苦，則以南之賦繁而役減，北之賦省而徭重也。使田墾而民聚，民聚則賦增，而北徭可輕〔三〕。其利八也。徐公但見江淛之役，而未見他方之役耳。若三吴之苦，忍言哉！忍言哉㊻！沿邊諸境，有轉輸不能至者，招商以代輸，蓋有數頃之田，困〔四〕于一商，遂棄業以他徙。其有曲避轉輸之苦者，則私以折色兑軍㊼。商得苟安，軍無宿儲，即承平勿論，設有烽警，何以待之？惟近邊田墾，轉輸不煩。其利九也。屯田之成熟者，多屬隱占，久則難稽矣，然亦不必稽也。西北非無田之爲患，而不墾之爲患。彼既墾而熟矣，何必歸官，始爲國家之利哉？惟自其荒蕪不理者，召募墾之，則新屯固種種也㊽。兵之壯悍者，既心恥于負鋤，而其羸弱者，又力疲於荷戈。驅兵爲農，勢固難行，惟募之爲農，而簡之爲兵，則心安而力奮，屯政無不舉矣。不必言簡，只是人衆，便可召募。其自爲保聚者聽可也。今邊人但足衣食，便招爲家丁，此將官之詐局㊾。今天下浮户，依富家以爲佃客者何限？募而集之，可立致也。募農以修水利，修水利以舉屯政。其利十也。塞上之卒，土著者少。不得已而有募軍，則居行給餉，爲費不貲。又不得已而有班軍，則春秋遞往，疲于奔命。又不得已而按籍勾補，解檄方登，逃亡旋報，閭閻重困，行伍又虛。若近塞水利既修，屯政大舉，田墾而人聚，人聚而兵足，可以省遠募之費，可以蘇班戍之勞，可以停勾補之苦。其利十有一也。宗禄勢將難繼㊿，咸切憂之，而莫肯任其議。將以難遺後人，而後之難，更有甚于今日。此不可不亟爲之圖也。世有勇于建議者，則曰裁其禄，弛其禁而已。夫不資之以謀生，而徒曰裁其禄，則飢寒者孰恤？不定之以安居，而徒曰弛其禁，則流離者孰依？我聖天子睦族展親之仁，必不忍其至是也。昔范文正以兩府禄入，尚能廣義田以廪族人[51]，矧以國家之大，而不能使天潢之派[52]，皆飽食而安居乎？今西北之地，曠土彌望，於其間擇人所棄者，官爲墾闢，分井而田。如中尉以下，量歲禄之意，授田若干，使得安居而食其土。其後支庶漸繁，田不再授，蓋既授之以田，開其治生之端，彼知田不再授，則皆及其始授之時，勤儉明農于其間，以歲食之餘，漸墾田而擴産，爲長子孫之計。其雄桀者不失爲富家翁〔二〇〕，即庸拙者亦可以依田力穡。其與坐食多餒，散處失所者，相去遠矣。其利十有二也。昔之有志者，嘗欲倣井田之遺意，授民之産，而惜其時之不可，痛豪强之兼并，限民之田，而恨其勢之難行。今若於西北空閑之地，修舉水利，則倣古井田亦可也，限民名田亦可也。古昔養民之政，以漸可舉。其利十有三也。但真治田，即是井田之法，舍此別無法矣。故實有意爲民，民田自均，不必限民名田。且今之舉事，正須得豪强之力，而先限之田可乎？何時無豪强？與下民何害？顧用之何如耳。禹治水土，建萬國，其后、王君公，皆豪强也[53]。古者以井畫地，度地居民，比閭族黨[54]，井自爲界。民不可多得尺寸之地，而地亦不可多得一介之民[三二]，民與地適相均也。今通都大邑之民，踵接肩摩，而争繁習靡，多梗化而敗俗。其争少習朴者，惟寥廓之鄉爲然。今若畫井居民，裒益其多寡，使民與地均，如古比閭族黨之意，則教化可興而俗尚自美。其利十有四也。」客曰：「信如子言，水之利溥矣。西北皆可行，獨先於京東者，何居？」徐子曰：「京東輔郡，而薊又重鎮，固股肱神京，緩急所必須者。矧今地負山控海，負山則泉深而土澤，控海則潮淤而壤沃。利水尤易易也。予所屬二三解事者，蓋遍歷山海之境，閱兩月而返。披圖出示，如指諸掌也。爲言諸州邑，泉從地湧，一決而通，土人謂之仰泉；彼中隨地可得尋覓，但大小異耳[55]。水與田平，一引而至。流泉也[56]。比比皆然，姑摘其土膏腴而人曠棄，即可修舉以兆其端者。自西歷東，如密雲縣之燕樂莊，平峪縣之水峪寺及龍家務莊，三河縣之唐會莊，順慶屯地，皆其著者。薊州城北，則有黃厓營，城西則有白馬泉鎮國莊，城東則有馬伸橋夾林河而下，城南則有別山舖，及夾陰流河而下，至於陰流淀。疏渠，皆田也。遵化西南平安城，夾運河而下，及沙河舖地方。又鐵廠湧珠湖以下，至韭菜溝，上素河、下素河百餘里，夾河皆可成田。遷安縣北徐流營山下，湧出五泉，合流入桃林河。又三里橋湧泉，流出灤河。又蠶姑廟，湧泉成河，遷安萟桑甚盛，故宜有蠶姑廟耶？然聞其人萟桑者，皆剥皮造紙，恐昔人曾治蠶，而後稍廢耳[57]。與灤河相接。夾河皆可田之地。盧龍縣燕河營湧泉成河，及營東五泉，湧漫四出，至張家莊。撫寧縣西臺頭營河流，亦自燕河營湧泉而來。皆可田。自西以東，如豐潤縣南則大寨及刺榆坨史家河大王莊之地，東則榛子鎮，西則鴉洪橋，夾河五十餘里，皆可田。玉田縣清莊塢，導河可田。懷柔縣之髽髻山下，可作水田百頃[58]。後湖莊，疏湖可田。三里屯及大泉、小泉，引泉可田。其間有民所不業之地，有屯地，有牧馬草地。屯草之地屬於官，官爲闢其蕪而收其利，不難也。至于民不業者，召民業之，官爲助其力，何至連阡以棄，鞠爲茂草乎？召民應有鼓舞之方，官出費則不可，恐人以爲口實也[59]。至於瀕海可田，則自水道沽關黑崖子墩起，至開平衞南宋家營之地，東西度之百餘里，南北度之百八十里，皆隸豐潤。其地與吳越瀕海之沃區相等。此田成，則東南一大郡也。寶坻、静海皆如是。静海之葛沽，高地皆已田[60]。今萑葦彌望，而繫名於勢族。然葦之利微，即勢族亦無厚入於其間也。若如吳越人，田而耕之，則利十倍于葦。即捐其一以與勢族，使不失其舊入，勢家亦何憾焉？令勢族即十倍何害？愚意止求粟多價賤耳[61]。昔虞文靖公之議[62]，東極遼海，南濱青徐，瀕海皆可田之地。今豐潤實其中境。欲舉其議而行之，茲非其先當致力者乎？蓋先之京東數處，以兆其端，而京東之地，皆可漸而行也。先之京東以兆其端，而畿內，而列郡，皆可漸而行也。先之畿內列郡，而西北之地，皆可漸而行也。在邊陲，則先之薊鎮，而諸鎮皆可漸而行也。至于瀕海，則先之豐潤，而遼海以東，青徐以南，皆可漸而行也。夫事有小用則宜，大則局而不通。大用則宜，小則窘而難布。茲其試之一井，究之天下，無不利者。事有旦夕計功，而遠猷不存。積久考成，而近效難覩。茲其暫之歲收，久之永賴，無不利者。特端之于京東數處，因而推之西北，一歲開其始，十年究其成，而萬世席其利矣。」客曰〔三〕：「西北之人，歲苦水害，奈何利之？且彼宿苦其害，而子驟言其利，其不信亦何異乎？」徐子曰：「嗟乎！水在天壤間本以利人，非以害之也。惟不利，斯爲害矣。以利爲害，何事不然[63]？人實貽之，而咎水可乎？蓋聚之則害，而散之則利。棄之則害，而用之則利。如血之在人身，流貫于肢節，而潤澤其肌膚。一有壅注，則上而爲癰，下而爲痔，又或溢出于口鼻，而因以戕其軀。遂曰血之於人害也，亦舛矣！今之咎水之害者，即山川之委原未悉。胡不引人身觀之也？古昔盛時，列國分布，畫井而田，甽達於溝，溝達於洫，洫達于澮，澮達于川，縱橫因其地勢，以取利于水。

今西北皆其故疆也，豈古以爲利，而今以爲害乎？且東南之民，争涓流於尺寸之間。何者？彼固利之也。謂水利于南，而獨爲北害，此必無之理也。」客曰：「南北均利水矣，而北之視南，亦有難易乎？」徐子曰：「北易。」客乃咤曰：「子固好奇甚。言北之利于水耳，烏得而稱北易也？」徐子曰：「客何異予言哉？南方之民，披簑而耕，抱濕而穫，蓋恒與雨相值也。長夏苗將立槁[64]，則訟風伯而祝雨師，眄眄焉以一沾濡爲快。乃西北之雨，多于長夏，而耕穫之時少雨。其易于南，天時則然也。說南北難易利害，未盡事理[65]。西北地曠而水夷，稍一疏引，水即爲利。東南之地，高下相懸，有轉水於數仞之深者。再日不雨，則桔槔之聲，徹于郊原，竭人力以資灌溉，苦且難，地勢使然也。考之古昔，甽深尺許，遂深二尺，溝深四尺，洫深八尺，澮深二仞而已。未有如東南轉水于數仞之深者。遂溝洫澮，皆以去水，非以奠水也[66]。至如京東，山之湧泉，溢地而出【此真東南所少】。河之支流，等地而平。其于西北，尤爲易易也。東南瀕海，歲多潮患，蓋海之勢趨于東南也。遼海以及青徐，有海之饒，而鮮潮之患。其難易又彰彰矣。潮患與東南等，特未饗其利，故未覩其害耳。惟仲秋之潮，挾風雨而至者，則西北所少。西北之雨多在伏秋之間也[67]。奈何目爲萑葦之塲，而棄之不田乎？予謂北易，蓋有據而言之也。」客曰：「南北水利，修廢頓殊，亦有由乎？」徐子曰：「水利修廢，由于人之聚散，而旋轉之機，上實握之。西北在三代盛時，溝洫時修，農功畢舉。厥後[68]，魏史起引漳水溉鄴，鄴以富。秦開鄭國渠，溉舄鹵之地四萬餘頃，關中爲沃野，秦以富强。至漢，文翁溉灌繁田千七百頃，而蜀饒。白公穿渠，引涇水溉田四千五百餘頃，而民以饒富。馬援引洮水種秔稻，而狄道並塞之民，得以樂業[69]。虞詡復三郡[70]，激河浚渠爲屯田，而省内郡之費。蓋三代之時，溝洫遍於列國，水之爲利也宏。魏秦國擅其利，文翁以下諸子，人興其利，水之爲利也專。然皆在西北之境。若東南稱水利者，在漢以前，惟馬臻開鑑湖而已[71]，他未有聞也。及五胡之亂，中原生齒漸耗，從晉室而東徙者，謂之僑人。久則安其土而樂其生，西北民散而東南利興，非細故也。即如東南之饒，三吴稱最，在禹貢揚州之域，厥土塗泥，厥田下下而已。漢之時，亦一澤國耳。惟晉室既東，民日聚而利漸興，然其財賦，亦未至于今日之盛也。至五代時，錢鏐竊據以稱饒。及南宋，偏安以致富[72]，則民益聚，利益興，而財賦遂甲于天下矣。靖康之亂，北人南來者更多[73]。嘗考宋紹興五年，屯田郎中樊賓言：『荆湖、江南與兩浙膏腴之田，彌亘數千里，無人可耕，則地有遺利。中原士民，扶携南渡幾千萬人，則人有餘力。若使流寓失業之人，盡田荒閒不耕之田，則地無遺利，人無遺力，以資中興。』由此觀之，則宋室方南之時，東南尚有曠棄之田。及其季年，人多而田少，豪右擅陂湖以自殖，地利盡而民不聊生者，聚故也。東南地利盡，而西北曠，厥有由哉。南宋以東南支軍國之費，故其民窮。然其正賦，亦止如今五分之一耳[74]。今國家當全盛之時，兵戈不試者二百餘年。西北生齒，日漸繁夥，而東南之民，争附於輦轂之下。誠勞來安集于其間，則民聚而利無不興矣。即畫井而溝洫之，亦不難也。矧秦漢以下，其興利而足民者，獨不能尋其迹，師其意而行之乎？何至待哺於江南也。彼其竊據稱饒，偏安致富者，亦不得已耳[75]。乃今國家奚賴焉？其機固在一旋轉間也。」客曰：「西北利水，吾固知其舊矣，然吾聞懷慶紀守，嘗因丹、沁支流，疏渠成田，民頗利之。紀去而田亦隨廢。又如真定楊中丞之家居也，亦嘗募南人緣水墾田，歲入甚饒。及滹沱旁決，桑田之變，祇瞬息間耳。豈久廢之餘，固難卒舉者乎？」徐子曰：「是所謂廢食于噎，非通論也。夫利水之法，高則開渠，卑則築圍，急則激取，緩則疏引。其最下者，遂以爲受水之區，因其勢不可强也。然其致力，當先于水之源。源則流微而易御，不在源，即在委。源恒流，委恒瀦，故無驟溢驟乾之患。若非源非委，在其中流者，亦必恒流，不絶不溢，或絶而可引，溢而可捍者也[76]。田漸成則水漸殺。水無汎溢之虞，田無衝激之患。彼懷慶，當丹、沁之下流，而真定尤滹沱所必衝者也，安能久而無患哉？蓋不先于其源之故也。嘗考桑乾水，發于渾源州，經保安之境，則自懷來夾山而下，至瀘溝橋狼窩地方，衝溢爲患，漫至彰義門。先朝屢經修築，爲費不貲。今保安境上，聞有用土牛逼水成田者，恐亦不能久而無患也。若督責有人，多方招募，使桑乾上流，皆引成田，則豈惟保安之田，恃以無患，而懷來以下，水患亦殺矣。予又嘗物色瀛海之間，如元城窪、羅家灣窪、郝家莊窪、高橋舖窪、章家橋窪，皆連阡黑壤，廢爲水區。非不可田，顧以下流受黑洋等九河之水，非先致力於水源，未可儌利旦夕，而終貽水患也。」西北之水一開濬，遂可無患而爲利。大要濬上流入洵，濬下流入海而已。余嘗爲有司及鄉縉言之以爲然，而當事者不知此理，遂中止[77]。客曰：「子論甚悉，然世之疑而不遽行者，亦有説焉：一難于得人，二憚于費財，三畏于勞民，四忌于任怨，五狃於變習。子亦不可不察也。」徐子曰：「微子言，予亦籌之。夫畏事者既因循而不理，喜事者又輕率而罔功。固矣得人之難也。是必有經略之功，而無紛更之擾，使利興而民不知則善矣。世固有能任之者，亦不如宋人專以勸農之名，亦不如今制責以水利之職。蓋勸農而興水利，牧養斯民之首務也。今若另設勸農，而水利又有專職，則若于牧養斯民之外，增勸農水利一事。彼之號爲牧養斯民者，又將何爲耶？今之開府持節，與藩臬守令，皆以牧養斯民也，勸農水利，責將誰諉？惟于開府持節者得人，以擇藩臬，以擇守令，久任而責成之，殿最繫焉，利興而民不知者，可坐而致也。世之言費者，吾惑焉。夫捐數萬金之費于春，而收數萬石之穫于秋，費於帑而償于田，此庸人操十一之利者尚甘心焉。曾謂善于謀國者，而顧以費爲憚乎？欲行此，必不宜費公帑。彼躭躭[78]者日〔五〕欲害我，若用公帑，即其日何可支耶[79]？且始而爲穫，繼是有興，即以所穫者爲資，漸而廣焉，不煩再費也。畏於勞民，雖蘇文忠公嘗有是論。

文忠公之言曰：『天下久平，民物滋息，四方遺利，皆略盡矣。今欲鑿空尋訪水利，所謂即鹿無虞[80]，豈惟徒勞，必大煩擾。所在追集老少，相視可否，吏卒所過，雞犬一空。』審如文公〔三〕之言，民信勞矣。予謂不必於牧養斯民之外，而專設勸農水利者，亦恐其喜事勞民，如文忠公之言也。誠得牧養斯民者，擇其勢順而功省之處，暫出官帑，募願就之民，經略其端，以示倡率之機，使民灼然知水利可興，則必有兢勸而爭先者，庶令不煩而事自集。若槩以水利役民，使貧民苦于追呼，妨其生業，而富家反擅其利。予嘗見水利使者檄下諸邑，閲治水利，輒飽吏胥之橐，而害及閭左。此文忠公所以極論而深歎也。怨生有二：妨小民之業，怨隱而害深；奪豪右之利，怨顯而謗速。既不槩以水利役民，民無追呼之擾，怨不叢于小民矣。而豪右之利，亦國家之利也，即此言推之，便可不勞小民而事集矣[81]。何必奪之？周禮使世祿地主之有力者，與其廣瀦鉅野之可以利民者，曰主以利得民，曰藪以富得民[82]。彼小民欲自利而力有所不逮，官爲倡率，豪右從而兢勸于其間，則借豪右之力，以廣小民之利，固主與藪之遺意也。方欲藉之，矧曰奪乎[83]？此何以任怨爲也？北之治田也逸，南之治田也勞。彼其以惰心而乘之以逸習，卒而驅之，宜有未從者。然彼之鹵莽而耕，亦鹵莽而穫，所入固微也。以南之勞，治北之田，則一畝之入，倍於數畝，而旱潦可以無憂。北之治田，獨有田者安于故習耳，其力作之人何嘗不勞苦哉？蓋其勞不下南人，而淡泊過之。

夫越人治水田，大都用北人之力也㊹。誠一驅之〔二四〕，其嗜利之心，必潛易其好逸之習。且相率而爲逸者，以其習之故然，比閭族黨皆然也。官爲倡率，有能争先力田者，稍優異之，則皆恥于逸而趨于勞矣。昔張全義起于群盜㊺，其尹河南也，當喪亂之後，白骨蔽地，荆棘彌望，居民不滿百户。全義擇人以修屯政，招徠農户，流民漸歸，遠近趨之如市。全義爲政寬簡，出見田疇美者，輒下馬與僚佐共觀之，召田主勞以酒食。有蠶麥善收者，或親至其家，悉呼出老幼，賜以茶綵衣物。民間言張公不喜聲伎，見之未嘗笑，獨見佳麥良蠶則笑耳。有田荒蕪者，則集衆杖之。或訴以乏人牛，則召鄰里責之曰：彼乏人牛，何不助之？由是鄰里相助，比户有積蓄。在洛四十年，遂成富庶。蓋其勸農力本，生聚教誨，變荒墟爲富壤，非偶然也。誠使西北牧養斯民者，能以全義之心爲心，未有狃於故習而不變者。不一日倡率，而遂曰習之難變可乎？夫得人而任，捐公帑以募就役之民，宜怨讟不生，惰習可變，而田功畢舉矣。乃若不費公帑，不煩募民，而田功自舉者，予又得而熟籌焉。邊地屯田以餉軍也，其道有三：倡力耕之機，定賞功之典，廣世職之法而已。内地墾田以阜民也，其道有二：優復業之人，立力田之科，開贖罪之條而已。蓋大將固偏裨卒伍所望而趨也。今諸邊沃土，多大將養廉之地。使大將肯以其地畫井以田，以率偏裨卒伍，無不響應而競耕者。昔郭子儀因河中軍嘗乏食，乃自耕一畝，將校〔二五〕以是爲差，于是士卒皆不勸而耕。是歲河中野無曠土，軍有餘糧。昔宋廖給事中剛⑧⑥，亦嘗首陳是說也。將卒捐生而赴敵者，冀以功而獲賞也。今若計田行賞，又如廖給事所謂執耒之安，方之操戈之危，豈不特易？此賞一行，萬頃不難得者，信然矣。今富民得納貲以列武弁冗職，而軍政無裨也。若倣虞文靖公之意，聽富民欲得官者，能以萬夫耕，則爲萬夫之長，千夫百夫亦如之。先試以虚銜，緩其征科，俟其田入既饒，積蓄漸充，則命以官而量征其税，就所征者，給以禄，佩之印綬，得世其官。練集其耕夫，以寓兵於其間。真良法也。第一宜戒此。人衆何患無兵，而先以此遂沮之乎⑧⑦？民之流離，棄其業而畏不敢復，蓋瘡痍未起，科督又嚴，甚則舉其宿負者而取盈焉。此宜上有以招徠之，蠲其負，寬其征，時其賑貸，則流離兢復，荒蕪漸墾矣。寓兵于農，此是古人不及今人處。往以爲美談而欲效之，可謂習而不察也。平居聽其教習，以防禦盗賊則可⑧⑧。漢之盛時，孝悌力田同科，蓋務本重農以寓勸率之微權也。今若定爲之制，有能於荒蕪之鄉墾田而井者，田得自業，而輸其税於官，官因税而稽田，因田而定等。上者如納粟待銓，次者遥授散職，納粟官得理民治事，此方今最弊也⑧⑨。又其次者，補胥吏而役於官，則力田者兢起矣。贖罪有條，借貪墨以行私者何限也。使令罪而有力者，捐貲墾田，官課其墾田之費，與贖罪相當，則歸其田而收其税。即無力宜遠配者，亦得近屬于田畝之間，以力墾田而贖其罪。此固法行而人亦樂從也。言墾田而借資于鬻爵贖罪，猶病弱者以參苓爲劑，而以鴆毒爲引也。愚意欲以世爵誘人，則文靖之意而稍斟酌之，非鬻爵而使之治事也。此兩策相去遠矣。若今之軍徒，有名無實，則以田作當擺站差操甚善。又律文流罪，正欲徙民以實空虛也。營田之策行，可以復行流罪之法，尤大善矣[90]。倘舉數者而行之，屯田可興，墾田可多，又何必費出公帑，而役煩募民哉？」客曰：「就子數説，尚有可疑者。捐生而獲邊賞，積汗馬之勳而獲世職，欲以田畝之勞並之，可乎？玄扈先生曰：爲此論者，蕭何不得與韓彭論功乎？力田贖罪，田固彼之田也，税入幾何，恐無以足經費，而佐司農之急，談何容易。子更籌之。」徐子曰：「審時度勢，各有攸當也。敵刃既接，軍功爲先。邊烽稍寧，屯政急矣。倘屯政舉而邊地墾，食足兵强，虜來而應之有勝算，虜去而守之有長策，又何軍功之足羨乎？若徒尚軍功，則忽内修而啓外釁，非國家之福也。且邊人之剽悍者，勇于赴敵，其椎魯者，樂於力田。各以其長，邀上之賞，又何妨焉。今邊地久蕪，師不宿飽，非懸殊格，亦何望屯政之修乎？即兵興之時，轉餉勤勞，亦得與對壘者論功。客何疑之？至於世職之法，所繫于今日之邊務者，尤非小也。今之武弁，能因世閥以樹功名者，固亦有之，然其間困乏孱弱僅存者種種矣。惟其先世汗馬之勞，不忍遽廢則可耳，欲藉以練卒而應敵，必不能也。彼富民欲得官者，能以萬夫耕，則其財力智識，已出於萬人之上。能以千百人耕者，亦出于千百人之上。其財力智識，既足以爲主帥之倚用，使之部耕夫以爲勝卒，又皆其衣食安養者，心附而力倍。其與今之武弁，困乏孱弱，剥羸卒以自肥，固天壤懸也。子孫席其世業，亦不至于遽替，即有替者，又必有財力智識之人，代其業而繼其官。邊圉之間，轉弱爲强，兹其大端矣。瀕海之地，國初皆設墩臺，分戍瞭守，以備南倭。今草頭沽關及水道沽關，以至于新橋海口赤洋海口等處，遺址尚存，日漸圮廢。遐想國初設墩分戍，固將備倭，亦以其地勢懸，使瀕海墩戍，連絡于其間，則内地有梗，此路可通行，又防微慮遠之深意也。惟其初設，墩戍稀少，冀後日漸增。然無田可耕，則墩戍漸廢，勢必至也。今若于瀕海闢田，以世職之法，屯駐於其間，其中更多委曲，須議[91]。久之，田益闢而人益衆，則海上爲樂土，瀕海有通道，即内地有梗，南北不至懸隔，于國初設墩分戍之意，固相成也。國家分兵而屯，授之以田，統於衞所之官，法非不詳，然久則田隱占，而屯亦漸廢，蓋田授于官兵，非己業也。惟富民得官屯駐，則其田固己業，子孫相承，稽覈自詳，無隱占之患，蓋井田而寓封建之意也。如此勝于封建。封建者，生殺爵禄自制也。今予之空名，如封君，而不得治事理民。欲其治事理民，或將兵也，我又得選而用之也。謂封建爲美而慕之，亦猶向者寓兵勸農之説乎[92]？夫富民捐己之貲，闢荒區以輸税，養耕夫以寓兵，其利於國者多矣。就其所入給以禄，朝廷御之以虚名，使之世其職而守其業，有增課之饒，無養兵之費，又何靳而不與乎？彼即汗馬之勛者，禄入兵費，皆仰給于縣官，歲縻而無補，安可以此例論也。今民間子弟入胄監者，例得輸三百五十金。若使力田者於荒蕪之野，墾田三百五十畝，得比輸三百五十金者而同科，則國家一時雖未得三百五十金之入，而歲收三百五十畝之稅，歲歲積之，其得更倍。諺謂『千鏹而家藏，不若銖兩而時入』。此尤易曉也。田少而殺，與贖罪而入者，即是可推也。若恐力田可同於輸金，則必有僞增田畝以欺上，或始而墾，旋而廢，難以一一稽之，則又不然。夫民間始繫名於胄監，距其入銓得官之時，多者三十年，少亦不下二十年。所墾之田，歲入官稅，總而計之，當不止於三百五十金。彼既墾田，歲以其田之入而輸官不難也。亦何樂於僞田增稅，歲以厲己乎？即有田僞而稅負者，有司將時稽而除其名，彼亦何利焉？若謂國用方詘，經費之內，歲少三之一，必賴開納以紓其急，不能徐徐以待歲稅之入，則亦思之未詳也。蓋經費之廣，由于各邊主客兵餉，所費爲多。若各邊屯政漸舉，則經費〔六〕自省。況力田者得以田自利，而歲稅又取足于田之所入，其從之固易。則以力田而應者，比今輸金之人，必且數倍。果數倍，則選法如何[93]？其願輸金者仍輸金，不因此而廢。彼二者並行，國用又何患焉？事例非所以足也，乃所以不足也[94]。行之積久，田闢而稅廣，費省而用足，則力田之科，與輸金者皆可漸罷。此漸可行，鄉舉里選之法，何時可罷[95]？又不必商盈詘于財賄，酌多寡于開納也。」客曰：「勝國都燕且百年，虞文靖公之議，格焉未行。我國家定鼎于兹，又二百年矣。通漕理財，紛然建議，而西南〔二六〕水利，未聞舉其議而行者。子何惓惓於今日也？」徐子曰：「勝國往事，已無足論。虞文靖公之言，既不獲售於泰定可爲之時，及季年東南有梗，思其言，倣其意，設海口萬户，已無救於元事矣。可勝慨哉！今國家承平既久，竭東南〔七〕之力，尚不足以裕西北之儲，幸外夷之款貢，修内地之水利，千載一時，不可失也。若駭然而圖之，其將及乎？此予之所以惓惓也。」客曰：「時信可行矣。然子方以罪逐，宜引咎緘晦，庶幾補過，乃又鼓舌談國家之大計，非所謂位卑而言高者乎？是益其罪也。」徐子愀然曰：「子何言？葵藿在崖谷之陰，見日則傾者，植性之定也。人臣居江湖之遠，憂時益切者，秉義之常也。苟禆國計，即閭閻尚得言之，矧予固聖天子所嘗置諸左右而責以獻納者，安敢以一出遂自遠哉？且與客談而私識焉，又何罪也。」客於是起而歎曰：「嗟乎！子去矣。其有味於子之言，而冀其復行者，予日望之。」徐子曰：「是非予所敢知也。然予曩上疏〔八〕報罷，大司馬譚公惜予言未行[96]。公又自言久歷塞上，深知其必可行也。王開府寓書於予[97]，肯身任其事。戚元戎欲減南兵之願農者[98]，惟開府是用。吾輩不足信，譚、王、戚諸公亦不足信耶？有何長慮，直是短見耳[99]。蓋往時塞上少南人，今南人應募而至者成市。其方待募而未收，與募退而不願還者，皆可驅之爲農，即數千人呼吸而集也。夫開府抱濟時之略，而元戎有銷兵之心，乃大司馬公又握碩〔九〕畫于其間。即予去，一二三同志多是予言，倘有再疏以請者，西北水利庶其興乎！惟國是禆，奚必言之自予也？ 予曩冀言行，遲回未去，適罹茲罪，客謂負國恩而違親養，予亦何以自解？ 倘人有舉其言而行者，予因得以效其區區。 又或予之罪狀，久而稍紓，將陳情以遂其私，力耕以奉老親，歌詠太平，竊比於擊壤之遺民，豈不幸與？ 客意良厚。 予將黽勉於君親間，以無忘客之大賜。」談已，客散。 徐子拏舟南去。

玄扈先生曰：北方之可爲水田者少，可爲旱田者多。 公只言水田耳，而不言旱田。不知北人之未解種旱田也。

校：

〔一〕俾　平本譌作「裨」，依曙、魯、中華排印本改。（定扶校）

〔二〕無　平本譌作「爲」，依曙、魯、中華排印本改。（定扶校）

〔三〕徭　此條三個「徭」字，平本均作「由」；魯本前兩個作「徭」，後一個作「繇」；曙本、中華本三個均作「繇」。 案：「徭」勞役也，與「繇」字通；而「繇」「由」古通。 按文義，還是統一作現在通用的「徭」字爲是。（定扶校）

〔四〕田困　平本，「田」是墨釘，「困」譌作「國」；黔本，兩字均譌作「國」。 應依曙及魯改正，與傳本客談合。

〔五〕日　魯本譌作「口」，應據平本、曙本、中華排印本作「日」。下一句中的「日」字，平、魯、中華排印本均譌作「口」，據曙本改。（定扶校）

〔六〕費　平本譌作「廢」，依曙、魯、中華排印本改。（定扶校）

〔七〕南　平本譌作「海」，依曙、魯、中華排印本改。（定扶校）

〔八〕疏　平本、曙本作「疏」，魯本、中華排印本作「書」。宜作「疏」。（定扶校）

〔九〕碩　平本譌作「石」，據魯本、曙本、中華排印本改作「碩」。（定扶校）

注：

① 現見俞汝爲荒政要覽卷四平日修備之要。

② 規覓：「規」是謀求（見戰國策），「覓」是尋找。

③ 現見荒政要覽卷四常熟令耿橘水利書。

④ 成周：直到清中葉，大家都還相信周禮是周公制定的，所以説這些是成周的制度。

⑤ 匠人：引自考工記匠人，參看本書卷四。

⑥ 捐：解釋作放棄。與下文「其損賦税之入……」相對比，似乎兩處應作同一字；以作「損」爲勝。

⑦ 小司徒：引周禮地官小司徒。

⑧ 現見荒政要覽卷四平日修備之要。

⑨「地平天成」、「禹錫玄圭」，均見尚書；前一句是大禹謨僞古文，後一句在禹貢。兩句的意思是：水土既平，天功告成，禹以玄圭（黑色長條形的玉器，上端作三角形，古代貴族朝聘祭祀喪葬所用的禮器）爲贄，告舜以成功。

⑩卑宮室而盡力乎溝洫：這是孔子對禹的贊頌，見論語泰伯第八。

⑪彭蠡，今鄱陽湖；震澤，今太湖。

⑫這是徐光啓爲商鞅「開阡陌」問題所作公正的斷案。所引商君傳，見史記列傳八商君列傳。

⑬見元史（卷一六四）列傳五十一。現行明（洪武刻嘉靖補版）本元史，與本書所引頗有差異。新元史郭守敬傳在卷一七一列傳第六十八。

⑭此注元史本無，疑係徐光啓所加。

⑮中興：元代的中興路，據元史（卷五九）志一一，是「唐荆州，復爲江陵府；宋爲荆南府……」應在今日湖北。甘肅等處行中書省所轄寧夏府路，因爲西夏舊稱爲中興府，所以至元八年（一二七一年）立爲西夏中興路。這裏，應指西夏中興路。（參看本卷案（三））

⑯小注疑徐光啓所加。

⑰東勝：遼代在（今内蒙古）托克托和茂明安旗所置的縣。

⑱十二年：案元史本紀八和伯顔傳（列傳十四），伯顔奉命大舉南征，在至元十一年（一二七四年）；傳文有誤。

⑲小注元史無，疑係徐光啓所加。
⑳小注疑徐光啓所加。
㉑小注疑徐光啓所加。
㉒小注疑徐光啓所加。
㉓側：疑當作「測」字。
㉔現見大學衍義補卷十四固邦本制民之産，荒政要覽也引有。丘濬，明瓊山人，字景深，孝宗時官文淵閣大學士。
㉕小注疑徐光啓所加。
㉖盻：音xì，「盻盻」解爲怨恨地看着。
㉗大學衍義補無此注，疑徐光啓所加。
㉘大學衍義補無此注，疑徐光啓所加。
㉙徐貞明：明代水利專家。明史（卷二二三）有傳。傳中所引這條奏疏，頗有删節，本書所引個别字句又與傳中有歧異。
㉚畿甸：即京城附近的地區。
㉛「轉漕」，即從河道轉運糧食。「清勾」，「清」，清理軍隊；「勾」，追查逃亡的軍丁。
㉜該科：徐貞明當時任「工科給事中」；「該科」指工科。

㉝小注疑徐光啓所加。

㉞殺：讀 shài，解爲減少。

㉟虞集曾向元朝廷建議，將渤海西岸，建成海塘，進行屯墾。本書卷三（參看卷三注㉞）及卷九（參看卷九注②），都引有這件事。

㊱蚤：借作「早」字用。

㊲軍補：「軍」疑「勾」之誤。「勾」見注㉛。「軍補」，按明代兵制，每名正軍有一貼户（補充軍户）。正軍死，由貼户丁補充。

㊳南直隸：即直隸應天府（南京）的各州縣。

㊴小注疑係徐光啓所加。案語，參看明史列傳一一一。

㊵潞水客談：今有粤雅堂叢書本，我們根據叢書集成所收該叢書本校過，字句相差很大。一九六四年農業出版社出版，許道齡校注，吴邦慶道光四年（一八二四年）輯畿輔河道水利叢書所收潞水客談，後附萬曆十二年（一五八四年）重刻本「序」；序後面，吴邦慶的「載識」説：明重刻本較「今本」（即吴道光三年重刻時根據的朱雲錦鈔本，也就是粤雅堂所根據的底本）節去約數百字，「然剪截浮詞，比原本爲簡净，亦無漏義，殆出於講求史裁之手……」，可見差異的由來，正是有原因的。我們未見到萬曆十二年的刻本；估計本書所引，大致和那個重刻本相差不遠。差異中，有些却還值得考慮，因此將關係較大的幾處注明，其餘個别字句的改動，不逐一作案語。

㊶ 訏謨：詩大雅蕩之什抑第二章「訏謨定命」，「訏」解作「大」，「謨」解作「謀」，即大計劃。案：朱鈔本客談中改作「大計」。

㊷ 諰諰：荀子議兵篇「諰諰然常恐……」，注引漢書「諰作鰓……讀如……『葸』，懼貌也」。這裏似乎不合適，可能該用論語子路第十三中「朋友切切偲偲」的「偲偲」，解爲「相切責」，即堅持反覆地責備。案：「水利報罷」下，客談止作「豈無他事可言者」，直接爲「而顧（＝但）鰓鰓焉……」。下面「亦左（＝不對）矣」，則作「且謂今日之計，無大於此者，何歟？」

㊸ 汪應蛟、徐貞明的嘗試，都由於「西北」（事實上止是家住北京而在河北、河南、山西等省擁有大量土地的官僚、貴戚、宦官）反對和阻撓而失敗，徐光啓本人也有過同樣經驗，所以有很深刻的感慨。

㊹ 「我疆我理，南東其畝……盡東其畝」：春秋左氏傳（成公二年），「鞌之戰」，齊國敗了，求和，晉國提出條件，要「齊之封内，盡東其畝」（齊國境内，所有田地中的道路，都要改成東向）。齊國使臣就引詩（案：是小雅谷風之什信南山第一章）「我疆我理，南東其畝」，認爲這是國家内政，各有傳統，不接受晉國干涉。案：今傳本客談，引詩兩句下，直接是「晉之邀齊，必曰盡東其畝」，再下去是「以便戎車，是則井田溝洫，既以闢土而宜民，亦以設險而禦侮也」。

㊺ 「劉六、劉七」：明正德初年（一五〇九年）中原地區的農民起義領袖。

㊻ 小注疑徐光啓所加。

㊼折色：古代征收田税，以米穀實物爲本色，以折價徵銀爲折色。

㊽種種：見莊子胠篋篇，「舍夫種種之民」，陸德明釋文解爲「淳厚」。這一句，傳本客談已删去。

㊾小注疑徐光啓所加。

㊿宗禄：明代皇帝的族人，出生後，即由國家每年給以定額的生活費用，稱爲「宗禄」。

51宋范仲淹曾經用政府給他的俸錢，創辦義莊，養活族人。

52天潢之派：皇族之分支。

53小注顯係徐光啓所加；「豪强兼并」（土地所有者用種種手段來擴大自己的地權）在當時是無法解决的；徐光啓這種妥協投降的主張，固然從現實出發，但是不曾想到不以鬥争準備作爲後繼，委曲求全是得不到全的。

54比閭族黨：見周禮地官注，「五家爲比，五比爲閭，四閭爲族，五族爲黨」。

55小注疑徐光啓所加。

56小注疑徐光啓所加。

57 58 59 60 61幾處小注疑徐光啓所加。

62虞文靖公：元虞集，謚號文靖。

63小注疑徐光啓所加。

64槁：應是枯槁的「槁」字。

65 66 67 三處小注疑徐光啓所加。

68 厥後：魏史起以下，到馬援，這些興修水利的古人和事蹟，請參看本書卷十六二谷山人水利策的各條注文。

69「馬援……樂業」：後漢書（列傳一四）馬援傳「（建武）十一年（三五年）……拜援隴西太守……上言破羌以西，……其田土肥壤，灌溉流通，……援奏，爲置長吏，繕城郭，起塢候；開導水田，勸以耕牧，郡中樂業」，大概就是這時的事情。「狄道」，是漢代在臨洮（今甘肅）所置的縣，地近邊疆，所以説「並（讀bàng，解爲靠近）塞（＝邊關）」。

70 虞詡：後漢書（列傳四八）虞詡傳虞詡爲武都太守，「……先是運道艱險，舟車不通；驢馬負載，僦（＝雇用用費）五致一。詡乃自將（＝率領）吏士，案行川谷，自沮（今陝西略陽）至下辯（今甘肅成縣），數十里中，皆燒石翦木，開漕船道。以人僦直雇借傭者，於是水運通利，歲省四千餘萬」。

71 馬臻：後漢人，永和年間（漢順帝第三個年號，公元一三六年——一四一年）作會稽太守時，在會稽、山陰兩縣中間，開創鏡湖（即鑑湖），築塘畜水，讓大衆種稻。徐貞明文中「漢以前」的「漢」字，似係「晉」或「三國」之誤。

72「錢鏐……致富」：公元九〇七年，錢鏐在今日杭州自稱吴越王；宋高宗趙構，公元一一三二年定居臨安（今杭州），作爲都城，建立朝廷。

73 74 兩處小注疑徐光啓所加。

⑮亦不得已耳：案傳本客談，無上面「即畫井而溝洫之」到這句止的一節。

⑯⑰兩處小注疑徐光啓所加。

⑱躭：宜作「眈」。「虎視眈眈，其欲逐逐」見易頤卦，「眈眈」是貪心地伺候着。

⑲小注疑徐光啓所加。

⑳即鹿無虞：這是易屯卦中的一句。「即」是追尋，「虞」是管田獵的官。打獵而没有人指引，就止有徒勞與煩憂而無所得的可能。

㉑小注疑徐光啓所加。

㉒「曰主以利得民，曰藪以富得民」，見周禮天官大宰，是「以九兩繫邦國之民」中的六、九兩項。

㉓「則借豪右之力，以廣小民之利……方欲藉之，矧曰奪乎」，案徐貞明和徐光啓都是託身於統治階級的「士」人，他們的階級立場不能不是反動的。

㉔小注顯然是徐光啓手筆。徐光啓在這裏，似乎認識到了某些以剥削爲生的地主（「有田者」），僅僅知道貪婪地剥削，既懶惰愚蠢又後退，而「力作」的大衆，則是辛勤勞苦的。却不曾想到即使肯改進的地主，他們的「改進」，也止是加重剥削的手段。

㉕張全義：見卷一注㉛。曾參加過黄巢領導的農民起義，所以徐貞明説他「起于群盗」。

㉖廖剛：宋史（卷三七四）有傳。南宋紹興年間，曾任「給事中」（官職名稱，大致和監察使相當），上疏「獻屯田三説」。

(87)(88)(89)(90)(91)(92)(93)(94)(95) 這幾處小注，疑徐光啓所加。

(96) 大司馬譚公：指當時的兵部尚書譚綸。

(97) 王開府：指當時的給事中王敬民。

(98) 戚元戎：指戚繼光。

(99) 小注疑徐光啓所加。

案：

〔一〕……習水利　案元史原文作「中統三年，（張）文謙奏守敬習水利巧思……」此處節引，有失句讀。

〔二〕達泉　「達」字下，應依新元史補「活」字，達活河，即古代的「蓼水」。

〔三〕復　元史作「從」；以作「從」爲是。元史（本紀五）：「至元元年（一二六四）……五月乙亥，詔『遣唆脱顔、郭守敬，行視西夏河渠，俾其圖來上』。……八月……乙巳，立諸路行中書省，……頒陝西四川、西夏中興、北京三處行中書條格……」元史卷一五七張文謙傳：「至元元年，詔文謙以中書左丞，行省西夏中興等路，……浚唐來、漢延二渠，溉田十數萬頃，人蒙其利……」

〔四〕泊　元史及新元史皆作「泊」。

〔五〕「自陵州至大名」起，至「相通形勢」一段，明洪武本元史節去，新元史傳中有。

〔六〕「灤河」下，元史及新元史均有「既」字，應補。

〔七〕「引」字下，應依元史補「水」字。

〔八〕「守敬在西夏」起，至「其不可及者也」一節，元史及新元史中均未見有。

〔九〕霽　原書作「霖」；應作「霖」。

〔一〇〕丘書原有小注，引時未錄。

〔一一〕原有小注，引時未錄。

〔一二〕原有小注，引時未錄。

〔一三〕「入諫垣」以下至「予始待罪垣中」止，這一長節，現行本潞水客談中已删去。

〔一四〕行　客談作「言」，較勝。

〔一五〕「與罪會」至「客亦惡知予哉」一節，客談作「以他事免官，卒不獲一試」。

〔一六〕騶孟談王　客談「王」字下有「道」字，應照補。「騶孟」指孟子，「王」字讀wàng，「王道」是孟子的理想政治。下句「田里……」上，客談有「惟是」兩字。

〔一七〕惟水利興而後旱潦有備其利一也　傳本客談止作「此其宜急者一也」，與下面幾節平行，不象本書引文現在着重「水利興」的益處。

〔一八〕水利既興則田疇之間要皆倉庾之積其利二也　現行本客談止作「此其宜急者二也」。

〔一九〕彌　當依今傳本客談作「弭」。下文「消釁彌亂」同。

〔二〇〕其雄桀者不失爲富家翁　今傳本客談，作「其才智者固可以致富」，語氣委婉得多，顧全了皇族的體面。

〔二一〕而地亦不可多得一介之民　這句話，傳本客談已删去。

〔二二〕「客曰」至「斯爲害矣」一節，傳本客談止有「乃西北之人，方苦於水害，而不知水利」三句。

〔二三〕「文」字下，應依今傳本客談補「忠」字。（上文兩處下文一處，皆作「文忠」，這裏同是指蘇軾，不應少「忠」字。）

〔二四〕誠一驅之　這句，依傳本客談删去更好。

〔二五〕將較　傳本客談作「將吏」，疑當作「將校」。

〔二六〕南　應依傳本客談作「北」。

農政全書卷之十三

水利

東南水利上

宋范仲淹上呂相公①并呈中丞咨目曰②：去年姑蘇之水，踰秋不退，某爲民之長，豈敢曲阻焉〔一〕？然初未甚曉，惑於群説，及按而視之，則了然可照。今得一二而陳焉，願垂鈞造，審而勿倦，則浮議自破，斯民之福也。姑蘇四郊略平，窊而爲湖者，十之二三。西南之澤尤大，謂之太湖，納數郡之水。湖東一派，濬入于海〔二〕，謂之松江。積雨之時，湖溢而江壅，横没諸邑。雖北壓揚子江而東抵巨浸，河渠至多，堙塞已久，莫能分其勢矣。惟松江退落，漫流始下。或一歲之水〔三〕，久而未耗，來年暑雨，復爲沴焉，人必薦飢，可不經畫？今疏導者，不惟使東南入于松江，又使西北入于揚子之於海也〔四〕，其利在此。或曰：江水已高，不納此流。某謂不然。江河〔五〕所以爲百谷王者，以其〔六〕下之，豈獨不下于此耶？江流或高，則必滔滔旁來，豈復姑蘇之有乎？矧今開畝〔七〕之處，下流不息，亦明驗矣。或曰：日有潮來，水安得下？某謂不然。大江長淮，無不潮也，來之時刻少，退〔八〕之時刻多，故大江長淮，會天下之水，畢能歸于海也。或曰：沙因潮至，數年復塞，豈人力之可支？某謂不然。新導之河，必設諸閘，常時扃之，禦其潮來〔九〕，沙不能塞也。每春理其閘外，工減數倍矣。旱歲亦扃之，駐水灌〔一〇〕田，可救熯涸之災。潦水則啓之，疏積水之患。或謂開畝之力〔一一〕，重勞民力。某謂不然。東南之田，所植惟稻，大水一至，秋無他望。災沴之後，必有疾疫。乘其羸敗，十不救一。謂之天災，實由飢耳。或謂力役之際，大費軍食。某謂不然。姑蘇歲納苗米三十四萬斛，官司〔一二〕之糴，又不下數十百〔一三〕萬斛。去秋糴放者三十萬，官司之糴，無復有焉。玄扈先生曰：宋時歲納之少如此，糴放之多如此。如豐穰之歲，春役萬人，人食三升，一月而罷，用米九千石耳。荒歉之歲，日食五升，召民爲役而〔一四〕賑濟，一月而罷，用米萬五千石耳。量此之出，較彼之入，孰爲費軍食哉？何消如此計算？力役者皆人也。不力役其人遂不食耶③？或謂陂澤之田，動成渺瀰，導川而無益也。某謂不然。吳中之田，非水不植，減之使淺，則可播種，非決而涸之，然後爲功也。昨開五河，洩去積水，今歲和平〔一五〕，秋望七八。積而未去，猶有二三未能播種〔一六〕。復請增理數道，以分其流，使不停壅。縱遇大水，其去必速，而無來歲之患矣。此理通于天下之水，何必東南④？又松江一曲，號曰盤龍。父老傳云：出水猶利。如總數道而開之，災必大減。蘇、秀間有秋之半⑤，利已大矣。畎〔一〕澮之事，職在郡縣，不時開導，刺史縣令之職也。然今之〔一七〕所興作，横議先至，非朝廷主之，則無功有毁也。守土之人，恐無建事之意矣。蘇、常、湖、秀，膏腴千里，國之倉庾也。浙漕之任，及數郡之守，宜擇精心盡力之吏，不可以尋常資格而授之。恐功利不至，重爲朝廷之憂，且失東南之利也。

元任仁發⑥水利集⑦曰：議者曰：古者吴淞江狹處尚二里餘，猶〔二〕不能吞受太湖之水，於是添浚三十六浦以佐之，且後時有潦没田疇之患。今所開江二十五丈，置閘十座，其能去水幾何？其利則未知也。答曰：所開江身二十五丈，置閘十座，每閘闊二丈五尺，可以泄水二十五丈。吴淞江緣潮水往來之故也。此必然之畫⑧。古人論泄水之法極詳，范文正公曰：三分其時，損居二焉。謂如一日十二時，晝夜兩潮，四時辰潮漲，八時辰潮落。所設之閘，晝夜皆去水之時也，所以終江面二里之寛，不如十閘之功也。吴淞二里上海浦未大也。黄浦既闊二里餘，已代吴淞洩水矣。豈開江二十五丈，遂足當二里之舊吴淞哉？任亦不達於水理，亦不考於古今之故矣。且閘止能閉潮無入，豈能晝夜皆去水而當二里餘之舊江也⑨？況今東南有上海浦，泄放澱山湖、三泖之水⑩，東則劉家港、耿涇，疏通昆承等湖之水。吴淞江置閘十座，以居其中。潮平則閉閘而拒之。潮退，則開閘以放之。滔滔不絶，勢若建瓴，直趨于海，實疏通瀦水之上策也。與古三江，其勢相埒〔三〕。若夫時水，雖太湖汪洋瀰漫，其涸亦可待矣。

旱〔四〕則閉閘潴水以灌溉，乃一舉兩得其利也。議者曰：吳淞江自古無閘，今置之，非也。何不開闊疏通，使江復故道，一任潮水往來，豈不便易？答曰：治水之法，先度地形之高下，次審水勢之往來，并追源泝流，各順其性。古人謂水歸深源。又曰：沙泥隨潮而來，清水蕩滌而去。今所往上海、劉家港等處，水深數丈，今所開之河，止二丈五尺。若不置閘以限潮沙，則渾潮捲沙而來，清水歸深源而去。新開江道，水性不順，兼以河沙約住河泥，不數月間，必復淺塞，前工俱廢。故閘不可不置也。范文正公曰：新導之河，必設諸閘，正此謂也。若欲再復吳淞江之故道，須候諸閘啓閉流深，衆水歸源，其洶湧之勢，孰得而制禁？當於此諸閘都閉，挑開一處堰壩，任潮水往來，借清水力東衝而洪，自復成江矣。大謬！無此理⑪。考工記曰：「善溝水者，水齧之」之謂也⑫。議者曰：吳淞江前時流通，今日何爲而塞？豈非海變桑田之説，黄河日走千里，非人力所可爲者歟？答曰：東坡有言⑬：若要吳淞江不塞，吳江一縣人民，可盡徙于他處，庶使上流寬瀉，清水力盛，沙泥自不能積，何致有堙塞之患哉？疏通清水，以滌渾潮，自是正論。後來東南治水，宜倣此意。然潴水之處，日淤日淺，亦天〔五〕地自然之勢。不然，竇帶、垂虹，何自而立哉⑭？歸附之後，將太湖東岸水出去處，或釘木爲栅，或用土草爲堰，或築狹河身爲橋，置爲驛路。及有湖泖港汊，又慮私鹽船往來，多行塞斷，所有水脉不通，清水日弱，渾潮日盛，沙泥日積，而吳淞江日就淤塞。今日江勢，正與東坡所見合。如曰海變桑田，黄河奔突，一時之謂，謂黄河非人力可爲，亦謬⑮。則聖人手足胼胝，盡力溝洫，皆虚言也。聖人豈欺我哉？所當盡人力而爲可見也。議者曰：錢氏有國一百有餘年，止長盈〔一八〕年間一次水災。亡宋南渡一百五十餘年，止景定間一二次水災⑯。今則一二年，或三四年，水災頻仍，其故何也？答曰：錢氏有國，亡宋南渡，全藉蘇、湖、常、秀數郡所産之米，以爲軍國之計。當時盡心經理，使高田低田，各有制水之法。其間水利當興，水害當除。合役居民，不以繁難，合用錢糧，不吝浩大。又使名卿重臣，專董其事。富豪上户，美言不能亂其法，財貨不能動其心。凡利害之端，可以興除者，莫不備舉。又復七里爲一縱浦，十里爲一横塘。或作五里一縱浦⑰。田連阡陌，位位相承，悉爲膏腴之産。設有水患，人力未嘗不盡，遂使二三百年之間水患罕見。欽惟國朝，四海一統，人才畢集。擢居重任者，或未知風土之所宜也，以爲浙西地土水利，與諸處同一例，任地之高下，任天之水旱。所以一二年間，水災頻仍，皆不諳風土之同異故也。諸處何獨不然？蓋天地之間，無一處不宜興修水利者⑱。議者曰：蘇州地勢低，與江水平，故曰平江，故稱澤國。其地不可作田，必然之理也。今欲圍築硬岸，亦逆土之性耳。答曰：晉宋以降，倉廩所積，悉仰給于浙西水田之利，故曰：蘇、湖熟，天下足。若謂地勢高下，不可作田，以爲必然之理，此誠無用之論也。浙西之地，低於天下，而蘇、湖又低于浙西，澱山湖又低于蘇州。此低之又低者也。彼中富户數千家，于中每歲種植茭蘆，埋釘樁〔六〕笆，委埋封土，圍築硬岸，豈非逆土之性？何爲今日盡成膏腴之田？此明效之驗，不可掩也。既是澱山最低之湖，經理尚可以爲田，却説已成之田，不可作田。天下寧有是理也？議者曰：水旱天時，非人力所可勝。自來討究浙西治水之法，終無寸成。答曰：浙西水利，明白易曉。特行之不得其要，何謂無成？大抵治水之法，其事有三：浚河港必深濶，築圍岸必高厚，置閘竇必多廣。設遇水旱，有河港深濶隄防而乘除之，自然不能爲害。河港洩瀉，圍岸隄防，閘竇乘除⑲。倘有人力不至，而一切委數于天，天下寧有豐年也？東坡有言：浙西水旱，此謂人事不修之積，非時之數，今之謂也⑳。昔范文正公親開海浦，時議者阻之。公鋭意完具，排浮議，疏浚横潦，數年大稔。乃謂終無寸利？爲是説者，皆聽受富家驅使，而妄爲無稽之言也。何處水旱，非緣人事不修，人不講不做耳。東南久做久講，所以有人如此説㉑。議者曰：吴淞江開之後，自合浙西永無水害，何爲大德十年，自濟以南，直至浙西，有水害甚深？答曰：且體比年浙西所收子粒分數，比之淮北，數幾十倍，皆吴淞江三閘，并諸壩口，出放澇水之力。以未開吴淞江之前，大德七年，亦遭水害，所收子粒分數，比大德十年，不及三分之一。以此論之，則水監豈爲無功？天災流行，水淹爲害，人力之所致，不見備禦隄防之，若除一分之害，則享一分之利。謂當永無水害，乃不近人情之論。爲執政者，不當便聽其言，不察是否，乃直謂無功而輒罷之，正如咽喉噎而廢食也。況自歸附以來，二三十年，所積之病，豈半年工役之所能盡哉？議者曰：行都水監，既是有益衙門，何謂衆口一詞，皆謂無益，而明議罷之？答曰：「民可使由之，不可使知之。」事之利害，久而復明，非高識遠見，熟于世務，通于水利者，安知有久遠無窮之利？彼愚民無知，但見一時工夫之繁。豪民肆奸，有吝供輸募夫之費。所以百般阻撓，但爲無益以敗事。殊不知浙西有數等之水，拯治方略，皆不相同，非專司不能盡力責其成功。使水監衙門，真如無事，古之有國者，亦廢而不舉久矣。何謂周、漢、唐、宋之世，未嘗不一日用心盡力㉒。經營水利之事，列之史傳，代不乏人。故諺曰：「水利通，民力鬆」，斯言信矣。

并浙西水利低下之地，不須水監拯治，即今中原高阜之鄉，安用水監河道司爲哉？然則高阜之處，水監既不可缺，而低下之處，乃謂不必置立，何不思之甚也？議者曰：水利不可不修，今隴西唐、宋二渠，正是責于有司疏浚，田禾有收，民便不擾。浙西水利，與隴西一體，責之有司兼管，豈不便哉？答曰：隴西唐、宋二渠，長湖水也，浚成深渠，水自下流，何難拯治？浙西地面，有江海河浦湖泖蕩漾溪澗溝渠汊涇浜漕漊等名；水有長流活水、瀦定死水、往來潮水、泉石迸水、霖淫雨水、風決漲水、潮泥渾水、南來交水、風潮賊水、海嘯淫水等名。水名既異，則拯治方略亦殊。豈可以唐、宋二渠長流水例之哉？略舉浙西治水，碰堰、壩水、函石、倉石囤、蘧篨、土帚、刺〔七〕子、水管、銅輪、鐵筢、木杴、木井、木簦、木匝、水車、風車、手戽、桔槔等器，牐、竇、碶、斗門㉓。隴西未必有也。今設爲此策，乃不知地理之人，如醯雞井蛙，豈足與議遠大之事？宋賢如范文正公、蘇文忠公、朱文公、王荆公，皆命世大儒，經綸天下之大材，尚各各建策，設官置兵，盡力經營水利之事，不令有司兼管，必有所見而爲之。當時有司兼管，何往而不敗事？爲是説者，未必長于蘇范諸公之議也。况浙西地形高下，水旱不均。古人有言：「東州之官，莫問西州之利。」或利於此，必害于彼，此事今於畿輔最急㉔。便有彼疆我界之分。若無水監通行管領，一體整治，何能用心協力于均水利也哉？

劉鳳續吴録曰㉕：蘇之三江：曰吴淞江；曰婁河，即婁江；曰黄浦，即東江。昔嘉定尹龍晉，以御史左官，濬治吴淞百年以來淤滯，民大被其利，名之御史河。方鑿地時，獲一石，上云：「得一龍，江水通。」蓋豫記之矣。近巡撫海公復疏之㉖，後乃專官以憲令督視者累年〔八〕。蓋吴利水稻，其豐穰，惟在水之節宣得其所。昔單諤有書㉗，繼則沈憲副啓圖志尤詳㉘，實不越禹貢所云「三江既入，震澤底定」二言也。

玄扈先生曰：淞江之側，有小聚落，名三江口。酈善長云㉙：「淞江自湖東北逕七十里，至江水分流，謂之三江口。」吴越春秋載范蠡去越，乘舟出三江口，入五湖，皆謂此也。

三江，即禹貢所指者。宜興士人單諤著吴中水利書，其説謂：蘇湖常三州之水，瀦爲太湖。湖之水，溢于松江以入海，故少水患。今吴江岸，界于松江、太湖之間，岸東則江，岸西則湖，江東則大海也。自慶曆二年㉚，欲便糧道，遂築此隄，横截江流五十里，遂致太湖之水，常溢而不洩，浸灌三州之田。又覩岸東江尾與海相接之處，茭蘆叢生，沙泥漲塞，而又江岸之東，自築岸以來沙漲，今爲民居民田。雖增吴江一邑之賦，而三州之賦，不知反損幾百倍矣。今欲〔九〕洩太湖之水，莫若先開江尾茭蘆之地，遷沙村之民，運其所漲之泥，然後以吴江岸，鑿其土，爲木橋千所，以通糧運。隨橋谾開茭蘆爲港走水，仍于下流開白蜆、安亭二江，使太湖之水，由華亭青龍入海㉛，則三州水患必減。元祐中㉜，東坡在翰苑，奏其書請行之。

吴恩吴中水利曰㉝：蘇州之地，北枕長江，東表溟海，而水泉之勢，則與江平，故曰平江郡。然江水復高于海，而平江之水，决之赴海則順，導之出江則平。是以禹開三江于内地，決震澤之瀦，由三江以入海，而底定之功，垂之百代。逮至有宋，則因吴越錢氏舊議，决湖水以入揚子江，而其地之高下，不甚相懸，所以易爲通塞也。唐人竊見一時利害，輕視禹迹，不尋三江之舊，而遂築長隄，横截江湖之上，凡四十五里，以通漕舟。今寶帶橋一路是也。所賴以洩湖波之怒，下通吴淞者，則有松陵治東之出耳㉞。而元人又有垂虹石梁之築，雖足以爲公私病涉之利，而于東南經久之規，殆未嘗有深思遠慮以及之者矣。故其橋洞雖設，而梗塞日滋，沙淤寖高，而咽喉益隘，終不若宋時木橋之爲得也。今二橋不可去，而三江之上流，實在于此。今欲順其歸海之勢，而議者欲去二橋兩旁之塞，大濬而擴清之，使其深廣峻發。湖不自淺，而清水果盛，則二橋之兩旁，何由而塞㉟？此一説也，惟不得禹之故道。而范文正公，乃欲導之以出揚子江，於是有開濬白茆之議。蓋因唐郡守李人原開常熟塘，借湖水以救旱，而後人因之以分太湖之水耳。議者又欲分太湖之上流，於是單諤欲開濬百瀆横塘㊱，以分荆谿之流。又欲濬石隄江尾茭蘆之地，改木橋以通壅。蘇文忠公獨取其説，上之於朝，乃謂：「雖增吴江一縣之税，顧二州之逋失者，蓋不貲也。」獨以開江又不能經久通利，於是郟亶論其不便㊲，蓋自沿江東自江陰，逶常熟、太倉，一路高阜之地，謂之堈身，凡三百餘里，闊厚亦不下數十里。其土麄而高燥，脉理椎結。此天所以限長江，而奠生民者也。其中則爲低下之田，爲圍百萬畝。其南則有太湖之壅，憑陵于上。一遇水澇，則泛溢旁出，以蕩没低田，無所于救。民天所寄，國需所出，遂爲魚龍之宫。識治者蓋所不忍，而必欲爲之所者矣。且水澇之年，江水必漲。今鑿堈身，以出湖波，堈身豈所以限長江，乃海之涯也㊳。是引湖水以侵低田，而出江之流，又未免爲江潮之壅遏，則倒流入田，其勢亦易見矣。又江潮之入也常速，出也常緩，不幾歲月，淤積泥沙，其塞可期而待也。而其子郟僑復申其説，識者又多採之。今欲不廢已成之隄橋，而又欲疏通久長之利，則必悉舉衆議。而於奮入蕪湖之水，限之不使東注，復修常州十四瀆北出之防，而下之江陰，則於太湖之上流，可以分殺矣。又於吴江江尾之壅，决去不疑，而下開澱山湖，以便吴淞江之入。如是而始通白茆入江之路，則可久得其益也。永樂中，夏忠靖公開濬白茆㊴，通八十九年。而今開鑿不過二十年而塞者，得非人力有缺也，如錢氏之撩淺軍歟？得非隄防未至也，如宋人之設閘留清，駛以導之歟？得非濬法未詳也，如古之曲則深、直則塞歟？凡此皆可細究，而通謀盡利之方，厚民益國之務，莫有急于此時者矣。然置閘之法，則不可比京口、江陰之例。蓋京口借江水以通漕，不得不閘以禦其去。江陰地居常熟之上，江水尤高，其外潮之入也有時，而内水之出也有限，故亦可閘。非比白茆之口，即今已一百餘丈矣。若欲置閘，則必厚築兩旁；厚築兩旁，則内水之出也益隘，將欲疏之，適以阻之矣。江闊而以閘束之可乎？必如任仁發之説，江二十五丈則十閘乃可，今言兩旁支港置閘，亦妙，但河身必與江等深，而閘口必與江容等例爲是㊵。然欲留清水以滌淤沙，則如之何？謂宜大疏兩旁支港，使節節深濬，横置木閘，大則石閘，俟潮來即閉，潮退則開，庶可少得導沙之益矣。然撩淺之夫，則終不能廢也。其撩淺之法，募人爲卒，官爲雇值，設四指揮以督事。今若用之，則指揮不必設，而以各縣治水縣丞主之。官爲雇卒，而又有本府水利通判督之於上，使憂勤相須，以期事功。事不有益矣乎？夫東南諸郡，國家之外府也，而蘇之貢賦，又半於東南。一遇旱潦，至于逋亡者，不知有若干人于茲矣。隄防之修，旱暵之備，實有不可緩焉者。若救旱之法，則必先于近山高阜之地，多爲積水池。如前人開鑿穹窿支溝，瀦蓄雨泉以待用，而于堈身之地，則使多穿陂塘。而又必官爲之處，上下提督，則百錢石米之富，可復見于今日也。不然，則東南民事，將不知其所終矣。然此其大略也，來源去委，并列于後：

一、太湖所受之水。吴爲澤國，其藪具區，其浸五湖，又曰震澤，曰笠澤，即今太湖也。酈道元曰：「萬水所聚，觸地成川。」一自建康、常、潤、宜興，由荆溪以入；一自天目、宣、歙、臨安苕、霅諸溪以入㊶。周圍五百里，浸洪三州，而瀦聚汪洋，盈溢東注，則皆東南出吴江，奔流分三道以入海。謂之三江，禹治之舊跡也。

一、三江遺迹。史記正義吴地記所載三江，並難尋究。唐宋士人所稱，獨指吴淞一江爲存耳。今考自吴縣鱟塘（即俗人所謂鮎魚口）北折，經郡城之婁門者，爲婁江。從吴江縣長橋東北，合龐山湖者，爲淞。其自大姚分支，入長洲縣界，匯澱山湖，東出嘉定縣界，合于黄浦，經嘉定之江灣，青浦東北行，名吴淞江者，爲東江。此曲説也。震澤出海，實無三江。禹貢所謂，自指大江爲三江耳㊷。

一、太湖小肢〔一〇〕，其東出胥口，與别流匯于石湖。復東行抵郡城，折北至閶門婁東入常熟塘，下入白茆浦。其分水墩，北走觀瀆橋，散出楊涇者，皆入常熟塘。其合沙湖者，入崑山至和塘，直入太倉者，歸于海，及分合于吴淞江，向東而行。

一、吴江石〔一一〕隄，隔塞江路。自唐元和中㊸，刺史王仲舒，築石隄以達松江糧運，長亘數十里，横截江路，隄外爲江，隄内爲湖。雖橋洞僅通五十三處，名曰寶帶橋，而宣洩細澀，終不輕快。回流積淤，漸盤蘆葦，而向所謂可敵千浦之江，遂爲淺渚平沙之境矣。當時經制權宜，實爲有益，不虞水道漸塞，竟爲諸郡良田之梗也。

一、垂虹橋復阻東流之勢。自石隄横截江路，所恃以東注者，淞陵治東之洩也。但湖水爲石隄所拘，湍怒流急，遂拆縣治之旁爲二，於是風濤盛，而公私隔矣。慶曆中，縣尉王庭堅作木橋以利來往，而吴淞江獨眇然通利。至元泰定中㊹，州判張顯祖遂構石梁，而虚洞列至六十之外，僅如管窺，蓋不知前人立木之意也，遂使流沙日壅，裹湖水而不得出。而山原溪洞之來，又成日至。其泛溢自恣，瀰漫浸淫，無怪乎其然矣。

一、澱山湖狹隘不能展舒吐納。吴中諸湖，惟澱山爲最下，而界于崑山、吴江、長洲之間，南屬華亭，而太湖之水入于淞江，藉此以爲傳送者也。元時，尚有僧寺特立湖中，而今則寺在良田之中，則水路之隘可知矣。議者欲復闢其故道，暢而通之，則未易爲力。

然此湖獨爲低下，而吐納之機，實在于此，則其說或可採也。自古無濬湖受水者，不知濬法如何㊺。

一、白茆河形。夫水性，帶東南則稍下，帶北則稍高。而今之白茆，則直向東北合，亦從其下趨之勢，因其勢而利導之，古之善經也。而近年開鑿，已非夏忠靖舊開之路，是以通塞久近，爲驗較然矣。其必于近江二三十里處，相其形便，開向東南，以從其性，或可久得其利也。

一、夾浦橋不可立。湖自大姚分肢，一從柳胥港、瓜涇而北，又一從吴江縣北門，委直北至夾浦橋而入，以下吴淞。此僅一脉之存耳。國初嘗有石梁，爲水齧廢，而周文襄公乃使造舟爲梁㊻，鎖兩端而中貫之，以通行者，至今爲便。而近者鄉人，又謀疊石，此政不可許也。

一、疏通次第。夫旱暵之年，來源必少，霜降水涸，可以賦功。若使先疏上源，則下流必壅，合無先啓白茆之路乎？其次，則七丫浦。又其次，則吴江隄長橋之導。而又次，則理百瀆以北，以下江陰之江，分荆溪之注。又次，則理宣、歙九陽江之水，以入蕪湖。而中間各縣，隄渠水竇之設，則分投就近得利之家，隨宜開浚，則施工之日，遂爲三州有秋之望矣。

一、開江始末。夫田租始加於漢唐，而徵輸遂極於後代。徵法愈倍，則耕法愈詳。

何者？民之苦於不得已也。故沿江之民，鑿堈身以救旱，而於其中低窪之處，了不相涉。而水澇之年，則太湖被隄橋之壅，泛溢瀰漫，而各縣之低田，遂成巨浸。於是内水高而江水下，而見者遂欲决之以入於江，此開江之説所由起也。暫時處置，實爲有益。及至江水復漲，則内水高而不得出，亦有時而然者。此皆一時所見，而欲節宣不費，永益良田，以無失東南之利者，則人事之修，不可以不詳定也。然禹治震澤，則分疏東南之流，以歸于海，無紛紛多事。而後人開江，得一益或生一事，至紛紜補葺，煩切而不可救，而又不能已者，何也？蓋自井邑丘甸之設，則必有卒兩軍師之制㊼，水利之興，則江防不可不留意也。一自江陰之江開，始以通魚鹽之利耳，而竟開北兵窺南之路，僞吴守之以捍吴，而國家得之以入金陵。一自福山之江開，爲張士誠襲蘇之逕，而國家亦因之以取吴。一自許浦白茆之江開，而金人每於此窺宋。其後李寶破敵兵于此，遂設許浦軍㊽，而白茆乃有制置節度之設，宿重兵而恒恐其不足。一自劉家港之江開，而元人以之通海運，交六國市舶，而朱清、張瑄之徒，爲患不絶。其後二人招懷，而海邊之軍鎮，遂相望而列矣。然永樂中，尚有倭賊之寇，又設守禦千户所于崇明沙。今縱不能如禹之行水，而上下煩勞，則皆開江之利啓之也。然地維開張，本爲國家之用，而竊發時見，未清消弭之源，則其敦本厚民之實，力田務農之政，誠不可漫爲之説者矣。但積沙既爲漲灘，而富家因爲己有，是以客土恃勢力以負國，暴水縱積怒以困民，其害相因而不解也。

校：

〔一〕畎 平本作「畝」，應依黔、曙、魯本及范集原文改作「畎」。

〔二〕猶 平、曙作「尤」，應依黔、魯本改。

〔三〕埒 平本作「劣」，今依黔、曙、魯改。

〔四〕旱 平、黔、魯均譌作「早」，依中華排印本「照曙改」。

〔五〕天 平、黔、魯各本均作「大」，依中華排印本「照曙改」。

〔六〕椿 平、黔、魯各本均譌作「椿」，依中華排印本「照曙改」。

〔七〕剌 黔、魯作「刺」，應依平、曙作「剌」。

〔八〕年 平本譌作「手」，依黔、曙、魯本改正。

〔九〕欲 魯本作「若」，應依平本、曙本、中華排印本作「欲」。（定枎校）

〔一〇〕肢 平、黔、魯作「肢」；曙本及中華排印本作「支」。有時借「支」作「肢」，現保留平本原字。

〔一一〕石 平本譌作「右」，應依黔、曙、魯本改作「石」。

注：

①范仲淹上吕相公：范仲淹，蘇州吴縣人；宋史（卷三一四）列傳七三有傳：「……歲餘，徙蘇州。州大水，民田不得耕。仲淹疏五河，導太湖，注之海，募人興作。未就，尋（＝不久）徙明州。轉運使奏留仲淹以畢其役，許之……時吕夷簡執政……」這就是「上吕相公」的來歷；吕相公即當時宰相吕夷簡。

②并呈中丞咨目：這是北宋時規定的公文手續。案：本文現見四部叢刊本范文正公集（卷九）第一九頁；明張内藴三吴水考（卷八）也引有。我們用范文正公集（簡稱范集）校過。

③④小注疑徐光啓所加。

⑤秀：即秀州，五代時吴越置，宋因之，升爲嘉興府，今浙江嘉興。

⑥任仁發：參看新元史（卷一九四）本傳；所著書，名浙西水利議答録。另據續文獻通考（卷三）田賦三「泰定帝元年十二月浚吴、淞二江」條按語，任係「至元間海道千夫長」，曾「上言吴、淞治水之法」。

⑦此文現見三吴水考（卷八）水議考任仁發水利問答。

⑧⑨小注疑徐光啓所加。

⑩「澱山湖、三泖」：澱（淀）山湖，在上海市青浦縣西和江蘇省吴江縣東，與黄浦江、吴淞江相通。三泖，湖名，在青浦西南，松江西和金山西北，現已淤爲平地。

⑪小注疑徐光啓所加。

⑫「善溝水者，水齧之」，今傳本考工記匠人，作「善溝水者，水漱之」。

⑬東坡有言：東坡居士集中有關吴中水利的幾篇文章中，都没有這句話，不知任仁發另有什麽根據？

⑭⑮兩處注疑徐光啓所加。

⑯景定：南宋理宗最後一次年號，爲公元一二六〇年至一二六四年。

⑰⑱⑲叁處小注疑徐光啓所加。

⑳「浙西水旱，此謂人事不修之積，非時之數」，蘇集進單鍔吴中水利書狀原文是「……蓋人事不修之積，非特天時之罪也」。

㉑小注疑徐光啓所加。

㉒不一日：疑應是「一日不」。

㉓小注顯係徐光啓所加。

㉔小注疑徐光啓所加。

㉕劉鳳續吴録：明史藝文志「地理類」，載有劉鳳續吴録二卷。

㉖巡撫海公：指海瑞。明史（卷二二六）「……（隆慶）三年夏，以右僉都御史，巡撫應天（＝南京），……鋭意興革。請濬吴淞白茆，通流入海，民賴其利……」。

㉗單諤有書：單諤，北宋仁宗時人；有吳中水利書；見下節案語「玄扈先生曰」中的引文。

㉘沈啓：明吳江人，嘉靖進士，官至湖廣按察使副使，著有吳江水利考。

㉙酈善長：即酈道元；此節見酈作水經注（卷二九）沔水條「過毗陵縣北，爲北江」注，「松江自湖東北，流逕七十里，江水歧分，謂之三江口。吳越春秋稱范蠡去越，乘舟出三江之口，入五湖之中者也」。

㉚慶曆二年：慶曆是宋仁宗第六個年號；二年，是公元一〇四二年。

㉛白蜆江，即古東江，亦名白蜆湖，在江蘇吳江縣東南，是太湖的支流；安亭江，在今安亭鎮附近。華亭，舊縣名，治所在松江；青龍，鎮名，在今上海市青浦縣東北。

㉜元祐：宋哲宗年號，公元一〇八六年至一〇九三年。

㉝吳恩吳中水利：明史藝文志史部地理類有伍餘福、歸有光、許應夔、王道行、王圻、沈啓等有關吳中水利的著作，未見吳恩姓名。

㉞松陵：江蘇吳江縣的別稱。

㉟小注疑係徐光啓所加。

㊱百瀆：在江蘇宜興縣。昔人嘗於震澤之口開瀆百條，故名。後多半淤塞。

㊲郟亶：北宋水利家，字正夫，太倉人。著有吳門水利書。宋史（卷九六）河渠六「（熙寧）六年（一〇七三年）五月，杭州於潛縣令郟亶言：蘇州環湖，地卑多水；沿海地高多旱。故古人治水之跡，

縱則有浦，橫則有塘；又有門、堰、涇、瀝而棋布之：今總二百六十餘所。欲略循古人法，七里爲一縱浦，十里爲一横塘。又因出土以爲堤岸。度用夫二十萬，水治高田，旱治下澤，不過三年，蘇之田畢治矣。十一月，命亶興修水利。然措置乖方，民多愁怨；僅及一年遂罷」。

㊳ 小注疑係徐光啓所加。

㊴ 夏忠靖公：指夏元吉。據明史列傳三七，夏元吉受命理治蘇、松水道，從永樂元年（一四〇三年）起，至三年（一四〇五年）才完工。但本書下卷（卷一四）所引夏元吉奏治蘇、松下，注「成化五年」，案成化五年是一四六九年；元吉已於宣德五年（一四三〇年）正月卒，下卷的注文，顯有錯誤。

㊵ 小注疑徐光啓所加。

㊶ 「建康、常、潤、宜興……諸溪以入」，這幾句中所列一些地名，古今夾雜，並不全是明代的名稱。現在分别注出如次：一、建康，當時稱應天府或南京；即今日的南京。二、常，即今日江蘇省常州市附近各縣，舊常州府；三、潤，即今日江蘇省丹陽，隋代置潤州，明代稱丹陽府；四、宜興，今日江蘇宜興。荆溪是宜興縣南的一條河道；五、天目，今日浙江省天目山脉；六、宣，今安徽省的宣城縣；七、歙，今安徽省歙縣；明代是徽州府歙縣；八、臨安，今日浙江省臨安縣，從唐代置縣，宋以來一直稱爲臨安縣。九、苕（讀 tiáo）、霅（讀 shà），是浙江湖州兩條溪名。

㊷ 小注疑徐光啓所加。

㊸唐元和：唐憲宗年號，公元八〇六年至八二〇年。

㊹泰定：元泰定帝年號，公元一三二四年至一三二七年。

㊺小注疑徐光啓所加。

㊻周文襄公：周忱，字恂如，永樂進士。歷官工部右侍郎，江南巡撫，工部尚書。卒，謚文襄。

㊼卒兩軍師：見周禮地官小司徒，「五人爲伍，五伍爲兩，四兩爲卒，五卒爲旅，五旅爲師，五師爲軍」。

㊽許浦：在江蘇常熟縣東北五十里，亦作滸浦。

案：

〔一〕阻　范集原作「沮」字。

〔二〕海　范集作「河」。

〔三〕「之」字下，范集原有「大」字。

〔四〕西北入於揚子之　應依范集作「東北入於揚子入」，應照改。

〔五〕河　范集原作「海」。

〔六〕「其」字下，范集原有「善」字，應補。

〔七〕畝　應依范集作「畎」。下同，不另案。

〔八〕「退」字上，范集原有「而」字。

〔九〕潮來　應依范集作「來潮」。

〔一〇〕灌　范集作「溉」。

〔一一〕力　應依范集作「役」。

〔一二〕兩處「官司」的「司」字，均應依范集作「私」。

〔一三〕「百」字上，范集無「十」字。

〔一四〕范集「而」字上有「因」字。

〔一五〕和平　范集作「平和」。

〔一六〕種　范集原作「殖」。

〔一七〕「今之」下，范集有「世有」兩字，下句「無功有毁也」，范集作「無功而有毁」。

〔一八〕盈　應依三吳水考作「興」；長興是五代後唐明宗第二個年號，爲公元九三〇年至九三三年。

農政全書卷之十四

水　利

東南水利中

荒政要覽曰①：戊戌正月，太祖高皇帝令康茂才爲營田使②。上諭之曰：「比因兵亂，隄防頹圮，民廢耕耨，故設營田司以修築隄防，專掌水利。今軍務實殷，用度爲急，理財之道，莫先於農事。故命爾此職，分巡各處，俾高無患乾，卑不病潦，務在蓄洩得宜。大抵設官爲民，非以病民。若但使有司增飭館舍，迎送奔走，所至紛擾，無益於民而反害之，則非付任之意。」

正統五年庚申③，令「天下有司秋成時修築圩岸，濬陂塘以便農作。仍具數〔一〕繳報，候考滿以憑黜陟」。

夏原吉奏④治蘇松水利疏曰⑤：成化五年。上以蘇、松水旱爲憂，命臣特往疏治。八月遣都御史俞吉齎水利集以賜臣原吉，講究拯治之法。臣與共事官屬，及諳曉水利者，參考輿論，頗得梗槩。蓋浙西諸郡，蘇、松最居下流。太湖綿亘數百里，受〔二〕納杭、湖、宣、歙諸州溪澗之水，散注澱山等湖，以入三江〔三〕。頃爲浦港湮塞〔四〕，匯流漲溢，傷害苗稼。拯治之法，要在浚滌吴淞江諸浦，導其壅塞以入于海。但吴淞江延袤二百五十餘里〔五〕，廣一百五十餘丈，西接太湖，東通大海。前代屢浚屢塞，不能經久。自下江〔六〕長橋至夏駕浦，約一百二十餘里，雖云通流，多有狹淺之處。自夏駕浦抵上海縣南蹌浦口，一百三十餘里，湖沙漸漲〔七〕，已成平陸。欲即開浚，工費浩大，且灩沙游泥〔八〕，浮泛動盪，難以施工。臣等相視，得劉家港，即古婁江，徑通大海，常熟之白茆港，徑入大江，皆繫大川，水流迅急〔九〕。宜浚吴淞江〔一〇〕南北兩岸安亭等浦港〔一一〕，以引太湖諸水入劉家、白茆二港，使直注江海。又松江大黄浦乃通吴淞江要道。今下流壅遏難流〔一二〕。傍有范家浜，至南蹌浦口，可徑通海，宜浚令深闊，上接大黄浦，以達泖湖之水。此即禹貢三江入海之迹。每年水涸之時，修築圩岸，以禦暴流。如此，則事功可成，於民爲便也。

徐貫⑥治東南水患疏曰⑦：弘治八年。臣等竊見嘉、湖、常、鎮，水之上流；蘇、松，水之下流。上流不浚，無以開其源；下流不浚，無以導其歸。於是督同委官人等〔一三〕，將蘇州府吴江長橋一帶茭蘆之地〔一四〕，疏濬深闊，導引太湖之水，散入澱山、陽城、昆承等湖〔一五〕。又開吴淞江，并大石趙屯等浦，洩澱山湖水，由吴淞江以達于海。開白茆港，并白魚洪、鲇魚口等處，洩昆承湖水以注于江。又開七浦鹽鐵等塘，洩陽城湖水以達于海。下流疏通，不復壅塞。開湖水之淒涇，洩天目諸山之水，自西南入于太湖。開常州之百瀆，洩荆溪之水，自西北入于太湖。又開各斗門，以洩運河之水，由江陰以入江。上流疏通，不復湮滯。自弘治七年十一月十七日興工，至八年二月十五日畢。幸而一向天氣晴和，人無疫癘，凡百衆庶，争先效勞。即今水患稍弭，人無墊溺之憂，田有豐稔之望。是非臣等之能，皆皇上盛德大福，廣被東南之所致也。

吴巖興水利以充國賦疏曰⑧：弘治十四年⑨。竊惟國家財賦，多出於東南，而東南財賦，皆資于水利。是故禹之治水也，以四海爲壑，而盡力乎溝洫。宋元以來，諸儒以開江置閘治田爲東南第一義，有由然矣。夫何近年以來，東南地方，下流淤塞，圍岸傾頽，疏導不得其法，董治不得其人？臣等備員該科，於地方水利，嘗悉心推究。謹將東南水利之切要者二事，曰疏濬下流，曰修築圍岸。

一、疏濬下流。臣嘗考之，浙西諸郡，蘇、松最居下流。太湖綿亘數百餘里，受納天目諸山溪澗之水，由三江以入於海。是太湖者，諸郡之水所瀦，而三江又太湖之所洩也。禹貢所謂「三江既入，震澤底定」是已。若下流淤湮，衆水泛溢，渰没禾稼，爲害匪輕。爲今之計，要在隨其源委，相其利害，酌量便宜，爲之區處。如白茆港〔一〕、七浦塘、劉家河，此蘇州東北洩水之大川。如吴淞江大黄浦，此蘇、松南北交境與松江南境洩水之大川。而吴淞之南北與白茆諸港，又各有支渠，引上流諸水以歸於其中，而並入於海。此所謂源委者也。就其中論之，蘇州之七浦塘、劉家河，松江之大黄浦，並皆深闊，通利無阻。惟白茆一港，自弘治七年疏濬之後，今二十五六年。吴淞一江，自天順間疏濬之後，今六十有餘年。聞之白茆入海之處，潮沙壅積，勢若丘阜。吴淞雖名一江，僅如溝洫，潮回水落，雖舟楫亦艱於行。其旁渠港，亦多湮塞。下流既壅，上流曷歸？加以霪霖，能不泛溢？此其利害之可見者也。今能濬白茆一港，使之通利如七浦、劉家河，則蘇州東北之水，有所歸而不積矣。濬吴淞一江，使之通利如大黄浦，則吴淞南北兩界之水，有所歸而不積矣。

一、修築圍岸。臣嘗考之，浙西之田，高下不等，隨其多寡，各自成圍，遠近相望。吴越以來，素稱膏腴。宋儒范仲淹嘗論于朝曰：「江南圍田，中有渠，外有門閘，旱則開閘，引江水之利；澇則閉閘，拒江水之害。旱澇不及，爲農美利。」雖然圍田全仗乎岸塍，岸塍常利於修築。修築堅完，旱澇有備，否則反是。臣願自今以後，每歲於農隙之時，治農府州縣官，督令田主佃户，各將圍田，取土修築。水漲則專增其裏，水涸則仍築其外。務令高闊堅固，可通往來，隨其旱澇，而車戽出入。如此先事有備，而田皆成熟矣。

葉紳請治水以防災荒疏曰⑩：弘治十六年。竊惟直隸之蘇、松、常⑪，浙江之杭、嘉、湖，約其土地，雖無一省之多，計其賦稅，實當天下之半。況他郡所輸，猶多雜賦，六郡所出，純爲粳稻。玄扈先生曰：公知六郡之水利修，可以當天下之半；不知天下之水利修，皆可爲六郡也。誠國〔一二〕家之基本，生民之命脉，不可一日而不經理也。若水道不通，爲六郡農田之害，所係亦重矣〔一六〕。夫天目諸山之水，瀦爲太湖，而六郡環乎其外。太湖之水，又由江河以入于海。聞昔人于溧陽，則爲堰壩，以遏其衝；於常州，則穿港瀆以分其勢；於蘇、松，則開江河，以導其流。惟是入海之處，潮汐往來，易爲湮塞，故前代或置開江之卒，或置撩淺之夫，以時浚治，僅免水患。歷歲既久，其法廢弛，遂致諸湖巨浸，壅遏其中，江河故道，淤漲於外。土民利其膏腴，或堰而爲田，築而爲圃，是以渰没田疇，漂淪廬舍，固其所也。方弘治四年一澇，迨五年復澇。今歲大水，視昔尤甚。伏乞聖明思念〔一七〕東南大害，於廷臣中，選差有才力通曉水利者一二員，授以節鉞，重以委任，前〔一八〕會同撫按，講求民瘼，設法賑恤。俟民困稍甦，然後指定地方，分投相視，何地爲山水入湖之衝，何港爲太湖入海之道，自源徂流，一一講究。相與度其經費，量其事期，然後大加浚治〔一九〕，使下流得以宣洩。然當此飢饉之際，欲興大役，若非任事者〔二〇〕處之得其道，則民力不堪，不能不重困也。

胡體乾修舉水利六款疏曰⑫：嘉靖十年⑬。禹之治水有三：導川入海，洩之以去害也；

瀦水爲澤，蓄之以興利也；濬畎〔三〕及川，乂之以播種也。蓋高山大原，衆水雜流，必有一低下處爲之壑，如人之有腹臟焉，彭蠡、震澤是也。旁溪別緒，萬派朝宗，必有一合流入海之川爲之洩，如人之有腸胃焉，江、淮、河、漢是也。今以三吴水利觀之，有宣、歙、杭、湖數郡之山原，而導之得所入，然後有太湖之汪洋。有太湖環五百里之容受，而洩之得所歸，然後有蘇、松、常、嘉、湖五郡之財賦。漫衍浸注，爲蕩爲漾，縱横分合，爲浜爲塘。於是江浦領之，經帶迂迴而放之海。此吴中形勢之大都，亦諸方言水利之準則矣。禹貢載治水成功，則曰「九川滌源，九澤既陂，四海會同」，而盡力溝洫，乃則壤奠宅中事也⑭。故總叙其事，不過始之以決九川，距四海，終之以濬畎〔四〕澮距川。今列水利事宜：一曰禁淤湖蕩，廣水利之翕聚也。二曰疏經河，通其幹也。三曰開溝渠，濬其支也。四曰築堤岸，防川澤之泛濫〔五〕，固田間之圍欄也。并山鄉積水，沿海護塘，共爲六條。所採昔人之議，俱江南治水方略。引以爲例，他可類推云。

呂光洵修水利以保財賦重地疏曰⑮：嘉靖二十年⑯。臣聞善治病者，必攻其本。善救患者，必探其源。水利之興廢，乃吴民利病之源也。臣嘗巡歷各該地方，相視高下，詢問父老，頗得其説，輒敢條爲五事，仰俟聖明裁擇：一曰廣疏濬以備瀦洩，二曰修圩岸以固横流，三曰復板閘以防淤澱，四曰量緩急以處工費，五曰專委任以責成功。何謂廣疏濬以備瀦洩？蓋三吴之地，古稱澤國。其西南翕受太湖、陽城諸水，形勢尤卑，而東北際海岡隴之地，視西南特高。大抵高者其田常苦旱，卑者其田常苦澇。昔人治之，高下曲盡其制。既於下流之地，疏爲塘浦，導諸河之水，由北以入于江，由東以入於海，而又畎〔六〕引江潮，流行於岡隴之外。是以瀦洩有法，而水旱皆不爲患。近年以來，縱浦横塘，多湮塞不治。惟二江頗通：一曰黄浦，二曰劉家河。然太湖諸水，源多而勢盛，二江不足以洩之，而岡隴支河，又多壅絶，無以資灌溉。於是上下俱病，而歲常告災。臣據各府所報河浦湮塞之處，在下流者以百計，而其大者六七所。在上流者亦以百計，而其大者十餘所。治之之法，當自要害者始。宜先治澱山等處一帶茭蘆之地，導引太湖之水，散入陽城、昆承、三泖等湖。又開吴淞江并大石、趙屯等浦，洩澱山之水以達于海。濬白茆港并鮎魚口等處，洩昆承之水以注于江。開七浦、鹽鐵等塘，洩陽城之水以達于江。又導田間之水，悉入于小浦，小浦之水，悉入于大浦。使流者皆有所歸，而瀦皆有所洩，則下流之地治，而澇無所憂矣。乃濬臧村等港，以溉金壇。濬澡港等河，以溉武進。濬艾祁、通波，以溉青浦。濬顧浦、吴塘，以溉嘉定。濬大瓦等浦，以溉崑山之東。濬許浦等塘，以溉常熟之北。凡岡隴支河湮塞不治者，皆濬之深廣，使復其舊。則上流之地亦治，而旱無所憂矣。此三吴水利之大經也。何謂修圩岸以固横流？蓋四府最居東南下流，而蘇、松又居常、鎮下流，其水易瀦而難洩。雖導河濬浦，引注於江海，而每遇秋霖泛漲，風濤相薄，則河浦之水，逆行田間，衝齧爲患。宋轉運使王純臣常令蘇、湖作田塍禦水，民甚便之。而司農丞郟亶亦云：「治河以治田爲本。」其説多可採行。臣嘗詢問故老，以爲二三十年以前，民間足食無事，歲時得因其餘力，營治圩岸，而田益完美。近年空乏勤苦，救死不贍，不暇修繕，故田圩漸壞，而歲多水災。是吴下之田，以圩岸爲存亡也。失今不治，則坍没日甚，而農桑日蹙矣。宜令民間如往年故事，每歲農隙，各出其力，以治圩岸。圩岸高則田自固，雖有霖潦，不能爲害。且足以制諸湖之水，不得漫行，而咸歸于河浦，則河浦之水，自高於江，江之水，自高於海。不待決洩，自然湍流。而岡隴之地，亦因江水稍高，又得畎〔七〕引以資灌溉，蓋不但利于低田而已。何謂復板閘以防淤澱？河浦之水，皆自平原流入江海，水漫而潮急，沙隨浪湧，其勢易淤。不數年，即沮洳成陸。歲修之，則不勝其費。昔人權其便宜，去江海十餘里或七八里，夾流而爲閘。平時隨潮啓閉，以禦淤沙。歲旱則閉而不啓，以蓄其流。歲潦，則啓而不閉，以泄〔八〕其流。閘有三利，蓋謂此也。而宋臣郟僑亦云：「錢氏循漢唐遺事，自松江而東至于海，又導海而北至于揚子江，又沿江而西，至于江陰界。一河一浦，大者皆有閘，小者皆有堰。」臣按郡志，蓋與僑之言頗合，然多湮廢，惟常熟縣福山閘尚存。正德間，巡按御史謝琛議復吴塘等閘而不果。即今金壇縣議復莊家閘，江陰縣議復桃花閘，嘉定縣議於横瀝、練塘等處，各置閘如舊。臣訪諸故老，皆以爲便。以是推之，凡河浦入海之地，皆宜置閘，然後可以久而不壅，蓋不獨數處爲然也。何謂量緩急以處工費，夫經略得宜，則事易集，施爲有漸，則民不煩。往歲凡有興作，皆併役于一時，是以功未成而財食告匱。爲今之計，宜令所在有司，檢勘某水利害大，某水利害小，某水最急，某水差緩。其最大而急者，則今歲修之；次者明年修之；次者，又明年修之。則興作有序，民不知勞，而其工費之資，亦可以先時而集矣。但方今歲時荒歉，公私俱絀，既不可加斂于民，而内帑又不敢望。乞將見年未完錢糧，係糧解大户侵欺者，督令有司，設法清追數十餘萬兩，存留在官。略倣宋臣范仲淹以官糧募飢民修水利之法，行令有司，查審應賑人數，籍其老病無力者爲一等，壯健有力者爲一等。無力者日給米一升，聽其自便。有力者日給米三升，就令開濬。通將前項官銀及賑濟錢糧，一體通融給散，各另〔九〕造册查考，則官不徒費，民不徒勞，所謂一舉而兩利者也。

林應訓修築河圩以備旱潦以重農務事文移曰⑰：萬曆五年任直隸巡按⑱。爲照溝洫圩岸，皆以備旱潦，而爲三農之急務，人人所當自盡者。縱使官府開深江浦，而各區各圖之溝洫圩岸不修，則終無以獲灌溉之利，杜浸淫之患也。除幹河支港，工力浩大者，官爲估計處置興工外，至於田間水道，應該民力自盡。爲此酌定式則，出給簡明告示，緣圩張掛，仍刻成書册，給散糧里，令民一體遵守施行。

一、定式樣以便稽查。吴中之田，雖有荒熟貴賤之不同，大都低鄉病澇，高鄉病旱，不出二病而已。病澇者，則以修築圩岸爲急。圩岸既各高厚，雖有水溢，自難潰入而淹没之矣。病旱者，則以開濬溝洫爲急。溝洫既各深通，雖遇旱乾，自可引流而灌注之矣。况開渠者，勢必置土於圩旁；築圩者，理當取土於溝内。二者又自有相成之機乎？今後不必差官泛然丈量，該府縣止分别孰爲低鄉，當急修圩，孰爲高鄉，當急開渠。每年府縣水利官先時議定開築之法。如開溝洫，不論舊時疏通與否，其闊即以兩傍老岸爲主，其深務以一丈二尺爲率。若相地宜，應加深闊者聽，决不許减少前數。挑起之土，務要置在舊隄之内，就便護隄，庶使雨水不能淋漓，復流于河。如附近有低田堪以培高者，即以其土培之亦可。至於極高地方，不用隄岸，而土無堆放者，亦即就靠内一邊攤放。蓋高鄉多種荳棉，一時不妨陸種。挑得河深，則灌溉自利，内中田畝，仍自不妨於水種也。若惜此尺寸之地，弗令攤土，沿河堆積，復入河中，無水灌溉，則内中田畝，悉成枯槁矣。至於築圍岸，不論舊時完固與否，其底闊務要一丈，其面闊務要六尺，其高如底之數，底闊一丈而高五尺者，是塹堵也。南方土性浮虚，圩高一丈，面闊六尺，其底必二丈六尺。然猶過峻，稍令人畜登降，一兩年後必無面矣。要必三丈以外方可。若如下方所言，則牆也，非岸也⑲。若應加高厚者聽，決不許減少前數。如田過五百畝以上者，便要從中增築一界岸，一千畝以上者，便要從中增築二界岸。每界岸底闊四尺，面闊二尺，高與外圩平。岸之兩傍，仍可栽種荳麥。如極低鄉，或近湖蕩深處，難於取土者，就便分別令民於圩內傍圩之田，起土增築。岸外再築圩岸一層，高止一半，如階級之狀。岸上遍插水楊，圩外雜植茭蘆，以防風浪衝激。取土之田，計其所損，量派各田出銀津貼，俟後陸續篘取河泥填平，照舊耕種，永無後憂。是所損者小，而所益者大也。若互相吝惜，不分界岸，即如今年霪雨連旬，洪水一發，車救不前，全圩無望矣。又有一等低窪田畝，嵌坐中心，無從蓄洩。有願開鑿通河、運泥增高者聽。廢田之價，衆户均認，廢田之税，牽攤本圩。照此式樣，給示遍諭。委官分投區畫，每一圩爲一圖，明白貼説前件，每一圖作二本，一送縣備照，一付圩甲諭衆。俟至冬十月，刻日出示興工。

一、定夫役以杜騷擾。各鄉溝洫圩岸，雖有長短廣狹不齊，然不過爲一圩之田而設也。故田少則圩必小，田多則圩必大，而環圩之溝洫因之。此水利此圩之田，則當役此圩有田之户矣。各縣即令塘長備開：某圩周圍若干丈，外環溝洫若干丈，圩內之田若干畝，某人得業若干畝，共該圍岸若干丈。不論官民士庶，隨田起役，各自施工。如田橫闊一丈者，築岸一丈。此法誤矣。要須計算本圩之田，與本圩之岸，平分丈尺，不宜偏累近岸之田。開河亦然。多有一家數畝狹長之田，全並河岸者，既盡壞其田，復盡用其力，非偏累乎⑳？横闊十丈者，築岸十丈。開河亦然。對河兩家，各開其半。溝頭岸側，非一家所能辦者，計畝出夫，衆共協力，挨序編號，置簿稽查，仍備載前圖之後。興工之日，塘長亦不必沿門催夫，徒取需求科派之議。先期五日，插標分段，責令圩甲播告各户，某日興工。聽其至期各行照段用力，如式挑築。

一、設圩甲以齊作止。塘長之設，舉一區而言之也。一區之中，各有數圩，若不立甲，何以統衆而集事也？計當僉舉殷實之家充之。但一時僉報，諸弊俱生。或圖展脱，或營冒充，無不至矣。各縣不必僉報，即以本圩田多者爲之。雖其殷實與否不可知，然其田既甲于一圩之中，則其人自足以當一圩之長矣。興工之日，塘長責令圩甲，躬行倡率，某日起工，某日完工，庶幾有所統領，而無泛散不齊之弊。中有業户不聽倡率，聽其開名呈治。如圩甲不行正身充當，或至别行代頂，查出枷號示衆。是圩之有甲也，專爲本圩修濬而立，工完即罷，非如里長有勾攝之苦，亦非如塘長有奔走之煩。雖一時倡率，不無勞費，然利歸其田，又非若驅之赴公家之役者等也。

一、嚴省視以責成功。訪得常年非不議行修濬，而水利之官，多不下鄉，乃使各區塘長，至縣報數，或朔望遞結而已。如此虛文，何益實事？今後興工之日，各塘長圩甲務要在圩時時催督。開濬工完，未可便行開壩放水，俱聽各府縣掌印官并水利官，分投親勘。如一圩不完，責在圩甲，一區不完，責在塘長。輕則懲戒，重則罰治。本院與該道，又不時間出以察之。如一縣中有十處不完，責在縣官，一府有二十處不完，則官又有不得不任其咎矣。

一、禁侵截以通便利。訪得各鄉水利，原自疏通。近多豪家，適己自便，於上流要害，廣種茭菱，稍有淤墊，即謀佃爲田。所司不察，輕付執照。亦有居民貪圖小利，竭澤而漁，沿流置籪。及有挑出田内泥土、增廣田圩，堆放竹排木排，横截河港。甚有上鄉全賴潮水灌溉，奸猾人户，乃於浦口下流，設堰横截，百般刁難，然後放水入内。又其甚者，假以報税起科，遂侵爲己物，瀦水專利，以致内地灌溉無資。若不通行嚴禁，終爲水道之梗。今後各府縣水利官，責令各塘長圩甲，凡有侵截之家，即便報出，姑令改正免罪。至於灘田，先年曾經丈量，收入會計册内，無礙水道者，姑聽如舊。其未經徵量〔一〇〕者，盡數報官開除。

荒政要覽曰：萬曆戊子年水大[21]，蘇州〔一一〕自沉湖[22]、澱湖、三泖抵松江，一望滔天，河水高出田間數尺。其一二堤岸高厚處，仍有不妨插蒔者。乃知大澇時，吴田盡可作湖，百姓生命，寄於堤岸。蓋沿河堤圍，阻截水勢成田，田間各自成圩，又藉圩岸隔斷。若堤岸不堅緻，卒然崩潰，諸農盡作魚鼈矣。蘇、松地形卑下，當震澤委流，數郡山原之水，從此入海。若非年年濬渠築圍，田卒汙萊，在所不免。

玄扈先生量算河工及測驗地勢法。萬曆癸卯送上海劉邑侯㉓。

一、量某河自某處起，至某處止，共實該應開河幾何丈尺。每步五尺，每二十步立一木界樁，編定號數。自某處起天字一號，盡十號。又起地字一號，盡十號。直編至某處止。要見若干號數，若干丈尺。凡丈尺俱用官尺算，每二步折一丈。

一、量每號木界樁〔一二〕下，兩岸準平，相去今闊幾何丈尺。木樁下老岸至河中心水底，今深幾何丈尺。算該兩岸斜平，至底，見在河身空處，每丈已得幾何方數。中有坳〔一三〕突，又用法加減，實該河身空處，每丈已得幾何方數。今照原議，或新議所酌定，河面應闊幾何丈。河底應闊幾何丈。應加深幾何尺。算該木樁下兩老岸，各去土幾何尺。河底中心去土幾何尺。河岸兩傍各去土幾何尺。此號内十丈河身中，共該起土幾何方數。兩岸各用步弓，量至二十步足。此岸下定木樁，人足抵樁立，對岸人亦於步盡處站定。樁上人將矩度對岸準平，對岸人豎起套竿，權繩取直，將套夾靠定套竿，漸移向下，兩岸取平。對岸人即於平處站定，或用土石記定。樁上人用矩度對準人足或記處，看在直景何度何分，用地平測遠法算得河面闊處。河狹者，只用竹篾活步弓對岸量之亦得。次將丈竿豎起河中心，權繩取直。將矩極對準水面丈竿盡處，用勾股量深法算，即得木樁至水面股數，再加水深數，即得河底深數。或用重矩勾股量深法亦得。或於水際兩傍取平，對準樁頂，用重矩重表勾股量高法算亦得。或不用算法，逕將套竿套定横尺，用豎尺那移，逐步量下，至水際總算豎尺多少數亦得。或只於水次豎起一丈竿，權繩取直，依前兩岸取平法，樁上人用矩極照看亦得。後二法於淺狹河道用之尤便。次將兩岸闊數河底深數，用積方法算，即得河身見在每丈已得幾何方數。中有坳突，亦用套竿量取高下，小步弓量取圍徑，用堆積法扣算加減，即得見在實該河身方數，次將議定河面應闊之數，比照原闊應加幾何，用木石記定。即於兩岸記處，用套竿量至折半處，即今應開河底中處，比原樁深幾何，比照今議應深幾何，即得今應加深幾何。或用二繩，各長如今議闊數之半，中用轆轤交接，復用一繩記取尺寸，繫權墜下亦得。或中繫方空木，用丈竿溜下亦得。次于新河底中處，用套竿量開如新議河底闊數，盡處記定，視其高下，即知今應加深左傍幾何，右傍幾何。次將兩老岸加闊，河底加深，河底兩傍加深五法，用積方法總算即得。此號内十丈河身中，共該起土幾何方數，注入號簿。

一、量見在河身面闊底深，酌量堋定之數，折中議定今應開面底二闊丈尺數及加深尺數。河身底、面、腰深廣，必須三法相稱，方得上下相承，不致坍壞。若河底深闊，岸勢高峻，不免隨時崩坍。開闊河底，虚費工力。似應用前量深法量今㉔木樁下至河底，算定勾幾何，股幾何，弦幾何。量取數處，便見何等勾股，方得免坍。今新開勾股，欲依舊數，量行加勾減股，不致大段懸絶，大率要令勾數少於股數，則弦上陂陀，不致坍損。兩股之間，即河底闊數，就令稍狹，政自無妨。

一、用衆測水，驗今河底深淺，酌量加深之數。今見在河底，深淺不同。若酌定加深尺數，一槩開濬，即深者愈深，淺者仍淺，水走不順，極易填淤。且前量下樁編號，止據見在老岸，未免高下不齊。所云量深諸法，亦止據號樁下至本號河底，未得通河準平，就用矩極以漸量算，亦止能測驗地勢。若水走之勢，西高東下，仍與地勢稍異，必須水準方平。但長流之水，消長不易，隨流測量，一人可就。此方潮汐，每日再消再長，時刻不同，測驗未易，必須用衆同時量度。相應照前編定號樁若干，即每樁用兵夫一名，各帶短槍，或木棍一條，不拘大小刀一把。每隊長另帶銃一門，并火藥火繩藥線諸物，照號樁編給號票，令各守號樁。約潮退將涸未漲時，四〔一四〕境火炮應聲俱發。炮響後，各兵夫悉于各號河底中心，將木棍量定水痕，用刀刻記，回繳號票。隨驗所刻水痕尺寸，注定票上，編成號簿，逐一扣算酌量加深之數，即河身砥平，不致停積渾水，以成淺淤。若行此法，與矩極參驗，用前量深加闊之法，便可絲毫不爽。

一、河工完後，考驗課程，果否如法，河面河底闊數量法具前。兩岸弦上，用繩取直，考驗俱易，惟獨深數易殽。如留取樣墩，即可培高。如釘下樣樁，便易拔起。別有用活絡樣樁者，亦可挖井取出。有打水線者，亦恐中途節水作弊。有用輪車推驗者，河闊便難造施用。有用木鵝推移者，難施于未放水之河。今只用前量深諸法：如極深極闊者，宜用勾股度高度深法。如河身稍狹，欲求便易，即用套竿漸量法。或慮遺委工役，宛轉攲斜，那移作弊，即用〔一五〕轆轤下繩、方空下竿二法。其轆轤方空，或加三，或加五，以驗底闊弦直尤便。此二法須極力挺直，纔得取平，無法可令加高毫末。即令開河工役，自用量度，亦難作弊。

一、量所開河，某境起至某處，如前法已得曲折弦若干丈尺。今欲知直弦幾何丈尺，東西直股幾何丈尺，南北直勾幾何丈尺，東邊地形，下于西邊幾何丈尺，要見本處地形，沿河而來，幾何丈而下一尺，東西直股，幾何丈而下一尺，南北直勾，幾何丈而下一尺，其大勾股之弦，于二十四向中，當作何向。先於某境第一號量至第二號，用繩取直。下定指南鍼，審定繩直于三百六十分度內，定是何向，注于號簿。如河岸迴曲，一號中可分作二，或作三四，格定注實。格完，又用矩極，于第一號上立一人，持丈竿取直。于第二號上立，對準取平。又互換覆看，對準取平。即知第二號下于第一號幾何尺寸，注于號簿。每號俱用此二法，至號盡而止。事畢布算，先將逐號小弦，依本號坐向，與子午鍼對算，即知小勾幾何。與卯酉鍼對算，即知小股幾何。逐號算成小勾股，注于號簿。次將小勾積算，即知大勾，小股積算，即知大股。以大勾股求弦，即知大直弦丈尺；以大勾股依子午卯酉鍼上取弦，即知大直弦于二十四向中，定作何向。又用矩極所測高下，分寸積算，便知二境相去高下之數，亦便知沿河而來，每幾何丈尺而下一尺。次用大勾股歸除之，即知直股上每幾何丈尺而下一尺。直勾上每幾何丈尺而下一尺。

玄扈先生看泉法曰：取過泉。過泉者，乃山泉遠來，大旱不絶。其流橫來，將下流作壩，水隨壩長，乃無限之水。又看流之緩急，緩者源小，急者源大。又看嚴冬不凍，其氣如霧，即春夏用水之時，又無竭涸之患。此過泉之當取也。棄仰泉。仰泉者，乃地泉也，其泉即從本地而起。水來有限，不能隨壩長。有限之水，即有鉅河，其流必緩，嚴冬必凍。用水之時，必有乾涸之患矣。此仰泉之當棄也。

又曰：源大亦可用也，過泉孰非仰泉乎？

又有大河，如涿州拒馬河，固安渾河，其水皆可用。此亦可激取用之，是在人耳。顧非動支朝廷錢糧，築堤建閘，鉅費堅固，此水不敢用也。

又曰：王鍔〔一六〕用拒馬河水以鑄泉㉕，余數舉以問，人無應者，亦激取之法也。凡看地勢，墾水田，可蓄可洩，即可田矣。入水之處，地勢宜高；洩水之處，地勢宜低。水能行動，看其下稍愈低愈妙㉖，可無淹没之患矣。北邊于夏至後，時發泓波，地勢宜平坦廣闊，則無衝激之患矣。土色不拘黄黑，堅則爲佳。土鬆總是漏水地。取土作圍，注水于内，水不漏去，此土即可田矣。土鬆別有用處，何必水田㉗？地内稍有石子，不妨農事。如是純沙，則不可用也。

校：

〔一〕茆　平本作「茅」；黔、曙作「茆」，與今日通用名稱相合。依黔、曙本改。下同改，不另出校。

〔二〕誠國　平本「國」字重出，曙本作「誠爲國」，依黔、魯改作「誠國」。

〔三〕畎　平、黔、魯各本作「畝」，應依曙本改作「畎」。

〔四〕畎　平本作「畝」，應依黔、曙、魯各本改正。

〔五〕濫　平、曙作「濫」，黔、魯作「溢」；應依平、曙作「濫」，與張書同。

〔六〕畎　平本作「畝」，應依黔、曙、魯各本改正。

〔七〕畎　各刻本均作「畝」，應依中華排印本改作「畎」。（定枎校）

〔八〕泄 平、黔、魯等本作「蓄」，應依曙本改。

〔九〕另 黔、魯作「令」；應依平、曙作「另」（解爲「分別」），與張書同。

〔一〇〕量 平、曙、中華排印本此處均作「糧」，魯本作「量」。從整段文字看，應作「量」。今依魯本改。（定扶校）

〔一一〕州 平本譌作「川」，應依黔、曙、魯各本改。

〔一二〕椿 平本作「椿」，應依黔、曙、魯本改。下同改，不另出校。

〔一三〕坳 平本、中華排印本作「坳」；曙本、魯本作「坳」，「坳」「坳」爲「坳」字異體，今改作通用的「坳」字（指低凹的地方）。（定扶校）

〔一四〕四 平、曙譌作「西」，應依黔、魯本改。

〔一五〕用 平、曙譌作「欲」，應依黔、魯本改。

〔一六〕王鍔 黔、魯作「王諤」，應依平、曙及授時通考所引本書作「王鍔」，與唐書合。王鍔係唐德宗時的富家（傳在唐書卷一五一、新唐書卷一七〇）。

注：

① 現見俞汝爲編荒政要覽（卷四）「築堤岸」。亦見張内藴三吴水考（卷一）。

②「戊戌……營田使」：戊戌（一三五八年），是明太祖自稱「吴國公」的「宋龍鳳三年」。「令康茂才

爲營田使」，見明史本紀一。

③正統五年：明史（卷一〇）本紀十，（英宗）正統五年（一四〇〇年），有「七月，遣刑部侍郎何文淵等分行天下，修備荒之政……八月，令各邊修舉荒政」。

④夏原吉：見上卷注㊴。

⑤原疏現見明史（志八八）河渠志；又見張內藴著三吴水考（卷十）奏疏考及夏忠靖集（四庫全書集部別集類）。

⑥徐貫：淳安人，字元一，天順進士。

⑦原疏見三吴水考（卷九）工部侍郎徐貫治水奏。弘治八年係一四九五年。

⑧現見荒政要覽（卷二）奏議，又見張內藴三吴水考（卷十）奏議考。

⑨弘治十四年，即公元一五〇一年。

⑩現見荒政要覽（卷二）奏議。又見三吴水考（卷十）奏議考。

⑪直隸：指南直隸。南直隸應相當於今江蘇、安徽、上海等省市。

⑫現見荒政要覽（卷四）修舉水利六款。

⑬嘉靖十年，即公元一五三一年。

⑭「九川滌源，九澤既陂，四海會同」，此三句見禹貢。「則壤隩宅」，禹貢中無此四字，但分別見於「四隩既宅」及「咸則三壤」中。「四隩既宅」，意思是四方之宅可居住；「咸則三壤」是水災既除，

土壤的上、中、下三個等級都恢復了。

⑮吕光洵：浙江新昌人，明嘉靖時進士，歷任御史、巡按、右都御史、巡撫、工部尚書等官，原疏現見張内藴三吴水考（卷十）及荒政要覽（卷三）。

⑯嘉靖二十年，即公元一五四一年。

⑰現見三吴水考（卷十一）奏疏考。

⑱萬曆五年，即公元一五七七年；直隸，應指南直隸言。

⑲⑳小注疑徐光啓所加。

㉑萬曆戊子，即萬曆十七年，公元一五八八年。

㉒沉湖：疑當作「澄湖」。

㉓萬曆癸卯，即萬曆三十一年，公元一六〇三年。

㉔今：疑當作「令」。

㉕鑄泉：「泉」代「錢」字。

㉖稍：疑應作「梢」。

㉗小注疑係徐光啓所加。

案：

〔一〕數　張內蘊三吳水考（以下簡稱「張」）作「五」，吳中水利全書（簡稱「吳」）作「數」。暫依吳書作「數」。

〔二〕受　張原空等，本書各本作「受」，吳亦有「受」字，應補。

〔三〕「三江」之「三」字，張作「泖」，吳作「三」。作「三江」是正確的。

〔四〕塞　吳作「滯」；「塞」「滯」意義相同。

〔五〕但吳淞江延袤二百五十餘里　「但」字，應依吳、張改作「按」；「延」，應依吳、張各書作「舊」。

〔六〕下　應依吳、張各書改作「吳」。

〔七〕湖沙漸漲　吳作「潮沙漲塞」，張作「湖沙壅障」，本書作「湖沙漸漲」，依後吳巖疏似應作「潮沙壅積」。

〔八〕灔沙游泥　吳、張作「灔沙泥淤」。

〔九〕皆繫大川水流迅急　明史作「皆廣川急流」。

〔一〇〕「江」字，吳書譌作「功」。

〔一一〕港　吳書缺，應有。

〔一二〕流　張書作「流」，應依吳及荒政要覽作「疏」。

〔一三〕督同委官人等　原書無。

〔一四〕茭蘆之地　原書無。

〔一五〕等湖　原書作「水」。

〔一六〕所係亦重矣　此上本書各本缺「其」字，三吴水考作「所係不輕少」。應依吴書作「其所係亦重矣」。

〔一七〕思念　吴作「水患爲」，暫依張書作「思念」。

〔一八〕「前」字下，應依張書補「去」字。

〔一九〕「浚治」下，應依吴、張書補「務」字。

〔二〇〕任事者　此上本書缺「久」字，張書缺「事」字，似應作「久任事者」爲宜。

農政全書卷之十五

水利

東南水利下

耿橘大興水利申曰①：竊照東南之難，全在賦税。而賦税之所出，與民生之所養，全在水利。蓋瀦泄有法，則旱澇無患，而年穀每登，國賦不虧也。計常熟縣〔一〕民間，田租之入，最上每畝不過一石二斗，而實入之數，不過一石。乃粮之重者，每畝至三斗二升，而實費之數，殆逾四斗，是什四之賦矣。玄扈先生曰：蘇、松大率如此，常、鎮、嘉、湖次之。以故爲吾民者，一遇小小水旱，輒流散四方，逋負動以數萬計焉。嗟嗟，賦不可減，歲不可必，元元其何以爲命？則惟有水利大興，俾歲時無害，爲今日救時之急務。矧本縣坐落江海之交，潮汐三面而至，且居蘇、常諸府下流，諸湖水由此入海。其水之利害，視他處爲尤鉅，而其經理爲尤急也。卑職以其暇日，單騎輕舠，遍歷川原，進諸父老，講求水利之故。凡地形高下之宜，水勢通塞之便，疏瀹障排之方，大小緩急之序，夫田力役之規，官帑補助之則，經營量度之法，催督考驗之術，一一條畫，著爲圖説。以至區里利害之殊，土性肥瘠之異，錢粮輕重之等，田野荒熟之故，風俗淳澆之由，形勢險夷之辨，無不備具。務紓百世之訏謨，期垂一方之永利。爲此將查歷過通縣河圩形勢，繪圖貼説，造册具申。

開河法凡九條

一、照田起夫，量工給食。

宋臣范仲淹曰②：「荒歉之歲，召民爲役，日以五升，因而賑濟。」此宋時斗斛也，幸勿慮多③。蓋老成長慮之見如此。常熟民素驕侈，傭趁之人頗少，况挑河非重其直不應。故莫善于照田起夫，量工給銀之法。然照田起夫，亦難言矣。説者謂：有近水利者，遠水利者，不得水利者，及田止十畝以下者，分爲四等。除十畝以下者免役外，餘以三等爲伸縮。蓋往年之役如此。職深以爲不然。本縣之田，未有不藉水而成者，但河有枝幹之殊，水有大小之異耳【最明理】。水大者則當施瀦蓄之法，水小者則當施疏鑿之方〔一〕。彼幹河引江湖之水，而枝河非引幹河之水者乎？田近幹河者稱利矣，田近枝河者，非幹河之利乎？若必爲四等之説，則奸户積書，朦朧作弊。上户那而爲中户，中户那而爲下户。近利那而爲遠利，遠利那而爲不得利。而田少愚弱之氓，反差重役。如小民之偏苦何！故開河必觀水勢所向，無一寸不受水利之田，亦無一寸不應開河之田④。應用某區某圖之民，必無論大户小户，通融騐派，然後于法均，于事便，于民無擾耳。派夫之法，先弔黄册，查明該區該圖，坐圩田地總數。分區分圖，未必與河道相應，要當以河道爲主⑤。隨令區書，將業户一一注明。然後通融算派，某河應役田若干畝，每田若干畝，坐夫一名。田多者領夫，田少者湊補足數，名曰協夫。其勘明坍江板荒田地，俱豁免。如此貧富適均，衆檠〔三〕易舉矣。

一、水利不論優免。

濬河以備旱〔一〕澇，便轉輸也。論田而士夫之田多於小民。河成而灌運之利，當亦多於小民。故同心協力，舉地方之大利，在士夫原有此意矣。職客歲開濬福山河，以此意白之本縣士夫，士夫咸各樂從。興工之日，倡率鼓舞，工反先于百姓。而百姓蒸蒸，無不子來趨事，争先恐後，已有成績矣。今後凡濬河築岸之事，必如往規，庶勞逸均而上下悦服也。

一、准水面算土方多寡，分工次難易。

開河之法，其説甚難。均是河也，中間不無淤塞深淺之殊，地形亦有高下凹凸之異，而土方之多寡，工次之難易，必有判焉不相同者。宋臣郟僑云：「以地面爲丈尺，不以水面爲丈尺。不問高下，匀其淺深，欲水之東注，必不可得。」須于勘河之時，先行分段編號。算土之法：若本河有水，即沿河點水。有深淺不同之處，差一尺者，即另爲一段。假如通河水深一尺，而有深二尺者，即易段也；深三尺者，又易段也；深四尺者，極易段也；

深與議開尺寸等者，免挑段也。闊倣此。各立樁編號以記之，隨令精筭者，逐段計筭土方。其法：每土四傍上下各一丈爲一方，每方計土一千尺。假如本河，議開面闊五丈，底闊三丈，水面下開深五尺，每長一丈，該土二方。誤筭矣！然不言總深，亦難筭其實數。假若原深一丈，而加深廣五尺，該土二方又八百尺也。假若不論原深，以此權説，應開實土，則有水一尺者，實開土一方又五百二十尺也。有水二尺者，實開土一方零八十尺也。有水三尺者，開土六百八十尺也。有水四尺者，開土三百二十尺也⑥。又如某段水深一尺，該穵土方四分，實開土一方六分，爲難工。某段水深二尺，該穵土方八分，實開一方二分，爲易工。三尺四尺五尺倣此。闊倣此。若本河無水，即督夫先于中心挑一水線，深廣各三尺，或二尺。務要徹頭徹尾，一脉通流。却於水面上丈量，露出餘土，有厚薄不同之處，差一尺者，另爲一段。假如通河皆餘土一尺，而有餘二尺者，即難段也；餘三尺者，又難段也；餘四尺者，大〔四〕難段也；餘五尺者，極難段也。立樁編號，筭土如前法。但此乃計水上之土，而水下應挑之土可一律齊矣。然後通筭本河，該實開土若干方，兩旁得利田若干畝，起夫若干名，每夫該土若干方。分工定宕，第從土方。土少者宕長，土多者宕短，齊土方不齊丈尺，而後夫役爲至均，河形爲至平也。

附：打水線法。

水線，至平也，而人心不平，奸巧百出。如三十三年開福山塘，打水線十數日不成，管工官皆不知。職既識破其術，隨設法五里委一官，官各乘馬。一里委一皂，皂各飛奔。如是往來不停，看其水線，不令陰阻，乃一日而成，奸巧立破。何以故？渠功少者，於水線中暗藏小壩。官來則暫決之，過則壩住。雖土高無水之地，而兩頭藏壩，中間水可不絕。此奸不破，高低不明，水線爲虛。何以知其然也？陰壩初決者，其水流動，不然者其水静定也。

一、分工定宕。

難易有號矣，土方有數矣。而夫役之來，道里遠近不同，市野食宿異便。而土性亦有緊漫堅散之殊，崖岸不無險夷高下之别。强者奸者，於此争利焉。倘無術以處之，亦非盡善之道也。然此不可爲之河濱，宜先爲之于堂上。查照區圖遠近，自頭至尾，筭定丈尺，捱定工次，要令遠近適中。一一明注比工簿内，用印發各千百長，照簿豎立夫樁，一定不移，庶紛争之擾可免，而亦無作奸之處矣。第初時量河，最要的確。臨期分宕，務秉至公。不則吏書〔五〕虚報丈尺，而實尅夫價者有矣。强梁之徒，夫多宕少者亦有矣。大都正官能一親行，自無此弊。上司親行尤妙⑦。

一、堆土法。

夫役偷安，類於近便岸上拋土。不思老岸平坦，一遇天雨淋漓，此土隨水流入河心，條挑條塞，徒費錢粮，徒勞夫工，亦竟何益。必于河岸平坦之處，務令遠挑二十步之外，照魚鱗法層層散堆。若有嬾夫就便亂抛者重究。若有古岸高出田上者，即挑土岸内相幫，以固子岸亦可。其平岸之處，不得援此爲例。若岸有半圮之處，即宜挑土補塞，築成高岸。挑成一層，堅築一番，層層而上，岸必堅牢，一舉兩得。不可姑置岸上，待後日築之。後來日久人玩，貽害河道不小也。若田中有漊蕩，或原因取土，致田深陷者，即用河土填平。若岸邊有民房，有園亭，逼近不便挑土者，即令業户自〔六〕定〔七〕樁〔二〕笆於房園邊，旋築成岸，亦兩利之道也。若河狹則不可耳。

一、考工法。

金藻水學曰⑧：「勤省視者，官廉能也。或不省視，與無廉能同。省視不賞罰，與不省視同。賞罰不繼續，與不賞罰同。」職亦曰：廉能矣，省視矣，賞罰矣，繼續矣，而無考驗之法，與不廉能，不省視，不賞罰，不繼續同。夫考工之法，先必立信樁樣樁，以防其奸僞。樣樁者，用木橛刻畫尺寸，與應濬尺寸同。信樁，則一木橛可已。法于號段既定之後，每段將畫尺木橛，釘入河心，與水面平。本河無水者，與水線之水面平，俗所謂水平樁是也。俟開方之後，以此橛爲準。蓋橛露一尺，則工滿一尺矣，故曰樣樁。却將二橛書明號段，直對樣樁，釘入兩岸老土，深與岸平，名曰信樁。此樁四旁，封識老岸數尺，不許抛土鎮壓，致難認記。另具直丈竿一條，丈簹一條，立竿樣樁之頂，拽簹信樁之上，以量虛河深淺。如簹在竿十尺上，則虛河深十尺矣。必十尺以下，所有尺寸，乃筭實工。虛河尺丈，籍而藏之。夫役認宕時，又各立小樁，書某字第幾號，某千長，下百長某，分管領夫某，協夫某，應濬長若干，名曰夫樁。又按仰月形三闊丈尺之數，爲橫丈竿三條，俱畫尺寸，做成木輪車，架此三竿。每查工之日，必攜籍持竿、拽簹架車而往。先稽號樁，而知其宕之長短，即據信樁樣樁，拽簹豎竿，而得其工之淺深。工完之後，沿河推運三竿車，而驗其工之闊狹。勤慎在目，賞罰必加，而後人力齊工不虛耳。必信樁者，虞樣樁之上下其手也。又虞老岸之僞增其高也。驗老岸，驗信樁，驗樣樁，驗三竿車，而後僞無容矣。迨工完之後，復打水線以驗之，有淤滯處，隨令復濬，務求線道通流，方可決壩放水。其或濬深水多，打水線不便，則于放水之後，用木鵝沿河較覈。木鵝者，用直木一條，長與河深平，鐵裹其下端，隨濬過尺寸處，拴

附輪竿式

此仰月形也。面腹底三闊，乃可以滿載水而又經久。若止用面底二闊，斜坡而下〔三〕，是曰斧形，易于傾圮矣。若上下同闊，是曰筐形，更易圮矣。〔八〕

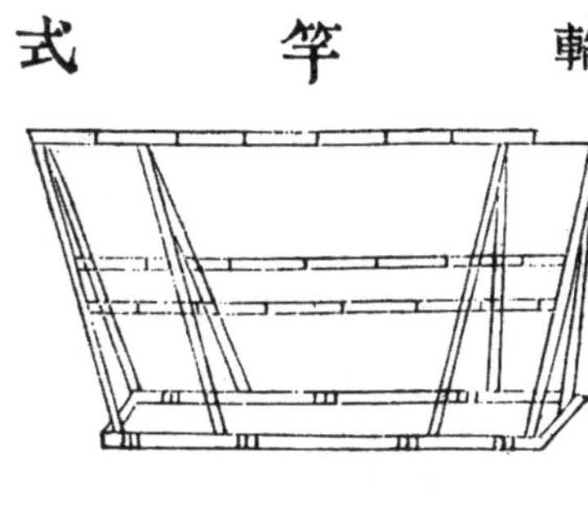

繫長繩,兩岸拽之,直立水中,循水面而進,遇鵝仆處,則土高水淺處也。將該管千百長究治,仍令撈泥,務如原議分數。須木鵝通行無滯,然後爲完工矣。

一、分管員役。

諺曰:「寧管千軍,莫管一夫。」言無紀律而難御也。故督責之法,必自下而上,由小及大,則工程易起。故每宕百丈,必用百長一名分催。千丈,必用千長一名督催。然此役,須點該區田多大户充之,蓋大户必愛惜身家,又衆所推服。令此輩各照信地,千長立一小旗一大樁,百長立一小樁,各書應管丈尺分〔九〕數。千長催百長,百長催小夫,而水利官又專督千百長,責任攸分,大小相驅。然後卑職不時親詣稽查,考其工次,别其勤惰,量加賞罰。即頑猾之民,亦不得不盡其力矣。

附:用千百長法。

千百長,非身家才幹兼全者,不能服衆。邇來照捋尖册點用,十得八九。乃法立弊生〔一〇〕,區書將大户田花分,顯小户於册首,點者半係小户。除將該書枷號外,其千長多用該區公正,不足則令公正舉報。乃參之捋尖,始稱得人。得人而工不難完矣。

一、立章程,賞勤罰惰,以示鼓舞。

號段定矣,宕認夫集矣,催督有人矣,然衆力難齊,衆心難一。不有以約之,則勤者何所勸，而惰者無以懲，將使勤而爲惰矣。今定一河工比簿，每十日親查一次，是爲一限。假如本河自水面而下，應開深五尺，則第一限要見工二尺，爲浮泥易做也。二限，黄泥難做，要見工一尺五寸。三限通完，深闊如式。工大者，亦以此法寬立期限。凡比工，每百長管百夫，就以十夫爲一分。千長管十百長，就以一百長爲一分。又立一賞功單，如依限如式開完者，即給一功單。日後遇有過犯，許齎單贖罪以示勸。其有奸頑惰功者，即查千百長該管十分中，一分不及限者，責各小夫。二分不及限者，並責百長。三分不及限者，並責千長以示懲。庶章程既立，賞罰〔一〕明而民自鼓舞，莫敢躭延矣。

附：比簿式。

都

領夫　　田

協夫　　田

共實熟田

筭派　　夫　　應開土方

今派　字　　號歸見　　尺　　寸　　分工

筭該開河　　丈

初限　　日開深　　尺開闊　　尺堆土離河　　丈　　尺

月　　日起至　　日止

二限　　日開深　　尺開闊　　尺堆土離河　　丈　　尺

月　　日起至　　日止

三限　　日開深　　尺開闊　　尺堆土離河　　丈　　尺

月　　日起至　　日止

附：功單式。

水利功單

常熟縣爲頒賞功單，以昭勸懲事。照得本縣賦重民疲，田多蕪瘠。高阜者，因水利之不通，坐澤者，皆岸塍之低薄。每遇旱澇，防救無資。本縣爲民父母，安忍坐視？以故修河築岸，不憚〔四〕勞瘁。但慮爾等勤惰不齊，相應激勸，特置功單，果有濬築如式，蚤完工次者，録給功單。後日遇有過犯，許齎赴贖罪，決不爽示。須至單者。

右給付　　收執

年　　月　　日給

縣　　常字　　號

一、幹河甫畢，刻期齊濬枝河。

凡田附幹河者少，而附枝河者多。蓋河有枝幹，譬之樹焉。千百枝皆附一幹而生，是幹爲重矣。然敷葉開花結子，功在于枝，不可忽也。彼枝河切近坵圩，灌溉之益，所關匪細。若濬幹河而不濬枝河，則枝河反高，水勢難以逆上，而幹河兩旁所及有限，枝河所經之多田，反成荒棄，即幹河之水，又焉用之？法當于幹河半工之時，即耑官料理枝河。責令各枝河得利業户，俱照田論工，一齊並舉。仍責令〔三〕該枝河千百長催督，務要先期料理停妥。俟幹河工完之日，先放各枝河水。放畢隨於各枝河口，築一小壩，俟小壩成，然後決大壩而放湖水。其工之次第如此。蓋濬幹河時，凡幹河水悉放之枝河，而後大功〔五〕可就。濬枝河時，凡枝河之水，悉歸之幹河，而後衆小工易成。況枝河高，幹河低，不過一決之力。若先放湖水，則方浚之初，水勢必大。此時枝河不能直入，必假車戽，勞費鉅矣。濬河者，往往於幹河告成之後，心懈力疲，置枝河於不問。爲民者，亦曰姑俟異日也，而前工荒矣。蓋機不可失，而勞不可辭。其工之始終又如此。幹河之大者，量給官銀。枝河則專用民力焉。

築岸法凡五條

一、圍岸分難易三等及子岸同脚異頂法。

老農之言曰：「種田先做岸。」蓋低田患水，以圍岸爲存亡也。低鄉如此⑨。矧本縣東南一帶，極目汪洋，十年九澇。故有田無岸，與無田同。岸不高厚，與無岸同。岸高厚而無子岸，與不高厚同。今考修圍之法，難易略有三等：一等難修，係水中突起，無基而成。又兩水相夾，易於浸倒，須用木樁，甚則用竹笆，又甚則石磩⑩，方可成功。樁笆黄石，宜佐官帑，難委民力。民力酌量出工，工大繁者，并佐以官帑。二等次難，係平地築基，較前稍易，不用樁笆。三等易修，係原有古岸，而後稍頹塌者，止費修補之力。築法：水漲則專增其裏，水涸，則兼補其外。此二等岸，專用民力。三等岸，脚闊皆九尺，頂闊皆六尺，高以一丈爲率。又須相度田形，以爲高卑。大抵極低之田，務築極高之岸，雖大潦之年，而圍無恙，田必登，乃爲築岸有功耳。廣詢父老，詳稽水勢，能比往昔大潦之水，高出一尺，則永無患矣。其田之稍高者，岸亦不妨稍卑。惟田有高卑，而岸能平齊，則水利大成矣。子岸者，圍岸之輔也，較圍岸又卑一二尺，蓋慮外圍水浸易壞，故内作此以固其防。築法與圍岸同脚而異頂。如圍岸頂闊六尺，子岸須頂闊八尺，方爲堅固。其脚基總闊二丈，須一齊築起爲妙。圍岸一名圩岸，又名正岸。子岸一名副岸，又俗名皖塌。總之二岸也。

一、戧岸岸外開溝難易亦分三等。

圍田無論大小，中間必有稍高稍低之別。若不分別彼此，各立戧岸，將一隙受水，遍圍汪洋，將彼此推諉，勢必難救。稍高者曰：吾禍未甚也，將觀望而不之戽。稍低者曰：吾瑣瑣者，奈此浩浩何？將畏難而不敢戽。如此則圍岸雖築，亦屬無用。法：於圍内細加區分，某高某低，某稍高某稍低，某太高某太低。隨其形勢截斷，另築小岸以防之。蓋大圍如城垣，小戧如院落，二者不可缺一。萬一水潰外圍，纔及一戧，可以力戽。即多及數戧，亦可以衆力戽。乃家自爲守，人自爲戰之法。築時要於堤田外邊，開溝取土，内邊築岸。内岸既成，外溝亦就。外溝以受高田之水，使不内浸。内岸以衛低田之稼，俾免外入。又爲高低兩便之法。此岸大略亦有三等：一等難修，係地勢窪下，從水築起者，雖不似圍岸之難，工力亦頗稱鉅。二等次難，係稍低之地，岸亦稍卑，且平地築起，較前稱易。三等稍高之地，其岸亦卑。三等岸俱脚闊五尺，頂闊三尺，高卑〔六〕隨地形爲之。俱民力自築〔一三〕。

一、圍外依形連搭築岸，圍内隨勢一體開河。

宋臣范仲淹言於朝曰：「江南圍田，每一圍方數十里，中有河渠，外有門閘。旱則開閘引江水之利，澇則閉閘拒江水之害。旱澇不及，爲農美利。」我朝吴嵓⑪之疏有曰：「治農之官，督令田主佃户，各將圍岸，取土修築，高闊堅固。旱則車水以入，澇則車水以出。」夫車水出入以救旱澇，常熟之田，亦多有之。但此能禦小小旱澇，而不能禦大旱大澇。須建閘開渠，如文正之言，乃盡水田之制，而得水利之實。今查各圩疆界，多係犬牙交錯，勢難逐圩分築，况又不必于分築者。惟看地形，四邊有河，即隨河做岸，連搭成圍。大者合數十圩，數千百畝，共築一圍。小者即一圩數十畝，自築一圍亦可。但外築圍〔七〕岸，内築戧岸，務合規式，不得鹵莽。其大小圍内，除原有河渠水勢通利，及雖無河渠，而田形平稔者照舊外，不然者，必須相度地勢，割田若干畝而開河渠。蓋土之不平而水之弗便，或四面高中心下如仰盂形者，或中心高四面下如覆盂形者，或半高半下或高下宛轉諸不等形者。外岸既成，其何以救腹裏之旱澇？故須因形制宜，或開十字河，或丁字一字月樣弓樣等河，小者一道，大者數道。於河口要處，建閘一座或數座。旱澇有救，高下俱熟，乃稱美田。又不但爲旱澇高下之用而已。柴糞草餅，水通船便，可無難于搬運云。

一、築岸務實及取土法。

凡築岸，先實其底。下脚不實，則上身不堅。務要十倍工夫，堅築下脚，漸次累高。加土一層，又築一層，杵搗其面，棍鞭其旁，必錐之不入，然後爲實築也。法如岸高一丈，其下五尺，分作十〔八〕次加土，每加五寸，築一次。上五尺，乃作五次加土，每加一尺，築一次。如此用工，何患不實？一勞永逸，法當如是。但低鄉水區，不患無堅築之人，而患無可用之土。合無先按圩中形勢，果有仰盂覆盂，高下不等，宜開十字丁字一字月樣弓樣等河渠者，查議的確，申明開鑿取土，以築其岸。高下旱澇，均屬有救，計無便于此者。田價衆户均出，遺粮申入緩徵項下，候有陞科抵補。不然者，即查附近有河浜漊淤淺可濬者，斬壩戽水，就其中取土築岸。岸既得高，而河又得深，計亦無便于此者。然潭塘、任陽、唐市、五瞿、湖南、畢澤諸極低之鄉，往往田浮水面，四邊純是塘涇。又圩段延〔九〕袤，大者千頃，小者五六十頃，中間包絡水蕩數十百處。河渠既多，而浜漊又深，無撮土可取也。本縣再四思維，此等處，須查本地有老板荒田，其粮已入緩徵項下，年久無人告墾者，查明坵段丈尺，出示聽民採土築岸。又不然者，須查有新荒田，與夫九荒一熟，究且必有板荒者，與夫年遠廢基遺址，不便耕種者。查議的確，粮入緩徵項下，俱聽民採土築岸。又不然者，須查本地有茭蘆場之介居水次，止收草利，止徵蕩税者，申免其税，聽民採土築岸。但茭蘆場俱占于大姓，納百一之税，享十倍之利，人所不敢詰，官所不能問，處之爲難。然興大利者，無恤小言，本縣籌已熟矣。又不然者，令民于岸裏二丈以外，開溝取土，其溝寧廣無深，深不過二尺，違者有刑。夫就岸取土，岸高溝深，内外水浸，岸旋爲土，法之所深忌也。但離岸遠，則岸址寬，而溝水未能即侵，溝身淺，則受水少，而填塞後易爲力。但所取之溝，諭令佃人匀攤田面之土，兼篰外河之泥。一年内務填平滿，無令損岸始得。又查本縣低鄉，土脉有三色不堪用者：有烏山土，有灰蘿土，有竪〔一〇〕門土⑫。烏山土，性〔一一〕堅硬而質腴，種禾茂且多實，但凑理疏而透水，以之築岸易高，以之障水不密。灰蘿土，即烏山之根，入田一二尺，其色如灰，握之不成團，浸之則漫漶。無論障水不能，即杵之亦不必堅矣。竪門土，其性不横而直，其脉自於水底貫穿，圍岸雖固，水却從田底溢出，欲圍而救之無益也。此三者築法，必從岸脚，先掘成溝，深三尺，或用潮泥，或取别境白土實之，然後以本土築岸其上，方爲有用。此等處俱屬一等難工，宜佐以官帑。

附：魚鱗取土法。

田面上四散挑土，俗呼爲抽田肋。高鄉以此法换土插田。挑田肋置于岸邊，篰河泥蓋于田面，而田益熟矣。其法：方一尺，取一鍬，四散掘之，如魚鱗相似。此法亦可取土築岸，但用力多，見功少。

一、業户出本，佃户出力，自佃窮民，官爲出本。

常熟之岸塍，何其多壞而不修耶，詢諸父老，其故有五：小民困于工力難繼，則苟且目前而不修。大户之田，與小民之田，錯壤而處，一寸之瑕，並累其百丈之瑜，即大户亦

佃户支領工食票

常熟縣爲大興水利，以足民足國事：切惟國家賦税，賴租税以輸〔三〕將。業户田租，賴佃戶以耕種。業戶佃户，實有一體相須，休戚相關之義。本縣督民濬河築岸，不能盡佐官帑，量其工程難易，着令各業户出備工食，給付佃户傭工。此雖一時小費，實貽無窮後利。邑中如法付佃者固有，而慳惜厲民者不無。擬合給票爲式。如業户某人應濬河一丈，應給佃户某人工食米若干，築岸一丈，應給佃戶某人工食米若干。着各該公正填注票尾，佃户執票對支。領訖方付業户執照。如有指扣賴租宿債，凌虐佃户者，即將原票繳還。公正類齊，造册繳縣。至納租日，許令佃户加倍算除，設使目今因而惰悮工次，定行嚴提枷責，加倍罰工不恕。須至票者。

計開　　區公正

業戶　　應濬　　估定每丈給工食米

　　　　應築　　估定每丈給工食米

共應給工食米

右給付佃户　　准此

年　　月　　日給

縣　　常字　　號

徘徊四顧而不修。又有小民而佃大户之田者，佃者原非己業，業者第取其租，則彼此躭誤而亦不修。或業户肯出本矣，而佃户者，心虞其岸成而或爲他人更佃也，竟虚應故事而不實修。或工費浩大，望助于官，官又以錢糧無處，厚責于民，則公私相吝，因循苟且而不修。無怪乎田圩日壞也。除一等難修之岸，另行查議外，其二三等易修者，即令業户各于秋成之後，出給工本，俾佃户出力修築，官爲省視。高厚堅實，務如規式。若窮户自佃己田者，查果貧難，官給工本。開河工本倣此。

附：佃户對支業户工食票。

附：守岸法。

正岸六尺，通人行。子岸八尺，閒而無用，宜種植其上。法惟種藍爲最上。蓋藍之爲物，必增土以培其根，愈培愈高。種藍三年，岸高尺許。其有土名烏山不宜於藍者，或種麻豆，或種菜茄亦得。蓋利之所出，民必惜之，但禁鋤時勿損其岸可也。若正岸外址，令民蒔葑，或種菱其上。蓋菱與葑，其苗皆可禦浪，使岸不受齧。況菱實可啖，葑苗可薪，又其下皆可藏魚。利之所出，民必惜之。岸不期守，自無虞矣。

附：建閘法。

宋臣范仲淹有言：「修圍濬河置閘，三者如鼎足，缺一不可。」郟僑亦云：「漢唐遺法，自松江而東至於海，遵海而北至於揚子江，沿江而西至於江陰界，一浦一港，大者皆有閘，小者皆有堰，以外控江海，而内防旱澇也。」夫所謂遵海沿江，而至於江陰界者，半係常熟地方。自今考之，惟白茆港口，福山港口，七浦之斜堰，僅有閘蹟，其他更不多見，何也？蓋有閘必有守閘者。寇盜豪强，不利於大閘者十九，而江海口，地多曠廓，守之爲難。况波濤衝蝕，水道又有遷徙之患，勢必難存者。此等閘，工費動逾千金，銷毁不逾數月，置而不論可也。至於圍田之上流，涇浜之要口，小閘小堰，外抵横流，内泄漲溢，關係旱澇不小，且工費亦不多，如之何其不爲之。所用工費，驗田均派，如某區某圖，應建閘若干座，合用物料銀若干兩，得利某圩某字號田若干畝。驗法：每畝該銀五釐以下者，民力自爲之。一分者，官助二釐。壩堰法同此。

附：水利用湖不用江爲第一良法。

本〔一三〕縣地勢，東北濱海，正北西北濱江。白茆潮〔一四〕水極盛者，達于小東門，此海水也。白茆之南，若鐺脚港陸和港黄浜湖漕石撞浜，皆爲海水。自白茆抵江陰縣金涇高浦唐浦四馬涇吴六涇東瓦浦西瓦浦滸浦千步涇中沙涇海洋塘野兒漕耿涇崔浦蘆浦福山港萬家港西洋港陳浦錢巷港奚浦三丈浦黄泗浦新莊港烏泥港界涇等港口數十處，皆江水也。江潮〔一五〕最勝者⑬，及於城下。縣治正西、西南、正南、東南三面而下，東北而注之海，注之江者，皆湖水也。此常熟水利之大經也。夫湖水清，灌田田肥，其來也，無一息之停。江水渾，灌田田瘦，其來有時，其去有候。來之時，雖高于湖水，而去則泯然矣。乃正北西北東北正東一帶小民，第知有江海，而不知有湖，不思濬深各河，取湖水無窮之利，第計略通江口，待命於潮水之來。當潮之來也，各爲小壩以留之，朔望汛大水盛，則争取焉，逾期汛小水微，則坐而待之。曾不思縣南一帶，享湖水之利者，無日無夜無時而不可灌其田也。夫江水寧惟利小，抑且害大。彼其浮沙日至，則河易淤，來去衝刷，而岸易崩，往往濬未幾而塞隨之矣。厥害一。江水灌田，沙積田内，田日薄，一遇水雨，浮沙滲入禾心，禾日枯。厥害二。湖水澄清，底泥淤腐，農夫篰取壅[一六]田，年復一年，田愈美而河愈深，江水浮沙，日積于河，而不可取以爲用，徒淤其河。厥害三。況江口通流，鹽船盜艘，揚帆出入，百姓日受其擾。厥害四。欲求永利而驅四害，宜何如？曰：沿江大小港浦，淤淺者，隨急緩濬之。濬之時，必於港口築壩。濬畢而壩不決，則湖水不出，而江水不入。清濁判于一堤，利害懸于霄壤，而此河亦永永無勞再濬，何也？縣以南，凡用湖水者，未聞有塞河也，此不待大智而後見也。獨無良之民，偷填興謡，爲可慮耳。然此亦論其常耳。若大旱之年，湖水竭，江水盛，大澇之年，江水低，湖水高，不妨決壩以濟之。但濬河每先幹河而後枝河。枝河未濬而身高，湖水低，不能上濟，江潮稍高足以濟之，則壩亦不復留矣。福山港小壩正坐此弊。吁，安得並舉幹枝，而成此悠遠之利也！

附：興工止工。

凡事號令信，則民從。不信，則民弗從。濬築大事，動大衆，可不慎乎？所以預行勘定，某河某區圖，應開某岸；某區圖，應用田若干；或某字號某圩田若干，某民力，某官帑，俱注明。各河岸下，出示三月，民無異言，隨刊成册，再不更改。章程既立，衆志皆定，然後每年擇其最急者而爲之。其法：每十月滌場之後⑭，下令興工，官爲省視。至次年三月終，東作之期放工，則事有緒而農不妨，工易舉矣。

校：

〔一〕旱　平本譌作「早」，依黔、曙、魯改作「旱」，與原文合。

〔二〕椿　平本譌作「樁」，應依黔、曙、魯改作「椿」，與原申合。（定枎校）

〔三〕下　魯本譌作「丁」，應依平、曙本、中華排印本作「下」，與原申合。（定枎校）

〔四〕憚　平、曙譌作「惟」，應依黔、魯各本改作「憚」，與原申合。

〔五〕功　平、曙本作「工」，依魯、中華排印本改作「功」，與原申合。（定枎校）

〔六〕 卑　魯本作「低」，平、曙、中華排印本此處皆作「卑」，與原申合。

〔七〕 圍　平本、曙本作「圈」，魯本作「圍」，中華排印本據黔本改作「圍」；應作「圍」，與原申合。（定扶校）

〔八〕 十　平本譌作「一」，應依黔、曙、魯各本改作「十」，與原申合。

〔九〕 延　魯本作「建」，與原申合，但係譌字；應依平、黔、曙本作「延」。

〔一〇〕 竪　黔、魯作「堅」，應依平、曙作「竪」。（下面還有一處，不另出校。）

〔一一〕 性　黔、魯本譌作「惟」，應依平、曙作「性」，與原申合。

〔一二〕 輪　魯本作「輪」，應依平、黔、曙作「輸」。

〔一三〕 本　平本譌作「水」，應依黔、曙、魯本改作「本」。

〔一四〕 潮　魯本、中華排印本譌作「湖」，應依平本、曙本作「潮」，與原申合。（定扶校）

〔一五〕 潮　魯本譌作「湖」，應依平、曙及中華本作「潮」，與原申合。（定扶校）

〔一六〕 壅　各刻本均作「擁」，依中華排印本改作「壅」。

注：

① 耿橘大興水利申：這篇文章，經與北京圖書館善本專庫所藏常熟水利全書明萬曆刻本校過，凡與原文（簡稱爲「申」）不同處，現均作「案」說明。

②「范仲淹曰」以下，據荒政要覽（卷四），出疏經河。

③④⑤⑥⑦ 小注疑徐光啓所加。

⑧金藻水學：現見三吴水利（卷三）金藻論。係憲宗（成化，一四六五年——一四八七年）時的文件。

⑨小注疑徐光啓所加。

⑩礉：江南各省方言，稱水濱用大石塊作成的護基爲「𥕢岸」，「𥕢」音 bó，字見集韻（入聲「四覺」「剥」紐），解作「石也」，足見北宋中已經通用。耿橘所寫「礉」字，大概是隨意記音。

⑪吴嵓：即前卷十四上興水利以充國賦疏的吴巖。此處係節録原疏。

⑫「有烏山土，有灰蘿土，有竪門土」，這些土壤名稱，看來似乎是在大衆語中保存着的舊名，讀書人却不知道原有寫法，因此就暫用記音字標記下來的。「烏山」，懷疑應是「淤埏」；——「埏」字讀 shān，也讀 shàn（吴語在 shen 到 zen 之間變化；與山 sen 相近），也有人寫作「蟬」、「墡」；即黏土。「灰蘿」，懷疑是「灰壚」；——「壚」原是黑而帶黄的土，有人寫作「塿」。「門」，懷疑是「𡒄」字，帶紅色的土，即風化未完全的鐵質母岩。

⑬勝：疑當作「盛」字（參看本節起處「潮水極盛者」及後面「汛大水盛」兩句）。

⑭滌場：打場完畢，收拾乾净。

案：

〔一〕「常熟」兩字，申原文只是「本」字。與下文同。

〔二〕「水大者則當施瀦蓄之法，水小者則當施疏鑿之方」，此數句，原申所無；依文義，似亦不當有。

〔三〕檠　原申譌作「輕」。

〔四〕大　原申譌作「太」。

〔五〕書　原申作「胥」。本書各本改作「書」，但未説明根據。

〔六〕自　原申譌作「日」。

〔七〕定　原申作「備」。

〔八〕原申圖中有三處注明長度，本書缺。

〔九〕分　依原申作「夫」。

〔一〇〕邇來　原申作「三十三年」；「乃法立弊生」下，原申有「三十四年」四字。

〔一一〕「賞罰」下，原申有「既」字，似不應删。

〔一二〕令　本書各本作「令」，原申作「成」。

〔一三〕俱民力自築　原申無此句。

農政全書卷之十六

水利

浙江水利附修築海塘、滇南水利[一]。

紹興二十三年，諫議大夫史才言①：浙西民田最廣，而平時無甚害，太湖之利也。近年瀕湖之地，多爲兵卒侵據，累土增高，長堤彌[二]望，名曰壩田。旱則據之以溉，而民田不沾其利；澇則遠近泛濫，而民田盡没。欲乞盡復太湖舊迹，使軍民各安，田疇均利。二十九年，知平江府陳正同言②：相視到常熟諸浦，舊來雖有潮汐之患，每得上流迅湍，可以推滌，不致淤塞。後來被人户圍裹湖瀼爲田，認爲永業。乞加禁止。户部奏：在法瀦水之地，衆共溉田者，輒許人請佃承買，并請佃承買人，各以違制論。乞下平江府，明立界至，約束人户，毋得占射圍裹。有旨從之。

永和五年③，太守馬臻始築塘立湖，周三百十里，溉田九千餘頃，人獲其利。輿地志④：「山陰南海，縈帶郊郭，白水翠巖，互相映發，若鏡若圖。」任昉述異記云⑤：「軒轅氏鑄鏡湖邊，因得名。」紹興二十九年⑥，上因與同知樞密院王綸論溝洫利害云：往年宰臣皆欲盡乾鑑湖，云歲可得米十萬石。朕答云：「若旱無湖水引灌，即所損未必不過之，凡慮事須及遠也。」綸曰：「貪目前之小利，忘經久之遠圖，最謀國之深戒。」

復鏡湖〔二〕議曰⑦：會稽、山陰兩縣之形勢，大抵東南高，西北低。其東南皆至山，而北抵于海。故凡水源所出，總之三十六源。當其未有湖之時，水蓋西北流入于江，以達于海。自東漢永和五年，太守馬公臻始築大堤，瀦三十六源之水，名曰鏡湖。堤之在會稽者，自五雲門東，至於曹娥江，凡七十二里。在山陰者，自常喜門西，至于小西江，一名錢清，凡四十五里。故湖之形勢亦分爲二，而隸兩縣。隸會稽曰東湖，隸山陰曰西湖。東西二湖，由稽山門驛路爲界。出稽山門一百步有橋，曰三橋，橋下有水門，以限兩湖。湖雖分爲二，其實相通。凡三百五十有八里，灌溉民田九千餘頃。湖之勢高於民田，民田高於江海。故水多則泄民田之水入於江海，水少則泄湖之水以溉民田。而兩縣湖及湖下之水啓閉，又有石牌以則之⑧。一在五雲門外，小凌橋之東，今春夏水則深一尺有七寸，秋冬水則深一尺有二寸，會稽主之。一在常喜門外，跨湖橋之南，今春夏水則高三尺有五寸，秋冬水則〔三〕高二尺有九寸，山陰主之。會稽地形高於山陰〔四〕，故曾南豐述杜杞之説⑨，以爲會稽之石，水深八尺有五寸，山陰之石，水深四尺有五寸。是會稽水則，幾倍山陰。今石牌淺深乃相反，蓋今立石之地，與昔不同。今會稽石，立於瀕隄水淺之處，山陰石，乃立湖中水深之處。是以水則淺深，異於曩時。其實會稽之水，常高於山陰二三尺，於三橋閘見之。城外之水，亦高於城中二三尺，於都四閘見之。乃若湖下石牌，立於都泗門東會稽山陰接壤之際，春季水則高三尺有二寸，夏則三尺有六寸，秋冬季皆二尺。凡水如則，乃固斗門以蓄之，其或過則，然後開斗門以泄之。自永和迄我宋幾千年，民蒙其利。祥符以來〔五〕⑩，並湖之民⑪，始或侵耕以爲田。熙寧中⑫，朝廷興水利。有廬州觀察推官江衍者，被遣至越訪利害。衍無遠識，不能建議復湖，乃立石牌以分内外，牌内者爲田，牌外者爲湖。凡曰牌内之田，始皆履畝，許民租之，號曰湖田。政和末⑬，郡守方侈進奉復廢牌外之湖以爲田，輸所入於府。自是環湖之民，不復顧忌，湖之不爲田者，無幾矣。隆興改元⑭，十一月，知府事吴公芾，因歲饑請于朝，取江衍所立石牌之外盜爲田者，盡復之，凡二百七十七頃四十四畝二角二十二步。計工度廬，先從禹廟後，唐賀知章放生池開濬⑮，百餘日訖工。每歲期以農隙用工，至農務興而罷。然次鐸出入阡陌，詢故老，面形勢，度高卑，始知吴公未得復湖之要領。夫爲高必因丘陵，爲下必因川澤，豈有作陂湖不因高下之勢，而徒欲資畚鍤以爲功哉⑯？馬公惟知地勢之所趨，横築堤塘，障〔六〕捍三十六源之水，故湖不勞而自成。歷歲滋久，淤泥填塞之處，誠或有之，然湖所以廢爲田者，非直以此也。蓋以歲月彌遠，湖塘既寖〔七〕壞，斗門堰閘，諸私小溝，固護不時，縱闢無節，湖水盡入江海，而瀕湖之民，始得增高益卑，盜以爲田。使其隄塘固，堰閘堅，斗門啓閉及時，暗溝禁窒不通，則湖可坐復，民雖欲盜耕爲尺寸田，不可得也。紹熙五年冬⑰，孝宗皇帝靈駕之行，府縣懼漕河淺涸，盡塞諸斗門，固護諸堰閘。雖當霜降水涸之時，不雨者踰月，而湖水僅減一二寸，湖田被浸者久之。訖事，決堤開堰，放斗門，水乃得去。是則復湖之要，又較然可見者也。夫斗門堰閘陰溝之爲泄水，均也，然泄水最多者曰斗門，其次曰諸堰，若諸陰溝，則又次焉。今兩湖之爲斗門堰閘陰溝之類，不可殫舉，大抵皆走泄湖水處也。吴公釋此不察，弊弊從事於開濬之，誤矣。故吴公所開湖，才數年，皆復爲田，故湖廢塞殆盡⑱，而水所流行，僅有從横枝港可通舟行而已。每歲田未告病，而湖港已先涸矣。昔之湖，本爲民田之利。而今之湖，反爲民田之害。蓋春水泛漲之時，民田無所用水，而耕湖者懼其害己，輒請於官，以放斗門。官不從，相與什伯爲群，決隄縱水，入於民田之内。是以民常於春時重被水潦之害。至夏秋之間，雨或愆期，又無瀦蓄之水爲灌溉之利。於是兩縣無處無水旱，監司府縣，亦無歲無賑濟。利害曉然，甚易知也。然則湖其可不復乎？道聽塗説者，方以闕上供、失民業爲説，是不然。夫湖田之上供，歲不過五萬餘石，兩縣歲一水旱，其所損所放賑濟勸分，殆不啻十餘萬石。其得失多寡，蓋已相絶矣。湖之爲田若蕩地者⑲，不過二千餘頃〔八〕，耕湖之民，多亦不過數千家之小利。而使兩縣湖下之田九千頃，民數萬家，歲受水旱饑饉而弗之恤，利害輕重，亦甚相遠。況湖未爲田之時，其民豈皆無以自業乎？使湖果復舊，水常瀰滿，則魚鱉蝦蟹之類不可勝食，茭荷菱芡〔九〕之實不可勝用。縱民採捕其中，其利自溥〔一〇〕，何失業之足慮哉？次鐸論載既畢，又有援執舊説而詰之曰：從子之説，不必濬湖使深，必須增隄使高，且懼隄高壅水，萬一決潰，必敗城郭，于時爲之奈何？是又未知形勢利害者也。夫水之湍急者，其地或狹不能容，于是有衝激決溢之患。今湖之水源，不過三十六所，而湖廣餘三百里，以其地容其水，裕如也。況自水源所出，北抵于隄及城，遠者四五十里，近猶一二十里，其水勢固已平緩，於衝隄也何有？且隄之去漢如此其久，是必有虧無增。今誠築堤增於高者二三尺，計其勢方與昔同。昔不慮其決，而今顧慮之，何哉？

給事傅崧卿守鄉郡時，侍郎陳橐⑳上夏蓋河議曰㉑：橐前因至上虞境内，過夏蓋湖，而備究湖田之爲害，實吾民今日倒懸之苦，有不得不言者。古人設陂湖，以備旱歲。王仲嶷建請以爲田，乃引鑑湖自然淤澱已成田陸爲説，又有不妨民間水利之語，其欺罔甚矣。玄扈先生曰：凡湖皆自然淤澱，但不宜多作田以盡之，使水無所容耳。然佃户占請之初，各有畝數，不敢侵冒。當時湖之爲田者，纔十一二三，佃户止於高仰處作壕〔一一〕，未敢涸湖以自便，民田尚被其利，但湇水不如曩日之多，故諸鄉之田，歲歲有旱處。比年以來，冒佔不已，今則湖盡爲田矣。以夏蓋湖推之諸處，可以類見。㲹所知者止上虞、餘姚，其它四邑皆不及知。上虞餘姚所管陂湖三十餘所，而夏蓋湖最大，周迴一百五里，自來蔭注上虞縣新興等五鄉及餘姚縣蘭風鄉。此六鄉皆瀕海，土平而水易洩。田以畝計，無慮數十萬，唯籍一湖灌溉之利。今既涸之爲田，若雨不時降，則拱手以視禾稼之焦枯耳。其它諸湖所灌注，皆不下數百頃。植利人户，倚以爲命，而乃盡奪之。一遇旱暵，非唯赤子饑餓，僵踣道路，而計司常賦，虧失尤多。雖盡得湖田租課，十不補其三四。又況每遇旱歲，湖田亦隨例申訴，官中檢放，與民田等。昨見上虞丞言：曾蒙上司差委，相度湖田利害，因點對靖康元年、建炎元年，湖田租課，除檢放外，兩年共納五千四百餘石，而民田緣失陂湖之利，無處不旱，兩年計檢放秋米二萬二千五百餘石。只上虞一縣如此。以此論之，其得其失，豈不較然？民間所損，又可見矣。但當時以湖田租課歸御前，與省計自分兩家。雖得湖田百斛，而常賦虧萬斛。嬖倖之臣猶將曰：此百斛者，御前所得也，不卹湖田，何以有此？省計虧羨，我何知哉？今湖田租課，既充經費，則漕臺、郡守固當計其得失之多寡，而辨其利害。夫公上之與民一體也。有損於公，有益於民，猶當爲之，況公私俱受其害，可不思所以革之耶？建炎二年春㉒，邑民嘗訴湖田之害於撫諭使者，使者下其狀于州縣。上虞令陳休錫遂悉罷境内之湖田。翟帥以未得朝廷指揮，數窘之，陳不爲變。是歲越境大旱，如諸暨、新嵊，赤地數百里，農夫無事於銍艾。獨上虞大熟，餘姚次之。餘姚七鄉，通江潮蔭注，兼有燭溪湖等數處，不可作田，不曾廢，故亦熟。而上虞新興等五鄉，被夏蓋湖之利，尤爲倍收。其冬，新嵊之民，糴於上虞、餘姚者，屬路不絶。向使陳令行之不果，則邑民救死不暇，況他境乎？夫以一縣令尚能爲之，橐之所望於左右宜如何？

王廷秀曰㉓：水利記〔一一〕：鄞縣〔一二〕東西凡十三鄉。東鄉之田，取足於東湖，俗所謂前湖〔一三〕是也。西南鄉之田，所恃者廣德一湖，環百里周以堤塘，植榆柳以爲固，四面爲斗門碶閘。方春，山之水泛漲時，皆聚於此，溢則洩之江。夏秋交，民或以旱告，則令佐躬親相視，開斗門而注之。湖高田下，勢如建瓴，閲日可浹。雖甚旱亢，决不過一二，而稻已成熟矣。唐正元中㉔，民有請湖爲田者，詣闕投匭以聞。朝廷重其事，爲出御史，按利否。御史李後素銜命詢咨本末利害之實，錮獻利者置之法，湖得不廢。後素與刺史及其寮一二公，唱和長篇，記其事而刻之石。詩語記湖之始興，於時已三百年，當在魏晉也。國初，民或因淺淀盜耕，有司正其經界，禁其侵占。太平興國中㉕，禁黠民之窺其利而欲私之㉖，復進狀請廢湖。朝下其事於州，州遣從事郎張大有驗視，力言其不可廢，且摘唐御史之詩，叙致詳緻，記於石刻。熙寧二年，知縣事張詢令民濬湖築堤，工役甚備。曾子固爲作記㉗，歷道湖之爲民利，本末曲折，以戒後〔一三〕人，不輕於改廢也。元祐中㉘，議者復唱廢湖之説。直龍圖舒亶信道，閒居鄉里，庸詰折之㉙，記其事於林村資壽院緣雲亭壁間，謂其利有四不可廢。久之，有俞襄復陳廢湖之議。守葉棣深罪襄，不得騁，遂走都省獻其策。蔡京見而惡之，拘送本貫。政宣間㉚，淫侈之用日廣，茶鹽之課不能給，宦官用事，務興利以中主欲。一時佻躁趨競者，争獻括天下遺利，以資經費，率皆以無爲有。縣官刮民膏血，以應租數。時樓异試可丁憂，服除到闕。蔡京不喜樓，而鄭居中喜之，除知隨州，不滿意也。異時高麗入貢，絶洋泊四明，易舟至京師，將迎，館勞之費不貲。崇寧加禮㉛，與遼使等置來遠局於明中㉜。樓欲捨隨而得明。會辭行上殿，於是獻言：明之廣德湖可爲田，以其歲入，儲以待麗人往來之用有餘。且欲造畫舫百柁，專備麗使，作涉海二巨航，如元豐所造㉝，以須朝廷遣使㉞。上説，即改知明州。下車，興工造舟，而經理湖爲田八百頃。募民佃租，歲入米僅二萬石。於是西七鄉之田，無歲不旱。異時膏腴，今爲下地，廢湖之害也。

東錢湖濬議曰㉟：東錢湖一名萬金湖，以其爲利重也。在唐曰西湖，蓋鄮縣未徙時㊱，湖在縣治之西也。天寶三年㊲，縣令陸南金開廣之。宋屢濬治。周回八十里，受七十二溪之流。四岸凡七堰：曰錢堰，曰大堰，曰莫枝堰，曰高湫堰，曰栗木堰，曰平湖堰，曰梅湖堰。水入則蓄，雨不時，則啓閘而放之。鄞定海七鄉之田，資其灌溉。茭葑蓴蒲荷芡，滋漫不除，湖輙湮塞。淳熙四年，魏王鎮州㊳，請于朝，大浚之。是年二月七日，准尚書省劄子㊴，爲魏王奏。然當時所除茭葑，未出湖堤，既復填淤。嘉定七年㊵，提刑程覃攝守，捐緡錢置田收租，欲歲給濬治之費。朝廷許其盡復舊址。而後來有司，奉行不虔，田租浸〔一四〕移他用，湖益湮。寶慶二年㊶，尚書胡榘守郡，請于朝，得度牒百道、米一萬五千石，又濬之。十月，命水軍番上迭休，且募七鄉之食水利者助役，各給券食。祁寒輟工。明年春夏之交，役再舉。農不使妨耕，兵不使妨閱，募漁户徐畢之。十月七日告成。胡公猶懼其無以繼也，奏以羸錢二萬八千三百四十七緡有奇，增置田畝，合舊穀石〔一五〕俾羸三千，令翔鳳鄉長顧泳之主之。分漁户五百人爲四隅，人歲給穀六石，隨茭葑之生，則絕其種。立管偶一人㊷，管隊二十人以轄之。有旨悉如請。自此不薙葑者十六年，幾無湖矣。淳祐壬寅冬㊸，制守陳塏因歲稔農隙，命制幹林元晉，僉判石孝廣行買葑之策。不差兵，不調夫，隨舟大小，葑多寡，聽其求售，交葑給錢，各有司存。初至數百人，已而掉舟裹糧至者日千餘，可見遠近樂趨。向也淘湖所收㊹，率以佐郡家支遣，至此方全爲淘湖之用。元大德間㊺，世家有以湖爲淺淀，請以撩田若干畝入官租者，時都水營田分司，追斷復爲湖。延祐新志所謂欲塞錢湖㊻，此其漸也。後因鄉民告有司，舉行淘湖，拘七鄉有田食利之家，分畝步高下，量撥湖葑，隨田多寡闊狹，俾浚之，積葑于塘岸。然宿葑春泛冬沈，次年復生，則有司所行爲具文耳。近年重修嘉澤廟，有濯靈之異，芟葑不泛，荷茭蓴蘆，生之者鮮，然未足恃也。但大旱之年，放水湖下，一舉而涸。知其積淤年久，蓄水至淺。東鄉河道，又皆淺澁。舊稱一湖之水，可滿三河半，今僅一河而竭，是可憂也。又況職守者不謹，闢啓碶閘，傍湖人民，通同漁户，每於水溢之時，乘時射利，私自開閘網魚，洩水無度。沿江堰壩，又失修理，日夜傾注于江。防旱之策，果安在哉？其原置買葑田畝，自元收以入官，大明因之。洪武二十四年㊼，本縣耆民陳進建言水利，差官來董其事。於農隙之時，令七鄉食利之家，出力淘浚。雖能少除葑草，而根在復生，況湖上溪澗沙土，隨雨而下，久不治，則淤塞如舊矣。

徐獻忠㊽山鄉水利議曰㊾：我松瀕海，數被倭患。予寓居吴興，屢見各縣山鄉，旱灾不收，大受饑困。山鄉平田既少，一遇旱暵，泉流枯涸，既無所資，坐以待斃。有司者徒見下鄉平田，頗有潤色，不肯特爲奏免糧税。予按視其地，皆坐不知水利之故。元儒〔四〕梁寅有鑿池溉田之議，其略云：「畎畝之間，若十畝而廢一畝以爲池，則九畝可以無灾患。百畝而廢十畝以爲池，則九十畝可以無灾患。」予嘗至上虞之下溉湖觀之㊿，方知梁子之議可行，而永久利民矣。有志經國者，當相視一鄉之中，擇其最高仰者，割爲陂湖。先均其税額於衆利之民，次營別業以補〔一六〕失田之户。大展陂岸，使廣而多受，雖亢旱之年，不至耗涸。從高瀉下，均資廣及，沾潤一番，可以經月。雖有凶災，不能及矣。惟水庫爲妙，止費大耳。然山鄉措置灰石沙等，止費工力，不費大錢鈔[51]。況陂湖之利，魚鰕雜産，芰葦叢生，貧者資以養生，富者因而便利。大雨一注，衆流復積。前者既瀉，後者復蓄。山鄉水利，無逾此者。故叔孫之芍陂，汝南之鴻郤陂，古人成績，可以引見。自非爲民父母者力主其事，愚民誰肯割其成業者乎？至於下鄉之田，亦有高亢不通資灌者。莫若照依北方，掘鑿大井，上置轆轤，汲引之利，亦足自辦。「民可樂成，不可謀始」，若出力任事，維〔五〕存乎人，必須久任，方有成功也。

俞汝爲注曰：海邊斥鹵地方，恃護塘隔絶鹽潮，雨水洗去鹵性。有圍築成田者，築堤鑿河，引內湖〔一七〕之水以資灌溉，而水遠難致。雨澤稍稀，便乏車救。十年三熟，此與山鄉地形勢相類。近年民間告明官府，豁除掘損田畝之粮，於田心中開積水溝，爲夏秋車戽計。凡溝漊多處，其田多熟。或於遶宅開池，則近宅之地，必有收成。此蘇、松沿海地方，試之有成效者。但細訪老農云：每十畝之中，用二畝爲積水溝，纔可救五十日不雨。若十分全旱年分，尚不免于枯竭，況一畝乎？大抵水田稻苗，全賴水養。炎日消水甚易，以十日消水二寸計之，五十日該消去田間水一尺，即二畝溝中，亦不免於消水。總計其潤，是溝中常有五六尺之積，斯足用耳，豈可望於夏秋亢旱之日？且稻苗生長秀實，該用水浸溉一百二十日，十畝取二畝作積水溝，僅救半旱，斯言非謬。必於山原上勢相視窪下可蓄水處，築圍大澤，或環數里，或環數十里，上流之水，涓涓不息，庶足救濟全旱矣。常與潘知縣鳳梧，熟論西北墾荒之要，潘云：「若計開田，先計瀦水。」真確見也。

永樂間，平江伯陳瑄[52]奉命以四十萬卒，修海岸八百里。

海寧捍海塘記曰[53]：浙西、江南之地，抑潮捍海之利以千計，是塘爲急；樹石培土，在在爲力，其工以萬計，是塘爲大；風猛潮峻，不勝衝齧，近海之濱，難築而善崩者以百計，是塘爲切。塘無壞，浙以西無海患；塘不葺，江以南且患海，况浙哉？夫是塘，其創也，自顧尹泳始[54]，其工頗力。其修也，或十載或五載。民至于今獨稱楊郡丞冠，其工頗固。嗣是而修築者，不惟不固，且不力，有司病焉。是歲七八月之間，風潮倍于昔，而塘之決亦倍于昔。郡大夫蕭公有憂焉。於是具狀以上於大司空李公。李公曰：「盍亟圖之。」於是具狀以上於司空大夫林公。林公曰：「吾事也。」於是林公館於其地，蕭公往來於其塗，取財於郡帑，鳩卒於邑里，伐石於太湖，負土於草蕩，散工〔一八〕而甃之，列卒而築之，分官而蒞之。塘高若干丈，自下以上，尺無弗堅者；塘長若干丈，自北以南，丈無弗實者；塘闊若干丈，自内以外，寸無弗密者。一木一石，其度其晝其堅其實其密，無弗經林公者。經始於九月，落成於十有一月，而塘告成。

石海塘記曰㊺：淳祐十六年㊻，定海縣新築石塘成。其高十有一層，側厚數尺，敷平倍之。袤六千五十尺有贏。基廣九尺，斂其上半之贏又十之五。高下若一，從横布之如棊局。仆巨木以奠其地，培厚土以實其背，植萬樁〔一九〕以殺其衝。役夫匠軍民，積土至三千餘萬，而人不告勞。閲春夏二時，舍田趨役，而農不告病。伐石於山，石頽而役者不傷。運之于海，波平而舟楫無恐。以己酉春正月己未初基㊼，越六月甲寅，凡十有七旬又五日而訖事。先是，定海塘以土木從事，歲有决溢之虞。丁酉之秋㊽，江海爲一，民廬官寺營壘師屯，被害尤酷。知縣事陳公亮鳩用石板以護其外，僅支數年。大水至，則與之俱去，蔑有存者。歲在戊申㊾，風濤屢驚。九月，守臣岳甫，始合軍丁之辭，以告于上。命部使者與守行視，覈其費以聞。詔賜緡錢六萬五千有奇。聖訓丁寧，毋得苟簡。及是告成，不愆於素。石海塘記。

二谷山人水利策曰㊿：夫滇南水利，於天下猶之彈丸黑子也。然而滇之人，非穀不養，穀非農不入，農非水利不植。聞之曰：「水利之在天下，猶人之有血氣，一指之搐，一足之皸，固亦仁人之所隱也。」請先論古今之所以異者，而質以芻蕘之慮可乎？夫自禹陂九澤以來，三代之君蓋靡不以農爲急，而其臣曾莫以水利稱者，非無其人也。誠以神禹其功，灑沈澹災，施於後世，後世賴之。故抑洪〔二〇〕水，非徒已昏墊也，亦以興溝洫。興溝洫，非徒灌溉也，亦以殺流。故禹之稱曰「盡力溝洫」，而周官稻人亦曰「溝以蕩水，澮以瀉水」。則九州之地，何者非穀土？土之所漸，何者非水利乎？自秦開阡陌，水利乃興，於是史不絶書，以爲偉績。章氏俊卿所謂「名生於不足」者也[61]。究而論之，非獨鄭國[62]、史起[63]、鄧晨[64]、白居易[65]、程上元爾也。李冰[66]、文翁[67]之於蜀也，鄭當時[68]、白公[69]之於渭也，番係[70]之於汾也，莊熊羆[71]之於洛也，趙充國[72]之於鮮水也，皆其著者也。鄧艾[73]、張闓[74]之於晉也，刁雍[75]、裴延儁[76]之於魏也，雲得臣[77]、李襲稱[78]之於唐也。倪寬[79]因於鄭國，杜詩[80]因於召信臣[81]，王景[82]劉義欣[83]因於孫叔敖[84]，許景山[85]因於蕭何[86]。或襲或創，或微或鉅。雖人自爲制，地自爲制，而其疏導蓄泄之宜，夫固三代溝洫之遺也。我國家撫有滇土，漸之文教，鎮之重兵。兵之屯者，什七以耕，什三以肄，其恩厚矣，其慮深矣。爲兵慮也，爰有屯田，爲田慮也，爰有水利，法至密也。夫何近年以來，政軍稍弛，什七者耗，什三者饑，乃有如明問所憂水旱者何歟？是有説也。夫曲靖之水，洱海之旱，患之久矣，而未聞有治之者，不重也。今有司所重，乃在夫藏府貯積，酤榷盈縮，泉布出入，徵輸緩急之間，即自詭以足國裕民之理盡矣。而曾不知其本。其説在任氏之窖〔二〕粟也。昔者漢楚之際，豪傑争居金玉，任氏獨窖粟。已而粟貴，則金玉盡歸任氏，任氏以富，豪傑以貧，此不知務之患也。蓋金玉者以權粟，而非所以養也。今誠有知粟之重者，則必相務於穡，而水利從此興矣。故曰「知務爲急」也。夫國家之於水利重矣，秉之以憲臣，籍之以專敕，并屯田職之以令於有司，以彼其權之重且專也。以治區區之水〔二〕，而有不治者何也？官侵而令不一也。蓋有司之水利有分職，而職憲者，不得專其予奪廢置，則不能以引繩而積之功。屯田利孔，奸所窟也。職憲者司其入而不得司其出，則不能以稽售僞而杜之弊。其説在宓子之請書史也。昔者宓子令單父，請善書者二人，書則肘引之，醜則怒之。書者以告。魯君曰：「子賤以吾擾單父也。」命毋〔三〕徵發，而單父治。今誠能以治水之官，治粟之吏，功罪之予奪，倉庾之出入，悉挈而還之職憲之臣，則職不分，責不諉，以治水而水治矣。故曰「任職爲急」也。且曲靖之水，前未有也。蓋諸山源水，合流南出，東則東山，西則真峰山束焉。中爲草場，舊稱荒海。水至以通流，水去以牧馬。既而馬廢不牧，地聽開墾，稍稍築圍，然未甚也。近十歲間，則悉覈而征之，於是起圍徧於荒海，而水之所委無幾矣。迺始歲歲患潦，而民之黄粮，軍之屯粮胥病矣。及水之盛，則或決圍，而圍田亦病矣。夫其所爲病如此，治而愈之非難也，而有不能者，蓋有二焉：官不能捐稍入之利，而武弁豪右，窟穴其間者，倡爲成功之説，忍而不能去。其説在龍介之論決蹯也。夫係蹄得虎，而虎決蹯，非不愛也，不以蹯故害其軀。奈何其以小利害大事也？謂宜博詢利害，即不盡除，猶當先其甚者去之。官減其額，歲歲稍除，期以水不爲災而止可矣。故曰「審計爲急」也。洱海之旱，非他也，粱王山之水，分流而下者，故皆有壩蓄之。諸甸今略已湮廢，而青海、周官海之流，亦罔瀦蓄，以故一遇恒暘，赤地千里，而莫之救也。夫陂塘蓄泄，前人經營，以爲水計慮者，甚悉也。其始之稍隳，以補苴易矣，則廢而任之，以至於大壞，而有司者猶莫以爲意。其説在醫師之論解㑊也⑧⑦。夫解㑊之爲病也，脉理縱緩，神氣不攝，無疾痛之急，旦暮之虞，而甚害於身。玩愒者亦然。苟以避擅興之嫌，偷恬静之譽，需秩滿遷次，則去之耳。後來繼今者，又復盡然。非課之章程，厲以誅賞，此病不除。故曰「課功爲急」也。夫知務也，任職也，審計也，課功也，四者治水之要也。此非愚之言也，嘗徵之古矣。夫九官熙載，禹稷爲烈何也？則以禹治水，而稷治粟也。鄭國在秦，則關中沃野，遂無凶年。李冰在蜀，亦沃野千里，號稱陸海。彼寧無雨暘天時之虞哉？誠以地利勝之也。此知務者也。史公之歌，白公之歌，召父、杜母之歌，蓋民心也。埭稱召伯，頌起新豐，渠號右史，則士譽也。興化之民，至乃以范爲姓，垂之子孫，皆何自〔二四〕致之哉？此任職者也。唐之世，富商大賈牟利壅遏鄭、白渠者，一切毁之。而宋臣所陳圍田湮塞水之道害尤悉[88]。馬氏所謂「徒知湖之可田，而不知湖外之田，將胥而爲水也」。章氏所謂「豪民獲豐植之資，官私享租輸之入，日增歲衍，而水利之故地，皆爲創置之良田。曩之仰水利以耕者，今不勝旱溢之苦。倘公上不利絲毫之賦，守令不恤豪右之民，毋惑於紛紛之議，則何害之不除哉？」曲靖之水是已，此審計者也。且禹，司空也，手足胼胝。召伯，伯也，循行阡陌。王尊端坐堤上。蘇軾自呼營問。若是乎其急之也！今玩愒之吏，徒擁符重茵，雍容堂陛[89]，曾不聞以時行水，按視倉廩，而以委小吏何也？蓋宋時趙尚寬、高賦，皆以水利被留再任[90]。有功則陞陟，無功終不得去，如此則人自勸矣。此課功者也。嗟乎！古法之不可復久矣。兵農分矣，溝洫廢矣，嘗以爲古法之僅垂者，莫如屯田與水利，以其近之也。蓋成周畎畝之制，水之與田，分地而處，治水之人乃羨於治田。一同之地[91]，至五萬夫，非其重且急也，先王豈輕棄土穀與耕夫哉？而李悝、商鞅，苟以盡地力而隳經制，亦惑矣。李悝、商鞅亦未及今所言。然則法先王者，法其近焉可也。此水利之所以不可不講也。雖然，滇之水利，非獨此也。鄧川之龍泉，勢將齧川。永昌之疊水河，每患淤塞。其他源委當講者，亦多矣。

玄扈先生旱田用水疏曰：謂欲論財，計先當辨何者爲財。唐宋之所謂財者，緡錢耳。今世之所謂財者，銀耳。是皆財之權也，非財也。古聖王所謂財者，食人之粟，衣人之帛，故曰：「生財有大道，生之者衆也。」若以銀錢爲財，則銀錢多，將遂富乎？是在一家則可，通天下而論，甚未然也。銀錢愈多，粟帛將愈貴，困乏將愈甚矣。故前代數世之後，每患財乏者，非乏銀錢也。承平久，生聚多，人多而又不能多生穀也。其不能多生穀者，土力不盡也。土力不盡者，水利不脩也。能用水，不獨救旱，亦可弭旱。灌溉有法，瀸潤無方[92]，此救旱也。均水田間，水土相得，興雲歊〔二五〕霧，致雨甚易，此弭旱也。能用水，不獨救潦，亦可弭潦。疏理節宣，可蓄可洩，此救潦也。地氣發越，不致鬱積，既有時雨，必有時暘，此弭潦也。不獨此也，三夏之月，大雨時行，正農田用水之候。若徧地耕壟，溝洫縱橫，播水于中，資其灌溉，必減大川之水。先臣周用曰[93]：「使天下人人治田，則人人治河也。」是可損決溢之患也。故用水一利，能違數害。調燮陰陽，此其大者。不然，神禹之功[94]，僅抑洪水而已，抑洪水之事，則決九川距海，濬畎〔二六〕澮距川而已。何以遽曰水火金木土穀惟脩，正德利用厚生惟和，一舉而萬事畢乎？用水之術，不越五法。盡此五法，加以智者神而明之，變而通之，田之不得水者寡矣，水之不爲田用者亦寡矣。用水而生穀多，穀多而以銀錢爲之權。當今之世，銀方日增而不減，錢可日出而不窮。又以宋臣李綱所言節用、救弊、覈實、開闔、貿遷諸法，設誠而致行之，不加賦而國用足〔二七〕，豈虛言也哉？謹條例如左：

六：

一、用水之源。源者，水之本也，泉也。泉之别爲山下出泉，爲平地仰泉。用法有諺曰：「水行百丈過墻頭」，源高之謂也。但須測量有法，即數里之外，當知其高下尺寸之數。不然，溝成而水不至，爲虚費矣。

其一，源來處高于田，則溝引之。溝引者，於上源開溝，引水平行，令自入于田。

其二，溪澗傍田而卑于田，急則激之，緩則車升之。激者，因水流之湍急，用龍骨翻車、龍尾車、筒車之屬，以水力轉器，以器轉水，升入于田也。車升者，水流既緩，不能轉器，則以人力畜力風力運轉其器，以器轉水入于田也。圖見後(二八)。

其三，源之來甚高于田，則爲梯田以遞受之。梯田者，泉在山上山腰之間，有土尋丈以上，即治爲田。節級受水，自上而下，入于江河也。梯田圖見田制。

其四，溪澗遠田而卑於田，緩則開河導水而車升之，急者或激水而導引之。開河者，從溪澗開河，引水至其田側，用前車升之法，入于田也。激水者，用前激法起水于岸，開溝入田也。

其五，泉在于此，用在于彼，中有溪澗隔焉，則跨澗爲槽而引之。爲槽者，自此岸達于彼岸，令不入溪澗之中也。

其六，平地仰泉，盛則疏引而用之，微則爲池塘于其側，積而用之。爲池塘而復易竭者，築土椎泥以實之，甚則爲水庫而畜之。平地仰泉，泉之瀵湧上出者也。築土者，杵築其底。椎泥者，以椎椎底，作孔膠泥實之，皆令勿漏也。水庫者，以石砂瓦屑和石灰爲劑，塗池塘之底及四旁而築之，平之，如是者三，令涓滴不漏也。此畜水之第一法也。圖見後。

一、用水之流。流者，水之枝也，川也。川之別，大者爲江爲河，小者爲塘浦涇浜港汊沽瀝之屬也。用法有七：

其一，江河傍田，則車升之，遠則疏導而車升之。疏導者，江南之法。十里一縱浦，五里一横塘，縱横脉散。勤勤疏濬，無地無水。此井田之遺意。宋人有言，塘浦欲深闊，謂此也。

其二，江河之流，自非盈涸無常者，爲之牐與壩，釃而分之爲渠，疏而引之以入于田。田高，則車升之。其下流，復爲之牐壩，以合於江河。欲盈，則上開下閉而受之。欲减，則上閉下開而洩之。職所見寧夏之南，靈州之北，因黄河之水，鑿爲唐來、漢延諸渠⑮，依此法用之。數百里間，灌溉之利，瀸潤〔二九〕無方。寧城絶塞，城中之人，家臨流水，前賢之遺可驗矣。因此推之，海内大川，倣此爲之，當享其利濟，亦孔多也。

其三，塘浦涇浜之屬，近則車升之，遠則疏導而車升之。

其四，江河塘浦之水，溢入于田，則堤岸以衞之。堤岸之田，而積水其中，則車升出之。隄岸者，以禦水使不入也。大則爲黄河之帚，小則爲江南之圩。宋人有言，隄岸欲高厚，謂此也。車升出之者，去水而蓺稻，或已蓺而去其水，使不没也。

其五，江河塘浦，源高而流卑，易涸也，則于下流之處，多爲牐以節宣之。旱則盡閉以留之，潦則盡開以洩之，小旱潦則斟酌開闔之。爲水則以準之。水則者，爲水平之碑，置之水中，刻識其上，知田間深淺之數，因知牐門啓閉之宜也。浙之寧波紹興，此法爲詳。他山鄉所宜則傚也。

其六，江河之中，洲渚而可田者，堤以固之，渠以引之，牐壩以節宣之。

其七，流水之入于海，而迎得潮汐者，得淡水，迎而用之；得鹹水，牐壩遏之，以留上源之淡水。職所見迎淡水而用之者，江南盡然，遏鹹而留淡者，獨寧紹有之也。

一、用水之瀦。瀦者，水之積也，其名爲湖爲蕩爲澤爲洵爲海爲波爲泊也⑯。用瀦之法有六：

其一，湖蕩之傍田者，田高則車升之，田低則隄岸以固之，有水車升而出之，欲得水，決堤引之。湖蕩而遠于田者，疏導而車升之。此數者，與用流之法略相似也。

其二，湖蕩有源而易盈易涸，可爲害可爲利者，疏導以洩之，牐壩以節宣之。疏導者，懼盈而溢也。節宣者，損益隨時資灌溉也。宋人有言「牐竇欲多廣」，謂此也。

其三，湖蕩之上不能來者，疏而來之。下不能去者，疏而去之。來之者，免上流之害。去之者，免下流之害，且資其利也。吴之震澤，受宣歙之水，又從三江百瀆，注之于海。故曰「三江既入，震澤底定」是也。

其四，湖蕩之洲渚可田者，隄以固之。

其五，湖蕩之潴太廣而害于下流者，從其上源分之。江南五壩，分震澤以入江是也。

其六，湖蕩之易盈易涸者，當其涸時，際水而蓺之麥。蓺麥以秋，秋必涸也。不涸于秋，必涸于冬，則蓺春麥。春旱，則引水灌之。所以然者，麥秋以前，無大水，無大蝗，但苦旱耳，故用水者必稔也。

一、用水之委。委者，水之末也，海也。海之用，爲潮汐，爲島嶼，爲沙洲也。用法有四：

其一，海潮之淡可灌者，迎而車升之。易涸，則池塘以畜之，閘壩隄堰以留之。海潮不淡也，入海之水，迎而返之則淡。禹貢所謂逆河也。

其二，海潮入而泥沙淤墊，屢煩濬治者，則爲牐爲壩爲竇，以遏渾潮而節宣之。此江南舊法，宋元人治水所用。百年來盡廢矣，近并濬治亦廢矣，乃田賦則十倍宋元，民貧財盡，以此故也。其濬治之法，則宋人之言曰：「急流搔乘，緩流撈剪，淤泥盤吊，平陸開挑。」今之治水者，宜兼用之也。

其三，島嶼而可田，有泉者，疏引之，無泉者，爲池塘井庫之屬以灌之。

其四，海中之洲渚多可田，又多近于江河而迎得淡水也，則爲渠以引之，爲池塘以畜之。

一、作原作瀦以用水。作原者，井也。作瀦者，池塘水庫也。高山平原，與水違行，澤所不至，開濬無施其力，故以人力作之。鑿井及泉，猶夫泉也。爲池塘水庫，受雨雪之水而瀦焉，猶夫瀦也。高山平原，水利之所窮也，惟井可以救之。池塘水庫，皆井之屬。故易井之彖，稱「井養而不窮」也。作之之法有五：

其一，實地高，無水，掘深數尺而得水者，爲池塘以畜雨雪之水而車升之，此山原所通用。江南海壖，數十畝一環池。深丈以上，圩小而水多者，良田也。

其二，池塘無水脉而易乾者，築底椎泥以實之。

其三，掘土深丈以上而得水者，爲井以汲之。此法北土甚多，特以灌畦種菜〔三〇〕。

近河南及真定諸府，大作井以灌田，旱年甚獲其利，宜廣推行之也。井有石井甎井木井柳井葦井竹井土井，則視土脉之虚實縱横，及地産所有也。其起法，有桔槔，有轆轤，有龍骨木斗，有恒升筒，用人用畜。高山曠野，或用風輪也。圖見後。

其四，井深數丈以上，難汲而易竭者，爲水庫以畜雨雪之水。他方之井，深不過一二丈。秦晉厥田上上，則有深數十丈者，亦有掘深而得鹹水者。其爲池塘，爲淺井，亦築土椎泥，而水留不久，不若水庫之涓滴不漏，千百年不漏也。

其五，實地之曠者，與其力不能多爲井，爲水庫者，望幸于雨，則歉多而稔少。宜令其人多種木。種木者，用水不多，灌漑爲易，水旱蝗不能全傷之。既成之後，或取果，或取葉，或取材，或取藥。不得已，而擇取其落葉根皮，聊可延旦〔三〕夕之命，雖復荒歲，民猶戀此不忍遽去也。語曰：「木奴千，無凶年。」

校：

〔一〕彌　本書各刻本俱作「彌」，與宋史合；中華排印本改作「瀰」，不合適，應復原。

〔二〕鏡湖　平、黔、魯各本依荒政要覽作「鏡河」，「河」字誤，依曙本改。鏡湖，即今紹興的鑑湖或賀監湖。

〔三〕水則　黔、魯作「則水」，依平、曙作「水則」，與下文同。（「水則」，即標記水位的一個尺度。）

〔四〕陰　平本誤在下文「南豐」兩字下，依黔、曙、魯本改正。

〔五〕來　魯本譌作「求」，依平、黔、曙作「來」。

〔六〕障　平本譌作「章」，依黔、曙、魯各本改。

〔七〕寖　平本譌作「寑」，依曙、魯、中華排印本改。（定枎校）

〔八〕二千餘頃　平、黔、魯各本均譌作「餘二千頃」，應依曙本改正。

〔九〕芡　平、黔、魯各本均譌作「茨」，應依曙本改正。後同改，不另出校。

〔一〇〕溥　平、曙譌作「博」，應依黔、魯改正。

〔一一〕㙩　黔、魯作「⿰土祭」，平本作「⿰土祭」，顯係「㙩」字寫錯。依曙本改作「㙩」。「㙩」字音liáo，解作圍牆。

〔一二〕鄞　平本譌作「勤」，依黔、曙、魯改。

〔一三〕後　平、曙譌作「役」，應依黔、魯改作「後」。

〔一四〕浸　黔、魯各本作「侵」，應依平、曙作「浸」，解作「漸漸」。

〔一五〕石　平本作「碩」，應依黔、曙、魯各本改。

〔一六〕補　平本譌作「捕」，應依魯、曙、中華排印本改作「補」。（定枎校）

〔一七〕內湖　黔、魯各本譌作「內潮」，應依平、曙作「內湖」。

〔一八〕工 平、黔、魯譌作「公」，依曙本改。

〔一九〕椿 平、魯、曙譌作「舂」，依中華排印本改作「椿」。（定扶校）

〔二〇〕洪 平、曙作「鴻」，暫依黔、魯本改作「洪」，合於近代習慣。

〔二一〕窖 平本作「窨」，依下文及黔、曙、魯各本改作「窖」。

〔二二〕水 平本譌作「木」，應依黔、曙、魯各本改。

〔二三〕毋 平本作「母」，應依黔、曙、魯各本改作「毋」。

〔二四〕自 魯本譌作「以」，應依平、曙、中華排印本作「自」。（定扶校）

〔二五〕歊 平本譌作「敲」，依黔本改正。歊音 xiāo 或 huò，描寫水氣向上運動。

〔二六〕畎 平本作「畝」，應依黔、魯本改正。

〔二七〕國用足 魯本作「國足用」，應依平、曙、中華排印本作「國用足」。（定扶校）

〔二八〕後 平、黔、曙等本均作「前」，此後尚有兩處如此。懷疑徐光啓原將旱田用水疏排在各種水利器械及泰西水法之後，所以説「圖見前」；後來整理付刻時，却移到十六卷末，圖譜等反而在後了。應依魯本改作「後」。

〔二九〕潤 平本作「澗」，應依黔、曙、魯改正。

〔三〇〕菜 黔、魯譌作「萊」，應依平、曙作「菜」。

〔三一〕旦 平本譌作「且」，應依黔、曙、魯改。

注：

①紹興二十三年：紹興是宋高宗第二個年號，紹興二十三年，是公元一一五三年。按：史才此説，見宋史卷一七三志一二六食貨上一「農田」。

②平江府：宋時的平江府，即今日蘇州。

③永和（東漢順帝第三次改元的年號）五年：公元一四〇年。

④輿地志：地理書，南朝陳顧野王著，共三十卷。

⑤任昉：南朝梁文學家，樂安博昌（今山東壽光縣）人。仕宋、齊、梁三代。述異志，志怪小説集，是唐、宋間人僞託任昉所作。

⑥紹興二十九年，即公元一一五九年。這一段，現見宋史（卷九七）志五〇河渠志七，越州水條。

⑦復鏡湖議：現見荒政要覽。原作者名次鐸，姓不詳。由文中所述事實推測，似應爲南宋孝、光、寧時代的人。

⑧則：在石牌上刻尺寸，以量水位，即下文的「水則」。「則」在此處作動詞。

⑨曾南豐：即曾鞏。四部叢刊本南豐先生元豐類稿卷十三，第一篇是序越州鑑湖圖；其中有一段，「杜杞則謂『盜湖爲田者，利在縱湖水。一雨，則放聲以動州縣，而斗門輒發』。故爲之立石則水，一在五雲橋，水深八尺有五寸，會稽主之；一在跨湖橋，橋（橋字疑衍）水深四尺有五寸，山陰主之」。

⑩祥符：宋真宗第三個年號「大中祥符」的簡稱，公元一〇〇八年至一〇一六年。

⑪並：讀 bàng，即「傍」字。

⑫熙寧：宋神宗第一個年號，公元一〇六八年至一〇七七年。

⑬政和：宋徽宗第四個年號，公元一一一一年至一一一七年，這一段是徽宗日益走向奢侈的時期。

⑭隆興：宋孝宗第一個年號。隆興元年是公元一一六三年。

⑮賀知章放生池：天寶三載（七四四年），秘書少監賀知章，奏請把自己在紹興的住宅，捨（捐）爲千秋觀，求周官湖數頃爲放生池。詔賜鏡湖剡川（即曹娥江）一曲。

⑯鍤：音 chā，鐵鍬。亦可作「臿」，魯本誤作「插」。

⑰紹熙五年冬：南宋光宗最後一年，公元一一九四年。

⑱故：「故」字解作「舊」，不是「所以」。

⑲若：解作「及」、「與」、「或」。

⑳陳橐：宋史列傳一四七有傳。係紹興餘姚人，紹興中權（暫授）刑部侍郎。傅崧卿這時正在「知越州」。

㉑夏蓋河議：夏蓋河今作夏蓋湖，在浙江上虞縣海濱夏蓋山。

㉒建炎一年：建炎，南宋高宗第一個年號。「一」字疑有誤。慣例，爲了避忌諱，每次改年號後的一年，都稱爲「元年」，所以有「改元」的説法，没有稱「一年」的。授時通考引本議，已改作「二年」，但

未説明根據。

㉓王廷秀：據南宋王明清揮麈後録（卷九）首條，載王廷秀事。王是四明人，靖康初入御史臺，高宗南渡時，曾任諫官。這篇水利記所記都是四明的事，而時代僅僅到北宋末年止，懷疑即此人。

㉔唐正元：唐德宗第二個年號貞元，公元七八五年至八〇五年，宋代避仁宗名諱，改作「正元」。

㉕太平興國：宋太宗第一個年號，公元九七六年至九八三年。

㉖「禁黠民之」這四個字，語意上下不能貫串；授時通考改作「鄞之惡民」。「鄞」「禁」，在明、清兩代讀音可以相同，可能是明代（從荒政要覽起？）寫錯。

㉗曾子固爲作記：南豐先生元豐類稿（卷十九）廣德湖記即爲鄞縣湖田的利弊而作。

㉘元祐：北宋哲宗第一個年號，公元一〇八六年至一〇九三年。

㉙庸詰：「庸」字不可解；授時通考改作「痛」，意甚顯豁。

㉚政宣：北宋徽宗第四個年號政和，公元一一一一年至一一一六年；第六個年號宣和，公元一一一九年至一一二五年。

㉛崇寧：北宋徽宗的第二個年號，公元一一〇二年至一一〇六年。

㉜明：指明州，宋時州治在鄞縣。

㉝元豐：北宋神宗第二個年號，公元一〇七八年至一〇八五年。

㉞須：作動詞用，即「等待」。

㉟東錢湖濬議：語意不順；授時通考改作濬東錢湖議，意甚明確。

㊱鄮縣：唐代的鄮縣原在今寧波。

㊲天寶三年：天寶是唐玄宗第三個年號，天寶三年是公元七四四年。

㊳「淳熙四年，魏王鎮州」：淳熙是南宋孝宗第二個年號，公元一一七四年至一一八九年。魏王是孝宗的兒子趙愷，當時封魏王，淳熙元年判明州州事。

㊴淮：顯係「淮」字之譌。

㊵嘉定七年：是南宋寧宗第四個年號，公元一二〇八年至一二二四年。七年，是一二一四年。

㊶寶慶：南宋理宗第一個年號，公元一二二五年至一二二七年。

㊷偶：疑當作「隅」，與上文「四隅」對應。

㊸淳祐壬寅：公元一二四二年。

㊹向也：即「過去」。

㊺大德：元成宗第二個年號，公元一二九七年至一三〇七年。

㊻延祐新志：延祐是元仁宗第二個年號，公元一三一四年至一三二〇年。

㊼洪武二十四年：公元一三九一年。

㊽徐獻忠：明史藝文志載有徐獻忠吴興掌故集十七卷。徐獻忠（蘇州）長洲人，事跡附見明史列傳一七五文徵明傳後。

㊾山鄉水利議：見吴中水利全書明崇禎九年刻本，卷二十二。
㊿下溉湖：疑「夏蓋湖」之謁，授時通考已改正。
51小注疑徐光啓所加。
52陳瑄：明史卷一五三列傳第四十一有陳瑄傳，但無此文。
53海寧捍海塘記：此文現見荒政要覽卷四，作者不詳，但絶非陳瑄所作。
54顧尹泳：參看濬東錢湖議中，「宋寶慶二年，尚書胡榘守郡……令翔鳳鄉長顧泳之主之」。
55石海塘記：此文現見荒政要覽卷四，文中所記年號爲南宋理宗時，則作者或爲南宋理宗時人。
56淳祐十六年：案南宋理宗共改元八次，淳祐是第五個年號（公元一二四一年至一二五二年），止於十二年，「十六年」顯有錯誤，應是十年。
57己酉：爲淳祐九年（一二四九年）。
58丁酉：嘉熙元年（一二三七年），嘉熙是南宋理宗第四個年號。
59戊申：淳祐八年（一二四八年）。
60二谷山人水利策：作者姓名時代，尚未找到可供檢證的材料。大略應是明中葉的人，當時沐家已在雲南統治了相當年代，才有可能有人對雲南各地的水利水害情形，作這麽詳盡深刻的陳述。文中所列舉的歷代開創或整理水利工程的人，可作爲總結看待。我們嘗試着將其中一部分，注出出處，以供參考。

(61) 章俊卿：章如愚，字俊卿，南宋寧宗時的進士，山堂考索作者。

(62) 鄭國：秦時（公元前四至三世紀）韓國派到秦國作間諜的「水工」（水利工程專家），開創鄭國渠。見史記河渠書及漢書溝洫志。

(63) 史起：戰國魏襄王（公元前四世紀後半）時，倡議開鄴渠引漳灌鄴；事在鄭國開渠之前。見漢書溝洫志。

(64) 鄧晨：後漢書列傳五有傳，傳中説「興鴻郤陂數千頃田，汝土以殷」。按鄧晨是東漢光武帝的姊夫，這事應在公元一世紀前半。

(65) 白居易：唐書（卷一六六）列傳一一六，新唐書（卷一一九）列傳四四，均有白居易傳。傳中説「爲杭州刺史，始築隄捍錢塘湖，鍾（＝留）泄其水，溉田千頃」。事在九世紀初。

(66) 李冰：史記河渠書「蜀守冰，鑿離堆，……穿二江，……有餘則用溉浸，百姓饗其利」。漢書溝洫志略同。是公元前四世紀初秦昭王時的事。

(67) 文翁：前漢文帝末（公元前二世紀五十年代之初）「爲蜀郡太守」穿煎溲（音 yú）口，溉灌繁田千七百頃，人獲其饒。文翁興水利，現見通典卷二食貨二「水利田」節。漢書卷八九（列傳五十九）循吏傳中文翁傳，則云「景帝末年」，即前二世紀四十年代之末，才「守蜀」；没有關於開發水利的記載。

(68) 鄭當時：史記河渠書記鄭當時爲大司農，穿漕運糧及灌田，事在公元前二世紀後三十年代；漢書溝洫志所記，大略相同。

⑥⑨ 白公：見漢書溝洫志，「太始二年（公元前九五年）趙中大夫白公，……穿渠……注渭中，溉田四千五百餘頃，因名曰『白渠』」。

⑦⓪ 番係：史記河渠書記有「番（音 bō 或音 pān）係，穿渠引汾」，在公元前二世紀末。漢書溝洫志略同。

⑦① 莊熊羆：史記河渠書，「莊熊羆言『臨晉民願穿洛以溉重泉……』……名『龍首渠』」。事均在公元前二世紀至一世紀之間。漢書溝洫志避東漢明帝（名莊）諱，寫作「嚴熊」，略去「羆」字。現在西安市東門外還有龍渠。

⑦② 趙充國：漢書列傳三九趙充國傳「……濬溝渠，……令可至鮮水左右……」鮮水在今青海。這是漢宣帝時趙充國在青海屯田的建設情況；計劃在神壽元年（公元前六二年）訂出。

⑦③ 鄧艾：三國志魏書卷二八鄧艾傳，正始二年（二四一年）鄧艾在淮南淮北開渠。

⑦④ 張闓：見晉書卷七六（列傳四六）張闓傳，「闓乃立曲阿新豐塘，溉田八百餘頃，每歲豐稔」。張闓是東晉初年人，事約在公元四世紀三十年代。

⑦⑤ 刁雍：魏書卷三八（列傳二六）刁雍傳，北史卷二六（列傳一四）作「刁廱」（即古「雍」字）。北魏元明帝泰常五年（四二〇年），在薄骨律鎮（今寧夏）興水利。

⑦⑥ 裴延儁：參看本書卷七注⑤⑤。

⑰ 雲得臣：未考得。

⑱ 李襲稱：通典卷二「水利田節」，「貞觀十八年（六四四年），李襲稱爲揚州大都督府長史，乃引雷陂水，又築句城塘，溉田八百餘頃，百姓獲其利……」按唐書卷五十九（列傳九）李襲志傳附弟襲譽，説襲譽「……在江都，引雷陂水，又築句城塘……」事實全同。懷疑李襲稱即李襲譽，杜佑因避唐代宗（豫）嫌名諱，改寫爲「襲稱」了。

⑲ 倪寬：見漢書溝洫志，「元鼎六年（公元前一一一年），……兒（＝倪）寬爲左内史，奏請穿鑿六輔渠，以益溉鄭國（渠）旁高卬之田……」

⑳ 杜詩：見後漢書列傳二一杜詩傳，（光武帝建武）「七年（三一年），遷南陽太守，……修治陂池，廣拓土田，郡内比室殷足……」

㉑ 召信臣：漢書卷八九列傳五九循吏傳召信臣傳「……遷南陽太守……」事應在公元前一世紀四十至五十年代。

㉒ 王景：後漢書列傳六六王景傳建初八年（八三年），「遷廬江太守」，修芍陂，稻田。

㉓ 劉義欣：宋書卷五一（列傳一一）長沙王道憐長子，「……鎮壽陽，……芍陂良田萬餘頃，陂堨久壞，……義欣遣咨議參軍殷肅循行修理。有舊溝，引淠水入陂，不治；積久樹木榛塞。肅伐木開榛，水得通注，旱患由此得除」。事在宋文帝元嘉七年（四三〇年）。

㉔ 孫叔敖：春秋楚莊王（公元前七世紀末）時的楚相。相傳芍陂是孫叔敖開創的。

㉟許景山：未考得。

㊱蕭何：史記卷五三蕭相國世家記有蕭何利用漕渠運糧的事。

㊲解㑊：見素問，「尺脉緩濇，謂之『解㑊』」。

㊳之道：兩字疑應倒轉（即「……湮塞水道之害……」）。

㊴圮：音祀（sì），堂下左右的階。

㊵「趙尚寬、高賦」：見宋史卷一七三（志一二六）食貨志上「農田」内，「嘉祐（仁宗第八個年號，公元一〇五六年至一〇六三年）中，唐（宋代唐州，今日河南泌陽縣）守趙尚寬言：土曠可闢，民希可招，而州不得廢。得漢召信臣（見上）故陂渠遺跡而修復之，假牛犁、種食以誘耕者。勸課勞來，歲餘，流民自歸及淮南、湖北之民至者二千餘户，引水溉田，幾數萬頃，變磽瘠爲膏腴。監司上其狀；三司使包拯亦以爲言，遂留再任。治平（英宗第一個年號，公元一〇六四年至一〇六七年）中，歲滿當去，英宗嘉其勤，且倚以興（＝舉辦）輯（＝安撫），特進一官，賜錢二十萬，復留再任。時患守令數易，詔察其有實課者增秩再任；而尚寬應詔，爲天下倡。後太守高賦繼之，亦以能勸課被獎，留再任。」

㊶同：見周禮地官小司徒「井牧其田野」注，「井十爲通，通十爲成，成十爲經，經十爲同」。

㊷瀸潤無方：瀸讀尖音（jiān），解作浸溼。「無方」，解作「没有能比得上的」。

㊸周用：明吴江人，字行之，弘治進士。授行人，仕至吏部尚書。卒謚恭肅。周在嘉靖二十二年

(一五四三年)總理河道,上理河事宜疏,疏中論治河與修溝洫的關係時説:「夫天下之水,莫大於河。天下有溝洫,天下皆容水之地,黄河何所不容? 天下皆修溝洫,天下皆治水之人,黄河何所不治? 水無不治,則荒田何所不墾?」本書所引「使天下人人治田,則人人治河也」不是原文,但和原文的意思一樣。原疏見明經世文編卷一四六周恭肅集理河事宜疏。

⑭ 神禹之功:關於「禹抑洪水」的傳説,總結起來,有「致力乎溝洫」(論語)和「决九川,距海;濬畎澮,距川」(尚書益稷)的辦法,有「水、火、金、木、土、穀惟修,正德利用厚生惟和」(尚書僞古文大禹謨)的效果。徐光啓以爲這些辦法是正確的;如能經常作到,便可以有大禹謨所説的效果。這是徐光啓「農政」中農田水利的基本觀念;在這裏提出了他對用水的五種辦法。

⑮ 漠:顯係「漢」字形近致譌。參看本書卷十二所引郭守敬傳「先是,古渠在中興者,……」一節。

⑯ 波:借作「陂」字用。漢書江都易王傳:「建後游雷波」,顔師古注説:「『波』讀爲『陂』;雷陂,陂名。」

案:

〔一〕本卷平、曙、魯各本内文次級標題均作「浙江水利附修築海塘滇南水利」,書前總目次級標題均作「水利策浙江滇南　水利疏」,根據具體内容,總目標題更準確。(定枎案)

〔二〕王廷秀曰水利記　案:此條荒政要覽原引文僅在文末記爲「王廷秀水利記」。本書作「王廷秀曰水利記」，則似乎水利記是另一人所作，王只是引用而已。授時通考改題爲王廷秀水利議，未説明根據，暫時存疑。

〔三〕前湖　荒政要覽引作「錢湖」；與本卷下一條相校，同是寧波，似乎作錢湖爲是。曾鞏廣德湖記亦有錢湖之名。

〔四〕元儒　原書山鄉水利議作「昔時」。

〔五〕維　應依原書山鄉水利議作「雖」。

農政全書卷之十七

水利

灌溉圖譜①

王禎曰：灌溉之利大矣。江淮河漢及所在川澤，皆可引而及田，以爲沃饒之資。但人情拘於常見，不能通變。間有知其利者，又莫得其用之具。今特多方搜摘，既述舊以增新，復隨宜而制物。或設機械而就假其力，或用挑浚而永賴其功。大可下潤於千頃，高可飛流於百尺。架之則遠達，穴之則潛通。世間無不救之田，地上有可興之雨。其用水有法槩可見[一]。故輯諸篇，庶資農事云。

【水柵②】排木障水也。若溪岸稍深，田在高處，水不能及，則於溪上流[二]作柵遏水，使之旁出下溉，以及田所。其制：當流列植竪[一]椿，椿上枕以伏牛③，擗以枮[三]木，仍用塊石高壘，衆楗斜[四]以邀水勢。此柵之小者。如秦雍之地，所拒川水，率用巨柵。其蒙利之家，歲例量力均辦所需工物。乃深植椿木，列置石囤，長或百步，高可尋丈，以横截

大水柵

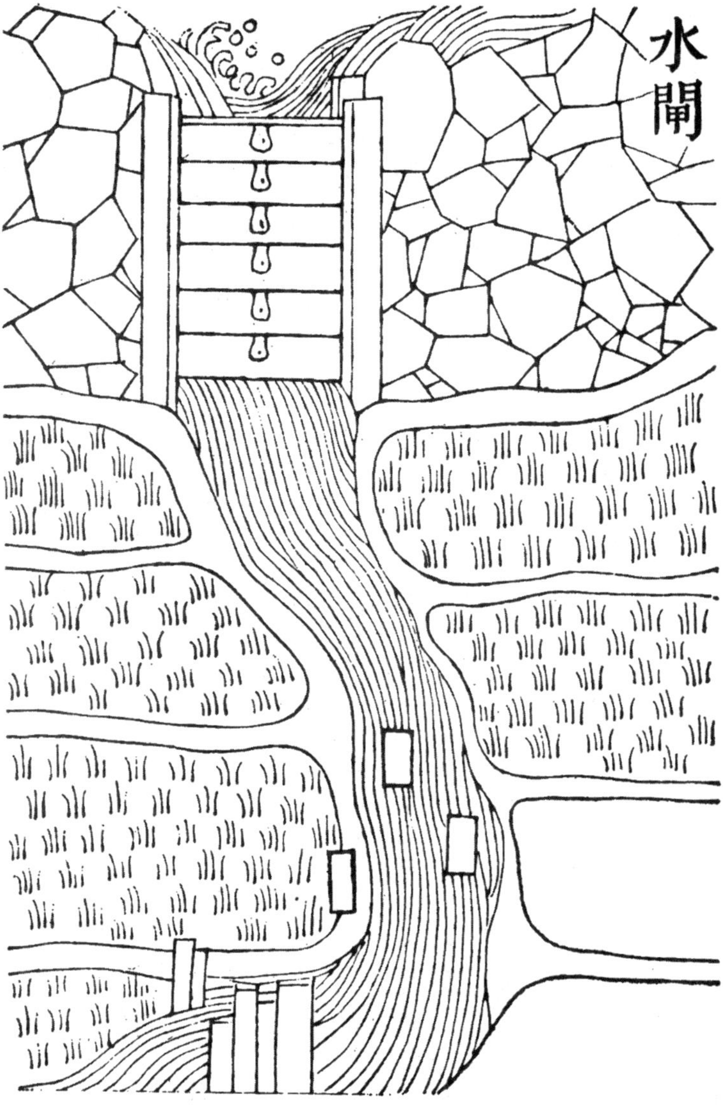

水閘

中流，使傍入溝港，凡所溉田畝計千萬，號爲陸海〔五〕。今特列于圖譜，以示大小規制，庶彼方傚之，俾水爲有用之水，田爲不旱之田，由此栅也。

【水閘④】開閉水門也。間有地形高下，水路不均，則必跨據津要，高築堤壩匯〔二〕水，前立斗門，甃石爲壁，疊水〔六〕作障，以備啓閉。如遇旱〔七〕涸，則撒〔八〕水灌田，民賴其利。又得通濟舟楫，轉激碾磑，實水利之總揆也。

【陂塘⑤】説文曰：陂，野池也。塘，猶堰也⑥。陂必有塘，故曰陂塘。周禮：以瀦蓄水，以防止水。説者謂：瀦者，蓄流水之陂也。防者，瀦旁之隄也。今之陂塘，既與上同。考之書傳，廬江有芍陂，潁川有鴻隙陂，廣陵〔三〕有雷陂、愛敬陂，陽平、沛郡有鉗廬陂⑦，其各溉田，大則數千頃。後世故跡猶存，因以爲利。今人有能别度地形，亦效此制，足溉田畝千萬。比〔四〕作田圍，特省工費，又可畜育魚鼈，栽種菱藕之類，其利可勝言哉！

【水塘⑧】即洿池⑨。因地形坳下，用之瀦蓄水潦，或修築圳堰，以備灌溉田畝，兼可畜育魚鱉，栽種蓮芡，俱各獲利累倍。大凡陸地平田，别無溪澗、井泉以溉田〔九〕者，救旱之法，非塘不可。夫江淮之間，在在有之。然官鄉異屬，各爲永業，歲收産利，或〔一〇〕用水之多便者。

【翻車⑩】今人謂龍骨車也。魏略曰：馬鈞居京都城内，有田〔五〕地可爲園，無水以灌

陂塘

水塘

之，乃作翻車，令兒童轉之⑪，而灌水自覆。漢靈帝使畢嵐作翻車，設機引水，洒南北郊路。則翻車之制，又起于畢嵐矣。今農家用之溉田。其車之制，除壓欄木及列檻樁外，車身用板作槽，長可二丈，闊則不等，或四寸至七寸，高約一尺。槽中架行道板一條，隨槽闊狹，比〔六〕槽板兩頭俱短一尺，用置大小輪軸，同行道板上下通，週以龍骨板繫〔一一〕。其在上大軸兩端，各帶拐木四莖，置於岸上木架之間。人憑架上，踏動拐木，則龍骨板隨轉，循環行道板刮水上岸，此翻車之制，關楗頗多，必用木匠，可易成造。其起水之法，若岸高三丈有餘，可用三車，中間小池倒水上之，足救三丈已上高旱之田。凡臨水地段，皆可置用。但田高則多費人力。如數家相博〔一二〕，計日趨工，俱可濟旱。水具中機械功〔一三〕捷，惟此爲最。

【筒車⑫】流水筒輪。凡制此車〔七〕，先視岸之高下，可用輪之大小，須要輪高於岸，筒貯於槽，方〔一四〕爲得法。其車之所在，自上流排作石倉，斜擗水勢，急湊筒輪。其輪就軸作轂。軸之兩旁，閣於樁柱山口之內。輪軸之間，除受木板外，又作木圈，縛〔八〕繞輪上，就繫竹筒或木筒謂小輪則用竹筒，大輪則用木筒。於輪之一週。水激轉輪，衆筒兜水，次第傾〔一五〕於岸上所橫木〔九〕槽〔一六〕，謂之天池，以灌田稻。日夜不息，絕勝人力。若水力稍緩，亦有木石制爲陂柵，橫約溪流，旁出激輪，又省工費。或遇流水狹處，但壘石斂水湊之，亦爲便

翻車

筒車

易。此筒車大小之體用也。有流水處，俱可置此。但恐他境之民，未始經見，不知制度。今列爲圖譜，使倣傚通用。則人無灌溉之勞，田有常熟之利，輪之功也。

玄扈先生曰：凡取水之術有四：一曰括，二曰過，三曰盤，四曰吸。括之道有二：一曰獨括〔一〇〕，急流水中加逼脱，可括上數丈也。二曰遞括，不論急緩，但有流水，以三輪遞括，可利出入也。過之道有二：一曰全過，今之過山龍，必上水高於下水，則可爲之，至平則止。二曰二過，以人力節宣，隨氣呼吸。苟上流高於下流一二尺，便可激至百丈以上也。盤之法至多，此書所載，凡有輪軸者皆是。其妙絶者，遞互輪瀉，交輪疊盤，可至數里山巔。但括法必須流水。過法不論行止，必須上流高於下流。盤法在流水，用水力，在止水，必須風及人畜之力。獨吸法不論行止緩急，不拘泉池河井，不須風水人畜，只用機法，自然而上⑬。但所取不能多，止可供飲，倘用溉田，必須多作，顧亦易辦。

【水轉翻車⑭】其制與人踏翻車俱同，但於流水岸邊，掘一狹塹，置車於内，車之踏軸外端，作一竪輪。竪輪之傍，架木立軸，置二卧輪。其上輪適與車頭竪輪輻支相間，乃擗水傍激，下輪既轉，則上輪隨撥車頭竪輪，而翻車隨轉，倒水上岸，此是卧輪之制。若作立軸〔一七〕，當別置水激立輪，其輪輻之末，復作小輪。輻頭稍闊，以撥車頭竪輪。此立輪之法也。然亦當視其水勢，隨宜用之。其日夜不止，絶勝踏車。

水轉翻車

病。若長流水中，不如筒車爲穩。平流用風，不佞别有一法。

玄扈先生曰：此却未便。水勢太猛，龍骨板一受齟齬，即决裂不堪，與今風水車同

【牛轉翻車⑮】如無流水處車〔一八〕之，其車比水轉翻車卧輪之制，但去下輪置於車傍岸上，用牛拽轉輪軸，則翻車隨轉，比人踏功將倍之。與前〔一九〕水轉翻車，皆出新制，故遠近傚之，俱省工力。

【驢轉筒車⑯】即前水轉筒車，但於轉軸外端，别造竪輪。竪輪之側，岸上復置卧輪，與前牛轉翻車之制無異。凡臨坎井，或積水淵潭，可澆灌園圃〔二〇〕，勝於人力汲引。

玄扈先生曰：此却太拙。筒車之妙，妙在用水。若用人畜之力，是水行迂道，比于翻車，枉費十分之三。

【高轉筒車⑰〔二一〕】其高以十丈爲準。上下架木，各竪一輪。下輪半在水内，各輪徑可四尺。輪之一周，兩傍高起，其中若槽，以受筒索。其索用竹，均排三股，通穿爲一。隨車長短，如環無端。索上相離五寸，俱置竹筒，筒長一尺。筒索之底，托以木牌，長亦如之。通線〔二二〕鐵線縛定，隨索列次，絡於上下二輪。復於二輪筒索之間，架刳木平底行槽一，連上與二輪相平，以承筒索之重。或人踏，或牛拽，轉上輪則筒索自下兜水，循槽至上輪，輪首覆水，空筒復下，如此循環不已。日所得水，不减平地車戽。若積爲池沼，再起

牛轉翻車

驢轉筒車

高轉筒車

一車，計及二百餘尺。如田高岸深，或田在山上，皆可及也。所轉上輪，形如軭制⑱，易繳筒索。用人，則如〔一一〕輪軸一端作掉枝〔一二〕；用牛，則制作竪輪如牛轉翻車之法。或於輪軸兩端造作拐木，如人踏翻車之制。若筒索稍慢，則量移上輪。其餘措置，當自忖度，不能悉陳〔一三〕。

玄扈先生曰：此製却可用之急流，挈水雖少，而行地頗高。若在平水，亦須用人畜之力，然猶勝挈瓶也。但凡車戽之制，獨平水爲難耳。若果係迅流，即數里可激而上，此區區者何足以云。別有水轉筒車，與高轉筒車之制頗同，故著其說於後。圖不載⑲。

【水轉筒車】遇有流水岸側，欲用高水，可立〔一四〕此車。其車亦高轉筒輪之制，但於下輪軸端別作竪輪，傍用卧輪撥之，與水轉翻車無異。水輪既轉，則筒索兜水，循槽而上，餘如前例。又須水力相稱，如打輾磨之重，然後可行。日夜不息，絶勝人牛所轉。此誠秘術，今表暴之，以諭來者。

【連筒⑳】以竹通水也。凡所居相離水泉頗遠，不便汲用，乃取大竹，內通其節，令本末相續，連延不斷，閣之平地，或架越澗谷，引水而至。又能激而高起數尺，注之池沼及庖湢之間㉑。如藥畦蔬圃，亦可供用。杜詩所謂「連筒灌小園」。

玄扈先生曰：豈有激而高起之理？若能高起，必是上流受處高於下流洩處故也。果高，則百丈亦可。不高，則分寸不能。但是上流高于下流一二尺，即能取水至百丈之上，

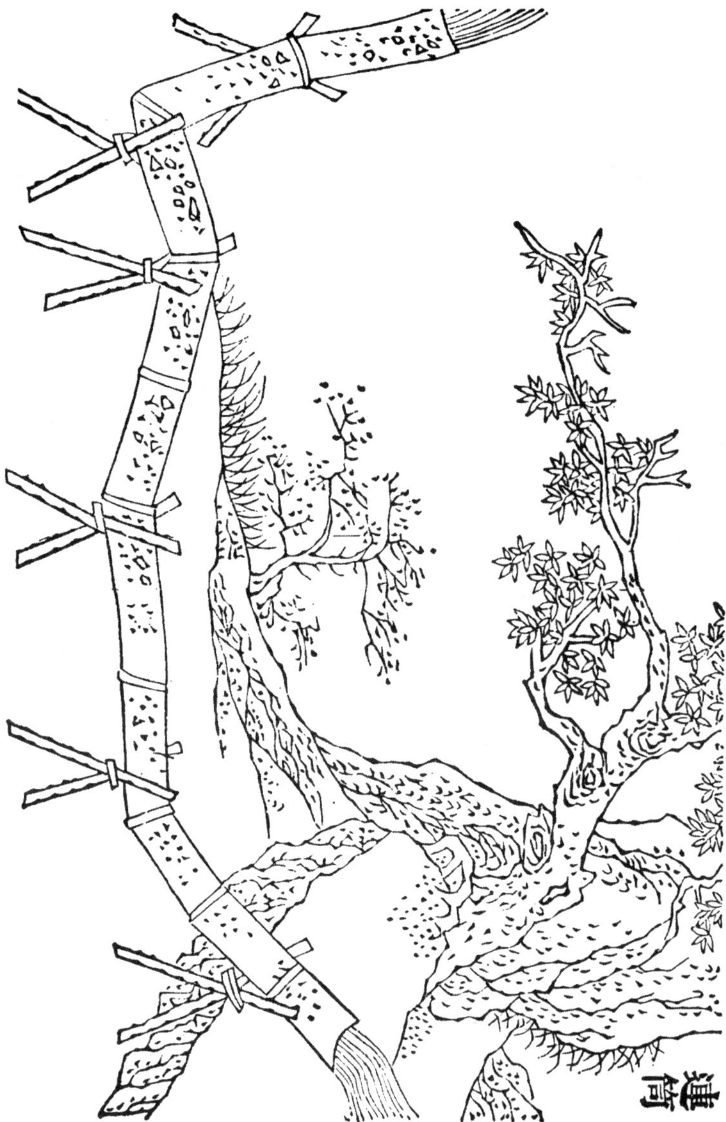
連筒

架槽

戽斗

此則制作之巧耳。

【架槽㉒】木架水槽也。間有聚落，去水既遠，各家共力造木爲槽，遞相嵌接，不限高下，引水而至。如泉源頗高，水性趨下，則易引也。或在窪下，則當車水上槽，亦可遠達。若遇高阜，不免避礙，或穿鑿而通。若遇坳〔一四〕險，則置之叉木〔一五〕，駕空而過。若遇平地，則引渠相接，又左右可移。鄰近之家，足得借用。非惟灌溉多便，抑可瀦蓄爲用。暫勞永逸，同享其利〔二四〕。

【戽斗㉓】挹水器也。唐韻云：戽，抒上與切。也。抒，水器挹也㉔。凡水岸稍下，不容置車，當旱之際，乃用戽斗。控以雙綆，兩人掣〔一六〕之。抒水上岸，以溉田稼。其斗或柳筲，或木罌，從所便也。

玄扈先生曰：此是岸下不必置車，或所用水少，權作此耳。若以溉田，即岸下亦是置車爲妙。

【刮車㉕】上水輪也。其輪高可五尺，輻頭闊至六寸。如水頗〔二五〕下田，可用此。其〔二六〕先於岸側，掘成峻槽，與車輻同闊。然後立架安輪，輪軸半在槽內。其輪軸一端，擐以鐵鈎木拐，一人〔二七〕執而掉之，車輪隨轉，則衆輻循槽，刮水上岸溉田，便於車戽。

刮車

玄扈先生曰：此必水與岸相去止一二尺，方可用。若歲潦用以出水圩外尤便。若並流水㉖，便可激輪出入，則不煩人畜，其利甚博也。

【桔槔】挈水械也。通俗文曰：桔槔，機汲水也㉗。説文曰：桔，結也，所以固屬。槔，皋也，所以利轉㉘。又曰：皋，緩〔一七〕也。一俯一仰，有數存焉，不可速也。然則桔其植者，而槔其俯仰者與？莊子曰㉙：子貢過漢陰，見一丈人，方將爲圃畦，鑿隧而入井，抱甕而出灌，搰搰然用力甚多，而見功寡。子貢曰：有械於此，一日浸百畦。鑿木爲機，重前輕，挈水若抽，數如沃湯，其名爲槔。又曰㉚：獨不見夫桔槔者乎？引之則俯，舍之則仰。彼人之所引，非引人者也。故俯仰不得罪於人。今瀕水灌園之家多置之。實古今通用之器，用力少而見功多者。

【轆轤】纏綆械也。唐韻云：圓轉木也。集韻作櫝轆〔一八〕，汲水木也。井上立架置軸，貫以長轂，其頂嵌以曲木，人乃用手掉轉，纏綆於轂，引取汲器。或用雙綆〔一八〕而逆順交轉。所懸之器，虛者下，盈者上，更相上下，次第不輟，見功甚速〔一九〕。凡汲於井上，取其俯仰則桔槔，取其圓轉則轆轤，皆挈水械也。然桔槔綆短而汲淺，獨轆轤深淺俱適其宜也。

玄扈先生曰：此太拙，不如吸〔二〇〕法爲妙。吸法有二：一用人力，工費力省。一不用人力，作之少費工料，用之却甚利益。

桔槔

轆轤

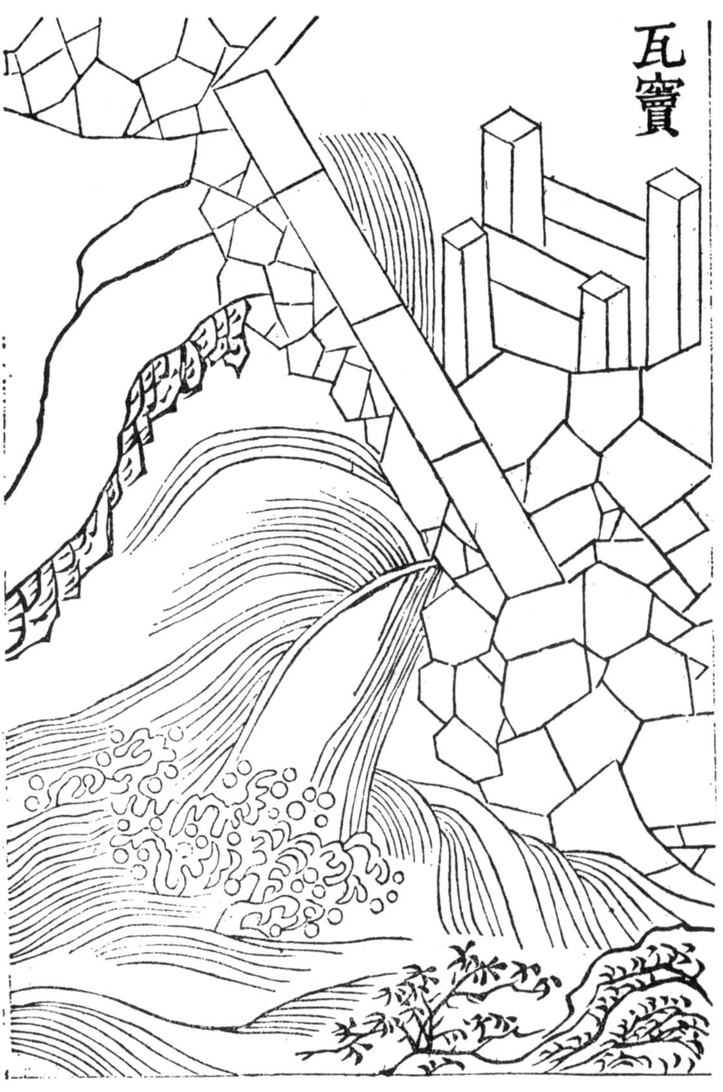
瓦竇

【瓦竇㉛】泄水器也。又名函管㉜。以瓦筒兩端，牙鍔相接㉝，置於塘堰之中，時放〔二一〕田水。須預於塘前堰内，疊作石檻，以護筒口，令易〔二二〕啓閉。不然，則水湊其處，非惟難〔二三〕於窒塞，抑亦衝渲〔二九〕滲漏，不能久穩。必立此檻，其竇乃成。唐韋丹爲江南西道觀察使㉞，築堤扞江，竇以疏漲。此雖竇之大者，亦其類也。

【石籠㉟】又謂之「卧牛」。判竹或用藤蘿，或木條，編作圈眼大籠，長可三二丈，高約四五尺，以籤樁止之，就置田頭内貯磈〔三〇〕石，以擗暴水。或相接連延，遠至百步。若水勢稍高，則壘作重籠，亦可遏止。如遇隈岸盤曲，尤宜周折，以禦奔浪，併作洄流，不致衝蕩埂岸。農家瀕溪護田，多習此法，比於起疊堤障，甚省工力。又有石笆擗水，與此相類。

【浚渠㊱】凡川澤之水，必開渠引用，可及於田。考之古，有溝洫畎澮，以治田水。書云：「濬畎澮距川」是也。逮夫疏鑿已遠，井田變古，後世則引川水爲渠，以資沃灌。按史記秦鑿涇爲渠，又關西有鄭國、白公、六輔之渠，外有龍首渠，河内有史起十二渠，范陽有督亢渠，河北有廣戾渠，朗州有右史渠〔三一〕，今懷、孟有廣濟渠。俱各溉田千百餘頃，利澤一方，永無旱暵。所謂人能勝天，豈不信哉！後之人有能因其地利水勢，繼此而作，益國富民，可見速效。凡長民者，宜審行之。

【陰溝㊲】行水暗渠也。凡水陸之地，如遇高阜形勢，或隔田園聚落，不能相通，當於

石籠

浚渠

陰溝

穿岸〔二二〕之傍，或溪流之曲，穿地成穴，以礡石爲圈，引水而至。若別無隔礙，則當踏視地形，用策索度其高下，及經由處所，畫爲界路。先引濬犁耕過，後復浚掘，乃作甃穴，上覆元土，亦是一法。如灌溉之餘，常流不絕，又可蓄爲魚塘蓮蕩，其利亦博。或貫穿城邑巷陌，及注之園囿池沼，悉周於用。雖遠近大小深淺曲直不同，然皆洑流内達，膏澤傍通，水利之中，最爲永便。此皆泉源在上，或在平地，易以通流。如水在溝下，當車水上之，溉田則一也。或遇田澇，則反能撒〔二三〕水下之，此又陰溝用水之變法。

井

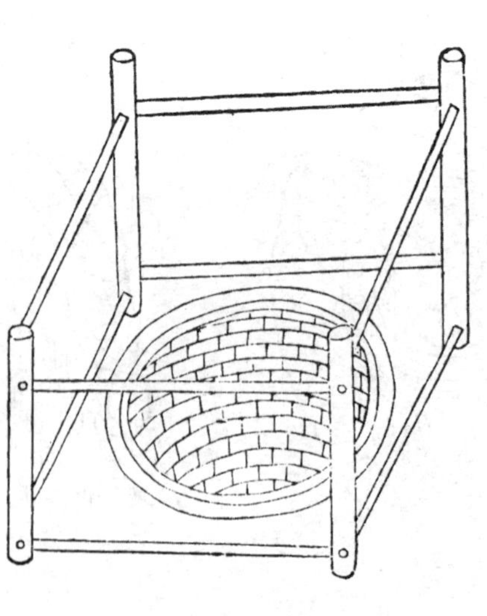

【井】地穴〔二四〕出水也。說文曰：清也㊳。故易曰：井洌㊴寒泉食。甃之以石，則潔而不泥。汲之以器，則養而不窮。井之功大矣。按周書云：黃帝穿井。又世本云：伯益作井。堯民鑿井而飲。湯旱，伊尹教民田頭鑿井以溉田，今之桔槔是也。此皆人力之井也。若夫巖穴泉竇，流而不窮，汲而不竭，此天然之井也。皆可灌溉田畝，水利之中所不可闕者。

水篣

玄扈先生曰：井以深大爲佳。如南方小井，則用未博。大而敞口，則汲者懼險，須如北方三四眼者，以容轆轤，即大善矣。其蓋則須極厚，上施石欄焉。既言井，曷不具汲法也。汲有三法：汲爲上㊵，轆轤次之，挈綆缶爲下。轆轤又有一種，上文所具，在中下之間。

【水筹薄庚切。】集韻云：竹箕也。又籠也㊶。夫山田，利於水源在上，間有流泉飛下，多經嶝級，不無混雜泥沙，淤壅畦埂。農人乃編竹爲籠，或木條爲棬芭㊷，承水透溜，乃不壞田。

校：

〔一〕竪　黔、魯作「竪」，不好解；暫依平本、曙本作「竪」。王禎原書作「樹」，「竪」字有時可以用來代替「樹」，解作「樹立」。

〔二〕滙　平本作「滙」，其餘各本均作「瀝」，應依平本作「滙」。

〔三〕廣　平本、曙本譌作「黄」，應依王禎原書改作「廣」。廣陵即今日江蘇淮揚地區。

〔四〕比　平、曙本作「此」，應依魯本、中華排印本改作「比」，與王禎原書合。（定枎校）

〔五〕田　王禎原書無此字。黔、魯本作「間」，暫依平本、曙本作「田」。

〔六〕比　黔、魯各本譌作「此」，依平本、曙本及王禎原書作「比」。

〔七〕此車　中華排印本倒作「車此」，恐係漏校。應依各刻本作「此車」。

〔八〕縛　平本作「縳」，曙本、魯本作「縳」，意義相同；但王禎原書係「縛」字。

〔九〕木　平、曙本作「木」，魯本、中華排印本作「水」，應依平、曙本作「木」，與王禎原文合。參看本卷案〔一六〕。（定扶校）

〔一〇〕括　各本均譌作「刮」，據上下文義，應作「括」。（定扶校）

〔一一〕高筒轉車　平本無此四字，依曙、魯、中華排印本補。（定扶校）

〔一二〕枝　平、黔、魯本作「技」，依曙本改正，與王禎原文合。

〔一三〕陳　平、黔本作「成」，應依曙本、魯本改，方合於王禎原文。

〔一四〕坳　平、曙本作「坳」（「坳」同「坳」），魯本作「抝」，中華排印本作「拗」。今改作通用的「坳」字與王禎原文合。（定扶校）

〔一五〕叉　平、黔本作「乂」，依曙本改。

〔一六〕掣　魯本、中華排印本譌作「挈」，應依平本、曙本作「掣」，與王禎原書合。（定扶校）

〔一七〕緩　平、黔、魯譌作「綬」，依曙本改作「緩」，與王禎原書同。

〔一八〕綆　平本譌作「鯁」，其餘各本均作「綆」，今據改。「綆」即汲水用的繩索。

〔一九〕速　平本譌作「連」，應依黔、曙各本及王禎原書改作「速」。

〔二〇〕吸　本書各舊刻本均作「吸」，與王禎原書同。中華排印本改作「汲」，未作説明。據文義，仍應作「吸」。

〔二一〕時放　「放」，平本作「於」，依黔、曙本改作「放」，與王禎原書合。但是仍懷疑原書「時」字上有脱去的字。

〔二二〕易　平本、曙本譌作「於」，暫依黔、魯本改作「易」。依王禎原書作「可」最好。

〔二三〕難　平本、魯本作「難」，與王禎原書合；曙本（中華本「照曙改」）改作「易」，不合原意。

〔二四〕地穴　平、曙、中華排印本均作「地穴」；魯本「地」譌作「池」；王禎原書作「穴地」。從全節文字看，「穴地」更恰當。（定枎校）

注：

①本書水利部分灌溉圖譜一卷，利用圖譜一卷，共三十八種，内容全部引用王禎農器圖譜十三、十四。王譜，每項後面所附詩文，本書均略去。現只在這裏歸總交待一下，不再一一注明。

②水栅：水栅王禎原圖，在庫本是兩個單幅。第一幅，標題「水栅」，右上角向左下角是一條溪流，在圖中地位用「竪樁」夾着「石籠」閘斷，水從闕口流出；左上角有水田和房屋，近溪源處有樹叢。殿本闕口和水流的地位錯開了，看不出「栅」的意義。本書第三幅，多少可以看出庫本第一幅的安排；因此曙本在第三幅右上角加了「水栅」兩字標題。還可以和原圖對照。庫本原圖第二幅，

標題「大水栅」;圖上方中央,有一列直的石山,山右邊有水田,田中有兩個人在勞動;山左邊是一條洪流,直向下角奔注;左下角才是大木栅;右邊中部有另外的一個栅和平梁。殿本沒有石山和水田,止有左下角的大栅。本書第一、二兩幅合起來大致和原圖的下半相當。

③伏牛:即卧牛,「石籠」;見後「石籠」條。

④水閘:原圖,庫本是很精工的雙幅圖。右幅右邊上部,遠景之外,有水田,左上角是一列石山;中下是很堅緻的一個斗門跌水口。左幅上方遠景下,有一些村莊田地,接連右幅的石山,依山傍水。中央偏左,有一個小型水閘;水閘下,是一個水庫,水庫由右幅的斗門跌水放出。水庫向下,地上有一些房舍、人物、樹石;最下,是由右幅「跌水」下流來的水。殿本似乎止取了左幅的一個小型水閘。本書更就殿本的圖,下面加上一些水田,案庫本後出,未必一定是王禎農書的原來情況。

⑤陂塘:庫本的圖,是一幅很精緻的素描山水。右上角,遠山下有村莊,有橋通到左上角遠水下面的岸邊村落,村落下,叢樹石堆中,有一個小水閘;中央閘旁的岸上,有人扳罾;人右旁有樹林和另一村莊。右下角,有些田地,有荷鉏的人,又有小洲,洲上有垂柳。殿本是雙幅,大致相當於庫本圖的右下角向左中央一段,有些水田,有處垂柳。本書的圖,似乎和庫本、殿本毫不相涉。

⑥「説文曰:陂,野池也。塘,猶堰也」,今本説文解字(卷十四下)阜部「陂」字的説解,是「阪也,一曰沱(按即「池」字)也」。又(卷十三下)土部「塘」是「新附字」,解作「隄也」。王禎原文這些説法,

與說文、玉篇、廣韻都不相涉。止能作爲他特有的說法。

⑦ 廬江，漢郡名，今安徽巢縣、舒城、霍山以南，長江以北，湖北英山、廣濟、黄梅和河南商城等地。芍陂，「芍」音 què，在今安徽壽縣安豐塘以東，古代著名水利工程。廣陵，今江蘇江都縣東北。雷陂，亦稱雷塘，在江都縣北，已湮没。鉗廬陂，亦作鉗盧陂，在今河南鄧縣東南。西漢元帝時南陽太守召信臣所築。累石爲堤，旁開六石門以調節水勢，灌田達三萬頃。

⑧ 水塘：原圖，庫本是雙幅。右幅，上半中間岸上，有些房屋，有橋渡到左上角的岸邊；橋下有小船，有水禽群。中間有蓮芡，下面則是岸上的村舍。左幅左上角遠景，有塔，塔下和右幅相連，有許多竹籬茅舍，下面有「㽘」，有小船。殿本三幅，第一幅與庫本大體相當，但下面是水田，中間是蘆蕩，没有庫本那些細緻景物；第二幅，似乎是庫本右幅左上角的擴大；第三幅四個蓄水大池，一株楊柳，和上兩幅接不上。

⑨ 洿池：「洿」音 wū，洿池即蓄水而不流動的水池。

⑩ 翻車：庫本原圖雙幅。右幅是兩人，戴笠踏龍骨車；左幅，車翻上的水，經過架高的「梘槽」流出，上面有些田園背景。殿本圖極粗糙，與本書的圖及庫本右幅相當。案本條譜文，平、黔、魯各本刻作小字；曙本則是大字，應依曙本。

⑪ 轉：王禎原書有音注「去聲」；即讀作 zhuàn；今日大部分地區口語中保留着這個讀法，但誦讀中常誤讀爲上聲。

⑫ 筒車：原圖，庫本與殿本俱是雙幅。右幅是「天池」瀉水灌入水田的情形，本書省去了。

⑬ 本節的「吸」字，指利用大氣壓力抽水；不能説不須風、水、人、畜。

⑭ 水轉翻車：原圖與本書大致均相似，庫本左幅左邊，有從山巖瀉下的水源，冲擊卧輪；殿本及本書省去。

⑮ 牛轉翻車：原圖庫本是雙幅，與本書同；不過右幅上角有牧童騎牛等遠景。殿本省去右幅。

⑯ 按「驢」字，王禎農書原作「騆」，殿本作「衞」。「衞」是驢的「雅稱」，本書改作「驢」字是合適的。

⑰ 高轉筒車：庫本原圖，上方有四個人在用脚踏拐木大軸動，作爲動力；殿本改作一個人獨立看車，甚無意義。本書一併省去，便看不出如何運轉。

⑱ 軭：依王禎農器圖譜蠶繅門的譜，這個字應作「軠」，即由長軸轉動的直輻輪。

⑲ 圖不載：案王禎原書，有「水轉高車」圖。庫本下方有水流衝動的卧輪，作爲動力，推動竪輪，殿本缺少這個卧輪，看不出機構。

⑳ 連筒：原圖，庫本是雙幅。右幅從山崖水源導出的連筒，瀉向左幅下偏左的水池中；另有一條支管，通向夾在兩簇村居中的小林中去。殿本由山崖導出的連筒，直接瀉向水池。本書的圖，不合透視原理，看上去似乎水向上噴出。

㉑ 庖湢：「庖」(páo)是廚房，「湢」(bì)是浴室。

㉒ 架槽：庫本原圖，由右上角石山中導出的架槽，通向左邊。右邊中間和左下角，各有橋亭；右下

角有一群寄泊的船。殿本簡單粗糙，看不出意義。

㉓ 戽斗：原圖，庫本是精美的雙幅。右幅有村落人物、水塘……左幅還有房舍、橋……等背景，用戽斗的兩個人，在畫面中，並不顯著。殿本也是雙幅，非常粗糙，右幅毫無意義。

㉔ 今本廣韻（上聲「十姥」）「戽，抒也」；（「八語」）「抒，渫水，俗作汿……」，（去聲「十一暮」）「戽，戽斗，飲水器也」。疑王禎原文有錯雜，應是「戽，抒水器也」；「抒，挹也」。

㉕ 刮車：原圖單幅；庫本上方的背景中，水田中還有人在彎腰操作，殿本簡單粗糙。本書雙幅圖，實際相當於原圖的下半幅。（下句：「上」字下，原譜有音注「時掌切」，即讀 shǎng，作動詞用，解作提向上。）

㉖ 並：據上下文，「並」字應讀 bàng，借作「傍」字用。

㉗ 通俗文：現見太平御覽（卷七六五）器物部十「桔槔」條；引文是「機汲曰桔槔」。

㉘ 説文解字（卷六上）木部「桔」字説解爲「桔梗，藥名」；根本無「槔」字。王禎所引，不是説文解字。

㉙ 見莊子天地篇，本書引文，「重」字上漏去「後」字，「泆」字譌作「沃」。案：王禎原譜文有「後」字，但「泆」字仍誤「沃」。「泆」，讀 yì，水奔突而出。

㉚ 「又曰」下文字見莊子天運篇。

㉛ 瓦竇：庫本原圖，配有多量背景，似乎衝淡了「瓦竇」主題；殿本雖粗糙些，主題却够顯豁。本書的圖，看不出函管和承水石檻的結構。

㉜函管：即今日的「涵洞」。

㉝鍔：原書有音注「五各切」；今日讀è。其實應當寫作「堮」，即沿口邊陷入的部分。

㉞韋丹：新唐書（卷一九七）有傳；這句話，現見傳中。

㉟石籠：庫本原圖，是「疊作重籠」的。

㊱浚渠：本書圖與原圖完全不同；渠所占比例過小，似乎止能作江南的「港汊」看待。

㊲陰溝：庫本原圖，右方有房屋，中間欄干上，有人憑闌立着，欄干下有磚砌的「陰溝」開口，流出水來，注入下方的水中。殿本圖，人物省去，但陰溝的作法，還顯明可見；本書的圖，不够顯豁。

㊳案說文解字無此一說；「井，清也」，出於劉熙釋名；王禎原書有誤。

㊴井冽：易井卦今作「井列」；王禎引改作「冽」，意義正符合易原文。

㊵疑「汲」應是「吸」字，才不至與「汲有三法」的「汲」重複。

㊶集韻（平聲下）「十一庚」「旁」紐（音蒲光切，讀páng）「篣」字，解爲「箕屬」；「十二庚」「彭」紐曰蒲庚切，讀péng）「篣」字注「博雅籠也」。（案廣雅卷八釋器下：「簣、篣、筊、簝、籯、篝、笭，籠也。」）

㊷棬芭：王禎原書作「捲笆」，本書改作「棬」字，仍不可解。懷疑「芭」字應是「苞」。「棬」是「杯棬」；即用火力將生樹枝烘烤範型作成，或在樹上綑綁範型，長成的整條木圈。「苞」是在竹籠或木棬中「包」一些石子。

案：

〔一〕「槩可見」下，王書原有「矣」字，本書各本皆缺，應依王禎原書補。

〔二〕溪上流　應依原書作「溪之上流」。

〔三〕粒　原書從「手」作「拉」；下有音注「盧令切」，「令」是「合」字寫錯。

〔四〕「衆楗斜」下，本書各本均缺王書原有的「撑」字，不成句法。應依王禎原書補。

〔五〕號爲陸海　王禎原書，此下尚有「此栅之大者」一句，與上文「此栅之小者」相應。並有「其餘各處境域，雖有此水而無此栅；非地利素不若彼，蓋工所未及也」；下文「庶彼方傚之」的「彼方」，即指這些境域，也不應節去。

〔六〕「水」字應依王禎原書改正作「木」。

〔七〕旱　王禎原書作「早」，應依本書作「旱」。

〔八〕撤　應依原書作「撤」。

〔九〕「以溉田」下，各本缺一「畝」字，應依王禎原書補。

〔一〇〕或　本書各本作「或」，不像王禎原書「誠」字那麽肯定，似仍以作「誠」爲是。

〔一一〕板繫　各書均譌作「板繫」，應依王禎原書作「板葉」。

〔一二〕博　王禎原書作「助」；本書改作「博」，意義是「替换」，比原書好。

〔一三〕功　應依王禎原書作「巧」。

〔一四〕方　王禎原書作「乃」。

〔一五〕次第傾　王禎原書「傾」字上有「下」字。

〔一六〕木槽　魯本作「水槽」，王禎原書作「木槽」，似較好。

〔一七〕軸　應依王禎原書作「輪」。

〔一八〕車　應依王禎原書作「用」。

〔一九〕前　王書本作「後」；本書次序和王書不同，所以改作「前」。

〔二〇〕可澆灌園圃　王書「可」字下有「用」字。

〔二一〕通綫　應依王禎原書作「通用」。

〔二二〕如　應依原譜作「於」。

〔二三〕可立　王禎原書作「可用」。

〔二四〕暫勞永逸同享其利　王禎原書所無。

〔二五〕頗　應依王禎原書作「陂」。

〔二六〕其　應依王禎原書作「具」。

〔二七〕人　王禎原書作「夫」。

〔二八〕犢轆　王禎原作「櫝轤」，與集韻同（廣韻作「轒轤」）。

〔二九〕渲　應依王禎原書作「激」。

〔三〇〕碨　應依王禎原書作「塊」。

〔三一〕右史渠　「右」字，本書各本均作「右」不誤。王禎原書譌作相似的「古」。據唐書（卷一六五列傳一一五）温造傳：「出造爲朗州刺史，在任開後鄉渠九十七里，溉田二千頃，郡人獲利，乃名爲『右史渠』……」

〔三二〕穿岸　應依王禎原書作「川岸」。

〔三三〕撒　當依王禎原書作「撤」。

農政全書卷之十八

水利

利用圖譜

王禎曰：水利之用衆矣。惟關於農事，係於食物者録之。然必假他物，乃可成功。所以訪諸彼而得於此，稽諸古而行於今。啓祕〔一〕於初傳，斡連機而同運。或造穀食，代人畜之勞。或導溝渠，集雲雨之効。或資汲〔一〕引於庖湢。或供刻漏于田疇。其餘舟楫灌溉等事，已具前篇。覽者當互相參考，以盡水利之用云。

【濬鏵】 書云①：「濬畎澮距川。」今濬鏵，即此濬也。周禮②：「匠人爲溝洫，耜〔二〕廣五

濬鏵

寸。二耜爲耦。一耦之伐〔三〕，廣尺深尺。」以此考之，則知濬鏵，即耦耜之法。其制大倍常鏵，鏵亦稱是。凡開田間溝渠，及作陸塹，乃別制箭犁，可用此鏵。斲犁底爲胎，煅鐵爲刃。犁轅貫以横木，二人扶〔四〕之，可使數牛輓行。插犁既深，一去復回，即成大溝。挑浚之力，日省萬數。唐書③：天寶初，開砥柱之險以通流，石中得古鐵犁鏵，上有「平陸」二字，因改河北縣爲平陸縣。此蓋先開險時所遺器也。又泰山下，舊有曠野，其地污下，不任種蒔，土人呼曰淳于泊。近于耕斸之際，得舊鏵，大可尺餘。故老云：聞昔有大鏵，用開田間去水溝塹，當是此器。因并記之，以爲興利者之助。

【水排】集韻作「橐」〔五〕，與「鞴」同，韋囊吹火也④。後漢杜詩爲南陽太守，造作水排⑤，鑄爲農器。用力少而見功多，百姓便之。注云：冶〔六〕鑄者爲排吹炭，今〔二〕激水以鼓之也。魏志曰：胡暨⑥，字公至，爲樂陵太守，徙〔七〕監冶謁者。舊持〔三〕冶，作馬排，每一熟石用馬百匹⑦；更作人排，又費工力；暨乃因長流水爲排〔四〕，計其利益，三倍於前。由是器用充實。以今稽之，此排古用韋囊，今用木扇。其制：當選湍流之側，架木立軸作二臥輪。用水激轉下輪，則上輪所週絃索，通激輪前旋鼓掉枝，一例隨轉。其掉枝所貫行桄因而推輓臥軸左右攀耳以及排前直木，則排隨來去，搧冶甚速，過於人力。又有一法，先於排前直出木簨，約長三尺，簨頭竪置偃木，形如初月，上用鞦韆索懸之。復於排前植一

水排

勁竹，上帶捧索，以控排扇。然後却假水輪卧軸所列拐木，自上打動排前偃木，排即隨入。其拐〔五〕既落，捧竹引排復回。如此，間打一軸，可供數排，宛若水碓之制，亦甚便捷。故併録此。

【水磨】凡欲置此磨，必當選擇用水地所，先儘並岸擗水激轉〔六〕。或别引溝渠，掘地棧木⑧，棧上置磨，以軸轉磨，中下徹棧底，就作卧輪，以水激之，磨隨輪轉。比之陸磨，功力數倍。此卧輪磨也。又有引水置閘，甃爲峻槽，槽上兩傍植木架〔七〕，以承水激輪軸。軸要〔八〕别作竪輪，用擊在上卧輪一磨。其軸末一輪，傍撥周圍木齒一磨。既引水注槽，激動水輪，則上傍二磨隨輪俱轉。此水機巧異，又勝獨磨。此立輪連二磨也。復有兩船相傍，上立四楹，以茅竹〔九〕爲屋，各置一磨，用索纜於水急〔一〇〕中流。船頭仍斜插板木湊水，抛以鐵爪，使不横斜。水激立輪，其輪軸通長，旁撥二磨。或遇泛漲，則遷之近岸，可許移借。比他所又爲活法磨〔一一〕。庶興利者度而用之。

【水轉連磨】其制與陸轉連磨不同。此磨須用急流大水，以湊水輪。其輪高闊，輪軸圍至合抱，長則隨宜。中列三輪，各打大磨一槃。磨之周匝，俱列木齒。磨在軸上，閣以板木。磨傍留一狹空，透出輪輻，以打上磨木齒。此磨既轉，其齒復傍打帶齒二磨。則三輪之功〔一二〕，互撥九磨。其軸首一輪，既上打磨齒，復下打碓軸，可兼數碓。或遇天旱，

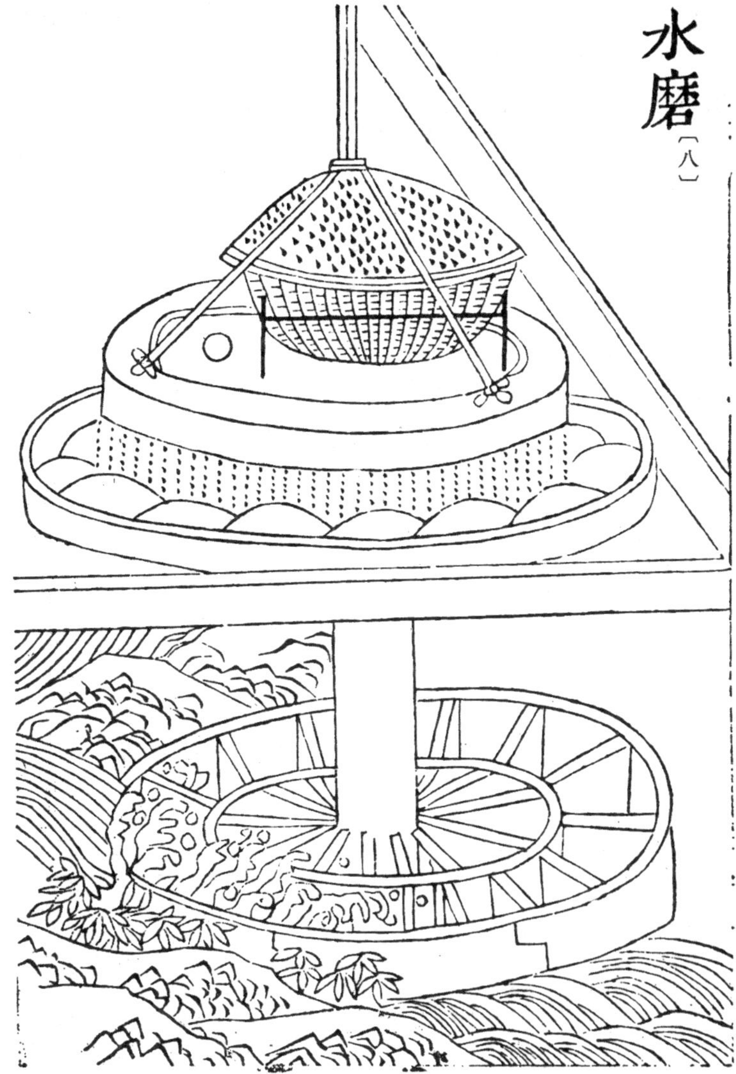
水磨〔八〕

連二水磨

水轉連磨

水打羅[10]

水礱

旋於大輪一週，列置水筒，晝夜溉田數頃。此一水輪，可供數事，其利甚博。嘗至江西等處，見此制度，俱係茶磨。所兼碓具，用搗茶葉，然後上磨。若他處地分，間有溪港大水，倣此輪磨，或作碓輾，日得穀食，可給千家。誠濟世之奇術也。陸轉連磨，下用水輪亦可。

【水擊麵羅】隨水磨用之。其機與水排俱同。按圖視譜，當自考索。羅因水力，互擊椿柱，篩麵甚速，倍於人力。又有就磨輪軸，作機擊羅，亦爲捷巧。

【水礱】水轉礱也。礱制上同，但下置輪軸，以水激之，一如水磨。日夜所破穀數，可倍人畜之力。水利中未有此制，今特造立，庶臨流之家，以憑倣用，可爲永利。

【水碾】水輪轉碾也。後魏書〔九〕：崔亮教民爲輾〔一三〕，奏於方張橋〔一四〕東，堰谷水，造水輾數十區⑫。豈水輾之制，自此始歟？其輾制上同，但下作卧輪，或立輪，如水磨之法。輪軸上端，穿其碢斡⑬。水激則碢隨輪轉，循槽轢穀，疾若風雨。日所毇米⑭，比於陸輾，功利過倍。

【水輾〔一五〕三事】謂水轉輪軸，可兼三事，磨礱輾也。初則置立水磨，變麥作麵，一如常法。復於磨之外周造輾〔一六〕圓槽。如欲毇米，惟就水輪軸首，易磨置礱。既得糲米，則去礱置輾，碢斡循槽碾之，乃成熟米。夫一機三事，始終俱備，變而能通，兼而不乏，省而有要，誠便民之活法，造物之潛機。今創此制，幸識者述焉。

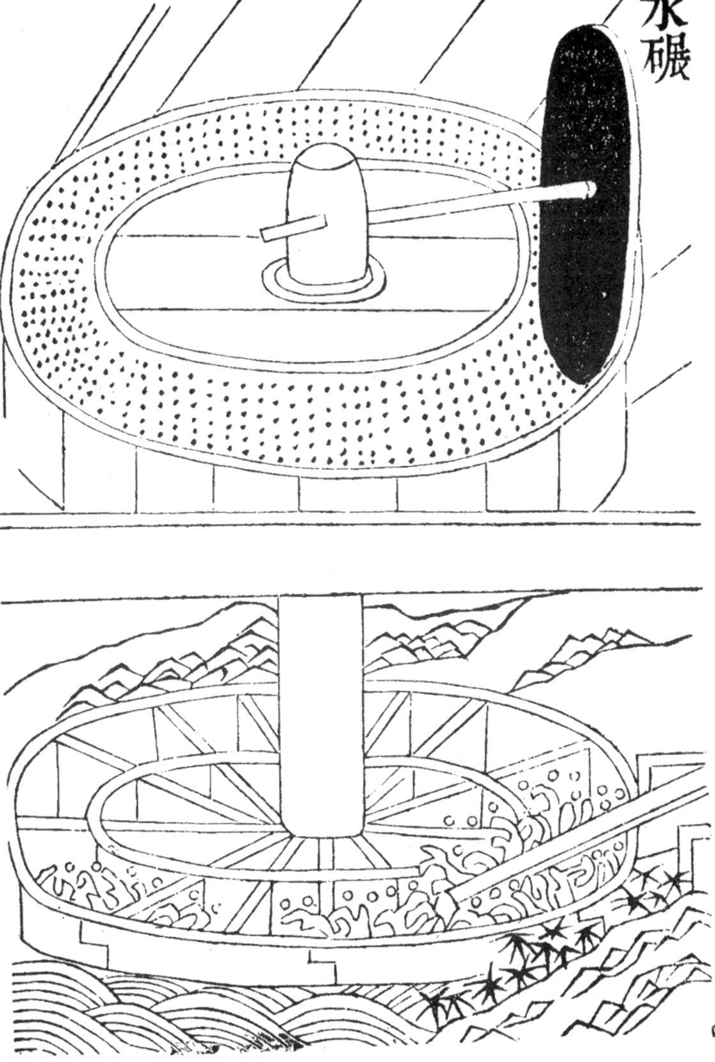
水碾

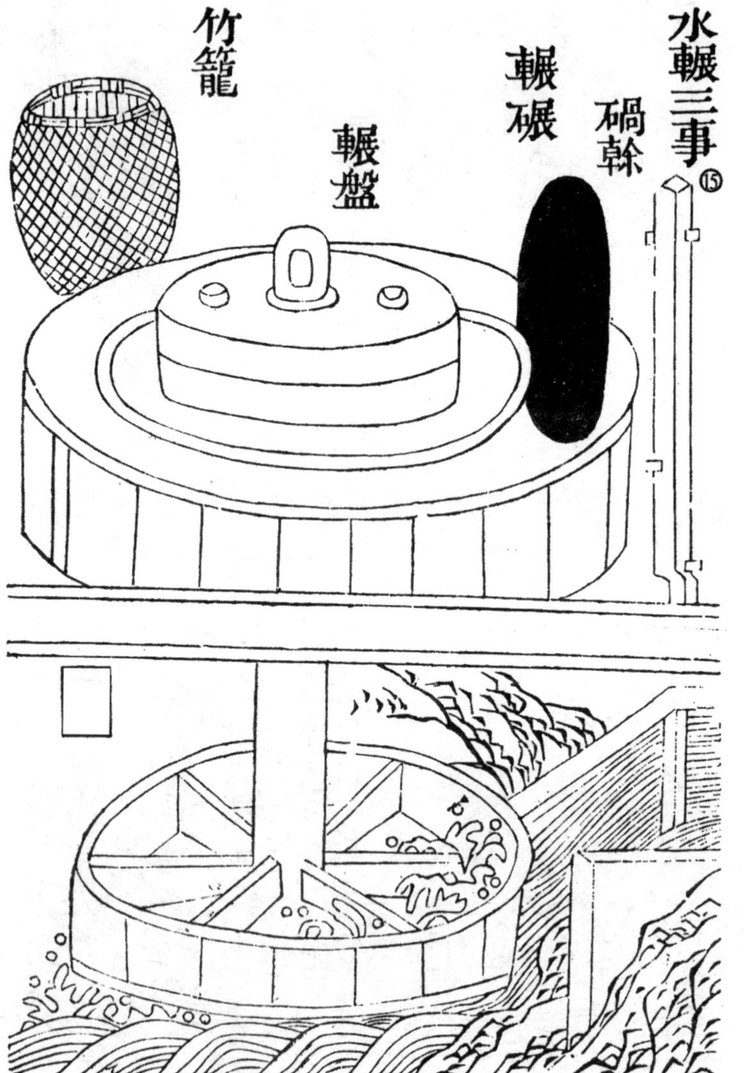
水輾三事⑮
碢幹
輾碾
輾盤
竹籠

水碓⑯

槽碓

【機碓】水擣器也。通俗文云：水碓曰翻車碓。杜預〔一〇〕作連機碓。孔融論水碓之巧，勝於聖人斲木掘地。則翻車之類，愈出於後世之機巧。王隱晉書曰：石崇有水碓三十區。今人造作水輪，輪軸長可數尺，列貫横木，相交如滚搶之制。水激輪轉，則軸間横木，間打所排碓梢〔一一〕。一起一落舂〔一二〕之，即連機碓也。凡在流水岸傍，俱可設置，須度水勢高下爲之。如水下岸淺，當用陂柵，或平流，當用板木障水。俱使傍流急注，貼岸置輪，高可丈餘，自下衝轉，名曰撩車碓。若水高岸深，則爲輪減小而闊，以板爲級。上用木槽，引水直下，射轉輪板，名曰斗碓，又曰鼓碓。此隨地所制，各趨其巧便也。

【槽碓】碓梢作槽受水，以爲舂也。凡所居之地，間有泉流稍細，可選低處，置碓一區，一如常碓之制。但前頭〔一七〕減細，後梢深闊爲槽，可貯水斗餘，上庇以厦，槽在厦⑰〔一八〕，乃自上流用筧引水⑱，下注於槽。水滿，則後重而前起，水瀉，則後輕而前落，即爲一舂。如此晝夜不止，可毇米兩斛，日省二工。以歲月積之，知非小利。

玄扈先生曰：不言轉輪機括，使後來者何述焉？

【水轉大紡車】此〔一三〕車之制〔一九〕，但加所轉水輪，與水轉輥磨之法俱同。中原麻苧之鄉，凡臨流處所多置之。今特〔一四〕圖寫，庶他方績紡之家，倣此機械。比用陸車，愈便且省，庶同獲其利。

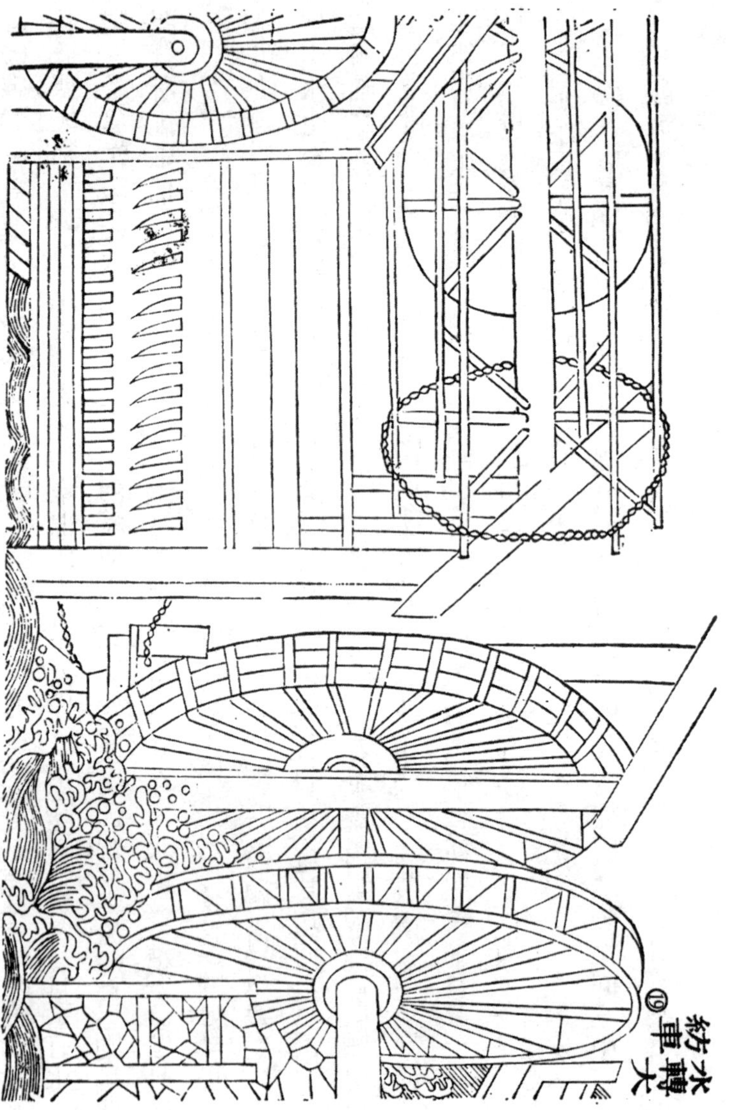
水轉大紡車⑲

【缶】汲水器。左傳⑳：「宋災，樂喜爲政，具綆缶」。爾雅疏云㉑：「比卦初爻，有孚盈缶。」注云㉒：「辰在爻木上，值〔三〇〕東井。井之水，人所汲，用缶。」楊惲傳曰㉓：「田家作苦，歲時伏臘，烹羊炰羔，斗酒自勞。酒後耳熱，仰天擊缶，而呼『烏烏』。」應劭曰㉔：「缶，瓦器也。」今汲器用瓦，亦缶之遺制也。

【綆】郭璞云㉕：「汲水索也。」易卦云㉖：「汔至，亦未繘井。」方言㉗：「繘，自關而東，周、

缶

綆

洛韓魏間，謂之絡，關西謂之繘。」「綆」，或作絖㉘。俗謂井索，下係以鈎。今汲用之家，必有轆轤，爲綆設也。

校：

〔一〕汲　平本譌作「米」，應依黔、曙、魯本改作「汲」。

〔二〕耜　平本作「秬」，應依黔、曙、魯各本改。下同改，不另出校。

〔三〕垡　平本譌作「垈」，應依黔、曙、魯各本改。

〔四〕扶　平本作「抶」，應依黔、曙、魯各本改。

〔五〕橐　黔、魯譌作「槖」，應依平、曙作「橐」，合於原文。

〔六〕冶　魯本譌作「治」，應依平、曙本作「冶」。下同，不另出校。

〔七〕徙　黔、魯譌作「徒」，依平、曙從王禎原書作「徙」，合於三國志原文。

〔八〕水磨　黔、魯本「水排」以下，就是「水打羅圖」，接着才是「水磨圖」；這樣，「水打羅」圖和譜拆開了接不上。平、曙本，「水排」下是「連二水磨圖」和「水磨圖」；「水打羅圖」移在後面，「水轉連磨圖」後，「水轉連磨」譜前，比較合理。但由譜中叙述次序説來，「水磨圖」還是應當排在「連二水磨圖」前面。王禎原圖譜，排列更零亂。現在重新整理過：「水排」後，接「水磨」，包括「水磨圖」「連二水磨圖」和「水磨譜」；接着，是「水轉連磨圖」，「水打（麵）羅圖」，和「水轉連磨」譜，「水擊麵羅」譜。將磨麵的各種水力機械，集中成一系列。然後再是「水礱」「水碾」「水輾三事」，「水碓」……將利用水力從稻粒作成米的各項加工器械，作爲另一系列。接着，排上「水轉大紡車」，最後排上「缶」和「綆」兩項。這樣大改動，止是將「錯簡」復正，不是改字句，雖破了「校勘家法」中「不改原書」的規矩，也許還是可以容許的。

本書「水磨圖」，殿本王禎原題作「臥輪水磨」。「連二水磨圖」，殿本没有；庫本題爲「立輪水磨」(與譜中「立輪連二磨」相對應)。也是雙幅，畫出有作爲動力的水源；另外，後面還有一個人在踏碓。左幅上半；似乎是密閉的一間房，專在羅麵。

〔九〕後魏書　黔、魯本誤爲「後漢書」。平、曙本作「後魏書」，是根據王禎原文的；所指實在爲魏收所撰魏書。大致王禎因爲三國志中也有魏書，所以在原書名上加了一個「後」字，以便和三國魏區别。習慣上都將三國志中的魏書，稱爲魏志(參看前「水排」條所引魏志)；這樣一來，黔、魯本便臆改爲「後漢書」了。現依平本歸原。

〔一〇〕預　王禎原書及平本譌作「穎」；據魏書崔亮傳，應依魯、曙各本改作「預」爲是。

〔一一〕梢　平、黔、曙、魯等本譌作「稍」，今依中華排印本改作「梢」(下「槽碓」中同改)。

〔一二〕舂　平、曙本作「舂」，應依魯、黔本改作「舂」(下「槽碓」中同改)。

〔一三〕此　平、曙本譌作「比」，應依黔、魯本改正。

〔一四〕特　平、曙本譌作「持」，應依黔、魯本改正。

注：

①現見尚書益稷。

②現見周禮考工記匠人。

③見舊唐書(志十八)河南陝州平陸縣下，「天寶三載，太守李齊物，開三門石下，得戟大刃，有『平陸』篆字，因改爲平陸縣」。新唐書(志二八)略同。

④集韻(卷四)去聲「十六怪」「𩎓」紐(步拜切，現在應讀 bài)，「韛、韝、橐」，三個同音義字，解作「吹火韋囊也」。廣韻「韛」字、「橐」字，解作「韋囊吹火」。

⑤排：後漢書列傳二一杜詩傳注「排，音蒲拜反(讀 bài)。排當作『橐』，古字通用也」。

⑥見三國志魏書卷二四韓暨傳。「胡暨」，王禎作「朝暨」，是本書「韓」譌作「胡」的原因；應依魏志作「韓暨」。

⑦熟石：每一熟石，即每冶煉(＝「熟」)一次鐵礦(＝「石」)。

⑧棧：在淩空的木架上，鋪水平木條及木板，擱東西或作「通道」，稱爲「棧」。

⑨水轉連磨：殿本原圖，原來的雙幅圖，右幅標題誤作「水礱」，左幅和右幅，止有屋基聯繫，機械的聯繫都脱漏了。左幅共有六個連磨，止有最左端三個一連，可以看出是由竪齒輪推動的；中間三個磨，没有竪齒輪；右邊三個磨不見了，推動它們的竪輪，閑着在大竪輪旁邊。本書圖基本和庫本相當，不過庫本中有擡東西和看守的兩組人，本書省去了。

⑩ 水打羅：殿本雙幅原圖，右幅誤題爲「水轉連磨」，左幅止剩下一小段。本書圖大致相當於庫本原圖，不過左幅左上角的麵羅房不够詳細。又標題中「打」字下的「麵」字，不應省去。

⑪ 水礱：原圖，殿本缺漏。庫本是雙幅。右幅大致和本書現在的圖相當，有動力豎輪，軸上裝有齒輪，撥動礱齒；左上角有人搬穀喂礱。左幅左上角有人仰着簸揚，右邊有人用帚掃集礱下出來的米和穀殼，另兩人擡着搬走。

⑫ 本節引文，出魏書列傳五四崔亮傳中，除「輾」字王禎依原書作「碾」字外，「教民爲碾」，是崔亮在雍州讀杜詩傳「見爲八磨，嘉其有濟時用」的事。「奏於張方橋東，造水碾磨數十區，……國用便之」，則是爲「僕射」時的事。王禎節録時，已將前後兩件事含混了。

⑬ 碢榦：「碢」字，王禎農書卷十六農器圖譜九杵臼門「石碾」項下引有；出自服虔通俗文。據正字通，與「砣」同；「砣」字，篇海音它（tuō），是「碾輪石」。「榦」即貫穿碾輪中心木杵所作的軸。

⑭ 毇：音huǐ，據説文解字的解釋，是將一石米舂成八斗。

⑮ 水輾三事：原圖標題是「水輪三事」；各部分都没有注字。庫本所畫，是用作「碾」的（本應將碾碢的榦穿在中心軸頂的方孔内，却另加横木，牽在豎立一旁的榦上）。並有人在搬運「毇」過的米，又没有中間的「木棧」。

⑯ 本書圖標題作「水碓」，應依原書作「機碓」，與譜相應。原圖，庫本是雙幅，與本書大致相當，殿本少了右幅的豎輪，也就無從了解整套機械的動力的構造。

⑰厦：原意是止有一個斜面（即一面高，向另一面傾斜下去）的屋頂，四面不一定有墻壁的，王禎用來作爲「棚」的雅稱。

⑱筧：無蓋的水槽；常用大竹對半劈開，多節接續作成；也有用木板作的。字有時寫作「梘」。

⑲水轉大紡車：原圖，殿本止留下右幅的水力豎輪，没有紡車；庫本是兩幅，與本書圖大致相當：左幅中，傳動帶、繩莩、轉軸的關係都看不清晰。

⑳見春秋左氏傳（襄公九年）「春，宋災。樂喜爲司城以爲政。使伯氏司里：火所未至，徹小屋，塗大屋，陳畚挶，具綆缶，備水器……」

㉑邢昺爾雅疏（釋器第六第二條）「盎謂之缶」下，有「『比卦，初爻』，『有孚盈缶』，注云，爻，辰在木上，值東井，井之水，人所汲，用缶；『缶』，汲器」。

㉒比是易中一個卦；「有孚盈缶」，是比卦的爻辭。

㉓現見漢書（列傳三六）楊敞傳（附子惲）；這幾句，在楊惲報孫會宗書中。

㉔見風俗通義卷六。

㉕見方言（揚雄記，郭璞注）卷五「繘自關而東……」（案即下文所引）「繘」下郭注文。原是「繘」字的解釋，不是注「綆」字的。

㉖見易井卦。

㉗見方言卷五。

㉘ 或作紞：這是根據集韻（上聲「三十八梗」）「綆」「紞」兩字重文的；原注「或從亢」。

案：

〔一〕啓祕　此下應依王禎原書補「妙」。

〔二〕今　王禎原書誤作「令」，本書各本不誤。後漢書（列傳二一）杜詩傳注，正是「令」字，這句話，意思是：「（一般）冶鑄的人都用（人力鼓動皮）排吹炭；現在（杜詩改用）激水來推動，所以才稱爲『水排』。」

〔三〕持　應依魏書及王禎原書改作「時」。

〔四〕長流水爲排　王禎原文如此，應依三國志原文作「長流爲水排」。

〔五〕「拐」字下，應依王禎原書補「木」字。

〔六〕先儘並岸擗水激轉　應依王禎原書作「先作並岸擗水激輪」。「並」字讀 bàng，當倚傍的「傍」字用。即平行於流水的一岸，作成「擗水」，來激動輪盤。

〔七〕植木架　應依王禎原書，於「木」字下補「作」字。

〔八〕軸要　王禎原書作「軸腰」，本書各本用「腰」的古字「要」。

〔九〕茅竹　王禎原書，原用古字作「茆竹」。

〔一〇〕水急　應依原書倒轉作「急水」。

〔一〕比他所又爲活法磨　應依王禎原書改爲「施之他所，又爲活法磨也」。

〔二〕功　應依王禎原書作「力」。

〔三〕「輾」字，各處王禎原書都依魏書作「碾」。

〔四〕方張橋　應依王禎原書及魏書作「張方橋」。（「張方」，人名，是晉惠帝時的將領。）

〔五〕輾　正文及圖畫標題中的「輾」字，都應依王禎原書作「輪」。

〔六〕「輾」字，王禎原書作「碾」；疑「碾」字上當有「容」或「納」等字。

〔七〕前頭　王禎原書作「前桯」。「桯」是柄的下節，碓杠也可稱爲桯；但本書所改「頭」字更顯豁。

〔八〕「夏」字下，應依王禎原書補「外」字。

〔九〕「此車之制」下，王書原有「見麻苧門，兹不具述」兩句；今删去，上下文便不貫通了。

〔一〇〕辰在爻木上值　按：「爻」字，本書各本均寫在「在」字下面，應依王禎原書顛倒過來；「值」是相對應。

農政全書卷之十九

水利

泰西水法上①

用江河之水，爲器一種。

龍尾車記曰：龍尾車者，河濱挈水之器也。治田之法，旱則挈江河之水入焉，潦則挈田間之水出焉。治水之法，淺涸則挈水而入方舟焉，疏濬則挈水而出畚鍤焉。不有水之器，不得水之用。三代而上，僅有桔槔。東漢以來，盛資龍骨。龍骨之制，日灌水田二十畝，以四三人之力。旱歲倍焉，高地倍焉。駕馬牛，則功倍，費亦倍焉。溪澗長流而用水，大澤平曠而用風，此不勞人力自轉矣。枝節一蔓②，全車悉敗焉。然而南土水田，支分櫛比，國計民生，于焉是賴，即兹器所在，不爲無功已。獨其人終歲勤動，尚憂衣食。至北土旱災，赤地千里，欲拯斯患，宜有進焉。今作龍尾車，物省而不煩，用力少而得水多。其大者一器所出，若决渠焉。累接而上，可使在山，是不憂高田。築爲堤塍而出之，計日可盡，是不憂潦歲與下田。去大川數里數十里，鑿渠引之，無論水稻若諸水生之種，可以必濟，即黍稷菽麥木棉蔬菜之屬，悉可灌溉，是不憂旱。濬治之功，出水當五分之一，今省十九焉，是不憂疏鑿。龍皤之斗，旱熯之年，上源枯竭，穿渠旁引，多用此器，下流之水，可令復上，是不憂漕也。蓋水車之屬，其費力也以重。水車之重也，以障水，以帆風，以運旋本身。龍尾者，入水不障水，出水不帆風，其本身無銖兩之重，且交纏相發，可以一力轉二輪；遞互連機，可以一力轉數輪。故用一人之力，常得數人之功。又向所言風與水，能敗龍尾之車也③，在鶴膝④、斗板⑤。龍尾者，無鶴膝，無斗板，器居水中，環轉而已。湍水疾風，彌增其利。故用風水之力，而常得人之功。若有水之地，悉皆用之，竊計人力可以半省，天災可以半免，歲入可以倍多，財計可以倍足。方于龍骨之類，大略勝之。然而千慮之一，以當起予可也。智士用之，曲盡其變，不盡方來，或者無煩覼縷焉。

龍尾者，水象也，象水之宛委而上升也。龍尾之物有六：一曰軸。軸者，轉之主也，水所由以下而爲上也。二曰牆。牆者，以束水也，水所由上也。三曰圍。圍者，外體也。所以爲固抱也。四曰樞。樞者，所以爲利轉也。五曰輪。輪者，所以受轉也。六曰架。架者所以制高下也，承樞而轉輪也。六物者具，斯成器矣。或人焉，或水焉，風馬牛焉，巧者運之，不可勝用也。

一曰軸

圜木爲軸，長短無定度，視水之淺深，斟酌焉而爲之度。二十五分其軸之長，以其二爲之徑。木之圜，必中規而上下等⑥。以八繩附臬之法⑦，八平分其軸之周，直繩而施之墨。軸之兩端，因直繩之兩端而施之墨，八繩之交，得軸之心也。以八平分〔一〕之一分爲度，以度八繩之墨⑧，皆平行相等而爲之界⑨。以句股求弦之法，兩界斜相望，而墨爲之弦。弦之竟軸，而得一螺旋之墨。因螺旋之墨，而立之墻，爲螺墻。墻之間，而得螺旋之溝，爲螺溝。螺溝者，水道也。軸得一墨焉，則得一墻焉，一溝焉，水得一道焉。或二之，或三之，四之，以上同于是。多則均，一則專，惟所爲之。既墻而圍之，既建而迤之，而轉之，水則自螺旋之孔入也。水之入于螺旋之孔也，水自以爲已下也，而不自知其已上也。故曰軸者，轉之主也，水所由以下而爲上也。

注曰：圜與圓同。量水淺深者，下文言「句四、股三、弦五」，則岸高九尺者，軸之長，當一丈五尺也。凡作軸，皆度岸高，以三五之法準之。二十五分之二者，如軸長一丈，則徑八寸。如本篇第一軸立面圖，己丁長一丈，則丁丙之徑八寸也。此略言軸欲大耳。若徑至三寸以上，不嫌長丈，八寸以上，不嫌長二丈也。軸過小，則水爲之不升。八繩附臬者，周禮：「樹八尺之臬，縣八繩下垂⑩，皆附于臬。」今軸身作線，大略似之也。八平分者，如軸兩端圖，甲乙丙丁戊圈爲軸之周，所分甲乙、乙丙等八分者，平分度也。軸之兩端，卧其軸，各作己甲過心線，依法分之，即上下合也。次于軸兩端之邊，依所分各界，兩兩相對，各作平行直線八線，附木皆平直，是爲八平分軸之周。如立面圖，己丁、庚丙諸線是也⑪。次于兩端各作甲己、丁丙諸線，則得軸兩端之各庚心也。以八平分之一爲度者，謂以甲乙爲度，從庚至辛，作庚辛、辛壬等短界線，至丙而止。八線皆如之。各線之短界線，皆平行，皆相等也。墨爲之弦者，從庚向癸，依句股法作庚癸斜弦線，内纏之至子，外纏之至丑至寅至卯至辰，斜纏軸面，竟軸而止，則得一螺旋線也。單線則爲單墻，單溝也。若欲爲雙溝者，則平分庚丑線得午。從午外上向己，内下向未，亦依法作螺旋線也。若作四槽者，又平分庚午于壬，依法作之。欲作三槽六槽九槽者，先分軸爲九平分。欲作五槽十槽者，先分軸爲十平分。依法作之。

二曰墻

軸之上，因各螺旋之繩而立之墻。墻之法，或編之，或累之，皆塗之。墻之兩端，不至于軸之兩端。其至也，無定度，惟所爲之，以樞之短長稱之。八分其軸長，以其一爲墻之高。可減也，不可加也。墻，其累之也，欲堅而無墮也。其編之也，欲密而平也。其塗之也，欲均〔二〕而無罅也。兩墻之間謂之溝。溝，水道也。水行溝中，而墻制之，使無下行也。故曰：墻者所以束水也，水所由上。

注曰：編墻之法，削竹爲柱，依螺旋之線而立之。每立一柱，即與軸面之八平分長線爲直角。如立柱于本篇一圖之午，即柱爲垂線，與庚丙長線爲直角也，而又與軸兩端之丙丁爲一直線也，若本篇二圖之癸丙是也。削柱欲均，安柱欲正，列柱欲順，立柱欲齊。既畢，則以繩編之，略如織箔之勢。繩以麻或紵或菅或布或篾，惟所爲之。既畢，以瀝青和蠟，或和熟桐油〔一〕，和石灰瓦灰塗之，或以生漆和石灰瓦灰塗之。凡瀝青加蠟與桐油，取和澤而止。石瓦灰相半〔三〕，桐油或漆和之，取燥濕得宜而止。累墻之法，取柔木之皮，如桑槿之屬，剥取皮，裁令廣狹相等，以瀝青和蠟依螺旋之線，層層塗而積之。累畢，如前法塗之。既畢，而兩墻之間，成螺旋之溝。水從溝行而墻不漏者，是墻之善也。八分之一者，如軸長八尺，則墻高一尺，此亦略言高之所至也。一以下任意作之，故曰可減不可增。一法：若欲爲長軸，則墻之高與軸之徑等。

三曰圍

墻之外，削版而圍之，版欲無厚。墻之兩端，順墻柱之勢，穿軸而立四柱焉，依墻之高而束之環。圍板之端入于環，圍之外，以鐵爲環而約之。長者中分圍之長，以鐵環約之。又長者三分其長，以兩環約之。圍之版，其相合也，與其合于墻之上也，皆合之以塗墻之齊。圍之外，皆塗之，以受雨露也。圍，其合也欲無罅，圍之合于墻也，欲無罅。有圍，故水入螺旋之孔而不絕。無罅，故水行于螺旋之溝而不洩，則水旋而上也。故曰：圍者外體也，所以爲固抱也。

注曰：圍之板，量圍徑之大小與其長，酌全體之重輕而制厚薄焉。其長竟墻，其廣一寸以上，視圍徑之小大增損之。太廣而合之，則角見也⑫。其內面稍刳之，以就墻之圓。外面者，圍既合而削之。當墻之盡，穿軸爲四柱者，所以居環而受圍也，如本篇三圖〔四〕之卯寅辰午等是也。環以堅韌之木爲四弧，弧各加于環柱之上，合之成環焉。環之下方，或爲溝焉，居中以受圍板之端，或居外，或居內，爲刻而受之。如爲溝于未，此居中也。爲刻于申，此居外也。于酉，居內也。鐵環之束在兩端者，與木環相抵，卯午也，戌亢也。或中分約之者，心斗是也。若兩中環者，則在尾與箕也。或不用鐵環，以繩約之而塗之。齊與劑同。合以塗墻之劑者，瀝青和蠟，或油灰，或漆灰也。若塗圍之周者，則漆灰爲上，油灰次之；瀝青和蠟者，恐不耐暑日也，爲下。而欲速成，則用之。欲解而時脩，則用之。是者，暑日架之，則以苫蓋之。水入于螺旋之孔者，孔在環之内，軸之外，四柱之中，戌亥角亢之間是也。雖下向必入者，以迤故，水趨于圍也。既其出，則在卯寅辰午之間矣。一法：墻之兩端以二圓版蓋之。開圍板之下端而水入之，開上端之圓板而出之，其效同焉。

四曰樞

軸之兩端，鐵爲之樞，當心而立之。樞之用在圜。輪在圍若在軸者，皆圜之。輪在上樞，方其上樞之上；輪在下樞，方其下樞之下。方之者，以居輪。立樞欲正欲直。不正不直者，輕重不倫也。既正既直，輕重均，轉之如將自轉焉，則雖大而無重也。故曰樞者，所以爲利轉也。

注曰：當心者，本篇一圖之庚，心也。樞之大小長短無定度，量全體之輕重，制大小焉。量輪之所在與地之所宜，制短長焉。輪所在者有七，下方詳之也。方則止，故可以居輪。正者，當庚之心。直者，與軸端圓面爲直角，與軸上八平分線俱爲一直線也。求正尚有軸端諸線可憑，求直稍難焉。今立一試法：視一圖軸兩端諸分線，以規一抵軸端邊之乙，一抵樞之頂心爲度。次去乙抵戊量之，又去戊抵己量之，皆至于樞之頂心者，即樞直也。如將自轉者，成速之甚也。

五曰輪

輪有七置，輪有三式。七置者，當圍之中焉，圍之兩端焉，軸之兩端焉，兩樞焉。在圍者，夾其圍而設之輻，輻之末周之以輞焉⑬。輞，樹之齒焉。在軸與樞者，方其處而入之轂。轂，樹之齒焉。凡輪，皆以他輪之齒發之，其疾徐之數，視輪與他輪之大小焉，其齒之多寡焉。故輪欲密附而少爲之齒，輪附而齒少，他輪大而齒多，則其出水也必疾矣。故曰輪者所以爲受轉也。

注曰：輪有七置者，因地勢也，量物力也，相大小而制疾徐也。在圍之中者，本篇四圖之丁是也。在圍之兩端者，丙與戊是也。在軸之兩端者，乙與己〔五〕是也。在兩樞者，甲與庚是也。若車大而軸長，出水之地高，則在丁矣。若平地受水，而用人力畜力風力者，當在甲乙丙矣。用水力當在戊己庚矣。夾圍之輻，子丑之類是也。辛者，容圍之空也。壬癸，輞也。寅卯之類，齒也。方其處者，軸與樞當受轂之處也。辰，入樞之空也。戌〔六〕，入軸之空也。午，轂也。酉，亦轂也。未申亥角之類，皆齒也。他輪者，或人車，或馬牛贏車，或風車，或水車之輪也。此諸車之輪者，非謂其大臥輪也，蓋指接輪焉。接輪者，農家所謂撥子是也。試言人車，則有臥軸也，臥軸之一端有接輪，臥軸之上有拐木也。今于甲乙丙任置一輪焉，如置在軸之乙輪，即以卧軸之接輪交于乙輪。人踐拐木而轉之，接輪與乙輪相發也。若馬牛贏車及風車，則有卧軸也，卧軸之兩端，皆有接輪。今以其一交于乙輪，以其一交于彼車之大卧輪，駕畜焉，飄風焉而轉之⑭，接輪與乙輪相發也。若水轉之車則有卧軸也，卧軸之一端有接輪，卧軸之上有立輪，立輪之外有受水之箑也。今于戊己庚任置一輪焉，如置在軸之己輪，即以卧輪⑮之接輪交于己輪，水激于箑⑯，而卧軸爲之轉，接輪與己輪相發也。疾徐之數與他輪相視者，如乙己之輪齒十二，人車之接輪齒十二，是拐木一轉而得一轉也。如樞輪之齒八，而人車之接輪齒十六，是拐木一轉而得二轉也。人車之接輪齒二十四，是一轉而得三轉也。若樞輪之齒八，而駕畜飄風之卧輪齒七十二，是一轉而得九轉也。故曰〔七〕輪欲密附，密附則齒爲之少，他輪欲大，大則齒多。然而密者過密焉，則力爲之不任。大者過大焉，則遲。故曰：因地勢、量物力、相大小而制徐疾焉。今圖樞輪之齒八，軸輪十二，圍輪十六，約略作之，非定率也。趣欲使兩輪之交⑰，疎密相等焉，長短相入焉，相關相發而不滯，則足矣。其小者欲無用輪，方其樞之末，別爲衡，衡之一端入于樞焉，其一端植之柱焉。柱之體圓，又爲之掉枝，而首爲圓孔焉。以掉枝之圓孔，入于柱而轉之。若大者而欲無用輪，則以兩掉枝同加于柱，兩人對執而轉之。最大者，兩掉枝之末，各爲持衡，四人或六人對持其衡而轉之。

六曰架

架者，一上一下，皆爲砥柱，或木焉，或石焉，或瓴甋焉⑱。柱之植，欲堅以固也。下柱居水中，以鐵爲管，施之柱首，迤而上向，以受下樞之末。制管高下，量水之勢，令得入于螺溝之下孔而止也。上者居岸，以鐵爲管，施之柱首，迤而下向，以受上樞之末。若輪與衡在上樞之末者，則中樞而設之頸，以鐵爲山口，而架樞其上，出其樞之末，以受輪與衡也。制高下之數，以句股爲法，而軸心爲之弦。弦五焉，則句四焉，股三焉。過偃則不高，過高則不升。

龍尾一圖

軸兩端

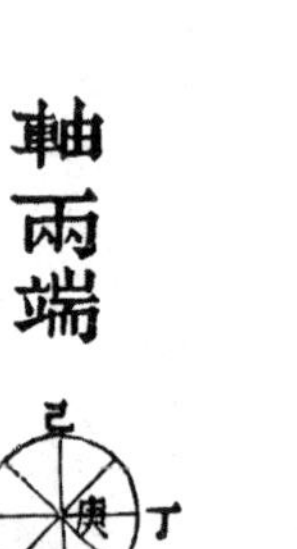

軸立面

注曰：瓴甋，磚也。堅者，其本體堅。固者，其立基固也。上柱者，本篇五圖之

龍尾二圖

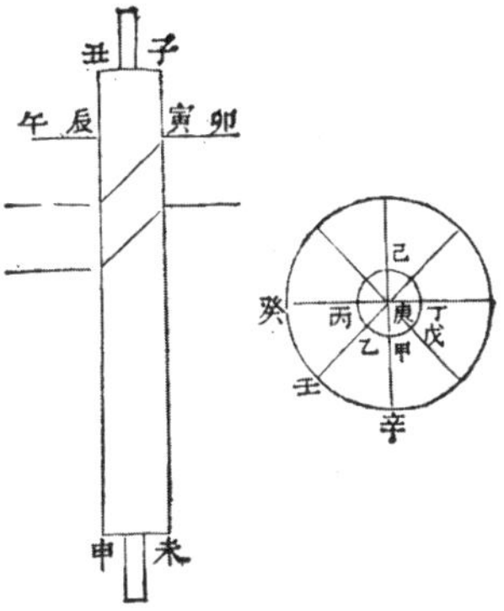

龍尾四圖

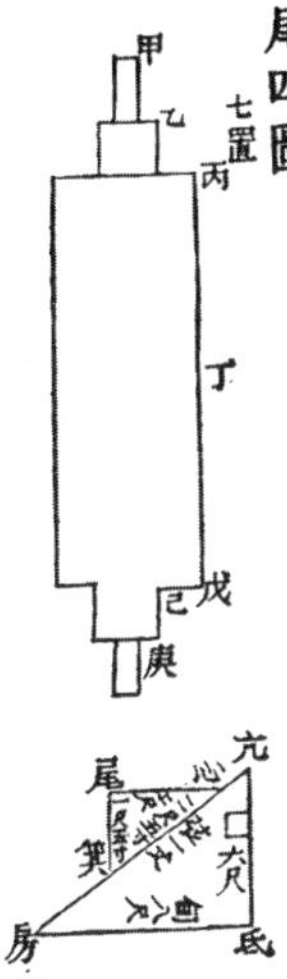

在圍之輪

在軸之輪

在樞之輪

龍尾三圖

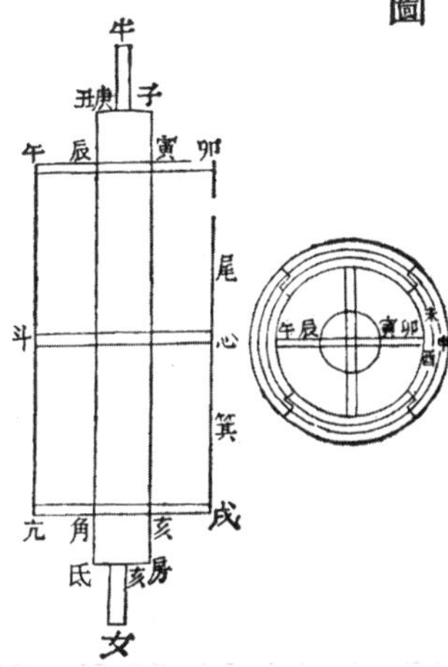

龍尾五圖

甲乙是也。下柱者，丙丁是也。上管以受上樞，戊也。下管以受下樞，己也。句股法者，一高一下，如四圖之亢房線而置之，令上樞之末在亢，下樞之末在房也。三四五者，如上樞之末爲亢，至下樞之末爲房，長一丈，如法置之，則自下樞之末，房依地平作平行線，自上樞之末，亢作垂線，而兩線相遇于氐。其亢氐線必長六尺，氐房線必長八尺也。若迤建于岸之側，謂無從作垂線者，則以句股法反用之。以圍板爲倒弦，別作一尾箕垂線爲股，尾爲直角，作尾心横線爲倒句。若尾箕長一尺五寸，偃仰移就之，令尾心長二尺，即心箕必二尺五寸，而亢房線必合三四五之句股法也。凡圍板長一丈，水高必六尺，求多焉不可得。相水度地制器者，以此計之。若水過深，岸過高，器不得過長，則累接而上之。累接之法，亦以接輪交而相發也。

用井泉之水，爲器二種：

玉衡車記曰：玉衡車者，井泉挈水之器也。既遠江河，必資井養。井汲之法，多從綆缶，饔飧朝夕，未覺其煩。所見高原之處，用井灌畦，或加轆轤，或藉桔橰，似爲便矣。乃俛仰盡日，潤不終畝。聞三晉最勤，汲井灌田，旱熯之歲，八口之力，晝夜勤動，數畝而止。他方習惰，既見其難，不復問井灌之法。歲旱之苗，立視其槁。饑成已後，非殍則流，吁可憫矣！今爲此器，不施綆缶，非藉轆轤，無事桔橰。一人用之，可當數人。若以灌畦，約省夫力五分之四。高地植穀，家有一井，縱令大旱，能救一夫之田⑲。數家共井，亦可無饑餓流亡之患。若資飲食，則童幼一人，足供百家之聚矣。且不須俛仰，無煩提挈，略加斡運⑳，其捷若抽。故煙火會集之地，一井之上，尚可活一煢民也㉑。

玉衡者，以衡挈柱，其平如衡，一升一降，井水上出，如趵突焉。玉衡之物有七：一曰雙筩，雙筩者，水所由代入也。二曰雙提，雙提者，水所由代升也。三曰壺〔八〕，壺者，水之總也，水所由續而不絕也。四曰中筩，中筩者，壺水所由上也。五曰盤，盤者，中筩之水所由出也。六曰衡軸，衡軸者，所以挈雙提下上之也。七曰架，架者，所以居庶物也。七物者備，斯成器矣。更爲之機輪焉，巧者運之，不可勝用也。

注曰：趵突㉒，泉水上出也。

一曰雙筩

鍊銅或錫爲雙筩。其圜中規，而上下等，半其筩之長以爲之徑。下有底，中底而爲之圜孔，以其底之半徑爲孔之徑。筩之旁，齊于底而樹之管，管外出而上迤也。管之容，其圜中規。管之下端抒之以合于筩。開筩之下端爲橢〔九〕孔，融錫而合之于管。管之上端亦抒之，既樹之，則與筩之邊爲平行。三分其底之徑，以其一爲管之徑。底之圜孔，爲之舌以揜之。舌者方版，方版之旁爲之樞。底孔之旁爲之紐。樞入于紐，如户焉而開闔之。舌之開闔，與管之孔無相背也。紐居左則管居右。舌其合于底也，欲密。管之孔，翕〔一〇〕合于筩之孔，欲利而無罅。樞紐之動也，欲不滯。凡水入也，必從其底之孔也，有舌焉而開闔之。開之則入，闔之則不出。左開則右闔矣，是左入而右不出也。是恒有一孔焉，入而終無出也。故曰雙筩者，水所由代入也。

注曰：凡徑，皆言圓孔也，肉不與焉。如本篇一圖，甲至乙，丙至丁是也。半長爲徑者，徑三寸則筩長六寸，如丁丙廣三寸，則甲丁長六寸也。半徑爲孔者，徑三寸，孔徑一寸五分，如丁丙三寸，則辛壬一寸五分也。上迤者，斜迤而上，如戊至己，丙至庚也。抒者，斜削之，如戊至丙，己至庚是也。橢，長圓也，欲與戊丙之孔合也。融錫合之，小釺也。管之上邊與筩邊平行，將以合于壺之下孔也，己庚是也。三分之一者，底徑三寸，則管徑一寸，未至申之度也。方板者，丑寅卯午是也。樞者，卯辰午是也。紐者，癸子是也。舌如橐籥之舌㉓，以樞合紐，令丑卯之板，恒加于辛壬孔之上，向丙而開闔之也。

二曰雙提

旋堅木以爲砧㉔，其圜中規，而上下等。曷知其中規而上下等也？砧之大，入于雙箭也，欲其密切而無滯也，展轉之，上下之，猶是也，斯之謂中規而上下等。當砧之心而立之柱。三分其砧之徑，以其一爲柱之徑。柱之短長無定度，以水之深也，井之高也，斟酌焉而爲之度。柱之上端，爲之方枘而入于衡。凡水之入也，入于雙箭之孔也，孔有舌焉。砧升，則舌開而水爲之入；砧降，則舌合而水爲之不出。水之入而不出者，舌也；舌之開闔者，砧也；砧之上下者，柱也。舌闔矣，水不出矣，砧又下焉，水將安之？則由箭之管而升于壺，左右相禪也㉕。故曰雙提者，水所由代升也。

注曰：砧，形如截蔗，本篇一圖酉戌亥角是也。其高不言度者，趣其入于箭也，不轉側動摇而已矣。若爲鼎足之柱以固之，即無厚可也。三分之一者，砧徑三寸，則柱徑一寸，如酉角三寸，則亢氐〔二〕一寸也。凡雙箭入井，近下則水濁，近上則水竭，故柱之短長，宜量水深與井高也。枘，筍也，當房心之上，刻而方之，爲尾箕是也。

三曰壺

鍊銅以爲壺，壺之容，半加于雙箭之容。其形橢圜，腹廣而上下弇之。弇之度，視廣之度殺其十之二㉖。當其弇而設之蓋。壺之底，爲橢圜之長徑，設二孔焉皆在其徑。孔之橢圜，其大小也與管之上端等。融錫而合之。壺之兩孔，各爲之舌而揜之。舌之制，如筩中之舌也。壺之内，當兩孔之中而設之紐，兩舌之樞悉係焉而開闔之，左右相禪也。當蓋之中，爲圜孔焉，而合于中筩。蓋之合于壺也欲其無罅也。既成，以鐵爲雙環，而交纏束之。當其合而錮之錫[三]，以備繕治也。夫水之入于管也，左右禪也，而終無出也。水從管入者，以提柱之逼之也，則上衝而壺之舌爲之開，以入于壺。水勢盡而彼舌開，則此闔矣。是代入于壺也，而終無出也。其代入也，壺爲之恒滿而上溢。其終無出也，而有筩之容，以俟其底之入也。故曰壺者水之總也，水所由續而不絶也。

注曰：半加容者，如之又加半焉，如雙筩共容四升，則壺容六升也。弇，斂也，腹廣而上下弇，如本篇二圖，甲乙丙丁形是也。蓋者，戊己庚辛也。橢圓之長徑，底圖之乙丙是也。二孔者，未申也，酉戌也。皆在其徑者，二孔之心，在乙丙線之上也。二孔橢圓者，如酉戌短，乾亥長，以合于一圖之未申己庚也。二舌者，寅卯也，辰午也。紐者，子丑也。以樞合紐，令寅卯之板，恒加于未申孔之上，向丙而開闔之也。辰午加于酉戌，亦如之，左右相禪也。蓋之圓孔，庚辛是也。蓋合于壺者，己戊加于甲丁也。雙環纏束者，本篇三圖之角亢氐房是也。既錮之又束之者，水力大而易滐也。

四曰中筩

鍊銅或錫以爲中筩。中筩之徑，與長筩旁管之徑等。中筩之下端，爲敞口以關于蓋上之孔，融錫而合之。其長無定度，量水之出于井也，斟酌焉而爲之度。或銅錫之中筩，裁數寸，其上以竹木焉續之。竹木之筩之徑，必與下筩之徑等。其上出之徑，寧縮也，無贏也。水之入于壺也，代入也，而終無出也，則無所復之也，必由中筩而上。故曰中筩者，壺水所由上也。

注曰：中筩者，本篇三圖之坎艮庚辛是也。上出之徑，必縮于下合之徑者，所以爲出水之勢也。

五曰盤

鍊銅或錫以爲盤。中盤之底而爲之孔，以當中筩之上端㉗，融錫而合之。盤底之旁，爲之孔而植之管，管外出而下迤也。盤之容與壺之容等。管之徑與中筩之徑等。管之長無定度，其下迤也，及于索水之處也。中筩之水，其上溢也，盤畜之，管洩之。故曰盤者，中筩之水所由出也。

注曰：本篇四圖之甲乙丙丁，盤也。丙丁爲孔，以合于中筩〔一二〕之上端。上端者，三圖之坎艮也。底旁之孔者，戊己也〔一三〕。下迤者，己庚也。

六曰衡軸

直木爲衡，衡之長，無過井之徑。雙提之柱，其相去也視雙筩。雙提之上，枘入于衡之兩端，其相去也視雙提。直木爲軸，軸長于衡而無定度。圜其尾，去首二尺而圜其頸。當頸尾之中而設之鑿。當衡之中而設之枘。衡，衡也。軸，縱也。鑿枘而合之，欲其固也。軸展側焉㉘，衡低昂焉，提上下焉，左右相禪也。故曰衡軸者，所以挈雙提下上之也。

注曰：衡之長，本篇四圖之壬辛是也。枘入于衡者，子丑是也。軸之長，卯午是也。卯尾，午首，辰頸也。衡軸鑿枘之合，寅是也。鑿，孔也。衡横軸縱，卯辰子丑之交加也。

七曰架

井之兩旁爲之柱，或石焉，或瓴甋焉，或木焉。柱之上端爲山口，山口者，容軸之圜也，以利轉也。軸之首，設之小衡，與衡平行也，長二尺，或三尺。小衡之兩端，設二木而三合之如句股，以小衡爲弦。句股之交，立之柄。持其柄而摇之，以轉軸也。水之中，穿井之脇，而設之梁，横亘焉，梁之上爲二陷，以居雙筩之底，欲其固也。中其陷而設之孔，稍大于雙筩之底孔，水所從入也。梁居水中，其木必榆，榆爲木也無味，水不受之變。梁在其下，柱在其上，車所由孔安而利用也。故曰架者，所以居庶物也。

注曰：本篇四圖之卯亥也，辰乾也，柱也。當辰卯爲山口者，以容軸之圜也。小衡者，申未也。三合者，未申酉爲三角形也。酉戌，柄也。立之柄者，立柄于酉，戌〔一四〕酉未爲直角也。坎艮，梁也。角亢氐房，陷也。心尾，陷中孔也。若欲爲專筩之車，則爲專筩專柱，而入之中筩，如恒升之法而架之，而升降之。其得水也，當玉衡之半，井狹則爲之。

注曰：專，一也，架法見恒升篇。

恒升車記曰：恒升車者，井泉挈水之器也。其用與玉衡相似，而更速焉，更易焉，以之灌畦治田，致〔一五〕爲利益矣。若爲之複井，井之底爲竇而通之，以大井瀦水，以小井爲筩而出之，則無用筩也。若江河泉澗，索水之處過高，龍尾之力，有不能至，則用是車焉，挈水以升架槽而灌之，或迤而建之，以當龍尾。

恒升者，從下入而不出也，從上出而不息也。恒升之物有四：一曰筩，筩者，水所由入也，所以束水而上也。二曰提柱，提柱者，水所由恒升也。三曰衡軸，衡軸者，所以挈提柱上下之也。四曰架，架者，所以居庶物也。四物者備，斯成器矣。更爲之機輪焉，巧者運之，不可勝用也。

一曰筩

剡木以爲筩㉙。筩之長無定度，下端所至，居水之中，已上則易竭，已下則易濁。上端所至，出井之上，度及于索水之處而止。筩之徑無定度，因井之大小，索水之多寡，斟酌焉而爲之度。筩之容，任圜與方，其圜中規，其方中矩，而上下等。筩之周，以鐵環約之，環無定數，視筩短長，斟酌焉而爲之數。筩之下端爲之底，欲其密而無漏也。中底而爲之孔，孔之方圜反其筩。若圜筩而方孔，七分底之徑，以其四爲孔之徑。若方筩而圜孔，七分底之徑，以其五爲孔之徑。孔之上，象孔之方圜，爲之舌而掩之，如玉衡之雙筩。掩之欲其密而無漏也。開闔之欲其無滯也。筩之上端爲之管，管外出而下迤也，本廣而末狹也。水從孔出焉㉚。既入，而提柱之勢，能以舌掩之。既掩而提之，提之則從管而出也。故曰筩者，水所由入也，所以束水而上也。

注曰：玉衡之雙筩與中筩爲二，此則合之。筩入于井，量井淺深，筩長短而置之。近上，趨〔一〕恒得水而止。近下，趣無受濁而止。與玉衡同也。圓筩用竹尤簡，用木，則方筩爲易焉。如本篇一圖：甲乙丙丁，圓筩也。丙丁，其底也。戊己，底方孔也。庚辛壬癸，方筩也；壬癸，其底也。子丑，底圜孔也。寅，方舌也。酉，圜舌也。甲卯辛卯，管也。辰午未申之屬，環也。環之多寡疏密，趣不漏而止。餘見玉衡篇。

二曰提柱

鍊銅以爲砧，圜者中規，方者中矩。砧之大，入于筩也，欲其密切而無滯也。展轉之，上下之，猶是也。當砧之心而設之孔，孔之方圜，孔之徑，皆與筩底之孔等。孔之上，爲之舌以掩之。舌之制，如筩底之舌也。直木以爲柱，柱有二式：一用長，一用短。用長者，爲實取之柱；用短者，爲虛取之柱。實取之柱，其砧入于水而升降焉。其長之度，下及于筩之底，上出于筩之口。其出于筩之口無定度，趣及于衡而止。虛取之柱無用長，入筩數尺而止。升降于無水之處，以氣取之。欲挈之先，注水于砧之上，高數寸，以閉其罅而噏之。凡井淺者，實取焉，井深者虛取焉。五分其筩之徑，以其一爲柱之徑。砧之合于柱也，鍊銅或鐵爲四足，隅立于方砧之四維，方孔之四旁，而皆上聚之。聚之度，趣不害于舌之開闔而止。以其聚，合于柱之下端，合之欲其固也。砧之厚，以其枝于隅足也，可無厚。既合而入于筩，砧降而底之舌爲之掩，砧升則開之，開之則水入，掩之則水不出。一升一降，是水恒入而不出也。既入之水而砧降焉，則無復之也，則上衝于舌，而入于砧之孔。砧升，而砧之舌爲之掩。一升一降，是水恒入而不出也。兩入而不出，則溢于筩而出，常如是。虛者實者同于是。故曰提柱者，水所由恒升也。

注曰：玉衡之提柱，與壺之孔之舌爲二，此則合之。又玉衡之水皆實取，此有虛取之法焉，氣法也。凡砧之入于筩，求密切而無滯也。求密切之法，成砧而入之，能無漏者，國工也。不能無漏者，稍弱其砧之徑，以氊罽之屬，皮革之屬，附于砧之四周焉。附之法：若砧厚者，稍剡其周之上下，如鼓木。當其剡而刻爲陷環，既附而堅束之。砧薄者，則爲兩重之砧，夾其氈或革，以隅足貫之而縶之柱，如本篇二圖之甲乙是也。四足者，丙丁戊酉也。砧者，己庚辛壬也。砧之孔，癸子也。其舌，丑寅也。砧可無厚，無厚則輕。餘見玉衡篇。

三曰衡㉛

直木以爲衡，衡之長，無定度，量筩之大小，水之淺深多寡焉。長則輕，衡之兩端皆綴之石以爲重，其兩重等。五分其衡，二在前，三在後，而設之鑿。直木以爲軸，軸之長無定度，圜其兩端，中分其長而設之枘。衡，衡也。軸，縱也。鑿枘而合之，欲其固也。軸之兩端，各爲山口之木而架之。中分其衡之前，而綴之提柱，綴之欲其密切而利轉也。抑其後重，而提柱爲之升，揚其後重，則前重降，而提柱隨之也。提柱之降也，實取者，挹水而升于砧也，其升也，則下入于筩，而上出于筩也。虛取者，降而得氣焉，氣盡而水繼之。故曰衡者所以挈提柱上下之也㉜。

注曰：氣盡而水繼之者，天地之間，悉無空際，氣水二行之交，無間也。是謂氣法，是謂水理，凡用水之術，率此一語爲之本領焉。本篇三圖之甲乙，衡也。丙丁，兩石重也。戊己，軸〔一六〕也。子，衡軸之交也。庚辛壬癸，山口之木也。寅，提柱也，綴之于丑。卯辰，筩上端也。午，管也。餘見玉衡篇。

玉衡一圖

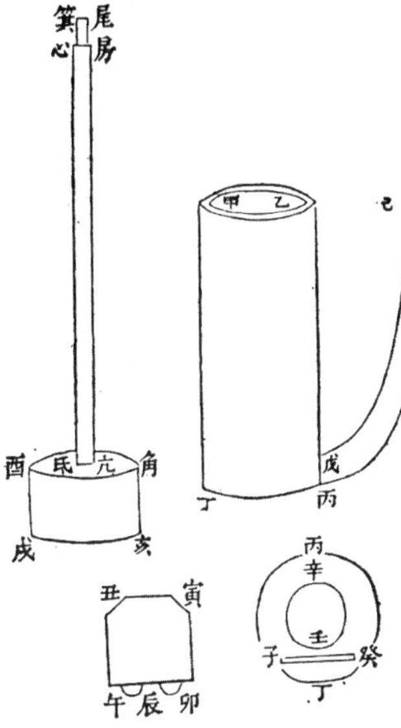

玉衡二圖

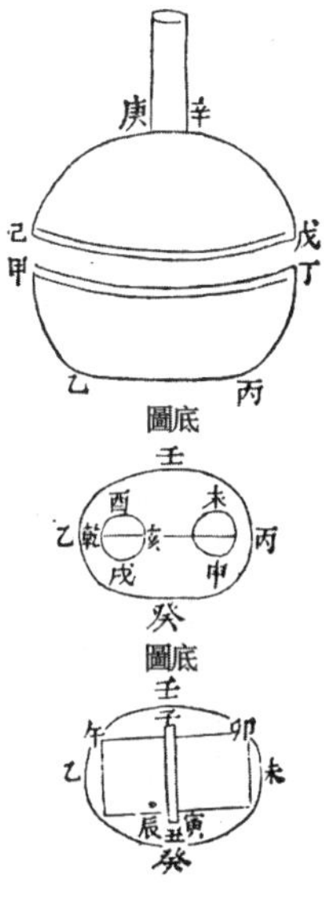

圖底

圖底

玉衡三圖

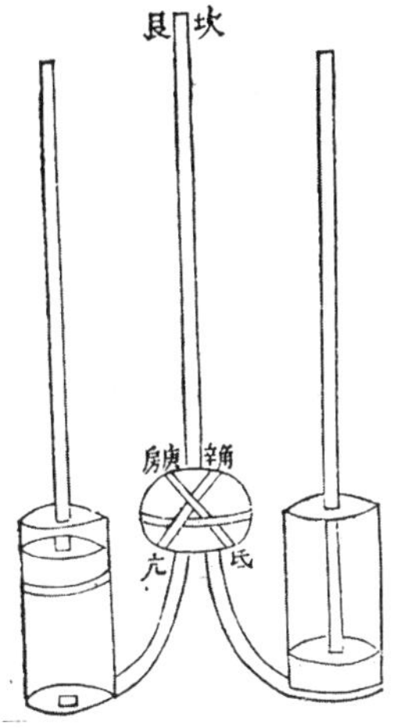

玉衡四圖

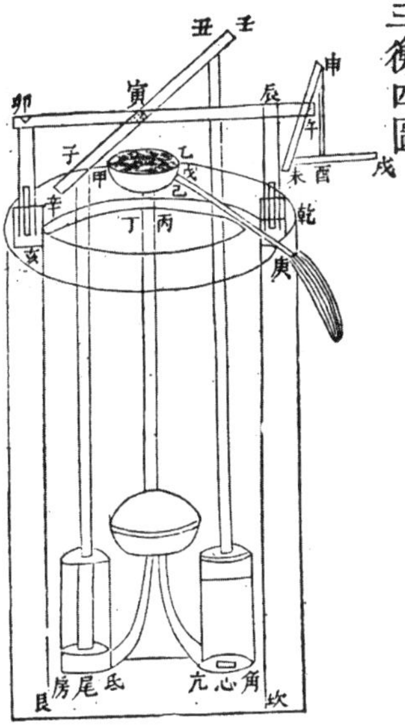

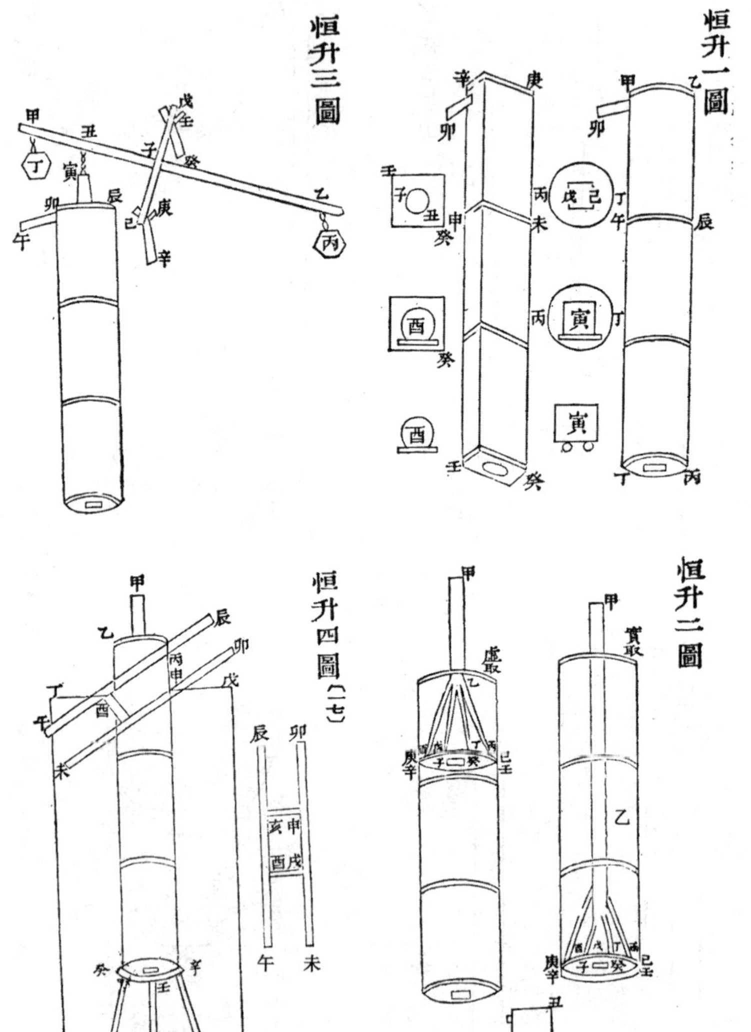

恒升一圖
恒升二圖
恒升三圖
恒升四圖〔一七〕

四曰架

木爲井幹以持筩，持之欲其固也。筩之下端，爲盤以承之。盤與筩，合之欲其固也。中盤而爲之孔，孔之徑，稍强于筩底之孔之徑。盤之下，爲鼎足而置之井底。

注曰：本篇四圖之卯未辰午，井幹也，加于地平之上。申戌酉亥之間，爲正方之空，夾筩而持之。丁戊，井面地平也。己庚，井底也。辛壬癸，盤也。辛子、壬丑、癸寅，盤足也。若欲爲雙升之車，則雙筩焉，如玉衡之法而架之，而升降之，此升則彼降，用力一而得水二也。是倍利于恒升也。尤宜于江河。

注曰：力一水二者，一升一降，各得水一焉，無虚用力也。恒升者，一升一降而得水一也。架法見玉衡篇。

校：

〔一〕平分　黔、魯誤作「分平」，應依平、曙倒轉。

〔二〕均　平、魯本譌作「均」，依曙本及中華本改作「均」。

〔三〕石瓦灰相半　魯本改作「石灰瓦灰各半」與現代語法較接近，但似不合全文文氣，仍依平本、曙本作「石瓦灰相半」。

〔四〕圖 魯、黔譌作「圍」，應依平本、中華排印本作「圖」。

〔五〕己 平、魯本皆譌作「巳」，應依曙本、中華排印本改正。以下同改，不另出校，卷二十相同情况作徑改處理，不另出校。（定枎校）

〔六〕戊 黔、魯本譌作「戊」，應依平本作「戌」。

〔七〕曰 魯本譌作「四」，應依平、黔各本作「曰」。

〔八〕壼 平本作「壺」，音kǔn，應依黔、魯本改作「壼」。下同改，不另出校。

〔九〕橢 各本均譌作「揹」。「橢」，古代亦作「橢」，這可能就是各本譌作「揹」的原因。現根據文義改爲現在通用的「橢」字。以下同改，不另出校。（定枎校）

〔一〇〕翕 平本空等，曙本作「以」，應依黔、魯本作「翕」。

〔一一〕氐 平本空等，應依黔、曙、魯本補。

〔一二〕箭 平本譌作「篇」，依黔、曙、魯本改正。

〔一三〕「戊己」字下，平本、曙本有「也」字，黔、魯缺，應補。

〔一四〕戊 平本譌作「戊」，應依黔、曙、魯本改正。

〔一五〕致 平本、曙本原作「致」，黔、魯各本改作「至」。「致」的意思是「達到極點」。後來雖然也用「至」字，但作「致」並不錯。

〔一六〕軸 平本作「衡」，應依黔、魯本改作「軸」。

〔一七〕「恒升四圖」中，「己」與「庚」的位置，平、曙、中華排印本均爲「庚」在左、「己」在右，魯本正好相反。（定扶校）

注：

① 泰西水法：現見有清末掃葉山房覆明刻本；前有萬曆壬子（一六一二年）春徐光啓序，並記明同年初夏，耶蘇會士熊三拔撰水法本論。卷一前題「泰西熊三拔撰説，吴淞徐光啓筆記」。是意大利教士 Sabbatino de Ursis（一五七五年——一六二〇年）在北京所述，徐光啓譯記的。徐氏譯記，仿考工記體裁，文字比較古奧，所以我們嘗試另用語體文轉述，附在卷末。

② 蔞：音 cuō；也有讀 zhà 或 cuī 的，失去節奏的意思。（曲禮「拜而蔞拜」。案：實際上就是「差」字，漢人將小篆改寫成隸體時寫得走了樣。）

③ 尾：此「尾」字疑當作「骨」。

④ 鶴膝：一個條式零件，頭上叉開，夾住另一個條式零件的頭，可以在一個平面内移動的，稱爲「鶴膝」，龍骨車各片，用這種關節聯繫。

“鶴膝”示意圖

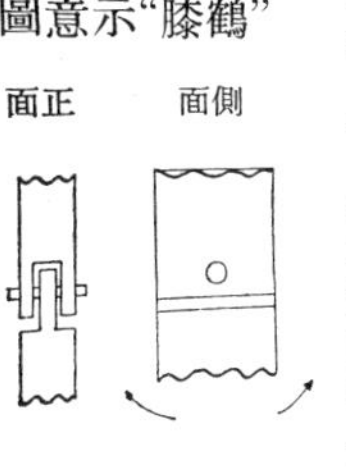

⑤斗板：龍骨車的活動括水木片。

⑥中：讀zhōng，即「合於」。

⑦臬：讀nié，即長柱。

⑧度：音duó，即標準。

⑨界：現在稱爲「線段」。

⑩縣：借作「懸」字。

⑪己丁：己丁是一條線，庚丙是另一條線。

⑫見：讀「現」。

⑬輞：輪邊稱爲輞。輞、輻、轂關係如圖。

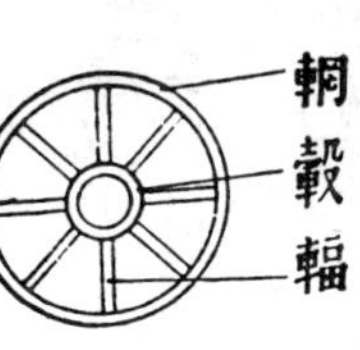

⑭颿：「帆」字的一種寫法；帆用作動詞，當「迎接利用」講。

⑮輪：這個「輪」字，應是「軸」字。

⑯箑：音shà，即扇形或葉子形的薄片。

⑰趣：解釋爲「總的要求」。

⑱瓴甋：音 líng dì，即燒過的磚。

⑲夫：夫是古代百畝地面（見本書卷四）。

⑳幹：疑本作「斡」。

㉑煢：無依靠的人。

㉒趵：音豹（bào），水往上涌。

㉓橐籥：即「風箱」。

㉔旋：讀去聲，即用「旋牀」「旋轉」加工。後來長期寫作「鏇」；現在寫作「銑」。

㉕禪：交替。

㉖殺：讀 shài，意思是減削；殺其十之二，即減去十分之二，剩下十分之八。

㉗當：讀 dàng，即對準。

㉘展側：「展」是轉動，側是「反側」；即所謂「展轉反側」，也就是平常所説横卧翻身。

㉙刳：音 kū，剖開木，去掉中心部分稱爲「刳」。

㉚出：似乎應是「入」字。

㉛㉜衡：兩處的「衡」字下，都應補「軸」字。

案：

〔一〕熟桐油　案：明本泰西水法「熟桐油」下有「融而塗之，或以生桐油」等字，應補入。

〔二〕錮之錫　「之」下當有「以」字，本書各本缺。應依明本泰西水法補入。

〔三〕趨　本書各本作「趨」，明本泰西水法作「趣」；這兩個字没有區别，作「趣」更好些。

泰西水法語釋（上）

（〔〕中是原文所無，爲了語釋的順當明白而插入的字句。（）中是解釋語釋中與原文有距離的原文字句。——中是語釋者所加按語或説明。）

龍尾車記：龍尾車是在河濱提水上來（挈水）的工具（器）。管理（治）田地的辦法，干旱時要從江河提水進來，澇時要從田裏提水出去。管理的方法，水淺水涸（hé），提水進來時，用成對的船（方舟）疏浚，提水出來時用箕和鉏頭。没有對付水的工具，就無法利用水。三代以前，〔對付水的工具〕止有「桔槔」；東漢以後，大家多半（盛）靠（資）「龍骨〔車〕」。用龍骨車的辦法，一天要灌二十畝水田，得用四個三個人工。干旱年代，要加一倍；地勢高時，要加一倍；用牛馬，效果可以增高一倍，但費用也得增加一倍。溪澗利用長流水，大湖泊和大平原用風力，可以不要勞動而自己轉運。〔可是機械〕上關節〔如果〕錯筍（篗），整個車都破壞了。但是南方的水田，一支一支，象梳齒一樣〔密集〕，國計民生，都依賴它們。這就是説，這類工具，功勞還是不可忽視的。不過當地人民，一年到頭辛勤勞動，還得擔心衣食〔無着〕。至於北方，一有旱災，動輒成千里地光光的（赤地千里）。想要補救這種患害，應當有進一步〔的措施〕。現在所作的「龍尾車」，事情簡單，並不麻煩，用力少而得水多。大的，一個工具所提出的水，就象開渠一樣。幾個重累起來，可以使水到山上。因此，高田不必擔憂。築起堤或塍〔截住〕提出去，可以計算出排盡的日期。因此，澇年和低田不必擔憂。隔大河幾里幾十里的，鑿渠引來〔再提上去用〕，不要説水稻和一切水生的種類〔固然〕可以得到成功（濟）；就是小米、穄子、豆子、棉花、蔬菜，也都可以灌溉。因此，可以不必擔心旱災。浚渠，流出的水，只能用到五分之一；現在却可以省去十分之九。因此不必擔心疏鑿

「龍蟠」之類的水閘（斗〔水〕）遇到旱年，上源干涸時，如果在旁邊穿渠道引水，大量使用這個工具，可以把下流的水倒轉上來。因此，〔運河的〕漕運也不要擔心。一切水車，所以費力，由於它們本身有阻礙（以「重」）；水車本身的阻力，由於礙水〔流〕、迎風和本身的移動。龍尾車，在水裏不礙水流，出水不迎風，它本身重量很小，而且，兩部合用一個〔動輪〕，可以用一處動力轉動兩個；如果多數相互推動，可以用一處動力轉動幾個，所以一個人的力量，常常可以抵得幾個人功。還有上面所説風力水力所以會破壞龍骨車，〔弱點〕在於「鶴膝」和「斗板」。龍尾車没有鶴膝，也没有斗板；工具在水裏面，只是轉圓圈；急流水和高速風，反而會增加運轉速度。所以用風力水力，常常得

到人力的效果。如果有水的地方都用它，估計人力可以省出一半，天災可以免除一半，一年收入可以加一倍之多，收入預算可以加一倍地充足。和龍骨車比，大概總好些。那麼，姑且作爲「愚者千慮，必有一得」，當作一種啟發，也可以吧。有智慧的人應用時，細緻地發揮它的改變，將來可以無窮，也許用不着詳細説了。

……龍尾的構成，有六個（部分）：第一是「軸」，軸是旋轉的主體，水由它從下面提上來。第二是「牆」，牆把水圍着，讓水上升。第三是「圍」，圍是外殼，即抱合鞏固的條件。第四是「樞」，樞是使旋轉方便的。第五是「輪」，輪是接受旋轉（動力）的根據。第六是「架」，架是控制高度的，也是承受着樞使輪旋轉的。六樣都完備，就成了一件完整工具。或用人力，或用水力、風力、牛力、馬力；有技術的人調配起來，利用不盡。

一、軸

軸是一條木棒，作成圓（柱形），長度隨便；看水的深淺，斟酌決定它的總長。它的直徑，爲長度的二十五分之二；木棒要十分圓，和圓規相合（中規），而且上下一樣粗。用「八繩附臬」的方法，把軸的周圍分作八等分；拉直墨繩，畫出墨線來。軸句兩檔，依照直線線端，（對徑地）畫（八條）墨線，八條墨線的交點，就是軸的中心。將（軸周邊長）八分的一分作爲標準（度 duō），在八條（直長）墨線上，平行而相等地畫成（一序列）短「線段」

（界）；用「句股求弦」方法，在兩個界之間，斜着相對畫出墨線的「弦」來——按：即在上下兩「界」和直長線所圍成的矩形裏，畫成「對角線」——畫出〔彼此相連〕的弦，繞完軸〔的總長〕，就得出一條螺旋形的墨線。依螺旋墨線來立「墻」，得到一個「螺旋墻」；墻中間，得到一條螺旋形的溝，叫作「螺溝」。螺溝是水道。軸上畫了一條〔螺旋形〕墨線，就可以立一條〔螺旋〕墻，一條溝，得到一條水道。也可以得到二條、三條、四條〔墨線、墻、溝和水道〕，如此類推。〔水道〕多，〔上來的水〕均勻；一條，就單一（專），隨〔人高興〕怎樣作。作成了墻圍住，安置（建）好了，斜擱着（迤）旋轉時，水就從螺旋的開口（孔）裏進來。水進到螺旋口裏時，自己以爲是向下走的，却不知道已經走向上了。所以説，軸是旋轉的主體，水由它從下面提上來。

注：「圜」字和「圓」字相同。「看水的深淺」：下文會説明；〔句股弦的關係，是〕「句四、股三、弦五」；那麼，九尺高的岸〔股〕、軸〔弦〕就得一丈五尺長。作軸時，都以岸高爲標準，以3：5的比例決定。「二十五分之二」，如果軸長一丈，〔軸的〕直徑便要八寸。如本篇第一〔圖〕中「軸立面圖」裏面，己丁長一丈，丁丙〔線〕直徑，就是八寸。這止是一般地（略）説，軸要粗大一點。實際上，直徑三寸以上時，軸長一丈不嫌太長；八寸以上，二丈也不嫌多。不過軸太小，水就因爲軸小而不能上升。「八繩

附臬」，從周禮考工記「樹八尺之臬，縣八繩下垂，皆附於臬」，——豎起一條八尺長的直柱，〔在直柱頂上〕掛（縣）八條繩，它們下垂時，都靠在直柱上——得來。現在在軸上畫〔墨線〕的情形，大略和它相像。「八平分」；象〔圖一〕「軸兩端圖」中，甲乙丙丁戊這一個圈；是軸的周圍；上面甲乙、乙丙……等八個部分，就是軸周圍的八個「等分」。把軸平卧着，在軸兩端，作出己甲〔等八條〕過心線，按同一方法作八等分，上下兩端就會相合。再在軸兩檔的周邊上，按〔八等分〕分出的線段（界），各點相對，作出平行直線，八條線都平直地靠在木棒上，這就是「八平分軸之周」，如〔圖一中〕立面圖的己丁、庚丙……等各條線。然後，再在兩端，各作甲己、丁丙……等線，就得到〔軸兩端圖〕兩檔的中心「庚」。「將八分的一分作爲標準」的意思，是以〔周圍的八分之一，即〕甲乙的長度〔作爲標準〕，在直長線庚丙上〔從庚到辛，作〕等於甲乙的庚辛、辛壬……等短線段，〔一直分〕到丙爲止。八條〔長〕線，都這麽分。各條線上的短線段，都〔相互〕平行，都相等。「畫出墨線的弦」，就是從庚向癸。依「句股法」，作出斜弦線庚癸，纏〔着軸〕向内〔延長〕到子，向外纏到丑、寅、卯、辰……，斜纏着軸面，纏到軸盡頭（竟）爲止，就得到一條螺旋線。〔只有〕一條〔螺旋〕線時，就〔只〕有一個牆，一個溝。如果要作雙溝，就將庚丑線段平分，得到午點；從午向外向上，達到己點，向内向下，達到未，（申、酉、戌），也可依同一方式得到（第二條）螺旋線。如果想作四條槽，再在壬點將庚午平分，（在亥點平分壬午），依同一方式作，（出第三、第四條）螺旋線。想作三槽、六槽、九槽，就先將軸面平分作九分；想作五槽、十槽，先將軸面平分作十分。都依同一方式作。

二、牆

在軸上，按照各條螺旋線立起「牆」來。（立）牆的方法，可以編，也可以多層重貼（纍）；都要糊滿（塗）。牆的兩頭，不要到軸檔上；（究竟該）到那裏，没有一定，隨人斟酌；（止）和「樞」的長短相稱。牆的高度，相當於軸長的八分之一；止可小（於這個數），不可以大。牆如果是多層貼上去的，就要堅實到不會掉下來；如果是編的，就要密而平；糊的時候，要均勻而没有空隙。兩處牆之間，叫「溝」。溝是水道，水在溝裏流過，牆把它約制着，不讓它往下面流。所以説「牆把水圍住，讓水上升」。

注：編牆的辦法：將竹子削成小柱，依（軸上的）螺旋線立起來。每立一條柱，都要和軸面的八平分長線成直角。例如在本篇第一圖（「柱立面圖」）的午點上立一條柱，這條柱就得成爲垂線，和庚丙長線成直角，又和軸兩檔的丙丁線成一直線，——像本篇二圖的癸丙那樣。柱要削得均勻，安

按：其實應説是某一點上軸直徑的延長——

置要平正，排列要順當，立要整齊。全部立完，就用繩編起來，大約像織簾箔一樣。繩可以用〔大〕麻，或苧麻，或席草，或布條，或篾條，隨便採用。編完，用瀝青加蠟，或者加熟桐油，和融後糊上；或者用生桐油加上石灰、瓦灰之類；或者用生漆加上石灰瓦灰之類來糊。凡屬用瀝青加蠟或桐油，要和到柔軟〔和〕能黏上〔澤〕爲止；石灰加瓦灰，一樣一半，與桐油或生漆調和，到不太乾也不太溼爲止。纍牆的方法，用軟〔枝條〕的樹皮。像桑樹或木槿等，剥下皮來，裁成寬窄相等〔的條〕。用瀝青加蠟，順着螺旋線，一層層糊着積起來。積够了，像上面的方式〔在表面〕再糊。〔立或貼〕好的牆，兩牆之間，成爲螺旋形的溝。水隨着溝道流動而不漏，就是牆作得好。「八分之一」，例如軸長八尺，牆高一尺；這只是大致說的極大〔至〕高度。〔八分之〕一以下，隨便多高都可以；所以說「可小不可大」。另一個方法，如果軸作得很〔細〕長，牆高和軸的直徑相等。

三、圍

牆外面，鉋些木板作成「圍」。木板不要太厚。牆的兩檔，順着牆柱的形勢，在軸上穿孔，安上四條〔橫〕柱，束上一個和牆同樣高的箍〔環〕，圍板的檔，都納在箍裏面。圍外面，用鐵箍箍〔約〕定長些的，另在圍長的腰正中箍鐵箍；再長些，就把全長分作三分，另加兩個箍。圍板彼此合縫的地方，以及和牆接觸合縫的地方，都要用糊牆的混合料（「齊」）粘合。圍外面，也都塗上，因爲〔外面〕要受雨淋露洗。圍的合縫不要有空隙，圍和牆相合處也不要有空隙。有了圍，水流進螺旋孔才不會斷；没有空隙，水流進螺旋溝裏之後才不會漏出，結果水就旋轉着上升了。所以説圍是外殼，是抱合鞏固的條件。

注：〔作〕圍的板，要酌量圍直徑大小和長度，酌量整個圍的輕重來調整（制）厚薄。長度達到牆的兩檔，每片的寬度大約一寸多些，按圍的大小增加或減少；如果太寬，凑合起來就要有角露出（見）。靠裏面稍微刓〔圓〕一點來凑合牆的圓勢，外面，合縫後再鉋平。牆兩檔，在軸上穿孔，安上四條柱，是準備套箍來接受圍板的；像本篇第三圖的卯寅、辰午等。箍，用堅韌的木料，作成四個弧形；弧分别加在〔承〕箍的〔横〕柱上，合成一道箍。箍下面，在中間鑿出一道溝，來接納圍板的檔；或者在裏面或外面，作成一個「刻」來嵌〔圍板。圖裏面〕的未，是弧中間〔鑿的〕溝；在申所作的刻，是〔圍板〕在外〔的作法〕，酉是在内的。箍在兩檔的鐵箍，與木箍相抵對；是卯午和戌亢。另在腰正中加的鐵箍，是心斗；如果要當中加兩道箍，就在尾和箕上。也可以不加鐵箍，而用繩綁上，再糊〔一些混合料〕。「齊」就是〔劑〕（＝混合料），用糊牆的混合劑，〔也就是〕瀝青加蠟；桐油、灰、漆、灰。糊圍外面，漆灰最好，其次是

油灰；瀝青加蠟，恐怕受不了夏天的太陽，最不好，可是圖快，不妨用它；要是準備隨時拆卸來修理，也不妨利用。這樣作了，夏天要用，就得用茅苫蓋着。「水進到螺旋的孔口」，孔口在木箍裏面，軸以外，四條〔橫柱〕的空間裏，即戌和亥與角和亢中間，雖然向下，〔水〕還是會進來，因爲〔軸〕傾斜（迤）着，水會進到圍裏來。等到〔旋轉後〕出來時，已經到了卯和寅及辰和午之間了。另一辦法，牆的兩檔，用圓板蓋住；把圍板下檔開放，水就進了來，開開上端的圓板來出水，功效還是一樣。

四、樞

軸的兩檔，〔各用〕鐵作一個樞，安在檔的正中心（當心）。樞發生作用要求圓；安在圍上和軸上的輪，都是圓的。輪安在上樞的，就將上樞的頂上作成方形；輪在下樞的就將下樞的下面作成方形。作成方的，才可以讓輪穩定（居）。安樞時，一定要正要直；不正不直，輕重不平衡（倫）。正了、直了，輕重均勻，轉起來好像自己要轉一樣，再大也沒有甚麼阻礙（重）。所以説「樞是使旋轉方便的」。

注：正中心，本篇圖一的庚，就是正中心。樞的大小長短不規定，酌量整個的輕重來調節大小；酌量輪的地位和當地的要求，來調整長短。輪可以安在〔不同的〕七處，下文再説明。方的不會動，所以能使輪穩定。「正」，是在軸檔的正中心庚點

上；直，是和軸檔的圓面成直角，和軸面的八條平分線，都成一直線。——按：實際上也就是正穿軸心而過，只是和這八條線都平行，——求正，還可以靠軸檔上各條平分線（幫助）；求直比較上困難。現在安排一個試驗法：按一圖軸檔上各個平分線，用一個圓規，一個脚尖抵在軸檔邊緣的乙點，另一脚尖抵在樞頂中心，作爲標準；再從乙點移到戊點量，從戊點移到己點量……，如果都剛好抵在樞頂中心，樞就直了。好像自己要轉一樣；就是説得到（成）了最大速度。

五、輪

輪可以安置在七處；有三個形式。安置在七處：「圍」的腰中間，圍的兩端，軸的兩端，和（上下）兩樞上。在「圍」上的輪（先）鉗住圍安一些輻；輻的外端，周圍套上輪沿（輞），輪沿上，栽一些齒。軸上和樞上的輪，在（安車轂的）地方作成方形；轂上栽一些齒。這些輪，都用另（一個）輪的齒來發動；輪的快慢程度，由輪和另一輪的大小及兩者齒數比例調節決定；所以輪要貼近而齒少，另一輪大而齒多，這樣出水就必定快。所以説「輪是接受旋轉的根據」。

注：輪可以安在七處，看地勢，看動力，看大小來調整速度。在「圍」的腰中間，即本篇四圖中的丁處；圍的兩端，即丙與戊；軸的兩端，即乙與己；樞的兩端，即甲

與庚。如果車大軸長，出水點地勢高，應當在丁；平地接受出水，用人力、畜力、風力轉動的，應當安在甲、乙、丙上；用水力，就得在戊、己、庚上。鉗住圍安輻，如四圖裏的子丑，中間空下辛來容納圍。壬癸是輪沿，寅卯……等是齒。作成方形，指軸上和樞上安轂的地方。辰是容納樞的空處，戌是容納軸的空處。午和酉都是轂，未、申、亥、角……都是齒。另一個輪，是人〔力轉動的〕車或馬車、牛車、騾車、風車、水車〔所轉動〕的輪。這些車的輪，也不是指「大臥輪」，而是指「接輪」。接輪就是農家稱爲「撥子」的。拿人車來説，車上有臥軸，臥軸一頭，安有接輪；臥軸上，有拐木。任意在〔龍尾車〕的甲、乙或丙上，安一個輪；例如説在軸上乙處的輪，就把臥軸的接輪和乙輪交會。人踏動拐木轉動時，接輪就會發動乙輪；馬車、牛車、騾車、風車，有臥軸，臥軸兩頭，都有接輪；把一個接輪和乙輪交會，另一個接輪和大車上的臥輪相交會，駕上牲口，或迎着風旋轉時，接輪就發動了乙輪。水轉車也有臥軸；臥軸一頭帶有接輪，臥軸上裝有豎輪，豎輪輪沿外面，有承受〔流〕水〔驅動力〕的扇葉（箑）。水任意在戊、己、庚上安一個輪，例如在己上裝輪吧，就把臥軸的接輪和己輪交會。水〔流〕推動扇葉，臥軸轉動時，接輪也就發動了己輪。輪的快慢程度，由輪和另一輪的大小及兩者齒數比例調節決定。例如乙輪有十二齒，人踏車的接輪也是十二齒，則拐木每轉動一圈，乙輪也轉一圈。如果樞輪——按：即甲——有八齒，人踏車的接輪是十六齒，那麽拐木轉一圈，樞輪就轉兩圈；接輪有二十四齒，一轉就將庚輪轉三圈。如果樞輪有八齒，畜力或風力輪的卧輪有七十二齒。〔接輪〕轉一圈，〔樞輪〕就轉九圈。所以説，輪要貼近，貼近齒就不能不少，動力輪要大，大就可以有多齒。但是太貼近了，力量不能施展；大的太大，轉動就遲。所以説，要看地勢、看動力、看大小來調整速度。圖裏面樞輪八齒，軸輪十二齒，圍輪十六齒，是大概設想，並不是嚴格規定的數目。總之，要使兩個輪〔輪齒〕交會到疏密相等，長短相安，相關，可以傳動而不生阻礙（滯），就够了。小的，如果不用輪，〔也可以〕；樞的（上）檔，作成方形；另外安一個横杆（衡），横杆一頭穿在樞裏，另一頭，直立安一個柱。柱是圓的；又作一個頂上有圓孔的「掉枝」，把掉枝的圓孔，套在柱上，就可以轉動。大的，想要不用輪，就用兩個掉枝，同時套在〔圓〕柱上，兩個人對立把着轉動〔圓柱，推動横杆和樞〕。最大的，兩個掉枝尾上，都裝上横把手（持衡），四個人或六個人，對立把着轉動。

六、架

架，一個在上，一個在下，都是直立的柱；可以用木頭、石頭或磚頭砌。竪柱子，要硬實(堅)要穩定(固)。下部在水面以下,用鐵作成管子,安在柱頂,斜斜向上,承受下樞的末梢。調整管子的高低,看水的勢子,〔總之〕讓水能進到螺旋溝的下面開口爲止。上柱在岸上,頂上也有一個鐵管,斜斜向下,承受着上樞的末梢。如果上樞末梢帶有輪和橫杆,可以在樞的中段作一個頸,在〔柱頂上〕作一個鐵「山口」,把樞架在上面,讓樞的末梢露出在外,來承受輪和橫杆。調節高低的方法,利用句股〔定律〕,把軸心作爲弦:弦〔長〕五,句長四,股長三。過於平,水升上不够高;過於高,水升不上去。

注:「瓴甋」即磚。「堅」是本體剛强,「固」是根基穩定。「上柱」,本篇圖五中的甲乙;「下柱」是丙丁。承受上樞的上管,是戊;承受下樞的下管是己。「句股定律(法)」,一頭高,一頭低,象圖四中亢房線那樣安置:將上樞末梢放在亢,下樞末梢放在房。「三、四、五」,即上樞末梢所在的亢,到下樞末梢所在房,如果有一丈長,現在從下樞末梢的房起,作一個平行於地平的線,從上樞末梢的亢,作一個垂線,這兩條線在氐點相交。亢氐線,應當是六尺長,氐房線,應當是八尺。如果斜斜地建立在〔坡〕岸上,即無法作出垂線時,可以反轉來用句股法:將圍板當作倒弦,另作一個尾箕垂線,當作股,尾是直角,作尾心横線當作倒句。如果尾箕長一尺五寸,把車高平放些或仰起些來遷就,〔總之〕使尾心長爲二尺,那麼心箕的長必定是二尺五寸,而

亢房線就一定可以合於三、四、五的句股定律。圍板長——按：實際應是上樞的支點戊與下樞的支點己之間的長度，不是圍板長度！——爲一丈時，水高必定有六尺；再想高一點，辦不到。看水面，估計地勢來製造車時，照這個比例計算，如果水太深而岸太高，車無法作得太長，可以層層接遞引上。層層接遞的辦法，也可以用接輪交會〔「遞互連機」，一齊〕發動。

總案：龍尾車，近代名稱是「螺旋抽水機」；西方傳統名稱是「阿基米德螺旋」，但並不真是阿基米德的發明。這種「水車」的基本原理，只是用動力推水由螺旋道斜面上升，和我國向來應用着的龍骨車很相似。泰西水法原譯述人熊三拔是意大利天主教教士；這一段叙述，大概是他根據當時南歐應用的螺旋抽水機作法所作說明，由徐光啓斟酌江南沿海的情況，加以修正後寫出的。當時（十六世紀末）歐洲的自然科學基礎，既不很高，傳教士們的科學技術知識修養，程度更有限；因此，說明原理，固然不够深刻正確，功效也有誇大之處。這些問題，似乎應由叙述者熊三拔負責。所用材料中，竹、桐油、漆……等，只能是江南的情況，不是南歐所有；瀝青則是「番舶」上經常帶着補船縫的東西。可以看出這些靈活運用的改變，出自徐光啓。

玉衡車記：「玉衡車」是從井或泉裏提水上來的工具。隔河流遠的地方，必須靠(資)井水過活。從井裏汲水的方法，大多數是用汲水繩(綆)和汲水罐(缶)的，一天幾頓飯，不感覺煩難。曾見過高原地區，用井水澆菜土(畦)；有的用轆轤，有的用桔橰，似乎也還認爲方便。可是一俯一仰，一個日工，澆不到一畝地。聽説山西省群衆汲井水灌田最辛勤，遇到干旱年歲，一家八口人，白天黑夜地勞動，只管得幾畝地。其他地區，習慣於懶惰，眼見井灌艱難，就不再追求方法。旱年，眼看禾苗乾死，飢荒出現之後，不餓死就流亡，實在可憐。作成現在所説的這個工具，不用汲水繩罐，不靠轆轤，不要桔橰；一個人使用，可以當幾個人。用來澆地，可以省去人力五分之四，高地種糧食，家裏有一口井的，即使大旱，也可以救一「夫」——古百畝——的田。幾家人共一口井，也可以没有飢餓流亡的壞事。如果只供飲食，那麽一個小孩(的工作)足够供一百家人家的村寨。而且，不要俯仰，不要提拉；稍微轉動，就象抽出一樣快。因此，人煙密集的地方，一口井上，還可以養活一個無依靠的勞動者。

玉衡，是用横杆(衡)提柱，象稱杆(衡)一樣平直，一上一下，井裏的水就會象噴泉(趵突)一樣湧出來。玉衡共有七個部分：第一是「雙筒」，雙筒是讓水進來的；第二是「雙提」，雙提是讓水上升的；第三是「壺」，壺是水集合的地方，水在這裏，能連續不斷；第四是「中筒」，中筒是壺裏〔集合了的〕水上升的地方；第五是「盤」，盤是讓中筒中〔上升〕的水出來的地方；第六是「衡軸」，衡軸是推動雙提，使它上下的；第七是「架」，架是安放一切零件的。七部分齊全，就「成器」了。再加上機械輪軸，有技巧的人調配着，利用不盡。

一、雙筒

捶打（錬）銅或錫，作成雙筒，應當渾圓（圓中規），而且上下相等；筒的直徑，爲筒長的一半。下面有「底」，底中心作一個圓孔，孔的直徑，等於底的半徑。筒側面，和底齊平安一個管子；管子向外，向上斜出。管的内面（容）也是渾圓。管子的下端，斜切着，和筒〔面〕貼合。在筒的下頭〔近底處〕開一個橢圓的孔，把這個管釺合上去。管的上端也斜切着，用融錫銲合之後，和筒的〔上〕邊平行。管的直徑，等於底的直徑三分之一。底上的圓孔，安一個「舌」蓋住。舌是一片方板。方板旁邊，作上「樞」。樞插進「紐」裏面，象單扇門（户）一樣〔可以〕開關。舌開關的方向，要和側管正對：紐在左邊。管就在右邊。舌和底相合要嚴密；管孔和筒孔接釺處，要没有阻礙（利）也没有空隙；樞軸〔開關活〕動時，要不緩滯。水進來，由底上的孔〔通過〕；舌在開關着：開時水進來；關上，水不出去。左邊〔的筒舌〕開時，右邊就關上了，所以左邊進水，右邊不會出去；因此總會有一個孔有水進來，可没有水出去。所以説，雙筒是讓水進來的。

注：凡說「直徑」，都指圓孔〔的空處〕，〔管〕壁厚度（肉）不計算在內。如本篇一圖，甲至乙和丙至丁都是的。筒直徑爲筒長一半，即徑三寸，筒長六寸；〔也就是〕丁丙三寸寬，甲丁就六寸長。「孔直徑等於底的半徑」，〔底〕徑三寸，孔徑是一寸五分；〔也就是〕丁丙三寸，辛壬一寸五分。向上斜出，是斜着向上，如戊至己，丙至庚。「抒」是斜切，如戊至丙，己至庚。「橢」是長圓。要它和〔筒面的〕戊丙孔相合。融錫，是「小焊」，——局部的焊合，凡不須要將整個燒熱來「大焊」的，習慣上稱爲「小焊」。——管的上邊和筒邊平行，爲的是使它和壺的下孔相合，就是己庚。管徑等於底徑三分之一，底徑三寸時，管徑一寸，即未申的寬度。丑寅卯午是方板；卯辰午是〔方板的〕樞。紐是癸子。「舌」和風箱的舌一樣；把樞和紐綴合，讓丑卯方板，能蓋在辛壬孔上，向丙開闔。

二、雙提

用硬木鏇成「砧」，要渾圓而且上下相等。怎麼驗證它渾圓而上下相等？砧的大小，剛好套進雙筒，要密切又沒有摩擦（滯）；周圍轉動時，上提下放過，都密切又沒有摩擦，這就是渾圓而且上下相等了。在砧〔檔〕的正中心安一個「柱」。柱的直徑，等於砧直徑的三分之一。柱的長短沒有一定，看水的深淺，井的高度，斟酌決定。柱的頂端，作成方筩（枘），穿進横杆裏面。水是從雙筩〔底上的〕孔裏面進來的。孔上有舌；砧向上升，舌就開開，水也進來了；砧向下降，舌關閉，水就不能出去。水能進不能出，是舌〔的作用〕；舌的開關，由砧〔控制〕；砧的上升下降，靠柱。舌關住，水不能出去，砧再下降時，水向哪裏走？只有由筩側面的管，左右交替着，上升到壺裏去。所以説「雙提是讓水上升的」。

注：砧的形狀，象一節切斷的甘蔗；如本篇圖一裏的酉戌亥角。没有説出高度，只要它納入管中，不會轉側動摇就行了。如果上面所安的柱，下面象鼎一樣三只脚，就不須要多厚也可以。「三分之一砧徑」，砧徑三寸，柱徑就是一寸；即〔圖中〕的酉角三寸，亢氐一寸。雙筩下到井中，太靠底就會遇到着渾水，太向上水又不够，所以柱的長短，應當看水深和井高來决定。「枘」就是「筩頭」。就是房心頭上，刻方成爲尾箕的形式。

三、壺

打銅作成壺。壺的容量，比雙筩〔總〕容量加上半倍。形狀橢圓，腹部寬大，上下收小。收小程度，等於寬大處減去十分之二——按：即小處直徑等於寬處的十分之八。——在收小的地方作成蓋。壺底上，對準橢圓的長徑，作兩個孔；都正開在徑上。兩個孔的橢圓，〔形式〕和大小，都要和〔雙筩〕側管的頂端相等。融錫小焊焊合。壺底這兩個孔，各安一個「舌」蓋住;舌的要求,和雙筒裏面的舌一樣:壺底内面,在正當中作一個「紐」,把兩個樞都聯在這一個(共同的)紐上來開關,左右交替。蓋正當中,作一個圓孔,和中筒聯合。蓋合到壺上,要合得嚴密無空隙。作成之後,用鐵作成兩個圈,交互纏着綁牢;在合縫處用錫焊上,作爲(將來)修理的準備。水進到管裏來,是左右交替的,而都没有出路。水從管進來,是雙提逼進來的,會向上冲,冲開壺舌,進到壺裏面。水走完,另一個舌開開時,這一個舌已關閉。這樣,讓水進到壺裏面後,便再不能(向下)出去。讓水(繼續)上來,壺就常是滿的,向上溢出;再不能(向下)出去,而管裏所容納的,又等着會有從筒底進來的水(填補)。所以説,「壺是水集合的地方,水在這裏,能連續不斷」。

注:「總容量加半倍」,是相等再加上半倍,例如雙筒共容水四升,壺就要容六升。「弇」,是收斂;腹部寬大而上下收小,像本篇圖二甲乙丙丁的形狀。蓋(是圖中的)戊己庚辛。「橢圓的長徑」;「底圖」中的乙丙就是。兩個孔,是未申和酉戌,「都正開在徑上」,即是説這兩個孔的中心,正在乙丙線上。兩個孔橢圓,是酉戌短,乾亥長,來和一圖中的未申己庚相合。兩個「舌」是寅卯和辰午。「紐」是子丑。樞和紐綴合,讓寅卯板,常蓋住未申孔,向丙點開關;辰午蓋住酉戌,也是一樣,而左右交替。蓋上的圓孔,就是庚辛。蓋合到壺上,即己戊加在甲丁上面。鐵圈纏綁,如本

篇三圖的角亢氐房。焊上，還要加圈，因爲水〔冲〕力大，容易漏。

四、中筒

中筒打銅或錫作成。中筒的直徑和長筒側管的直徑相等。中筒下端作成敞口，蓋在〔壺〕蓋的孔上，融錫小焊。筒的長度不規定，看水從井裏出來〔的情形〕，斟酌決定。或者銅錫所作中筒，只要幾寸長，上面用竹筒或木筒接上。竹筒木筒的直徑，必須和下筒相等。出水口的直徑，寧願小些，不可以加大。水進到壺裏，讓水進來，却不能再出去，没有地方可走，必定從上筒上升。所以説：「中筒是壺裏的水上升的地方。」

注：中筒是本篇三圖的坎艮庚辛。上面出水口的直徑，一定要小於下面接口處的直徑，來造成出水的力量。

五、盤

打銅或錫作「盤」。盤底中心，作一個孔，和中筒的頂端相對；融錫焊合。盤底側邊作一個孔，安一條管，管向外出向下斜，盤的容量和壺相等。側管的直徑和中筒相等。管的長度不一定，向下斜出，達到要用水的地方。中筒的水，向上溢出時，由盤承接儲蓄着，從側管流出，所以説「盤是讓中筒的水出來的地方」。

注：本篇四圖的甲乙丙丁是盤，丙丁是盤孔，和中筒頂端相合，中筒的頂端，即

三圖的坎艮。〔盤〕底側邊的孔是戊己，向下斜如己庚。

六、衡軸

用直木條作横杆；横杆的長度，不超過井口直徑。雙提的柱彼此相距，和雙筒〔彼此間的距離〕相同。雙提頂上，作成筍，穿到横杆兩檔裏面，其間距離〔要剛好〕等於雙提。另用一條直木作軸，軸比衡長些，長度不規定；軸尾削圓；隔頭上兩尺遠的「頸」也削圓。頸尾正中，鑿一個「鑿眼」；在横杆正中，作一個筍。横杆横安；軸直安；〔横杆的〕筍穿到〔軸的〕鑿眼裏，讓它牢固結合。軸平卧翻動〔展側〕時，横杆兩頭一高一底〔低昂〕，雙提〔也跟着〕一上一下，左右交替。所以説，「衡軸是推動雙提，使它上下的」。

注：本篇四圖中的壬辛，是横杆的長度。筍穿入横杆的地方，是子和丑。軸的長是卯午；卯是尾，午是頭，辰是頸。衡軸鑿筍穿合的點在寅。「鑿」，稱爲「鑿眼」。衡横安，軸直安，即卯辰和子丑相交。

七、架

井兩旁安上柱子；用石頭、磚或木。柱頂上作成「山口」。山口是穿軸的環，使轉動便利。軸頭上，安一個小横杆，和〔大〕横杆平行，二尺或三尺長。小杆兩檔，再加兩條木條，三邊合成三角形的句股兩邊，將小横杆作爲弦；句股相交的地方裝柄。把着柄來摇，軸就轉動了，水面以下，在井的腰（脇）兩邊鑿孔，安上一條大梁，横擱着。梁上面作兩個窩（陷）。安放雙筒筒底，總要穩定。窩中間穿成孔，孔比雙筒底上的孔大一些，讓水進去。梁泡在水裏面，木料必定要用榆木；榆木，没有〔怪〕味，水才不會沾惹變質。梁在下，柱在上，車就十分（孔）安穩而好使用。所以説，「架是安放一切零件的」。

注：本篇四圖的卯亥和辰乾是柱子；正對着辰和卯，安山口，把軸削圓的部分，穿在這裏。申未是小横杆。三邊合成未申酉三角形。酉戌是柄。柄，裝在酉，戌酉未是直角。坎艮是梁，角亢和氐房是窩，心和尾是窩中心的孔。

如果想作單筒車，可以作單筒單柱，轉入中筒，像「恒升」的方式架設，來提上提下。所得的水，只有玉衡的一半。井窄時，可以這麽作。

注：「專」是單一，架法見恒升篇。

恒升車記：恒升車，也是從井水或泉水裏提水的工具。它的用途和玉衡相似，可是更快更容易。用來澆地作田，極爲方便有益。如果作成複井，大井蓄水，小井當作出水筒，可以省去筒。江、河、泉水、溪澗，要用水的地方過於高，龍尾車提不上；就用這個車來提水上升，架槽澆灌，或者斜着建立，代替龍尾車。

恒升的意思，是水只從下面進來，不〔從下面〕流走，而只從上面不斷流出。恒升有四個部分：第一是「筒」，筒是讓水進來，把水圍着上升的；第二是「提柱」，提柱是讓水一直上升的；第三是「衡軸」，衡軸是推動提柱，讓它上升下降的；第四是「架」，架是安放一切零件的。四部分具備，就「成器」了；再加機械輪軸，有技巧的人，調配使用，利用不盡。

一、筒

破開樹，去掉心，作成筒。筒的長度不規定：〔總之〕下端要達到水裏面；太高，水容易消竭，太低容易汲到渾水。上端，露出井口以上，估計達到要用水的地方爲止。筒的直徑也沒有規定：看井的大小，要用的水多少，斟酌決定。筒的内面（容），方的圓的都隨便。圓的要渾圓，方的要正方，上下相等。筒外面，周圍用鐵圈箍住；圈數也不固定，看筒的長短，斟酌安排。筒下檔的底，要嚴密不漏水。底中心作一個孔，孔或方或圓，和筒相反：圓筒用方孔，孔徑等於底徑的七分之四；方筒用圓孔，孔徑等於底徑的七分之五。孔上面，依孔的方或圓配上舌蓋住，像玉衡車雙筒一樣；蓋上，要嚴密不漏水；開關時要靈活没有摩擦。筒上頭安一個管，管向外斜出，下粗上窄。水從〔筒底〕孔流（出）入筒中。進來之後，柱往上提的力，就能將舌關住；舌關住後再往上提，水就從管中流出。所以説，「筒是讓水進來，把水圍着上升的」。

注：玉衡的雙筒和中筒分開來，這裏却合爲一個。筒進到井裏的長度，看井的

深淺和筒的長短來決定。向上，總要經常得到水爲止，向下，總要没有渣滓（濁）進來爲止，和玉衡一樣。圓筒，用竹尤其簡便；用木作時，方筒容易作些，像本篇一圖：甲乙丙丁是圓筒，丙丁是底，戊己是底上的方孔；庚辛壬癸是方筒，壬癸是底，子丑是底上的圓孔。寅是方舌，酉是圓舌。甲卯和辛卯是側管。辰午和未申之類，是鐵圈。圈的多少稀密，總之以不漏水爲止。其餘見玉衡車記。

二、提柱

打銅作砧。圓的渾圓，方的正方，砧的大小，要放進筒裏密切而没有摩擦；周圍轉動，上下提推，都是一樣。對準砧的中心作一個孔。孔或方或圓，孔徑，都和筒底的孔一樣。孔上面，安「舌」蓋上。舌的形式，和筒底的舌一樣。用直木作成柱。柱有兩種形式：一種長，一種短。用長的是「實取」柱，短的是「虛取」柱。

實取的柱，砧只要下到水面以下來上升下降；不要達到筒底，上面要高出筒口。筒外露出的長度没有一定，總之要達到横杆爲止。虛取的柱不要長，只要有幾尺進在筒裏就够了；它在没有水的地方上下運動，靠空氣的力量（氣法）取水；在提水之前，先在砧上灌些水，大約幾寸高，把縫罅關住，便可以吸（水）。淺井用實取，深井虛取。柱的徑，等於筒徑的五分之一。砧和柱相聯，用銅或鐵作四條「脚」，安在方砧的四邊，或方孔的四側；都向上聚合。聚合的法則，總之要不妨礙舌的開關爲止。把聚合的地方，聯在提柱下頭，聯合要盡量穩固。砧，因爲有四個脚撑住，可以不需要太厚。聯好放進筒裏，砧往下降，底上的舌就關住了；砧往上升，底上的舌就開開。〔底舌〕開時，水進到〔筒裏面〕，砧下降，底舌關上，水就出不去了。砧一升一降，水只能進來不能出去。筒裏已有水，砧再往下降時，水没有地方可走，就向上冲開砧舌，通過砧孔上來。砧上升，砧舌又關了。一升一降，水也止有進來没有出路。兩次進來，不能出去，就溢到筒裏〔往上流〕出。經常這樣，虛取和實取都相同。所以説「提柱是讓水一直向上升的」。

注：玉衡的提柱，與壺上的孔和舌分開；這裏却合而爲一。另外，玉衡取水，都是實取，這裏有虛取的方法，靠空氣的力量。砧在筒裏面，要密切相合而没有摩擦。要密切的方法：作成砧，放進去，一點不漏，這是一國僅有的名工（國工）〔才辦得到〕；辦不到一點不漏，就把砧的徑稍微收縮一點，用氈或熟皮、生皮，貼在砧的周圍。貼法：厚砧，周邊的上面和下面，稍微收小（剡）一點，象一個「木鼓」；在收小的地方刻下一條槽，成爲「陷環」，〔把氈或皮〕貼上，綁緊。薄砧，作兩片砧，把氈或皮夾在中間，把脚穿過，再加栓塞緊（絜）。柱，如本篇二圖的甲乙。四脚，如丙、丁、戊、酉。砧，是己、庚、辛、壬。砧孔是癸子。砧孔上的舌，是丑寅。砧可以不需要

厚，不厚就輕便。其餘見玉衡車説。

三、衡（軸）

用直木作成横杆（衡）。横杆不規定長度，看筒的大小和水的深淺多少；長些就省力（輕）。横杆兩檔，綴上石塊，作爲「錘」（垂）。兩個錘的重量要相等。横杆長度分作五分，二分在前，三分在後，在（五分之三的地方）鑿一個鑿眼。另用直木作成軸。軸長不規定，軸兩頭削圓，在正當中作一個筍。横杆横安，軸直安；把筍穿進鑿眼，要使它穩定。軸兩檔架在兩個「山口」上。在横杆的前端正中，——即距末端五分之一的地方——綴上提柱，綴好，要密切又要轉動靈活。把後面的錘往下壓（抑），提柱就上升；後錘往上擡（揚），前錘下降，提柱也就跟着下降。提柱下降後，實取的，水就（冒出）到砧上，再升起時，水從下面升到筒裏，從筒口流出。虚取的，下降時，空氣（從砧下冒出），氣盡後，水也跟着上來了。所以説，「衡軸是提推提柱，讓它上下升降的」。

注：「氣盡後，水跟着上來」，天地之間，没有「空際」——當時歐洲科學界流行着「自然憎惡真空」這句唯心論斷；這裏是徐光啓對這句話的傳述。——空氣和水，兩種「行」之間，相交相替，不容許間斷。這就是「氣法」，這就是「水理」。利用水的一切技術，都根據這一句話，作爲基本指導原則。本篇三圖的甲乙是横杆，丙和丁是兩個石錘；

戊己是軸；子是衡軸的交點；庚辛和壬癸是〔擱〕「山口」的木；寅是提柱，在丑綴合；卯辰是筒的上口；午是管。其餘見玉衡車說。

四、架

用木作成「井字架」（井幹），支持着筒；支持要穩定。筒下端，用一個「盤」承着。盤和筒，接合起來，也要牢靠穩定。「盤」中心作一個孔，孔的直徑，稍微比筒底的孔直徑大點；盤下面，安三只脚，放在井底上。

注：本篇四圖的卯未辰午，是井字架；放在地平面上。申戌酉亥中間，是一個正方形的空處，把筒夾在裏面，支持着筒。丁戊是井口的地平面。己庚是井底。辛壬癸是盤。辛子、壬丑、癸寅是盤脚。

如果想作雙升車，就用兩個筒。像玉衡的方式作架來使提柱升降。一個上升時，另一個就下降，用一次力得到兩分水，就等於恒升的兩倍，在河流上用更合宜。

注：一次力得兩分水，是一升和一降，各自得到一分水，力沒有空費時，恒升，一升一降只得到一分水。架法，見玉衡車說。

按：這兩種上提抽水機，以前我國没有。熊三拔的陳述，在技術上大致不差；但對功效誇大得過火些。證明海面大氣壓力等於760毫米水銀柱重量的意大利物理學家E. Torricelli，在1608年才誕生；熊三拔那時已在中國。熊三拔向徐光啓叙述這些工具（大致是 1612 年或以前）時，「自然憎惡真空」的論斷正在流行。

農政全書卷之二十

水利

泰西水法下

用雨雪之水，爲法一種。

水庫記曰：水庫者，積水之處也。澤國下地，水之所都。平原易野，厥田中中，引河鑿井，斯足用焉。若乃重山複嶺，陡澗迅流，乘水之急，激而自上。廢人用器，厥利尤大矣。别有天府金城，居高乘險，江河溪澗，境絶路殊，鑿井百尋，盈車載綆，時逢亢旱，涓滴如珠。或乃絶徼孤懸①，恒須遠汲，長圍久困，人馬乏絶。若斯之類，世多有之。臨渴爲謀，豈有及哉？計莫如恒儲雨雪之水，可以御窮。而人情狃近，未或先慮，及其已至，坐槁而已。亦有依山掘地，造作唐池②，以爲旱備。而彌旬不雨，已〔一〕成龜坼，徒傷挹注之易窮，不悟滲漏之寔多矣。西方諸國，因山爲城者，其人積水，有如積穀。穀防紅腐，水防漏渫，其爲計慮，亦略同之。以故作爲水庫，率令家有三年之蓄，雖遭大旱，遇强敵，莫我難焉。又上方之水，比于地中，陳久之水，方于新汲，其蠲煩去疾，益人利物，往往勝之。彼山城之人，遇江河井泉之水，猶鄙不肯嘗也。今以所聞造作法著于篇。

水庫者，水池也。曰庫者，固之其下，使無受渫也。冪之其上，使無受損也。四行〔二〕之性，土爲至乾，甚于火矣。水居地中，風過損焉，日過損焉。夏之日大旱，金石流，土山焦，而水獨存乎？故固之，故冪之。水庫之事有九：一曰具，具者，庀其物也。二曰齊③，齊所〔三〕以爲之和也④。三曰鑿，鑿所以爲之容也。四曰築，築所以爲之地也。五曰塗，塗所以爲之固守也。六曰蓋，蓋所以爲之冪覆也。七曰注，注所以爲之積也。八曰挹，挹所以受其用也。九曰脩，脩所以爲之彌縫其闕也。

注曰：冪防耗損，亦防不潔，古人井故有冪。易曰：「井收勿幕。」齊與劑同。

一曰具

水庫之物有六，以備築也、蓋也、塗也。築與蓋之物有三：曰方石，曰瓴甋，曰石卵。塗之物有三：曰石灰，曰砂，曰瓦屑。塗之物三合，謂之三和之灰。或沙或瓦去一焉，謂之二和之灰。煉灰之石，或青或白，欲密理而色潤，否者疏而不昵⑤。煉之以薪或石炭焉，火不絶二日有半而後足。試之法：先取一石權〔四〕之，雜衆石而煉之，既成而出之權之，損其初三分之一，此石質美而火齊得也。砂有三種：或取之湖，或取之地，或取之海。海爲上，地次之，湖又次之。砂有三色：赤爲上，黑次之，白又次之。辨砂之法有三：揉之其聲楚楚焉，純砂也。諦視之各有廉隅圭角，純砂也。散之布帛之上，抖擻之悉去之不留塵坌者，純砂也。否則有土雜焉，以爲齊，則不固。瓦之屑，以出陶之毁瓦瓴甋，鐵石之杵臼舂之，而篵之。無新焉而用其舊者，水濯之，日暴之，極乾而後舂之，而篵之。篵之爲三等：細與石灰同體爲細屑，稍大焉與砂同體爲中屑，再篵之餘其大者如菽爲查⑥。

注曰：方石瓴甋者，以豫爲墻爲蓋。二〔五〕物皆無定度也。爲墻之石，取正方焉，廣狹短長厚薄無定度。墻厚則堅，堅則久。爲蓋者，或穹之⑦。穹之石，合之其圓半規。穹之法有三，詳見下方也。石卵者，鵝卵之石也，以豫爲底也，無之以小石代之。大者無過一斤〔六〕，小者任雜焉。凡石卵或小石，欲堅潤而密理，否者不固。昵，黏也。二日有半，三十時足也。陶，窑竈也。瓴甋，磚也。凡瓦之土，勝磚之土，用磚則謹擇之。篵，俗作篩，羅也。查，滓也。查無用篵，擇其過大者去之。三和之灰，今匠者多用之。其一，則土也。用土不堅，以瓦屑故勝之，以後法爲之劑，又勝之。西國別有一物，似土非土，似石非石，生于地中。掘取之，大者如彈丸，小者如菽，色黄黑。孔竅周通，狀如蛀窠。儼然石也，而體質甚輕，揉之成粉。舂以代砂，或代瓦屑，灰汁在其空中，委宛相入。堅凝之後，逾于鋼〔七〕鐵。近數十年前，有發故水道者，啓土之後，鍬钁不入，百計無所施。既而穴其下方，乃壞墮焉。視其甃塗之灰，用是物也，厚半寸許耳。此道由來甚久，以歷年計之，在漢武之世矣。後此凡用和灰，甚貴是物焉。或作室模，和灰塗之。崇閎窈窕，惟意所爲。既成之後，絶勝冶銅鑄鐵矣。然所在不乏，計秦、晉、隴、蜀諸高陽之地，必多有之。其形大段如浮石，而顆細、色赤黄、質脆，爲異耳。以本草質之，殆土殷孽之類也。其生在乾燥之處，土作硫黄氣者，或産硫黄者，或近温泉者，火石者，火井者，或地中時出燐火者，即有之。求之法：視其處草不蕃盛，茸茸短瘠，又淺草之中，忽有少分如斗許、如席許大，不生寸草者，依此掘地數尺，當可得也。西國名爲巴初剌那⑧。求得之，大利于土石之工。或并無瓦屑及砂，以青白石末代之，其細大之等，與瓦屑同。

二曰齊

凡齊，以斗斛槩其物⑨，水和之。三分其凡，而灰居一，砂居二，湅〔八〕之如糜，謂之甃齊。三分其甃齊，加水一焉而調之，謂之築齊。塗之齊有三：湅之皆如糜。四分其凡，而瓦，查居二，砂居一，灰居一，謂之初齊。三分其凡，而中屑居二，灰居一，謂之中齊。五分其凡，而細屑居三，灰居二，謂之末齊。凡湅齊，熟之又熟，無亟于用，無惜于力。日再湅，五日而成爲新齊。新齊積之，恒以水潤之。下濕之處，窖藏而土封之。久而益良。

注曰：凡量灰，必出窑之灰，凡量瓦屑，必出臼之屑，凡量砂，必日暴之砂，皆言乾也。如糜者，今匠人所用甃墻塗墻挑而槩之之劑也。太燥則不附，太濕則不居。加水爲築劑，則如稀糜，沃而灌之之劑也。凡治宫室，築城垣，造壙域，皆以諸劑斟酌用之。和之水，以泉水江水雨水，雜鹵與鹻勿用也，雪水之新者，勿用也。凡，總數也。

三曰鑿

池有二：曰家池，曰野池。家以共家，野以共野。共家者，飲饌焉，澡滌焉；共野者，畜牧焉，溉灌焉。爲家池，計衆霤而曲聚之，承而鍾之。爲野池，計岡阜原田水道之委而聚之，而鍾之。爲家池必二以上，代積焉，代用焉。爲野池，專可也，隨積而用之。皆計歲用之數而爲之容。積二年以上者，遞倍之，或倍其〔九〕容，或倍其處。爲家池，平其底，中底而爲之坎。坎深二尺，以渟其垢。三分其底之徑，以其一爲坎之徑。墻方則稱，圜則固。大者圜之，小者方之。大者圜而小者方〔一〇〕，則不畏深也。墻之周，或壁立，或下侈而上弇之。侈弇之數無定度，雖爲之土囊之口可也。若上侈而下弇，則寡容也，中侈而上下弇，則難爲牆也，無所取之。或爲之複池，限之以牆，中牆而爲之竇以通之。小者埶之，大者牐之，互輪寫之⑩，可抒清而去濁也，代積而代用也。若山麓原田陂陁之地，則爲壺漏之池〔一二〕，高下相承，互輪寫之。爲野池利淺，以群飲六畜，以溉田。方其牆，迤其一面以爲涂。欲爲深者迤其底，漸深之無坎爲野池。擇磽确之地，不宜稼而水輳焉者可也。是化無用爲有用也。

注曰：共與供同。霤，簷溝也。容者，通高下廣狹所容受多寡之數也。度池尺寸，計容多寡，用盤量倉窖術，在九章筭之粟米篇。專，獨也。遞倍者，二年則二倍，三年則三倍也。倍容者，倍其大；倍處者，倍其多也。倍大法：亦用立方立圓術酌量作之，在九章筭之少廣篇。方則稱者，或稱其室，或稱其庭，兩方相稱也。方牆而大，懼或墮焉，圓如井周，相恃爲固，上弇不墮，亦此理也。侈、廣，弇、斂也。如本篇一圖之甲乙丙丁，方池也。辛壬癸子，圓池也。二形之外，或有爲長方者，方之屬也。有六角八角以上諸角形者，圓之屬也。惟所爲之，未暇詳也。戊己丑寅，底坎也。乙庚辛壬，壁立之牆也。卯辰午未戌房氐亢，上弇之池也。卯未戌角，土囊之口也。複池，兩池並也。牆之實〔一〕，多寡大小高下，任意作之。槷木杙也。凡牐與槷，或旁渫者，附之以熯木之皮而塞之。壺漏之池者，從上而下，位置如刻漏之壺，其開竇輪寫，亦若漏水相承也。如本篇二圖之甲乙，複池也。丙丁，限牆也。午未〔一二〕申，竇也。戊己庚辛，壺漏之複池也。壬，其竇也。癸子丑寅卯辰，壺漏之三複池也。酉與戌皆其竇也。三以上任意作之。其連接之處，如庚至己，丑至子，淺深高下，亦任意作之。迤之以爲塗〔一二〕，令人畜皆邐迤而下，恒及水際也。凡岡阜之下，山陵之麓，其地瀝脂，故不宜稼。其勢建瓴⑪，水則輳之。牲降于阿，取飲既便，掣以灌田，趨下〔一三〕易達也。

四曰築

築有二：下築底，旁築牆。築底者，既作池，平其底，則以木杵杵之，或以石碪碪之。杵之碪之，欲其堅也。依池之周而爲之牆，或方石焉，或瓴甋焉，甃之以甃齊之灰，甃必乘其界牆。量池之小大淺深而爲之厚，不厭厚。若複池，則爲共池而中甃其限牆，仍甃爲行水之竇。壺漏之複池，則各爲池而穿行水之竇也。牆畢，以鵝卵之石或小石墊之，其底厚五寸以上，不厭厚。既墊之，復杵之，或碪之，不厭堅，無惜其力，亦欲其平也。既堅既平，以築齊之灰灌之，又灌之，滿焉，實焉，平焉，浮于石而止。復杵之，或碪之。有隙焉，復灌之，滿實平而止。中底之坎，亦杵之，亦牆之，亦墊之，而灌之如法作之。凡底與牆之交，碪杵或不及焉，則以邊杵築之。其墊與灌，必謹察之而加功焉。壺漏之竇，居水之衝，必謹察之而加功焉。凡牆，皆以方長之石爲之緣⑫。若遇大石焉而鑿之池，以石爲之底，與牆與緣徑塗之。有闕焉，而爲之縫，亦杵之。而牆之，而緣之，而墊之，而灌之，如法作之。野池，或土或石皆如之。

注曰：乘界，俗言騎縫也，緣，池面壓口也，縫，補也。本篇三圖之甲乙丙，木杵也。丁，邊杵也。戊，石碪也。己辛己庚，甃牆也。庚辛，石墊也。本篇二圖之甲乙，即共池也。以意度之，江海之濱，平原易野，土疏善壞，必以甃牆。處于山者，如秦如晉，厥土騂剛，陶復陶穴，壁立不墮。若斯之處，掘地爲池，雖無甃牆而徑塗之，不亦可乎？同志者，請嘗試之。

五曰塗

築畢，候池之底既乾其十之八，掃除之。過乾，則水沃之，而後塗之。塗之，先以初齊，厚五分，池大者，加二分之一。池之底及周，連塗之。連塗之，則周與底之交無罅也。塗畢，以木擊擊之，欲其平以實也。次日又擊之，有罅焉，以鐵槩槩之。乾則以水沃而槩之，無罅而止。三日以後皆如之。俟其乾十分之六，而塗之中齊。中齊之厚，減其初二分之一，亦擊之槩之，次日以後皆如之。候其乾十分之六，而塗之末齊。末齊之厚，減其次二分之一，亦擊之槩之，次日以後皆如之。候其乾十分之五，以鐵槩摩之⑬。有罅焉，以水沃而摩之。周與底，中坎之周與底，複池之水竇皆同之。凡周與底之交，若竇，必謹察之而加功焉。凡塗瓴甋之牆，或燥而不昵，以石灰之水遍灑之作垔色，乾而後塗之則昵。凡塗，石池與土池，野池與家池，皆同法。凡擊，欲其堅如石也，摩，欲其密如脂也，欲其瑩如鏡也。堅密以瑩，更千萬年不渫也⑭。

注曰：本篇四圖之甲，木擊也。乙，鐵槩也。凡三和之灰，無所不可用。欲厚則四塗之，五塗之，任意加之。四塗者，初一、中二、末一。五塗者，初一、中三、末一。末塗以飾宮室之牆。欲令光潤者，以雞子清或桐油和之，如法擊摩之。欲設色，以所用色代瓦屑而和之。石色爲上，草木爲下⑮。

六曰蓋

家池之蓋有二：曰平之，曰穹之。平有二：曰石版，曰木版，皆平而冪之，爲之孔以出入水。穹有三：曰券穹，曰斗穹，曰蓋穹。方池皆券穹，正方者或爲斗穹，圜池之屬，皆蓋穹。券穹者，形覆券也⑯，又如截竹析其半而覆之，兩和爲之立牆⑰。斗穹者，形覆斗也，方其隅，而四牆之趨其頂也，皆以圜。蓋穹者，其形蓋也，中高而旁周皆下垂。凡穹之空，皆半規，皆去緣尺而甃之。甃之法，皆架木以爲模，緣而成之，甃以石，則治之以趨規。若瓴甋，亦以趨規之模造之。無之，則以甃齊加損而合之。穹之下，爲之竇以出入水。在野者，或穹之，不則苫之或露之。

注曰：平蓋出入之孔有二：一居中，當底坎之上，以挹其渟汙也。一近池之緣，注水入之，挈水出之。大小皆無定度也。本篇四圖之丙丁戊己庚，券穹也。丁戊〔一四〕戊己，方池兩緣也。丁丙戊，和牆也。丙庚，穹背也。辛壬癸子丑，斗穹也。辛壬癸丑，方池緣也。子，穹頂也，依丑辛直線爲牆，漸狹而上以趨子。其丑子辛子皆圓線，餘三同之，而結于子也。寅卯辰午未，蓋穹也。寅卯未辰，圓池緣也。午，穹頂也，旁周趨上皆爲圓線，其全空正如立圓之半也。空皆半規者，謂丁丙戊、丑子壬、未午寅，皆半圜形也。如是則固。去緣尺者，池口爲道，將跨池以居梁也。趨規之勢，今工人謂之橘房形也。

七曰注

凡家池，以竹木爲承霤，展轉達之。其將入于池也，爲之露池。迎輻輳之水，暫積焉以渟其滓，既澱而後輸之。露池之緣爲竇焉以入于池。露池之底爲竇焉而他渫之。皆以牐或以槷而節宣之。凡雨之初零也，必有滓也，長夏之雨也，必有酷熱之氣也，則啓其下竇而池渫焉⑱。度可入也者塞之，啓其上竇而輸之。若水之來與地平，不能爲下竇者，則澱其滓，以時出之。爲新池，候乾極而注之。新注之水，不食也，既浹月，更注之而後食之。爲二池者，歲食經年之水。爲三池者，歲食三年之水。是恒得陳水焉，水陳者良。

若爲複池者，既注之，澄而後啓中牆之竇而輸之空池，復注之。如是更積之，是恒得澄水焉。凡池既盈而閉之，則畜之金魚數頭，是食水蟲；或鯽魚，是食水垢。野池注之山原之水，遂以畜諸魚可也。魚之性，有與牛羊相長者也。

注曰：澱，下凝也。露池，不冪也。如本篇五圖之甲乙丙，露池也。丁，上竇也。戊，下竇也。新注不食，灰氣入焉，味惡也。魚與牛羊相長者，如鱓食羊豕之惡而肥⑲，鰱食鱓之惡而肥也。

八曰挹

家池之水深，其挈之則以龍尾之車。更深者，爲之玉衡之車，恒升之車。無立其足，則以大石爲墜，關巨木而置之。無夾其筩，則跨池爲梁而置之。既出，而爲槽以達之。若挈瓶施繘焉，亦從其梁。中底之坎，既澱焉，爲噏筩以去其澱。噏筩者，截竹而通其節，或卷銅錫焉，兩端塞之，中底而爲之孔，孔之徑，當底三分之一。上端之旁爲之孔，無過三分，一指可揜也。揜其上孔而入之水，至于底而啟之，則自下孔入者皆澱也。既盈，揜而出之而傾之。如是數入焉，澱盡而止。凡施筩，亦從其梁。野池之灌畦若田也，亦以三車挈之，置車亦如之。池大者無跨其梁，則跨之隅。

注曰：足，謂龍尾之下樞也，玉衡之雙筩，恒升之筩底也。筩者，玉衡之中筩，恒

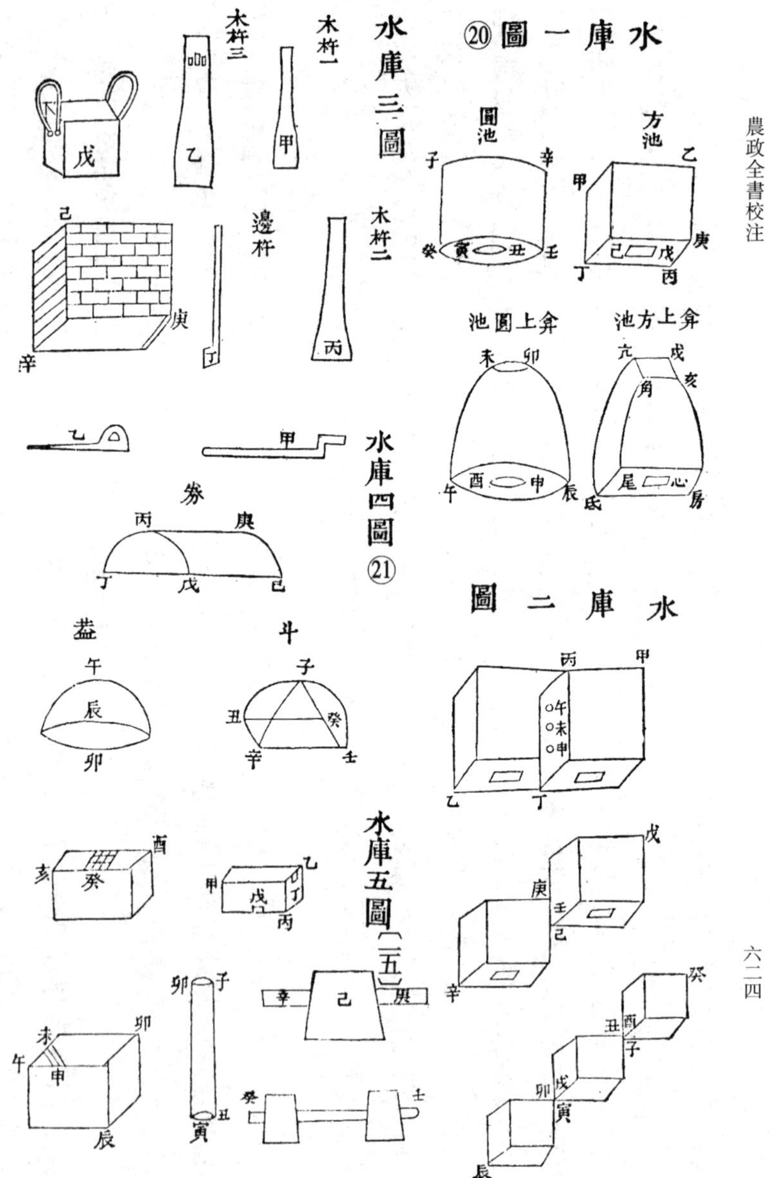

水庫一圖⑳
圓池
方池
弇上圓池
弇上方池
水庫二圖
水庫三圖
木杵一
木杵二
木杵三
邊杵
水庫四圖㉑
券
盝
斗
水庫五圖〔二五〕

升之筩上端也。繘，汲井繩也。本篇五圖之己庚辛，石閼巨木也。壬癸，梁也。子丑，噏筩也。寅，噏筩之底孔也。卯，旁孔也。未申，梁跨其隅也。

九曰脩

池無新故，或渫焉，脩之則用細潤之石，舂之篩之，與灰同體，亦與同量。煮水百沸而投之，和之，日乾之。復舂之，篩之，煮水投之。如是四焉，舂而篩之，牛乳汁和之，以塗其隙，或以生漆和而塗之。

注曰：同體，等細也。同量，等分也。

水法附餘

高地作井，未審泉源所在，其求之法有四：

第一氣試

當夜，水氣恒上騰，日出即止。今欲知此地水脉安在，宜掘一地窖，於天明辨色時，人入窖以目切地，望地面有氣如煙，騰騰上出者，水氣也。氣所出處，水脉在其下。

第二盤試

望氣之法，曠野則可。城邑之中，室居之側，氣不可見。宜掘地深三尺，廣長任意。用銅錫盤一具，清油微微遍擦之。窖底用木高一二寸以搘盤㉒，偃置之。盤上乾草蓋之，草上土蓋之。越一日開視，盤底有水欲滴者，其下則泉也。

第三缶試

又法，近陶家之處，取瓶缶坯子一具，如前銅盤法用之。有水氣沁入瓶缶者，其下泉也。無陶之處，以土甓代之，或用羊羢代之。羊羢者，不受濕，得水氣必足見也。

第四火試

又法，掘地如前，篝火其底，煙氣上升，蜿蜒曲折者，是水氣所滯，其下則泉也。直上者否。

鑿井之法有五：

第一擇地

鑿井之處，山麓爲上，蒙泉所出㉓，陰陽適宜，園林室屋所在，向陽之地次之，曠野又次之。山腰者居陽則太熱，居陰則太寒，爲下。鑿井者察泉水之有無，斟酌避就之。

第二量淺深

井與江河，地脉通貫，其水淺深，尺度必等。今問鑿井應深幾何，宜度天時旱澇，河水所至，酌量加深幾何而爲之度。去江河遠者不論。

第三避震氣

地中之脉，條理相通，有氣伏行焉，强而密理，中人者九竅俱塞，迷悶而死。凡山鄉高亢之地多有之，澤國鮮焉。此地震之所由也，故曰震氣㉔。凡鑿井遇此，覺有氣颯颯侵人，急起避之。俟洩盡，更下鑿之。欲候和〔一五〕氣盡者，縋燈火下視之，火不滅，是氣盡也。

第四察泉脉

凡掘井及泉，視水所從來而辨其土色。若赤埴土，其水味惡，赤埴，黏土也，中爲甓爲瓦者是。若散沙土，水味稍淡。若黑墳土，其水良，黑墳者，色黑稍黏也。若沙中帶細石子者，其水最良。

第五澄水

作井底，用木爲下，磚次之，石次之，鉛爲上。既作底，更加細石子厚一二尺，能令水清而味美。若井大者，于中置金魚或鯽魚數頭，能令水味美，魚食水蟲及土〔一六〕垢故。

試水美惡，辨水高下，其法有五：

第一煮試

取清水，置净器煮熟，傾入白磁器中，候澄清，下有沙土者，此水質惡也。水之良者無滓，又水之良者，以煮物則易熟。

第二日試

清水置白磁器中，向日下令日光正射水，視日光中若有塵埃，絪緼如游氣者，此水質惡也。水之良者，其澄〔一七〕澈底。

第三味試

水，元行也㉕，元行無味，無味者真水。凡味皆從外合之，故試水以淡爲主，味佳者次之，味惡爲下。

第四稱試

有各種水，欲辨美惡，以一器更酌而稱之，輕者爲上。

第五紙帛試

又法，用紙或絹帛之類，色瑩白者，以水蘸而乾之。無跡者爲上也。

校：

〔一〕已　平本譌作「巳」，應依魯、曙、中華排印本改作「已」。以下同改，不另出校。（定枎校）

〔二〕四行　平、曙原作「四行」不誤。黔本改作「五行」，是依我國傳統習慣，以「金、木、水、火、土」爲「五行」。熊三拔則依歐洲傳統，以「地、水、火、土」爲「四行」或「四元行」。（後來譯作「四元」、「四素」、「四元素」。）

〔三〕所　黔、魯作「者」，應依平、曙本及原書作「所」。

〔四〕權　魯本譌作「灌」，應依平、曙、中華排印本作「權」，「權」在這兒是「稱量」的意思。（定扶校）

〔五〕二　魯本譌作「三」，應依平、曙、黔本「二」。

〔六〕斤　平本譌作「斥」，應依黔、曙、魯本改正。

〔七〕鋼　魯、曙本譌作「銅」，應依平本、中華排印本及語釋（石聲漢泰西水法語釋）作「鋼」。（定扶校）

〔八〕湅　本節的「湅」字，黔、魯及中華排印本均譌作「凍」；應依平本、曙本作「湅」，「湅」是加水多次攪和，使混合均匀（「熟」）。

〔九〕其　平、曙本作「之」，應依魯本改作「其」，與現見泰西水法合。

〔一〇〕小者方　平本、曙本作「方者小」，應依黔、魯本及原書改正。

〔一一〕池　魯本譌作「地」，應依平、曙、中華排印本及語釋作「池」。（定扶校）

〔一二〕未　平本及黔、魯本作「壬」，據附圖及曙本改作「未」。

〔一三〕下　魯本譌作「于」，依平、曙、中華排印本及語釋作「下」。（定扶校）

〔一四〕戌　平、曙作「戍」，據黔、魯本改與圖合。

〔一五〕「水庫五圖」最下一幅中之「壬」「癸」諸本均譌作「庚」「辛」，依正文改。（定扶校）

〔一六〕土　平本譌作「上」，應依魯、曙、中華排印本改作「土」。（定扶校）

〔一七〕澄　魯本作「清」，暫依平、曙、中華排印本作「澄」。（定扶校）

注：

①徼：音 jiào，邊塞上的哨所。

②唐池：即池塘(國語周語「陂塘」寫作「陂唐」)。

③齊：讀去聲，多種成分定量混合稱爲「齊」；合金是一個例。

④和：讀去聲，把幾種成分，混合弄均匀稱爲「和」。

⑤昵：音 nì，即相親近，黏着；現在長江流域中却有些地方口語中説成 ngiá。

⑥查：現在寫作「渣」、「碴」。

⑦穹：圓頂形。

⑧巴初剌那：與這個對音詞相當的歐洲文字，還没有找到。拉丁文和近代意大利語中未找到相對應的字，不知道是不是十六世紀的意大利口語。就文義來看，「巴初剌那」是現在所謂「浮石」，是可作輕質混凝土用的天然建築材料。

⑨槩：槩是一個括平的工具。量容積時，裝滿之前，用這個工具括去量器口上的突堆，古代稱爲「槩括」。建築工人抹灰後磨平的工具也叫「槩」。現在一般寫作「概」。

⑩寫：即「瀉」。(從前没有「瀉」字，唐代以前，一般都用「寫」字。)

⑪建瓴：「瓴」字本義是屋脊上的一行平瓦；「高屋建瓴」，即居高臨下，有利的形勢。

⑫緣：讀 yuàn，露出的邊上稱爲「緣」。

⑬鐵槩摩之：槩是一種括平的工具，現在建築工人叫「蕩子」或「振子」；「蕩」就是「磨蕩」。

⑭更：讀 gēng，解作「經歷」。

⑮色：代表「顔料」。無機顔料（「石色」）不易變色，所以「爲上」，有機色素（「草木色」）容易氧化破壞變色，不禁久，所以「爲下」。

⑯覆券：「券」原來的形狀，大概就是「截竹析其半」，所作的一種「文書」。覆是腹面朝下放着。覆券是指拱面朝上，腹面朝下的形狀。北方的現在「卷篷」式大車，車篷正是這種形狀。

⑰和：檔上的圓拱門，像「轅門」形式稱爲「和」（和是軍營的「轅門」）。

⑱池：懷疑是「他」字寫錯（參看上面「爲竇焉而他渫之」）。

⑲惡：音 wū，即糞便（見漢書昌邑王傳顔師古注），至今上海方言中，還保存徐光啓所用的這個方言名稱。

⑳水庫一圖：原圖缺標識字「戊」、「己」、「庚」，校加。又「戌」字，原譌作「戊」。

㉑水庫四圖：原圖缺「壬」字，校加。

㉒搘：音支，支撑。

㉓蒙泉：「蒙」，冒出來。

㉔震氣：所指顯然是深土層中積蓄的二氧化碳氣。由於二氧化碳比重大，所以常沉入土層和岩洞裏面。「强而密理」，正是這種情況。「縋燈火下視之，火不滅，是氣盡也」，正是試驗二氧化碳的

簡單方法。二氧化碳溶於水，所以「澤國鮮焉」。懷疑這一條是從利瑪竇或熊三拔等意大利教士處聽來的說法。意大利有許多石灰岩岩洞，較深的洞中，天然有大量二氧化碳沉積在近地面以下的空氣裏面。我們得記住，氧是十八世紀初才發現的；這段文章，至少在氧發現之前一百五十年。對於氧和二氧化碳的性質，當時並無深切了解。那時對地震的認識，也還在迷信的傳說中。將地震的原因歸之於一種物質，已經是頗爲進步的理論了。

㉕ 元行：見本卷校〔二一〕。

案：

〔一〕實　本書各本譌作「實」，應依掃葉山房覆印本泰西水法改正作「竇」。

〔二〕塗　本書各本作「塗」，應依原書改作「涂」。

〔三〕和　本書各本均作「和」，應依掃葉山房刻本泰西水法改作「知」。

泰西水法語釋（下）

水庫記：水庫，是積水的地方。多水地區和低窪地，水向那裏集中（都）。平原和廣大平地，「厥田中中」的處所，引用河水或鑿井，就可以够用。要是重山迭嶺，急下的小河，流行很快的，可以「激」它向上，不用人力，全憑機械（就可以解决），更是方便。另外，有些天然閉鎖的地區（府），地勢高而險要，大小河流。都相隔很遠，鑿井要深到成八十丈（百尋），汲水繩須要一乘車才載得動；如果遇到旱年，一滴水就象一顆珍珠一樣寶貴。還有遼遠的（絶）邊境哨所（徼），（附近多半没有水源），往往必須到遠處取水；如果長期被圍，人和馬都要極困苦。象這類情形，世上還是多有的。臨到渴了再想辦法，如何來得及？對付困難的辦法，没有比預先儲蓄雨水雪水更好的。可是人情習慣（狃）於只看目前，不大預先考慮；等到（困難）實現時，只好坐着枯死。也有些靠山掘地，作成池塘，爲干旱的準備；可是十天不下雨，已經底上開坼；净抱怨供澆灌的水容易用完，不知道滲漏的損失實在更大。西方國家，靠山作城的，當地人象積糧食一樣積水。

糧食要防止霉壞，水要防止漏掉流掉，預先設法考慮，大致相同。因此有作成〔和谷倉相似的〕「水庫」的；一般要在家裏有供三年用的積蓄；儘管遇到大旱，或者碰到凶惡的敵人，也不爲難。還有，「天落水」（上方水）和地中水比較，陳久水和新汲水比較，〔前兩種〕可以叫人忘憂少病，對人大有益處，比〔後兩種〕好得多。那裏在山城住慣的人，遇到河水和井水，還覺得不好（鄙）不肯嘗。現在將所聞的造作方法，寫在這書上。

「水庫」就是水池；所以稱爲「庫」，是下面弄堅固，讓它不漏，上面加遮蓋，讓它不受損失。四種元素之中，「土」是最干的，比火還干。水在地裏，風吹來要損失，太陽晒要損失。夏天大旱時，「流金鑠石」，土山焦枯，偏偏（獨）水可以保存麼？所以要下面弄堅固，上面加遮蓋。水庫有九道工序：第一是「具」，具是收集材料；第二是「齊」，齊是調和各種混合料；第三是「鑿」，鑿是作成內空；第四是「築」，築是作底子；第五是「塗」，塗是〔把水〕堅固保留（守）〔下來〕的手續；第六是「蓋」，即上面的遮蓋；第七是「注」，注是積蓄的準備；第八是「挹」，挹是取用的程序；第九是「修」，修是隨時補整漏泄破裂。

注：遮蓋（冪）可以防消耗損失，也可以防止不清潔的東西〔污染〕。我國古代井上原（故）也有遮蓋：易井卦就有「井收勿冪」的一句。「齊」和「劑」相同。

一、具：

水庫〔需要〕的材料共有六種，作爲築、蓋、塗的準備。築和蓋要用三種東西，是石塊、磚、鵝卵石。塗要用三種東西，是石灰、砂、瓦屑。塗所用材料三種混合，稱爲「三和灰」——現稱「三合土」。——少去砂或瓦一種，稱爲「二和灰」。燒〔石灰〕的石頭，有青有白，要取堅實而顏色潤澤的；不然，松散而不黏（昵）。用柴或煤燒，要連續燒兩天半才够。試驗〔石質的〕方法：先取一塊石頭，稱過，和其他石頭一起燒。燒成取出來再稱，失去原重的三分之一的，這石頭質料好，火工也够了。砂有三種：有湖裏的，地裏的，海裏的。海砂最好，地裏的第二，湖砂又次一等。砂有三種顏色，紅的最好，其次黑的，白的又次一等。辨别砂的辦法有三種：揉起來，cu cu 響，是純砂；仔細看，顆粒有平面也有棱角的是純砂；撒在布上，抖一抖，便全去掉，不留塵土的，是純砂。不然，就有泥土摻雜在裏面，用來塗墻壁，不堅固。瓦屑取新出窑（陶）的破瓦破磚，用鐵或石制的杵臼舂碎，篩過。没有新出窑的材料，用舊磚瓦時，要用水洗過，晒過，到極乾才舂、篩。篩成三等：細到和石灰同等大小的是「細屑」；稍大些和砂同大小的是「中屑」，再篩過，餘下像豆子大的是「查」。

注：石塊和磚是作牆和蓋的準備，兩樣都没有一定規格。作牆的石塊，要正方——按：即六面平正，棱線都近於直角——寬窄長短厚薄不規定。牆厚些就更堅固，更經久。作蓋的石塊，可以用圓拱形（穹）的。圓拱形石塊，凑合起來，可以成爲半

圓形（半規）。圓拱的方式有三種，下面再説。「石卵」，是鵝卵石，預備作「底」；没有，可以用小石子代替。最大的不要超過一斤重，小的隨便參用。鵝卵石或小石子，要堅硬、光滑、緻密，不然不會堅固。「昵」是黏着。「二日有半」，兩個半晝夜，即足三十個時辰——60小時。——「陶」（音yáo），是燒窑的竈。「瓴甋」是磚。作瓦的泥，比作磚的好，用磚時要好好揀過。「簁」俗寫作「篩」，即「羅」。「査」是渣滓。渣不必篩，把過分大的揀掉。「三和灰」，今日的工匠在大量應用：〔三和〕之一，是泥土。〔單獨〕用泥土不堅固，因爲有瓦屑，所以好些，用以後的辦法作成「混合料」更好些。西方國家，還有一種東西，像泥土不是泥土，像石頭不是石頭，出在地裏面，可以掘到。大的象彈子，小的象豆子；黄黑色；裏面到處是孔竅，像蛀蟲的窠。看起來完全象石子，可是體質很輕，一搓便成了粉末，春來代替沙用，或者代替瓦屑，石灰水在它的空隙裏，曲曲折折（委宛）到處達到；結硬之後，比鋼鐵還〔堅固〕。近幾十年前，有人掘古代水道，掘開地面後鋤鏟掘不進，各種辦法都無效；後來在它下面掘洞，就坍壞了。看它所塗的灰，就是這種材料，只有半寸厚。這個水道已經很久；用曆書年代對照，〔大致〕是漢武帝的時代——按：即公元前三世紀中，——以後凡和灰土時，都以用這種材料爲風氣。有時作成一間房間的模型，和灰塗在上面，要多高

(崇)多大(宏)多深(窈窕)，都可以隨意。等到作成，比熔銅鑄鐵還好。到處都有。估計陝西、山西、甘肅、四川等處高出的地方，必定多有。它的形狀，大體上象「浮石」，但顆粒小，顏色紅黃，質地松脆，所以不同。用本草學來對證。大概是「土殷孽」之類。它出現在乾燥地方，凡泥土有硫黄氣，或出産硫黄，接近温泉、火石、火井的地方，或地下時常出現磷火的地方，〔應當〕就有。找尋的辦法，看這些地方，哪裏草長不茂盛，稀稀地短小細瘦；淺草之中，忽然有一小塊象一個斗，或一個坐墊(席)那麽大小，寸草不生的；按這些條件掘下去幾尺深，應當可以得到。西方叫它巴初刺那。找到了，對於土石工程大爲有利。如果連瓦屑和沙也没有，可以用青石白石打成粉末代替；顆粒粗細〔標準〕和瓦屑一樣。

二、齊

〔和〕「齊」時，用斗斛等括平(槩)〔量〕出成分來，用水調和。總數三分，石灰佔一分，砂佔兩分，水和攪匀，象粥一樣。叫做「甃齊」——「砌漿」。——三分砌漿，加一分水，調匀，叫做「築齊」——「砍漿」。——塗面的混合料——「抹漿」。——有三種，都要調匀象粥一樣。總數四分中，兩分瓦查，一分砂，一分石灰，叫「初齊」——「底漿」。——總數三分，其中兩分「中屑」，一分石灰，叫「中齊」——「二層漿」。——總數五分中，細屑三分，石灰兩分，叫「末齊」——「蓋面漿」。——和料時，攪和到熟而又熟，不要趕着用，不要省力（「不多和」），一天攪兩遍。五天之後，成爲「新齊」。新齊堆起來，經常加水打濕。在低而濕的地方，掘窖埋藏，用土蓋住，日子越久越好。

注：凡量石灰，必須是新出窑的灰；量瓦屑，必須是剛出臼的屑；量砂，必須是太陽晒過的砂；都是（盡可能地）乾燥的。象粥一樣，現在匠人用來砌牆、抹牆，挑起來括平（槩）的混和料。太乾，黏不上，太濕，留（居）不住。加水作成，砍漿（「築劑」），是可以傾倒灌進去的混合料。凡造房屋，砌城牆，作墳墓，都是斟酌用這幾種「漿」。調和所用的水，要泉水、河水、雨水；有鹽（鹵）和鹹的，不要用。新雪水也不要用。「凡」是總數。

三、鑿

池有兩種：一種「家池」，一種「野池」。家池供家庭日用，野池供野外用。家用，飲水、烹調用水，洗澡、洗衣；野用，供牲口和澆地。作家池，要算到將所有簷溜水，全數（曲）聚積起來接收着，保留（鍾）着。作野池，要算到山岡，小堆、高地，田和水道裏流出的（委）聚積起來保留着。作家池，必須有兩個以上，輪流收積，輪流應用。作野池，一個就可以了，隨時收積隨時用。都要計算一年的需要數量來決定容積。積到供兩年以上用途的，按倍數增加；或者按比例增加容量，或者按比例增加個數。家池，要作平底。底中央作一個窩（坎）。窩深二尺，來澄積泥土，窩的直徑大致等於底的三分之一。正方的墻壁容易互等（稱），圓的容易堅固；大形作圓的，小形作方的。大的圓，小的方，就不怕深。四圍的牆，或者直立，或者下方寬大，上方收小；擴大收小的程度没有定規，那怕作成口袋口也行；如果上寬下小，容量不够，中間寬上下小，牆難作；都不足取。可以作成複池，中間用牆隔開，牆中間開個洞來流通；小洞用塞（㮧）塞住，大的安閘。相互輸送流動（寫），可以切取清水去掉沉淀，替換着收積替換着使用。山脚、高田、坡地，可以作成「漏壺」式的池，一上一下承接着，輸送流動。作野池，以淺爲好，讓牲口下去飲水，或用來澆地。野池要方牆，把一面斜着留成「路」。想作深些，就用斜底逐漸深下去，不要作窩。野池，可以選用多沙石的瘦地，不宜種莊稼而聚水的也可以。這樣就把無用變爲有用了。

注：「共」即「供」。「霤」是屋簷的溝道。「容」，合計（通）高度、寬度，能容納多少數量。量出池的尺寸，可以算出容積多少，用「盤量倉窖」的方法，〔方法〕在九章算術的粟米篇。「專」是「單獨」。按倍數增加，兩年就兩倍，三年就三倍。按比例增加容量是把〔一個〕池的大小，依倍數加大；按比例增加個數，是把〔同大小〕的池數依

倍數加多。大小加倍，用「立方立圓」的方法，在九章算術的少廣篇。「方正的容易互等」，即各方面面積（室）或各邊直長（庭）對面互相等。方牆太大，恐怕會坍塌；象井口一樣，彼此維持，就可以穩定，上面收小後也不崩壞，就是這個道理，「侈」是寬大，「弇」是收斂。如本篇一圖甲乙丙丁是方池，辛壬癸子是圓池。方圓之外，有長方的，是「方」的一類，有六角、八角以上多角形的，是「圓」的一類。都可以隨意作，這裏没有詳細説明。戊己和丑寅，是底上的「窩」。己庚和壬辛，是直立的牆。卯辰午未和戌亢氐房，是上方收小的池。卯未和戌角，是口袋形口。「複池」是兩池並列，〔隔〕牆上所開的洞，多少大小高低，可以隨便。「槷」是木橛。凡閘門和木塞，如果旁邊漏水，可以用軟木皮貼着塞上。「漏壺」式池，是上下連列，位置像「銅壺滴漏」的壺一樣；開洞流動，也和漏壺漏水的上下相承接相同。如本篇二圖，甲乙是複池，丙丁是「隔牆」，午、未、申是〔通水〕洞。戊己庚辛，是漏壺式的複池，壬是漏水洞。癸子、丑寅、卯辰，漏壺式的三複池，酉和戌都是漏水洞。三個以上，也可以隨意作；連接的地方，如己到庚，丑至子，淺深高底，也可隨便。斜着留成路，讓人和牲口可以依路走到水邊上。凡屬山阜下面，山脚地帶，土地漏肥（瀝脂），所以莊稼長不好。地勢由高而下（建瓴），水會流着匯合。牲口下到山底，飲水方便，抽出灌田，水往下流，容易達到。

四、築

築有兩種〔需要〕：下面築「底」，四面築「牆」。築底，是池作成〔粗輪廓〕後，要把底弄平，就用木杵舂，或用「硪」（石碪）捶打；杵築和硪捶，都是要它堅固。依池的周圍，作牆；用石塊或磚，用「砌漿」砌，砌時，要騎（乘）在界縫上，〔「馬」着〕。酌量池的大小，深淺來決定〔牆〕的厚度，厚些没有壞處。要是複池，作成共同的池，在中間砌出隔牆，也砌出流水的洞。漏壺式的複池，就分别各作池，留出流水洞。牆築完，用鵝卵石或小石子墊在〔底上〕，底厚五寸以上，不怕厚。墊過，杵舂過，硪捶過，不怕堅固；不要省力氣，總之要作到平。又堅固又平坦之後，用「砍漿」灌下去，再灌一次。灌滿了，填實了，平坦了，還要石子上面有一層漿浮出來。再舂，再捶，有縫隙，再灌，到滿、平、實爲止。底中心的窩，也照同一方式舂過，牆過，墊過，灌過。底和牆交界的地方，杵舂不到硪捶不到的地方，就用「邊杵」築；〔這些地方〕墊和築，一定要細看過，多下些工夫。漏壺式的池，流水洞，是水力冲擊的地方，也一定要細看過，多下些工夫。所有的牆，都用方正的長石塊作口邊（緣），如果遇到大石頭，在石上鑿池，用石作底作牆作口邊，就直接（徑）抹漿。有缺，補上（「縫」），也要舂過，牆過，加緣邊，墊底，灌漿，經過〔上面所説的各種〕工序。野池，土作的或石作的，都象這樣。

注：「乘界」，俗話説作「騎縫」。——「縫」是交界的地方；在縫上，第一層磚由甲面砌進乙面，第二層倒過來由乙面砌進甲面；交叉着，像騎馬的形狀，所以叫「騎縫」。——「緣」是平地面壓口的（一層）。「縫」（作動詞），是補。本篇三圖的甲、乙和丙是木杵，丁是「邊杵」。戊是「礒」（石碪）。己庚、己辛是砌成的牆；庚辛是石子墊成的底。本篇二圖的甲乙，是共池。據推想：河濱海濱，平原廣野，土壤疏鬆，容易坍塌，一定要砌牆。在山地如陝西、山西土壤紅黃堅硬，作成「窑洞」，壁一般立住不坍；象這些地方，掘地作池，盡管不砌牆而直接抹漿，大概也可以吧！同志們！請試試看！

五、塗

築完工，等池底乾了十分之八時，掃淨；太乾，就澆點水；然後抹面漿（塗）。抹面漿時，先用「底漿」（「初齊」）抹五分厚，池大的，再加二分之一（即七八分厚）。池底和周圍，要接連一起抹過，一起抹過，交接的地方就不會有縫隙。抹過，用木搥打擊，要它平坦堅實。第二天，再打；有縫隙，用鐵蕩子括平；乾了，用水溼過再蕩，總之没有縫隙才罷。三天和以後，都這麼作。等到乾到十分之六，就抹一層「二層漿」（「中齊」）。二層漿的厚度，比底漿減去一半；也要括平，打擊，第二天和以後，照（底漿一樣），再重複打擊，括平。

等到乾到十分之六，再抹一層「蓋面漿」（「末齊」），蓋面漿的厚度，比二層又減少一半；也括平，打擊；第二天和以後，照以前一樣。等到乾到十分之五，用鐵蕩子磨過；有縫，灑水磨。四圍和底，中窩的四圍和底，複池的流水洞，都同樣。周圍牆和底相交接的地方和流水洞，一定要細心看過，多下些工夫。抹磚牆，乾的糊不上，用石灰水灑遍到現白色，乾了，再抹漿，就會黏，抹漿，石池和土池，野池和家池，都同樣。打擊，是要它和石頭一樣堅硬；磨，是要它象油一樣緻密，象鏡一樣光澤（瑩）。堅硬緻密，再加光澤，經歷（更）千萬年也不漏。

注：本篇四圖的甲，是木榧（「木擊」），乙，是鐵蕩子（鐵槩）。三和灰，没有不可用的地方。想厚些，抹四次，五次，隨便加多（層次）。四次，一次底，兩次二層，一次蓋面；五次，一次底，三次二層，一次蓋面。蓋面，用來抹房屋墻壁，想它發光滑澤，用雞蛋白或桐油和入，照方法打擊磨光。想帶顏色，把所用的顏料代替瓦屑來調和。石質顏料最好，草木顏料最不好。

六、蓋

家池有兩種蓋：一種平頂，一種圓頂。平頂有兩種：一種石板，一種木板，都是平蓋住，作孔來進水出水。圓頂有三種形式，「券穹」、「斗穹」、「蓋穹」；方池都用券穹；正方的可以用斗穹；圓池一類——包括各種多角形池——都用蓋穹。券穹，形狀象「券」而倒覆着；又象一段竹子破開一半覆着。兩當「轅門」（「和」）作成立牆。斗穹形狀象斗倒覆着，四角正方，四面牆向頂上走（趨）却是圓的形式。蓋穹，形狀象傘（蓋），中心高，周邊都向下軃（tuǒ）着。所有這些「穹」中間的空處都是半圓形，都隔上口一尺起砌。砌的方法，都先架上木架，沿着〔木架〕砌成。用石砌，先把石塊琢得合圓；磚，也可以用合圓的模〔先〕制〔坯燒出〕，没有這種〔特別的〕磚，可以用「底漿」加上，或琢去一些，合成。在穹的下面，作兩個出入水的洞。野池，可以加穹蓋上，不然，用茅苫蓋，或者〔干脆〕不蓋。

注：平蓋的出入洞作兩個：一個正當中，對准底上的窩，準備把澄下的沉淀取出；一個靠近池口，灌水進去，或提水出來。大小都没有定規。本篇四圖的丙丁戊己庚是「券穹」。丁戊和戊己，是方池的兩個口上邊；丁丙戊，是〔一頭〕的「和牆」，丙庚是穹背。辛壬癸子丑，是「斗穹」。辛壬和癸丑，是方池的口上邊；子，是穹頂；依丑辛直線砌牆，逐漸向上對子點收小；丑子、辛子等線，都是圓線；其餘三〔邊〕，也同樣，都向子點結〔成圓〕。寅卯辰午未是蓋穹，寅卯未辰是圓池口上邊；午是穹頂；周邊；周邊向上都是圓線，〔中間〕整個空處正象立體圓——球形——的一半。空處都半圓，丁丙戊、丑子壬、未午寅〔空處〕，都是半圓形。象這樣才牢固。「隔上口一尺

起砌」，〔因爲〕池口要留下一道，跨着池來架「梁」。合圓的方式，今日工人叫作「橋房形」。

七、注

家池，用竹或木作成「筧槽」（「承霤」），轉折達到〔池邊〕。在没有入池之前，先修一個露池，迎接各處聚集來（輻輳）的水，暫時儲積一下，讓裏面的渣滓沉淀下來，淀定後再輸入池中。露池邊上，作一個洞，通到水池；露池底上，〔另外〕開一個洞，流到其餘地方；〔兩個洞〕都用閘或木塞來節制流動。剛下雨時，一定有渣滓；夏天〔剛下〕的雨，一定有極熱的熱氣；這時都要開開下洞，把水放掉。估計可以保存時，塞住，開開上洞來輸入蓄水池。如果水來時已和地面相平，不能開下洞，那就讓渣滓沉淀，到〔一定〕時候再放出。新作池，等到極乾時才灌水；新灌的水不要喫用；滿了一個月，〔放掉〕換水，然後才喫。作兩個池的，今年喫過了一年的水；作三個池的，今年喫三年前的水。這樣經常喫陳水。水是陳的好，如果作有複池，灌滿澄清之後，將隔牆的通水洞開開，讓清水流入空池；然後再灌。象這樣輪流（更）積蓄，就經常有澄清了的水。凡池已灌滿閉上，可以養幾個金魚，它們吃水蟲；或鯽魚，它們吃水垢。野池，用山上高地的水灌，就在裏面養各種魚。魚的性質，有和牛羊相互有益的。

注：「㵐」，是往下凝聚。露池是不加蓋的。本篇圖五的甲乙丙丁，就是露池。丁是它的上洞；戊是下洞。「新灌的水不要喫」，因爲有石灰氣進去，味不好。魚和牛羊相互有益，例如鮮魚吃羊糞豬糞就長肥，鰱魚吃鮮魚糞長肥。

八、挹

家池的水深，提水時用龍尾車；再深，就用玉衡車，恒升車。車没有安脚的地方，可以用大石塊作「墜」，穿在大木柱上安放；没有夾筒的地方，就跨在池上安梁安置。抽出來之後，用槽送到（用的地方）。如果用弔桶汲水繩，也可以在梁上使用。底中的窩沉淀後，可用「吸（噏）筒」除掉沉淀。吸筒，鋸一長段竹，打通節，或者用銅皮錫皮卷成，兩頭塞住。底中心留一個孔；孔徑爲底徑的三分之一。上檔側面作一個小孔，不要大於三分，要一個手指可以掩住。把上孔掩住，放進水裏，到達到底窩，（放鬆）手指（開開），從下孔進來的都是沉淀；滿後，掩住孔，拿出來倒掉。這樣作幾次，沉淀盡了爲止。用吸筒，也在梁上使用，野池澆園澆地，也用三種車抽水；車也這麽安置。池太大，梁不能跨，就跨在邊上。

注：「脚」，指龍尾車的樞，玉衡的雙筒，恒升車的筒底。「筒」，指玉衡的中筒，恒升的筒上段。「繘」是汲水繩。本篇五圖的己庚辛，是穿了石頭「墜」的大木柱。壬

癸是梁。子丑是吸筒。寅是吸筒底孔。卯是側孔。未申，是跨邊的梁。

九、脩

池無論新舊，如果漏水，可以脩補。用細而光澤的石子，舂碎，篩過，和石灰一樣細，加等量的石灰。把水煮到大滾開，將石子粉和石灰放下去，調和，晒乾，再舂再篩，煮開水再泡。這樣反復四次，舂過篩過，用牛乳調和，抹在縫上，或者用生漆調和抹。

注：「同體」，同樣地細；「同量」，同等分量。